FISCHER LOGO
für den Spielraum im Kopf

Ein Kaleidoskop logischer Unterhaltung,
rätselhafter Spiele
und verständlich verfaßter Wissenschaft

Über dieses Buch ›Der Ozean der Wahrheit‹ führt ein in die moderne Mathematik als kreative, wachsende Wissenschaft. Die Informationstheorie, das systematische Bindeglied zwischen Mensch und (Denk-) Maschine, wird einleuchtend und lebendig dargestellt. Aus ihrer Perspektive analysiert Rucker die Fundamentalbegriffe der Mathematik – Zahl, Raum, Logik und Unendlichkeit – anregend und schöpferisch.
Überraschend für den mathematischen Laien ist die Einsicht, daß die moderne Mathematik Wesentliches zu Grenzfragen des Denkens und der Erfahrung beiträgt: Konzepte wie Zufall, Genauigkeit, Unendlichkeit und Erinnerung werden (auch für den naturwissenschaftlich Ausgebildeten faszinierend) von Rucker verläßlich und souverän befragt mit Hilfe aktueller Theorien philosophischer Relevanz: Komplementarität, fraktale Geometrie, Katastrophentheorie, Gödels Theorem, der unendlichdimensionale Hilbertraum. Auch die Möglichkeiten des Computers unterzieht Rucker einer kritischen und kenntnisreichen Prüfung.

Über den Autor Rudy Rucker liebt Rockmusik, moderne Physik und Bewußtseinserweiterung in (fast) jeder Form. Als Sachbuch- wie als (Science) Fiction-Autor beschreibt er die Grenzgänge des Verstandes durch die Möglichkeiten der Naturwissenschaften.
Als Fischer Taschenbuch lieferbar: ›Mixmischmasch. Geschichten aus der Hypersphäre‹ (Bd. 8705), ›Lichtfänger‹ (Bd. 7586), ›Lafcadio und die Sexkugel‹ (Bd. 8704), ›Gödel, Zappa, Rock'n Roll‹ (Bd. 8713).
Im Wolfgang Krüger Verlag lieferbar: ›Herr über Raum und Zeit‹ (Roman).

Rudy Rucker

Der Ozean der Wahrheit

Über die logische Tiefe der Welt

Aus dem Amerikanischen übertragen
und mit einem Literaturverzeichnis versehen
von Klaus Volkert

Fischer
Taschenbuch
Verlag

Für Sylvia, in Liebe

Veröffentlicht im Fischer Taschenbuch Verlag GmbH,
Frankfurt am Main, Juni 1990

Lizenzausgabe mit freundlicher Genehmigung
des Wolfgang Krüger Verlages, Frankfurt am Main
Die Originalausgabe ›Mind Tools.
The Five Levels of Mathematical Reality‹
erschien im Verlag Houghton Mifflin Company, Boston

Umschlaggestaltung: Manfred Walch, Frankfurt am Main
unter Verwendung einer Computergrafik aus:
›Computergraphics in Japan‹, Tokyo 1985
Druck und Bindung: Clausen & Bosse, Leck
Printed in Germany
ISBN 3-596-10221-9

Inhaltsverzeichnis

Die Logik

Unendlichkeit und Information

Einführung
Die fünf Arten zu denken

Mathematik als Information

Die Welt besteht aus Farben und Bewegung, aus Gegenständen, Gefühlen und Gedanken ... was hat die Mathematik damit zu tun? Nicht viel, wenn »Mathe« das bedeutet, was einem im Gymnasium eingetrichtert wird. Die wahrhafte Mathematik aber ist die einzige universelle Wissenschaft. Mathematik ist das Studium der reinen Formen, und alles im Kosmos ist eine Art von Form.

Die Formen der Mathematik lassen sich grob fünf Archetypen zuordnen: Zahl, Raum, Logik, Unendlichkeit und Information. Im »Ozean der Wahrheit« geht es hauptsächlich um den jüngst entdeckten dieser Urtypen, die Information. Das Buch besteht aus dieser Einführung sowie jeweils einem Kapitel über Information, bezogen auf Zahl, Raum, Logik und Unendlichkeit. Um einen ersten Eindruck von unserem Thema zu vermitteln, will ich einen speziellen Gegenstand auswählen und zeigen, wie man über ihn als mathematische Form auf die fünf genannten Arten nachdenken kann. Nehmen wir unsere rechte Hand.

Die Hand als Zahl Ganz oberflächlich betrachtet ist die Hand eine Instanz der Zahl 5. Schaut man aber genauer hin, so stellt man fest, daß die Hand eine bestimmte Anzahl von Haaren und eine bestimmte Anzahl von Falten aufweist. Die Finger haben spezifische Längen, die sich in Millimetern angeben lassen. Man kann die Fläche und die Masse der Fingernägel berechnen. Messungen im Innern der Hand können eine ganze Menge von Zahlen liefern: Temperatur, Durchblutung, elektrische Leitfähigkeit, Salzgehalt usw. Die Hand enthält in verschlüsselter Form viele Zahlen.

Die Hand als Raum Die Hand ist ein Gegenstand im dreidimensionalen Raum. Sie enthält keine Löcher und ist mit dem Körper verbunden. Die gekrümmte zweidimensionale Oberfläche der

Haut ist in manchen Regionen konvex, in anderen wiederum konkav. Die Blutgefäße der Hand bilden ein verzweigtes, eindimensionales Muster. Der Ballen, den der Daumenmuskel bildet, ist annähernd ellipsoidal, und die Finger ähneln Kegelstümpfen. Die Fingernägel sind abgestumpfte Paraboloide und die Epithelzellen zylindrisch. Die Hand ist eine Ansammlung räumlicher Formen.

Die Hand als Logik Die Muskeln, Knochen und Sehnen der Hand bilden eine Art Maschine, und Maschinen bilden eine besondere Gattung logischer Formen. Zieht man an dieser Sehne, so bewegt sich jener Knochen. Neben ihrer Mechanik zeigt die Hand zahlreiche andere Verhaltensmuster, die in logischer Weise zusammenspielen. Kommt die Hand an Feuer, so zuckt sie zurück. Berührt sie ein Eichhörnchen, so streichelt sie es. Ballt man sie fest zusammen, so werden die Knöchel weiß. Wühlt sie im Dreck, so werden ihre Nägel schmutzig. Unser Wissen über die Logik unserer Hand könnte eine dickleibige Betriebsanleitung füllen.

Die Hand als Unendliches Abstrakt betrachtet, enthält die Hand unendlich viele mathematische Punkte. Betrachtet man sie als Gegenstand der Erfahrung, so enthüllen immer größere Maßstäbe immer mehr Strukturen. Kurz gesagt bildet die Oberfläche der Haut eine unendlich komplexe Form, die als »Fraktum« bekannt ist. Was man über die Hand weiß, hängt von einem verwobenen Netz anderer Begriffe ab – es ist schwierig, die Hand von dem unendlichen See alles Wissens abzutrennen. Eine andere Art von Unendlichkeit erwächst aus der Tatsache, daß die Hand ein Teil von einem selbst ist. Das lebendige Wesen einer Person ist aufs engste verbunden mit den Paradoxien der Mengenlehre. Die Mengenlehre ist die Theologie des Mathematikers.

Die Hand als Information Unsere Hand ist gemäß bestimmten Anweisungen, die in unserer DNS verschlüsselt sind, aufgebaut. Die Länge der Anweisungen gibt ein Maß für die in der Hand enthaltene Information. Während eines Lebens ist die Hand zahllosen zufälligen Einflüssen unterworfen, die Narben, Flecken und dergleichen hinterlassen. Vielleicht sollten wir diese Einflüsse in unserem Maß für die in der Hand enthaltene Information berücksichtigen: Wir setzen die in der Hand enthaltene Information gleich mit der Anzahl der Fragen, die gestellt werden müssen, um imstande zu sein, eine getreue Nachbildung der Hand zu bauen. Eine andere Möglichkeit zur Messung der Information einer Hand wäre, die Länge des kürzesten Computerprogrammes zu schätzen, das jede Frage über die entsprechende Hand beantworten könnte.

Man kann sich verschiedene Bausteine vorstellen, aus denen eine Hand aufgebaut ist: Zahlen, räumliche Formen, logische Zusammenhänge, unendlich komplexe Strukturen oder Bits von Informationen. Jede dieser komplementären Denkweisen ist von Nutzen. In dieser Einführung will ich erklären, wie und warum die Mathematik die fünf Kategorien – Zahl, Raum, Logik, Unendlichkeit und Information – hervorgebracht hat. Weiter werde ich ausführen, wie diese fünf Sichtweisen mit den fünf fundamentalen psychischen Vorgängen – Wahrnehmung, Gefühl, Denken, Intuition und Kommunikation – zusammenhängen.

Zahl und Raum

Manches verändert sich schrittweise: die Anzahl der Mitglieder einer Familie, die Anzahl der Schafe in einer Herde und die Anzahl von Murmeln in einem Säckchen. Das sind Ansammlungen von *diskreten,* also *zählbaren* Dingen. Anderes ändert sich unmerklich: Abstand, Alter und Gewicht. Hier lautet die grundlegende Frage »wieviel?«.

Die erste Art von Größen kann man sprunghaft, die zweite glatt nennen. Das Studium sprunghafter Größen führt zu den Zahlen und zur Arithmetik, während das Studium glatter Größen in den Begriff der Länge und in die Geometrie mündet. Sprünge abzählen führt in das mathematische Gebiet der »Zahlen«; die Arbeit mit glatten Größen gehört in das Reich des »Raumes«. Das klassische Beispiel für diese beiden Arten von Formen liefert der nächtliche Himmel: blicken wir nach oben, so sehen wir die Sterne als Flecken auf einem einheitlich schwarzen Hintergrund. Konzentrieren wir uns auf einen einzelnen Stern, so denken wir in Zahlbegriffen. Beginnen wir aber, die »Punkte miteinander zu verbinden« und Sternbilder zu erkennen, so benützen wir räumliche Begriffe.

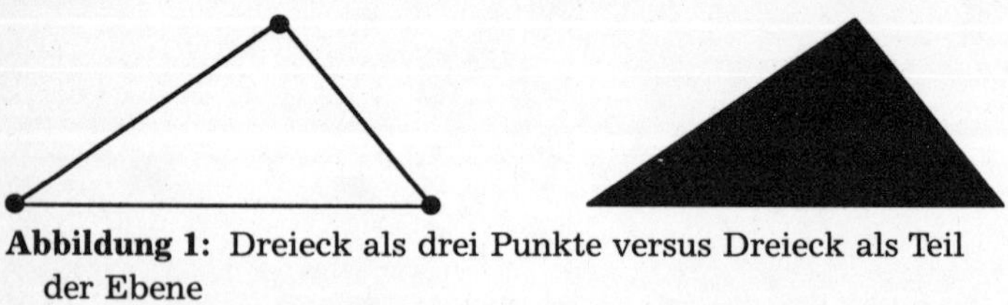

Abbildung 1: Dreieck als drei Punkte versus Dreieck als Teil der Ebene

Die Zahl-Raum-Unterscheidung ist außerordentlich fundamental. Zusammen bildet dieses Begriffspaar das, was die Griechen eine »Dyade«, das ist ein Paar einander ausschließender Begriffe, genannt haben. Abbildung 2 enthält eine Aufstellung von Dyaden, die mit der Raum-Zeit-Dyade zusammenhängen. Es ist leicht, sich andere Unterscheidungen auszudenken, die dem gleichen grundlegenden Muster zugehören: Hinsichtlich zwischenmenschlicher Beziehungen kann man beispielsweise entweder die Rolle des Individuums oder aber die umfassende Wichtigkeit der Gesellschaft betonen. In der Psychologie sprechen wir entweder von den verschiedenen elementaren Wahrnehmungen oder von den Gefühlen, die sie zueinander in Beziehung setzen. Eine Hügellandschaft ist mit vielen Bäumen oder mit einem Wald bedeckt.

Man kann sich ein Musikstück als aus einzelnen Noten bestehend denken oder es als eine Melodie betrachten. Die Welt läßt sich als eine Ansammlung verschiedener Dinge vorstellen oder als ein einziges organisches Ganzes.

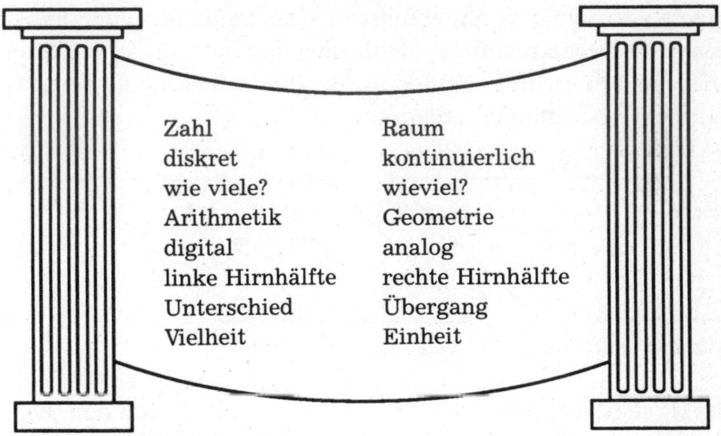

Abbildung 2: Eine Aufstellung von Dyaden

Was ist für den Intellekt wichtiger: Zahl oder Raum? Keins von beiden. Die glatt erscheinende Materie ist angeblich aus Atomen aufgebaut, die wie kleine Punkte zerstreut sind. Aber diese stämmigen kleinen Atome können wir uns als Ausbeulungen im glatten Gefüge des Raumes denken. Gehen wir noch weiter, so treffen wir auf Wissenschaftler, die den glatten Raum in wohlunterschiedene Quanta aufbrechen, die wiederum durch glatte mathematische Funktionen dargestellt werden. Das Glatte liegt dem Sprunghaften zugrunde und das Sprunghafte dem Glatten. Unterscheidbare Objekte befinden sich in demselben glatten Raum. Aber der glatte Raum besteht aus lauter unterscheidbaren Orten. Es gibt keine wirkliche Priorität; beide Seinsweisen sind komplementäre Aspekte der Realität.

Der Terminus »Komplementarität« wurde zuerst durch den Quantenphysiker Niels Bohr in die Philosophie eingeführt. Er verwandte diesen Ausdruck für seine Auffassung, die letzte physikalische Realität sei sowohl sprunghaft als auch glatt. Nach Bohr verhält sich ein Elektron in mancher Hinsicht wie ein Teilchen (wie eine Zahl) und in anderer Hinsicht wie eine Welle (wie der Raum). Auf der letzten Ebene physikalischer Realität sind die Dinge weder definitiv sprunghaft noch definitiv glatt. Diese Zweideutigkeit ist nicht das Ergebnis von Ungenauigkeit oder Fehlschlüssen. Vielmehr resultiert sie daraus, daß unsere vorgefaßten Begriffe »Teilchen« und »Welle« im Bereich sehr kleiner Abmessungen nicht vollkommen adäquat sind.

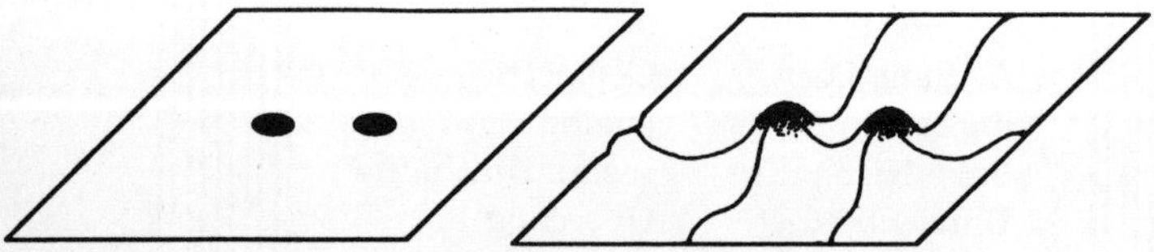

Abbildung 3: Partikel als Teilchen und Ausbeulungen

Man kann sich auch fragen, ob es angebrachter ist, sich eine Person als ein besonderes Individuum vorzustellen oder als einen Zusammenhang im Netz sozialer Beziehungen. Keine Person lebt in vollkommener Abgeschiedenheit von der Gesellschaft. Deshalb könnte es zutreffend sein, wenn man den Raum der Gesellschaft als fundamental bezeichnen würde. Andererseits vermag sich jede Person als isoliertes Individuum zu fühlen; also könnten die zahlenartigen Individuen grundlegend sein. Die Komplementarität behauptet, daß eine Person sowohl Individuum als auch soziale Komponente ist und daß es keine Notwendigkeit gibt, beide voneinander zu trennen. Die Realität ist einheitlich; die Sprache führt Unterschiede ein, die eigentlich nicht gemacht werden müßten. Bohr war so begeistert von der Idee der Komplementarität, daß er für sich ein Wappen entwarf, das das Yin- und das Yang-Symbol enthielt, wobei das dunkle und das helle Gebiet ineinander verschlungen waren. Jedes enthielt im Innern ein kleines Stück des anderen. Bohrs tiefer Glaube an die Komplementarität veranlaßte ihn zu einer einzigartigen Behauptung: »Eine tiefe Wahrheit ist eine Aussage, deren Gegenteil ebenfalls eine tiefe Wahrheit ist.«

Bohr war der Ansicht, daß die Zahl-Raum-Dyade ein wesentlicher Bestandteil der Realität sei. Trifft man auf eine Dyade, so ist immer die Versuchung groß, anzunehmen, daß man bei tieferem Nachschürfen eine Möglichkeit finden könnte, die eine Hälfte der Dyade mit Hilfe der anderen zu erklären. Aber die Philosophie der Komplementarität besagt, daß es keinen vereinheitlichenden Begriff geben *muß*. Manche Aspekte der Welt haben einen verstreuten und sprunghaften Charakter wie das Zählen; andere sind glatt und zusammenhängend wie der Raum. Die Komplementarität warnt uns davor, die Welt einfacher zu machen, als sie tatsächlich ist.

Abbildung 4: Das Wappen von Niels Bohr

Man nennt einen Computer *digital,* wenn er wohlunterschiedene Einheiten an Informationen verarbeitet. Das Gegenteil hiervon ist ein *analoger* Computer, der mit den glatten Wechselwirkungen physikalischer Kräfte funktioniert. Die uns am besten vertrauten Modelle für digitale und analoge Computer sind die beiden üblichen Arten von Armbanduhren. Die altmodische Analoguhr benützt ein System von Zahnrädern, die ihre Zeiger analog zum Ablauf der Zeit gleichmäßig bewegen. Die Digitaluhren neueren Datums zählen die Schwingungen eines kleinen Kristalls, verarbeiten intern diese Zahl und zeigen schließlich die Ziffern der Zahl an, die den betreffenden Zeitpunkt benennt.

Viele der intellektuellen Aufgaben, die ein Gehirn ausführt, sind in erster Linie digital oder analog. Die Arithmetik ist gewiß eine digitale Betätigung, ebenso wie das Buchstabieren eines gedruckten Wortes. Beide Handlungen beruhen auf einem »Schritt-zur-rechten-Zeit«-Vorgang. Sie umfassen Abschnitte wie »ein Symbol lesen«, »die Bedeutung eines Symbols ermitteln« und »zwei Symbole miteinander kombinieren«. Andererseits ist das Mitsingen einer Melodie eine analoge Tätigkeit: unsere Sprechorgane passen sich ständig neu an, um die sich stetig ändernde Melodie zu halten. (Die digitalen Noten auf dem Notenpapier sind gewissermaßen die Schleusen der Aufführung.) Man nimmt an, daß das Wiedererkennen einer Szene auf einer Fotografie ebenfalls eine analoge Aktivität des Gehirnes ist. Das Gehirn scheint ein Bild eher im Gesamten zu erfassen, als daß es dieses in kleinere Informationsteile zerlegen würde.

In den 60er Jahren legte eine Vielzahl von Experimenten, die man an Gehirngeschädigten verschiedenster Art unternahm, die Vermutung nahe, die linke Hirnhälfte sei für digitale Manipulationen zuständig und die rechte für analoge. In jüngster Vergangenheit wurde dieses Phänomen mit Hilfe von Tomographen beobachtet. Diese zeigten, daß sich die Metabolismen der linken Hälfte bei digitalen Aufgaben beschleunigen, während die Aktivität der rechten Hälfte bei analogen Aufgaben zunimmt. Anders gesagt: die linke Hälfte denkt in Zahlbegriffen, die rechte Hälfte dagegen in räumlichen Begriffen.

Die Muskeln der rechten Körperhälfte werden durch die analytisch orientierte linke Hirnhälfte kontrolliert, während die synthetisch eingestellte rechte Hirnhälfte die linke Körperhälfte steuert. Die meisten Porträtaufnahmen von Menschen zeigen deutlich die Unterschiedlichkeit der beiden Gesichtshälften. In der Regel zeigt die rechte Hälfte einen stärker kontrollierten und sozial akzeptableren Ausdruck; die linke Hälfte wirkt oft irgendwie abwesend.

Nötigt uns die interne Verteilung der Gehirnfunktionen dazu, die Welt nach dem These-Antithese-Muster sprunghaft-glatt zu sehen? Vielleicht, aber ich denke, das Umgekehrte ist wahrscheinlicher. Ich meine, daß der Zahl-Raum-Gegensatz ein fundamentaler Wesenszug der Wirklichkeit ist und daß sich unser Gehirn so entwickelt hat, um mit diesem Lebensumstand zurechtzukommen.

Logik und Unendlichkeit

Die Mathematik ist eine universelle Sprache. Deshalb ist es nicht erstaunlich, wenn wir in der Mathematik sowohl das Sprunghafte als auch das Glatte antreffen – oder etwas technischer ausgedrückt, das Diskrete und das Kontinuierliche. Eine Form ist diskret, wenn sie aus einzelnen und getrennten Teilen besteht. Sie ist kontinuierlich, wenn ihre Bestandteile zu einem unteilbaren Ganzen verschwimmen. Betrachtet man ein Dreieck als Figur mit drei Eckpunkten, so ist das Dreieck diskret. Faßt man es als Gebilde mit drei Kanten auf, so ist es kontinuierlich. Die Mathematik verdankt einen Großteil ihrer Macht der Tatsache, daß sie über Instrumente verfügt, mit denen man den Abgrund zwischen Raum und Zahl überbrücken kann. Die beiden wichtigsten hiervon sind Logik und Unendlichkeit. »Unendlichkeit« ist ein Zauberwort, das an Raumschiffe, Unsterblichkeit und Grenzenlosigkeit denken läßt. In älteren Schriften findet man häufig die Umschreibung »das Unendliche« für »Gott«. Auch das Wort »Logik« läßt verschiedenste Assoziationen zu: Höhlenmenschen, die Mammuts überlisten; Mönche, die einen Text von Aristoteles analysieren; Ulam und von Neumann beim Erfinden der Wasserstoffbombe; ein Roboter, der krächzend fragt: »Was ist Liebe?«

In Wirklichkeit hat Logik mit der Idee zu tun, eine Form stellvertretend für einen ganzen Bereich von Einzelfällen zu betrachten. Die Verwendung logischer Techniken erlaubt es uns, zwischen massiven Formeln und glatten mathematischen Gestalten hin- und herzugehen. Durch eine Art von Idealisierung schafft es die Logik, ein einzelnes Symbol an die Stelle einer unaussprechlich komplexen Realität zu setzen.

Auf der untersten Ebene führt die Logik in die Mathematik

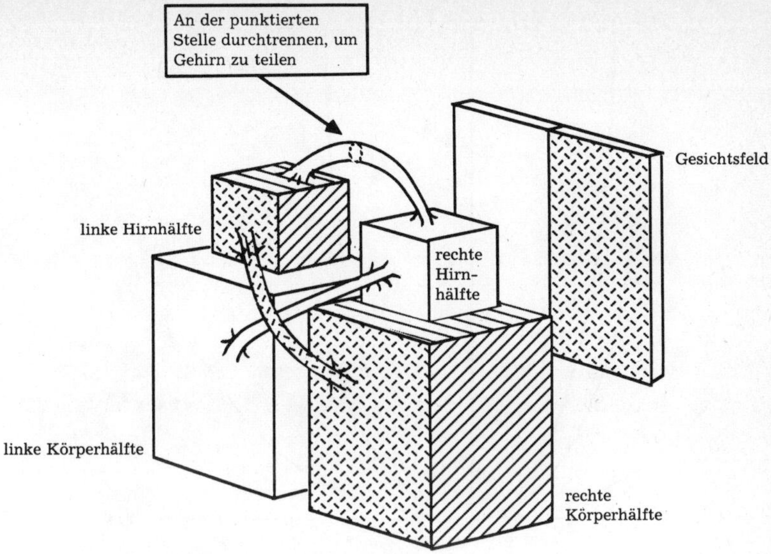

Abbildung 5: Unser doppeltes Gehirn

bestimmte Symbole ein, für deren Verwendung die Mathematik ja bekannt ist. Die Gleichungen der Algebra liefern gute Beispiele für diese Art von niedrigstufiger mathematischer Logik. »Algebra« ist ein wundervolles Wort für ein außerordentliches Werkzeug. Die Algebra beherrschen ist so ähnlich wie einen Zauberspruch kennen – eine Sprache, in der einige wenige, mit Bedacht gewählte Worte es erlauben, die hinterhältigste Kurve zu beherrschen. Wie viele andere mathematische Termini und magische Wörter kommt »Algebra« aus dem Arabischen. Denn die Araber waren es, die das Erbe griechischer Mathematik während des Mittelalters lebendig hielten. »Algebra« stammt von dem Ausdruck »al-jabara« ab, was soviel wie »Dinge miteinander verbinden« oder »strukturieren« meint. Die Algebra ermöglicht es, eine Brücke vom Stetigen zum Diskreten zu schlagen. Einerseits ist beispielsweise die Parabel eine glatte mathematische Kurve im Raum. Andererseits zeigt jedoch eine mathematische Überlegung, daß man sich die Parabel auch als einfache algebraische Gleichung denken darf, also als diskrete Menge von speziellen Symbolen.

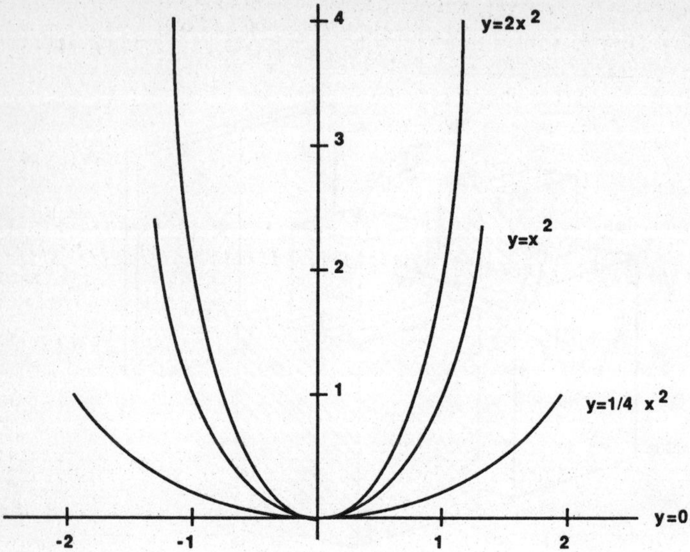

Abbildung 6: Kurven und Formeln

Auf einem höheren Niveau arbeitet die mathematische Logik an der Verbindung von Individualaussagen zu ganzen mathematischen Theorien. Stellen wir uns die Ebene als aus Punkten und Geraden bestehend vor, so ist der erste Eindruck der eines Chaos. Haben wir aber erst einmal Euklids fünf Gesetze (oder Axiome) über Punkte und Geraden festgelegt, so wird darin ein Großteil der Information über die Ebene eingefangen. Für die Zwecke des Nachdenkens wird die Ebene durch fünf Zeilen mit diskreten Symbolen repräsentiert.

Die Logik strebt nach einer Synthese, während das Unendliche analysiert. Die Logik setzt alle Tatsachen über eine räumliche Form zu wenigen Symbolen zusammen; das Unendliche verbindet Zahl und Raum, indem es den Raum in unendlich viele voneinander verschiedene Punkte zerlegt. Wie die Logik stellt auch das Unendliche eine in beiden Richtungen begehbare Brücke zwischen dem Stetigen und dem Diskreten her. Wir können mit diskreten Punkten beginnen und unendlich viele von ihnen zusam-

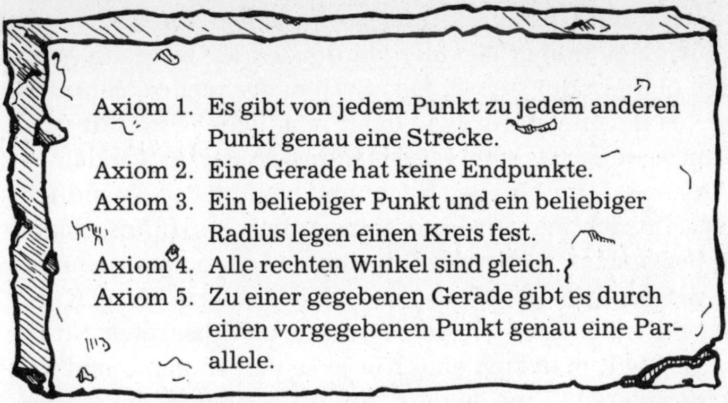

Abbildung 7: Euklids Axiome

menfügen, um so einen stetigen Raum zu erhalten. Anders herum fangen wir mit einem stetigen Teilgebiet des Raumes an und nähern uns einem Punkt, indem wir eine unendlich tief geschachtelte Folge von Intervallen verwenden.

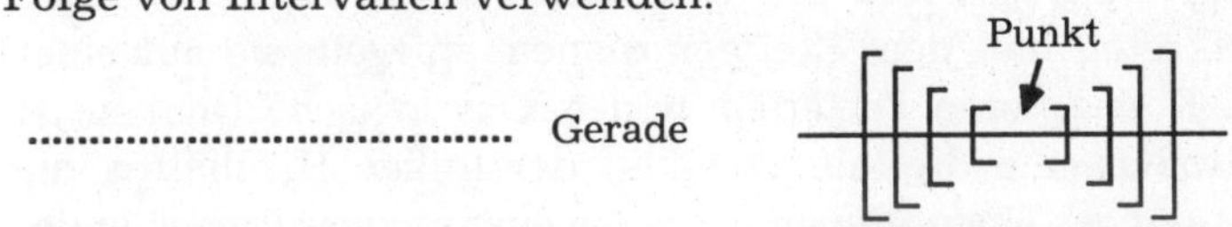

Der Raum besteht aus unendlich vielen Punkten

Der Punkt als unendlich-kleiner Teil des Raumes

Abbildung 8: Die Unendlichkeit als Brücke zwischen dem Diskreten und dem Stetigen

Die beiden geschilderten Vorstellungen sind in dem Konstrukt, das unter der Bezeichnung »reelle Zahlen« bekannt ist, enthalten. Obwohl ich eine Menge über den Unterschied von diskreten und kontinuierlichen Größen erzählt habe, ist es dennoch für einen Leser schwierig zu realisieren, wie verschieden diese beiden Grundformen von Größen tatsächlich sind. Das liegt daran, daß uns sehr früh in unserer Erziehung eingetrichtert wird, man habe die Punkte einer Geraden mit den sogenannten reellen Zahlen zu identifizieren. Irgendwann in der Sekundarstufe I beginnen wir, stetige Größen mit Dezimalbrüchen zu messen. Dann sagt man

Dinge wie »Ich bin 1,5463 ... Meter groß«, wobei die drei Punkte idealiter für einen immer genauer werdenden Meßvorgang (möglicherweise ohne Ende) stehen. Das System der reellen Zahlen ist ein konkretes Beispiel dafür, wie das Unendliche verwandt wird, um das Innere einer Gerade in Dezimalbrüche zu verwandeln.

Die Differential- und Integralrechnung benützt das Unendliche unablässig. Tatsächlich wird sie gelegentlich als Infinitesimalrechnung bezeichnet, wobei »infinitesimal« »unendlichklein« bedeutet. In der Analysis gewöhnt man sich daran, eine glatte Kurve als Treppe mit unendlich vielen schmalen und diskreten Stufen aufzufassen. Stellt man sich eine Kurve so vor, so kann man ihre Steigung definieren. Eine andere für die Analysis charakteristische Verwendung des Unendlichen ist der als »Integration« bekannte Vorgang. Ist ein unregelmäßig begrenztes Gebiet gegeben, dessen Flächeninhalt wir herausfinden möchten, so ermittelt die Analysis diesen, indem sie das Gebiet in unendlich viele, unendlich schmale Rechtecke zerlegt.

Obwohl die Logik und das Unendliche als Brücken zwischen dem Diskreten und dem Stetigen dienen, spiegeln sie auf einer höheren Ebene deren Differenz wider. Das logische Denken ist grundsätzlich eine digitale Tätigkeit der linken Hirnhälfte, die Betrachtung des Unendlichen hingegen ein analoger Prozeß in der rechten Hirnhälfte. Die Mathematik verwendet oft diskrete Systeme logischer Axiome, um die vielfältigen Arten von unendlichen Strukturen zu beschreiben. Dennoch kann die Logik niemals den vollen Reichtum der Unendlichkeit einfangen. Kurt Gödel hat das 1930 bewiesen, indem er zeigte, daß kein endliches Axiomensystem *alle* wahren Aussagen über die unendliche Menge der natürlichen Zahlen beweisen kann.

Psychologische Wurzeln mathematischer Begriffe

Die Leute wundern sich oft darüber, daß die Mathematik in den Naturwissenschaften so effektiv angewandt werden kann. Anders als das Schachspiel oder die Astrologie ist die Mathematik ein intellektuelles Spiel, das tatsächlich etwas *bewirkt*. Mathematik hilft den Menschen beim Bau von Computern und von Autos, von Fernsehern und Wolkenkratzern. Mathematik erlaubt es, den Sonnenaufgang vorherzusagen und das Wetter von morgen. Die Mathematik hat Menschen auf den Mond und wieder zurück gebracht. Warum funktioniert die Mathematik so gut?

Wie ich bereits oben erwähnt habe, ist die Mathematik eine Sprache, deren Form universell ist. Es gibt keine chinesische oder amerikanische Mathematik; die Mathematik ist überall gleich. Die Mathematik besteht aus Begriffen, die uns von außen aufgezwungen werden. Die Ideen der Mathematik spiegeln gewisse Tatsachen der Welt wider, so, wie sie von menschlichen Wesen erfahren wird. Genauso wie sich unser Körper als Reaktion auf die objektiven Bedingungen entwickelt hat, die von der Umwelt gestellt wurden, genauso haben sich unsere Ideen als Antworten auf einige andere grundlegende Aspekte der Realität entfaltet.

Abbildung 9: Differentiation und Integration

Die Tatsache, daß man Objekte unterscheiden kann, führt zur Vorstellung des Diskreten. Diskretheit wiederum mündet in den Zahlbegriff. Die Dinge treten sprunghaft auf, und so ist es natürlich, sie zu zählen.

Die Tatsache, daß es glatte Übergänge gibt, führt zu unserer Idee des Stetigen. Die Dinge gehen ineinander über, und deshalb ist es natürlich, sie sich in einem Raum vorzustellen, den man messen kann.

Die Erfahrung, daß verschiedene Dinge einander ähneln können, führt zu der Idee von Ähnlichkeit. Beim Studium ähnlicher Formen stößt man auf die Logik. Bestimmte Formen treten immer wieder auf, und so ist es naheliegend, über diese nachzudenken.

Die Tatsache, daß unsere Welt keine erkennbaren Grenzen hat, führt zu unserem Begriff »Endlosigkeit«. Endlosigkeit drängt zur Unendlichkeit. Die Realität erscheint unerschöpflich, und so ist es natürlich, sich diese Unermeßlichkeit auszumalen. Man bedenke, daß alle vier Gebiete der Mathematik – Zahl, Raum, Logik und Unendlichkeit – in der Sekundarstufe I behandelt werden. Werden Schüler in Arithmetik gedrillt, so lernen sie, mit Zahlen umzugehen. Ganz offensichtlich studiert die Geometrie auf eine gewisse Art und Weise den Raum. Die Algebra ist, wie bereits oben bemerkt, eine Art von Logik und die Analysis, die systematisch erst in der Sekundarstufe II behandelt wird, gilt als das wahrhafte Studium des Unendlichen.

Zahl, Raum, Logik und Unendlichkeit sind vier fundamentale Begriffe der Mathematik. Warum sind sie von so grundlegender Bedeutung? Sie sind es, weil sie wesentliche Aspekte von uns selbst und unserer Umwelt wiedergeben. Die Mathematik hat ihren Ursprung in bestimmten einfachen und universellen Eigenschaften der Welt und des menschlichen Gehirns. Die Effizienz unserer Mathematik im Umgang mit Begriffen ist vielleicht nicht erstaunlicher als die Tatsache, daß unsere Beine zum Laufen gut geeignet sind. Gehen wir nach draußen, so können wir die Mathematik anwenden, um die Welt um uns herum zu verändern. Gehen wir aber nach innen, so können wir die Mathematik als Führer durch unsere eigene Psyche verwenden. Die alten Griechen liebten es, ihren Gedanken die Form von Dyaden zu geben – das sind jene

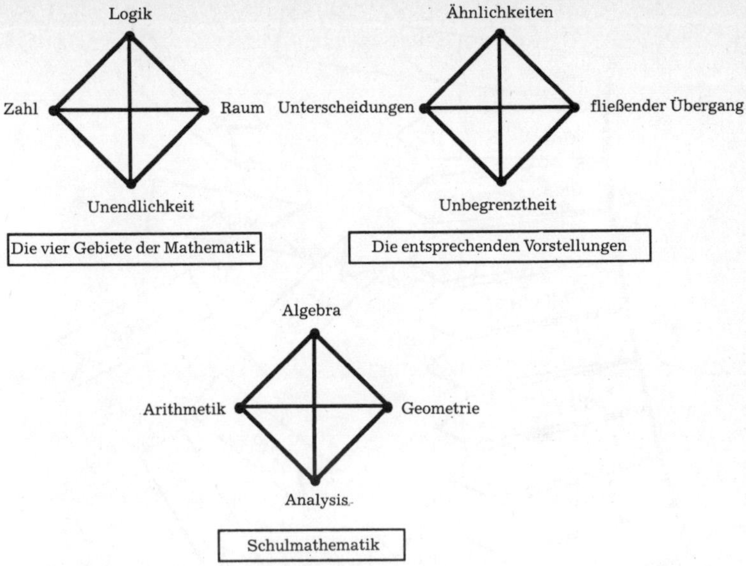

Abbildung 10: Mathematische Denkweisen

besagten Paare von einander entgegengesetzten Begriffen. Die Pythagoräer, die Gründer der ersten mathematischen Schule, stellten »Gegensatztafeln« auf, in denen sie die Glieder von Dyaden einander gegenüberstellten.

Obwohl es nicht wichtig ist, kann ich dennoch nicht widerstehen, darauf hinzuweisen, daß ein DNS-Molekül so etwas wie eine lange Tabelle von Gegensätzen ist. Diese Moleküle bestehen aus zwei miteinander verbundenen Rückgraten, die durch lange Folgen von Dyaden, in denen »Basispaare« zusammengefügt sind, zusammengehalten werden. Das DNS-Molekül reproduziert sich selbst, indem es sich in der Mitte auftrennt. Jede abgetrennte Hälfte dient dann anschließend als Schablone bei der Ergänzung der noch fehlenden Hälfte. Ob die Ähnlichkeit zwischen einem DNS-Molekül und einer Tafel von Gegensätzen irgendeine wirkliche Bedeutung hat? Die Dyade ist ihrem Wesen nach eine statische Anordnung von Begriffen – gewissermaßen ein erstarrter Schachzug. Einer der Beiträge von G. W. F. Hegel zur Philosophie war die

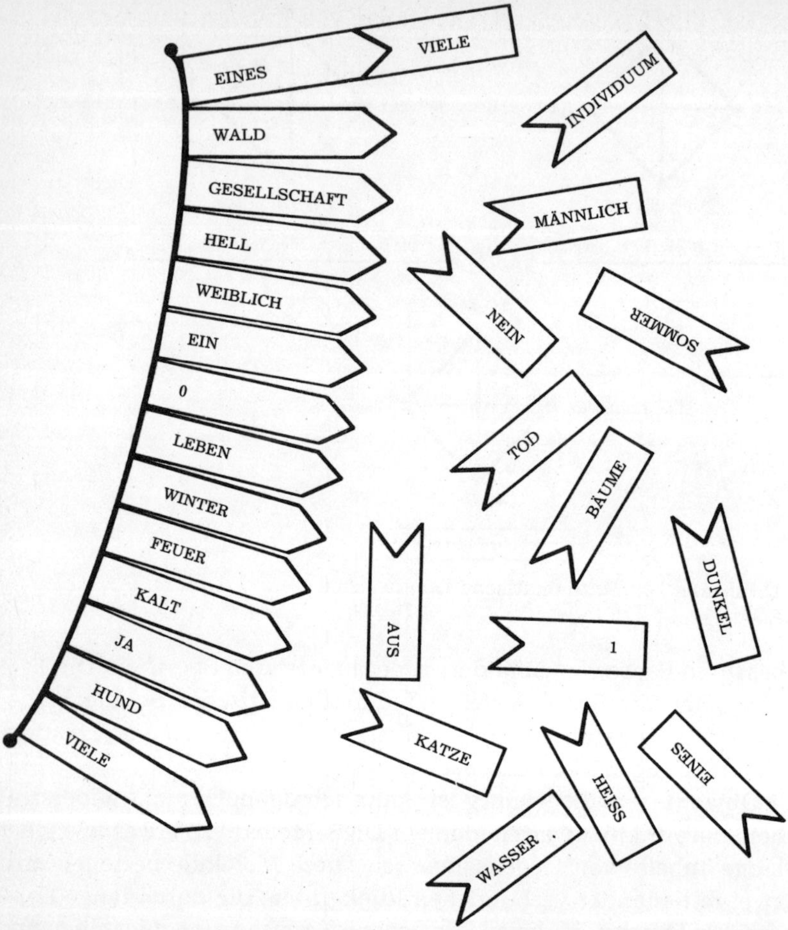

Abbildung 11: Können Sie die freien Halbdyaden in der richtigen Weise anfügen?

Idee, Begriffe in *Triaden* anzuordnen. Diese bestehen aus drei Begriffen, die nach dem bekannten Schema These-Antithese-Synthese miteinander zusammenhängen. Die Triade ist ihrem Wesen nach eine dynamische Gruppierung, denn jede Synthese kann zur These einer neuen Antithese werden. Die in diesem Buch diskutierten Begriffe lassen sich als Folge von Triaden anordnen, wie Abbildung 12 zeigt:

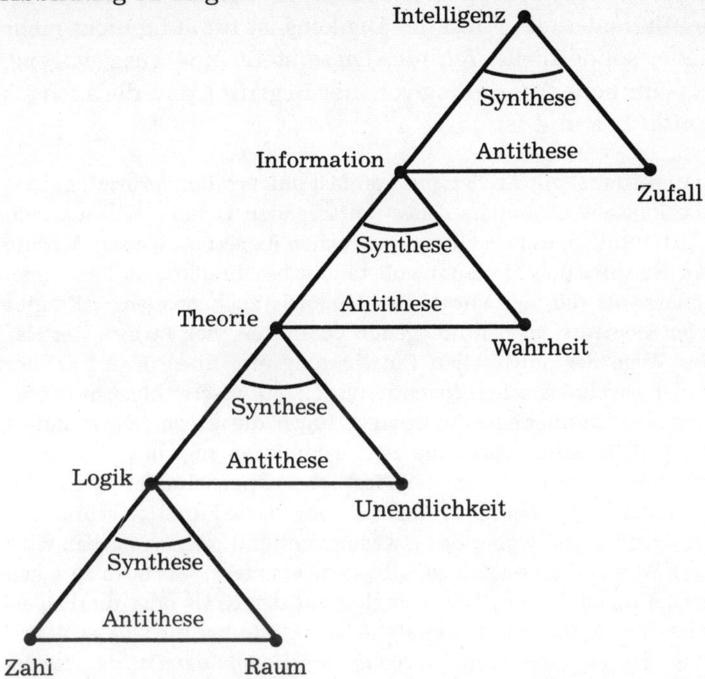

Abbildung 12: Eine aufsteigende Folge von dialektischen Triaden

Natürlich kann man diese Anordnung als künstlich empfinden; man sollte sie nicht zu ernst nehmen. Jede Art und Weise, unsere Begriffe anzuordnen, kann sich leicht in ein »Prokrustesbett« verwandeln. Der Legende nach war Prokrustes ein Außenseiter, der in der Wildnis nahe dem antiken Athen lebte. Sein Haus lag an einer Straße, und er lud die müden Reisenden ein, die Nacht in seinem einzigartigen Besucherbett zu verbringen. Der Haken dabei war der folgende: War man zu lang für das Bett, so schnitt Prokrustes die überstehenden Teile des Leibes ab; war man zu kurz, so streckte Prokrustes einen, indem er die Füße an einem Pfahl festmachte, während er das Genick an das Ende eines umgebogenen jungen Baumes band.

Genauso wie Hegel einen Schritt über die Griechen hinaus macht, geht der Psychologe C. G. Jung einen Schritt weiter als Hegel. Die fundamentale Form des Denkens ist für Jung nicht mehr die Triade, sondern die *Tetrade*. Diese stellt eine ausgewogene, mandala-ähnliche Anordnung von vier Begriffen dar, die auch als *Quaternität* bekannt ist:

»Die Quaternität ist ein Archetypus von fast universeller Verbreitung. Sie bildet die logische Grundlage jedes umfassenden Urteils. Will man ein solches Urteil fällen, muß es diesen vierfachen Aspekt aufweisen. Möchte man zum Beispiel den Horizont vollständig beschreiben, so kann man nicht anders, als die vier Viertel des Himmels zu benennen... Es gibt immer vier Elemente, vier grundlegende Qualitäten, vier Farben, vier Kasten, vier Wege der spirituellen Entwicklung etc. Ebenso gibt es vier Aspekte der psychologischen Orientierung... Zu unserer eigenen Orientierung müssen wir über eine Funktion verfügen, die uns versichert, *daß* es da etwas gibt (Empfindung); eine zweite Funktion sagt uns, *was* es ist (Denken); eine dritte Funktion stellt fest, ob es angenehm ist oder nicht, ob wir es akzeptieren oder nicht (Gefühl); eine vierte Funktion schließlich klärt uns darüber auf, woher das etwas kommt und wohin es gehen wird (Intuition). Wenn all dies getan ist, gibt es nichts mehr, was noch zu sagen wäre... Das Idealbild der Vollständigkeit ist der Kreis oder die Kugeloberfläche. Ihre natürliche Minimalgliederung ist aber die Quaternität.« (C. G. Jung, *Ein psychologischer Zugang zum Dogma der Trinität*, 1942)

In der Abbildung 10 habe ich bereits einige Tetraden (ich ziehe dieses Wort, das Jung gelegentlich auch benützt, der unhandlichen »Quaternität« vor) genannt. Die Abbildung 13 zeigt unten unsere fundamentale Tetrade – die Jung erwähnt – sowie andere, die später diskutiert werden.

Passen die Teile von Jungs Tetrade zu denjenigen unserer mathematischen Tetrade in eindeutiger Weise? Als Bewunderer des edelmütigen Prokrustes bin ich geneigt, mit »Ja« zu antworten und folgendermaßen zu argumentieren:

1. *Empfindung ≈ Zahl:* Das Wesentliche an Empfindungen ist das Treffen von Unterscheidungen. Die Empfindungswelt hat eine granulöse Struktur. Ein roter Fleck ist kein grüner Fleck. Gerade dieses Vornehmen von Unterscheidungen ist es, das in die Welt der Zahl führt.

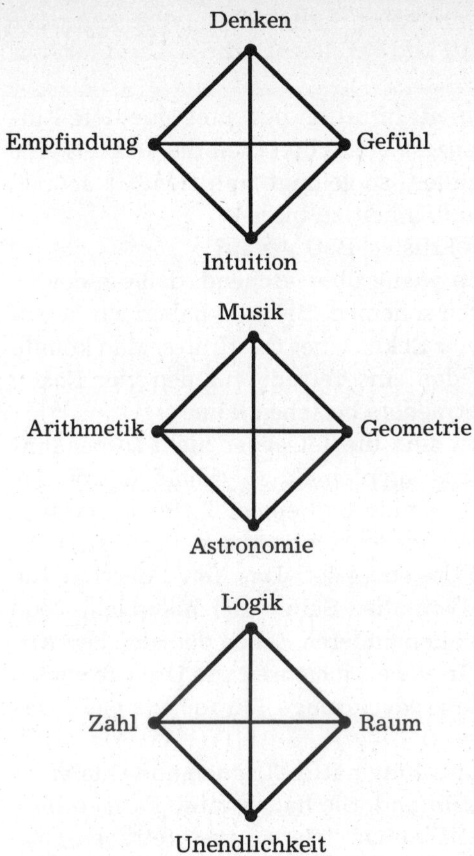

Abbildung 13: Jungs psychologische Tetrade, Platons Quadrivium und die mathematische Tetrade

2. *Gefühl ≈ Raum.* Hat man für etwas ein Gefühl, so ist man damit verbunden. Wir treten als unbeteiligte Beobachter zurück, um unsere Eindrücke zu sammeln. Wollen wir aber ein Gefühl für die Dinge haben, so müssen wir darauf zugehen und uns unter sie mischen. Dieses Daruntermischen ist nur im stetigen Raum möglich.

3. *Denken ≈ Logik.* Denken beinhaltet die Erkenntnis der abstrakten Strukturen, die unsere Empfindungen mit unseren Ge-

fühlen verbinden. Im Denkprozeß halten wir nach zugrunde liegenden Mustern Ausschau und vergleichen diese. Das führt zur Logik.

4. *Intuition ≈ Unendlichkeit.* Intuition bedeutet eine tiefe Einsicht in die Realität als Ganzes. Betrachtet man die Welt als eine einzigartige, mysteriöse Einheit, so gelangt man ziemlich schnell dazu, den Begriff der Unendlichkeit zu bilden.

Jedoch: wie lang war Prokrustes' Bett genau?

Im Ernst: es ist schon ein wenig überraschend, daß die beiden Tetraden zusammenzupassen scheinen. Bis jetzt haben wir Tetraden gebildet mit Hilfe der vier Ecken eines Quadrates. Man könnte sich aber auch vorstellen, daß eine Tetrade aus den vier Ecken eines dreidimensionalen Tetraeders bestehen könnte.

Aus bestimmten Gründen sind die Tetraeder nicht so bekannt wie ihre klotzigen Vettern aus Ägypten – die Pyramiden. Der Unterschied zwischen einer Pyramide und einem Tetraeder besteht darin, daß die Grundfläche einer Pyramide quadratisch ist, während die eines Tretaeders dreieckig ist. Das Tetraeder hat die schöne Eigenschaft, daß es von allen Seiten gleich aussieht. Jede Ecke des Tetraeders hat zu allen anderen Ecken den gleichen Abstand. Stellen wir uns eine Triade als gleichseitiges Dreieck vor, so kann man sagen, daß die tetraederförmige Tetrade aus vier Triaden aufgebaut ist.

Die Behauptung, Hegel und Jung hätten Triaden und Quaternitäten *eingeführt,* wäre irreführend. Sie haben diese Formen bloß allgemein bekanntgemacht. Dyaden, Triaden und Tetraden sind *Archetypen,* wobei »Archetypus« soviel bedeutet wie »eine immerwiederkehrende Form menschlichen Denkens«. Triaden und Tetraden gibt es, seit es Menschen gibt.

So dachte Platon beispielsweise häufig dialektisch, indem er Thesen, Antithesen und Synthesen zu Ketten von Triaden zusammensetzte. Die Pythagoräer hatten ihre eigene mathematische Quaternität aus Arithmetik, Geometrie, Musik und Astronomie. Im Mittelalter bezeichnete man die vier mathematischen Disziplinen als *Quadrivium;* es bildete den Kern der wissenschaftlichen Ausbildung. Die Musik verbindet Arithmetik und Geometrie, insofern sie aus diskreten Noten besteht, die in einer stetigen Zeit angeordnet sind. Auch die Astronomie liegt zwischen Arithmetik und Geometrie, insofern sich die Astronomie mit der Bewegung diskreter Körper im kontinuierlichen Raum beschäftigt. Musik und Astronomie sind in einem gewissen Sinne entgegengesetzt, weil Melodien vom logischen Denken der Menschen erfunden werden, während die Sterne einfach durch den unendlichen Kosmos vorgegeben sind.

Denkformen... Archetypen. Nebenbei bemerkt ist »Archetypus« eine andere, wundervolle Wortschöpfung Jungs. Ich möchte ihn hierzu nochmals zitieren:

»Immer wieder begegne ich der falschen Auffassung, ein Archetypus sei bezüglich seines Inhaltes von vorneherein festgelegt, oder anders gesagt, er sei eine Art unbewußter Idee (wenn diese Ausdrucksweise statthaft ist). Es ist darum notwendig, einmal mehr darauf hinzuweisen, daß Archetypen nicht bezüglich ihres Inhaltes, sondern nur bezüglich ihrer Form festgelegt sind, und auch dies nur in beschränktem Umfang. Ein ursprüngliches Bild ist hinsichtlich seines Inhaltes nur bestimmt, wenn es bewußt – und auf diese Weise mit bewußt erfahrenem Material gefüllt wird. Seine Form jedoch könnte vielleicht mit den Achsen eines Kristalles verglichen werden, welche die Ausbildung der Kristallstruktur in der ursprünglichen Flüssigkeit steuern, ohne eine eigenständige materielle Existenz zu haben. Diese Achsen werden erst sichtbar in der spezifischen Art und Weise, in welcher sich die Ionen und Moleküle zusammenfinden. Der Archetypus an sich ist leer und vollkommen formal, er ist nichts anderes als eine Darstellungsmöglichkeit, die *a priori* gegeben ist. Die Darstellungen sind nicht vererbt, sondern nur ihre Formen. In dieser Hinsicht entsprechen sie vollständig den Instinkten, die ebenfalls bloß hinsichtlich ihrer Form festgelegt sind. Die Existenz von Instinkten kann nicht überzeugender bewiesen werden als diejenige von Archetypen; beides geht nur, solange sie sich konkret auswirken.«
(C. G. Jung, *Die Archetypen und das kollektive Unbewußte*, 1934)

Die Zahlen 2, 3 und 4 sind derart fundamental, daß sie als eigene Archetypen angesehen werden können – genauso wie die entsprechenden Denkformen Dyade, Triade und Tetrade. Die Zahl 5 ist ebenfalls ziemlich grundlegend, weshalb man auf die Idee kommen könnte, daß es auch Denkformen mit fünf miteinander verbundenen Begriffen geben sollte. Wir wollen diese Form *Pentade*

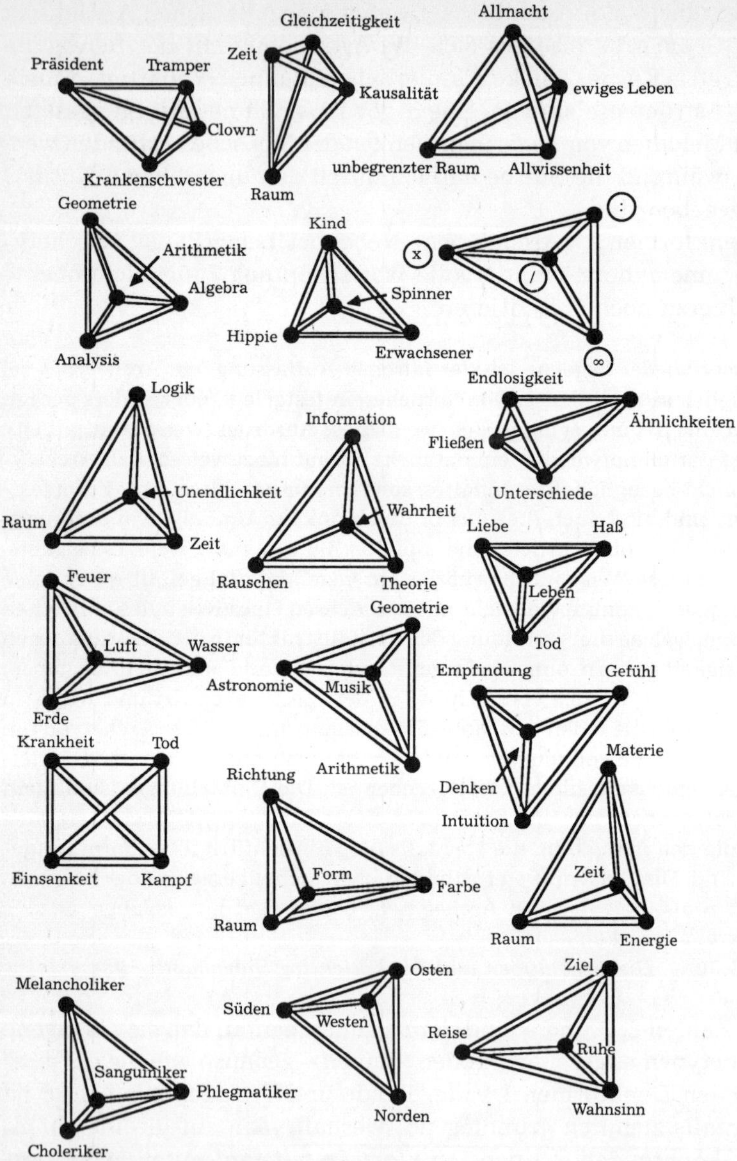

Abbildung 14: Torkelnde Tetraeder

nennen. Eine Möglichkeit, die Pentade graphisch darzustellen, bietet die »Quincunx«. Das ist ein vom Wörterbuch legitimiertes Wort, das »die Anordnung in Form der Fünf eines Würfels« bedeutet. Die Quincunx ist natürlich ein ebenes Bild. Ebenso wie die Quaternität ihre wahre Gestalt erst zeigt, wenn wir sie durch das dreidimensionale Tetraeder darstellen, nimmt die Pentade ihre natürlichste Gestalt erst an, wenn wir ihr erlauben, in einem vierdimensionalen »Pentaeder« aufzugehen.

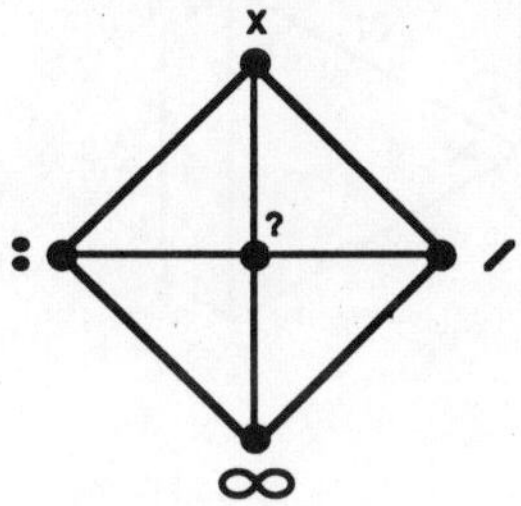

:	Zahl
/	Raum
x	Logik
∞	Unendlichkeit
?	Information

Abbildung 15: Eine Quincunx

Ich bezeichne diese Gestalt als die »natürlichste«, weil sie die Eigenschaft hat, daß jeder ihrer Eckpunkte gleich weit von allen anderen Eckpunkten entfernt ist. Formen dieser Art werden im allgemeinen *Simplizes* genannt. Ich sollte darauf hinweisen, daß man sich, damit die Zeichnung des Pentaeder in Abbildung 16

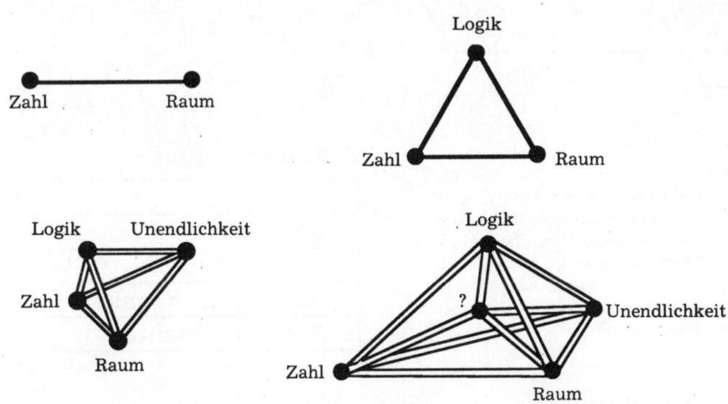

Abbildung 16: Simplizes: Strecke, Dreieck, Tetraeder, Pentaeder

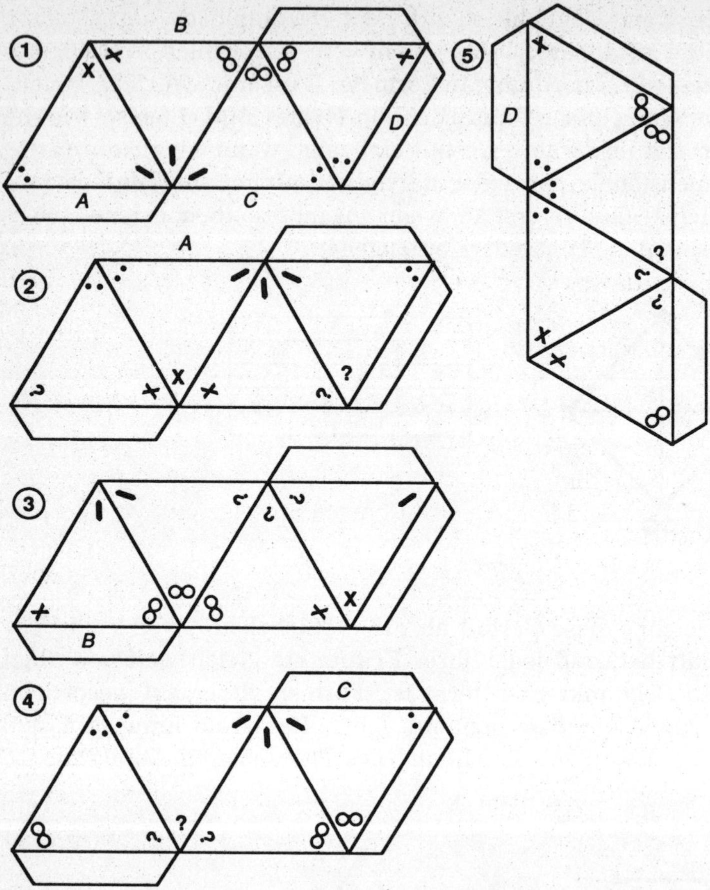

Bauanleitung:
Man schneide die fünf Formen aus und klebe sie mit Hilfe von Papierklebstoff zu fünf einzelnen Tetraedern (das sind Pyramiden mit dreieckiger Grundfläche) zusammen. Anschließend befestige man jedes der Exemplare 2 bis 5 mit Klebstreifen (= bewegliche Kante) an 1, und zwar so, daß immer Ecken mit gleichen Symbolen miteinander verbunden werden

Zeichenerklärung

:	Zahl
/	Raum
X	Logik
∞	Unendlichkeit
?	Information

Abbildung 17: Das Pentaeder (die »Fünf-Zelle«) des mathematischen Wissens

korrekt wird, vorstellen muß, daß der Punkt mit dem Fragezeichen ein Stückchen in Richtung der vierten Dimension hochgehoben wird. Nur dann haben alle Kanten die gleiche Länge. Das Pentaeder wird manchmal auch »Fünf-Zelle« genannt, weil es aus fünf kongruenten Tetraedern aufgebaut werden kann analog dem Tetraeder, das aus vier kongruenten Dreiecken besteht.

Man begegnet Pentaedern nicht häufig, aber als abstrakte Form existieren sie sicherlich. Und wenn Archetypen keine abstrakten Formen sind, was sollen sie dann sein?

Wie dem auch sei – jedenfalls suchen wir nach einem fünften Begriff, der sich in die vier Begriffe, die wir bereits kennen, so einfügt, daß er von allen vieren gleich weit entfernt ist. Ich möchte einen fünften mathematischen Begriff finden, der ebenso grundlegend ist wie Zahl, Raum, Logik und Unendlichkeit. Weiter erwarte ich, daß ihm ein fünfter psychologischer Begriff entspricht, der genauso fundamental wie Empfindung, Gefühl, Denken und Intuition ist. Wie könnte ich diesen Begriff finden?

Es ist vielleicht keine allzu schlimme Gewalttätigkeit, wenn man behauptet, daß die aufeinanderfolgenden Stadien der intellektuellen Entwicklung der Menschheit in den letzten tausend Jahren vom Zahlbegriff (Mittelalter), Raumbegriff (Renaissance), von der Logik (Industrielle Revolution) und von der Unendlichkeit (Moderne) geprägt wurden. Mit dem Aufkommen des Computers geht nun die Epoche der Unendlichkeit zu Ende. Wir treten in ein neues Zeitalter der Mathematik ein. Welches ist derjenige fünfte Begriff, der unser neues Zeitalter am treffendsten charakterisiert?

Information.

Information und Kommunikation

Die Logik verbindet Zahl und Raum, indem sie über ähnliche Formen nachdenkt, die in beiden Bereichen auftreten. Das Unendliche verbindet Zahl und Raum durch endlose Approximationsprozesse. Wie aber kann der Begriff »Information« Zahl, Raum, Logik und Unendlichkeit miteinander verbinden?

Konkret betrachtet geht es in der Mathematik um die Lösung von Problemen. Die Mathematik verwandelt Gestalten in Flächeninhalte, Vermutungen in Beweise und Gleichungen in Lösungen. Die Mathematik macht aus Fragen Antworten; das ist aber ein Prozeß, bei dem Information erzeugt wird.

Ähnlich wie »Logik« ist auch »Information« ein ziemlich mangelhaft definierter Begriff. Wir können Information in Hinblick auf drei wichtige Aspekte diskutieren: Länge der Botschaft, Komplexität und Verständnis.

In erster Näherung hat Information etwas mit dem Senden und Empfangen von Botschaften zu tun. Es erscheint naheliegend, daß die in einer Botschaft enthaltene Information etwas mit der Länge der Nachricht zu tun hat. Ein langer Telefonanruf enthält mehr Information als ein kurzer; ein dickes Buch mehr als ein dünnes.

Auf dem nächsthöheren Niveau setzen wir Information in Beziehung zur Idee der Komplexität. Einige Muster erscheinen uns einfach und wenig informativ. Andere, mehr strukturierte Muster teilen uns scheinbar mehr mit, sie enthalten viel Information. Fünf Minuten Stille während eines Telefongesprächs sagen einem erheblich weniger als dreißig Sekunden angeregter Unterhaltung. Eine leere Seite erscheint deshalb als uninteressant, weil sie wenig Komplexität aufweist, also geringe Information trägt. Man könnte den Informationsgehalt eines Gegenstandes mit der Länge der kürzesten Beschreibung gleichsetzen, die es ermöglicht, eine Kopie des fraglichen Objektes anzufertigen. Gemäß dieser Definition enthielte ein zufällig zusammengewürfelter Haufen sehr viel »Information«, denn es wäre schwierig, eine kurze Beschreibung von ihm zu geben. Eine ungepflegte, mit Unkraut übersäte Wiese würde mehr Information enthalten als der Rasen eines Golfplatzes.

Gemäß dem dritten Aspekt steht Information in Zusammenhang mit Wissen und Verständnis. Dieser Begriff von Information hängt in natürlicher Weise mit dem der Botschaft zusammen; zumindest erscheint die These vernünftig, daß Wissen immer im Dialog entsteht – zwischen zwei Personen, zwischen einer Person und der Welt oder sogar zwischen zwei Teilen einer Person. Gleich welches Wissensgebiet man studieren möchte, immer wird man im Laufe des Studiums verschiedene Objekte betrachten (anhören, beriechen, schmecken oder betasten) müssen. Einige der betrachteten Objekte werden natürliche sein: Wolken, Wellen, Bäume oder Hunde. Die Beobachtung wird immer die Gegenstände mehr oder weniger beeinflussen, und die Beobachtungen werden Spuren im Gehirn hinterlassen. Einige der betrachteten Objekte werden Menschen sein; mit manchen unter ihnen wird man sich unterhalten, und man wird gestikulieren. Man wird diesen Leuten Fragen stellen, und sie werden vielleicht antworten. Einige der betrachteten Objekte werden Bücher über Objekte sein. Will man ein Buch verarbeiten, so muß man darüber nachdenken. Man macht Randbemerkungen und diskutiert mit sich selbst oder mit dem geistigen Bild des Autors. Dinge lernen bedeutet: Informationen aufnehmen – natürliche Informationen aus der physischen Welt, aber auch Informationen von anderen Leuten. Dinge lernen bedeutet auch: Informationen erzeugen – Fragen stellen, Gedächtnisspuren schaffen und Dinge niederschreiben. Wann immer man lernt, sendet und empfängt man Mitteilungen, erzeugt und absorbiert man Informationen.

Mehr noch als unsere ersten vier Grundbegriffe widersetzt sich der Begriff der Information jeglicher präziser Definition. Hinsichtlich der Information befinden wir uns in einer ähnlichen Lage wie die Naturwissenschaftler des siebzehnten Jahrhunderts hinsichtlich der Energie: Wir wissen, daß es hier einen wichtigen Begriff gibt, einen Begriff mit vielen Anwendungen, aber wir wissen nicht, was genau wir über ihn aussagen können.

Dennoch gibt es ein Teilgebiet der Mathematik, das sich *Informationstheorie* nennt. Die moderne mathematische Theorie der Information wurde bezeichnenderweise von einem Ingenieur der Bell-Laboratorien – der Heimat des Telefons – namens Claude Shannon erfunden. Die wichtigsten Arbeiten Shannons, die in den 40er Jahren geschrieben wurden, haben ihre Wurzeln in Problemen der Zuverlässigkeit von Telefon- und Telegraphenleitungen über weite Distanzen. Shannon nannte sein Werk ursprünglich Kommunikationstheorie anstatt Informationstheorie.

Wie kann man Information genau *messen,* so daß sich eine wissenschaftliche Theorie über sie formulieren läßt? Nach Shannon wird die Information in »Bits« gemessen. Wenn ich jemand eine Ja-Nein-Frage stelle, dann liefert mir die Antwort ein Bit Information. Wenn ich mit jemanden das »Spiel der zwanzig Fragen« (Personenraten) spiele, dann erhalte ich, indem ich meine Ja-Nein-Fragen stelle, zwanzig Bit Information von meinem Partner. Einem Rasterbild in einer Zeitung kann man soviele Bits zuschreiben, wie es Schwarz-Weiß-Punkte enthält. Eine Botschaft im Morsekode enthält genauso viele Bits, wie es kurze und lange Töne darin gibt. Das Umspringen eines Flip-Flops im Speicher eines Computers speichert ein Bit Information. Aber wie steht es mit Dingen, die sich nicht in natürlicher Weise in das Schema von Ja-Nein-Entscheidungen einordnen? Wie können wir eine Anzahl von Bits einem Gemälde oder einem Stück englischer Prosa zuordnen? Hier ist die Idee mit den zwanzig Fragen nützlich.

Erinnern wir uns daran, daß es das Ziel beim »Spiel der zwanzig Fragen« für den Fragenden ist, herauszufinden, welche berühmte Persönlichkeit sich der Antwortende ausgedacht hat. Der Frager beginnt mit Fragen wie »Ist diese Person männlich?«, »Ist diese Person Amerikaner?«, »Lebt diese Person noch?« oder »Betätigt sich diese Person im Showbusiness?« Es ist schon ein wenig überraschend, wie oft es dem Fragenden tatsächlich gelingt, nur mit Hilfe von zwanzig Bit Information herauszukriegen, welche bekannte Persönlichkeit sich der Antwortende ausgedacht hat! (Es stellt sich heraus, daß zwanzig Fragen in der Regel ausreichen, weil es nur ungefähr eine Million berühmter Personen gibt, unter denen man auswählen kann. Mathematisch geneigte Leser werden bemerken, daß dies aus der Tatsache folgt, daß eine Million etwa gleich zwei hoch zwanzig ist.)

Im allgemeinen legt man den Informationsgehalt einer beliebigen Nachricht fest als die Anzahl der Ja-Nein-Fragen, die erforderlich sind, um die wirkliche Botschaft zu ermitteln. Offensichtlich enthält eine lange, in englisch geschriebene Nachricht eine beachtlich große Anzahl von Bits an Information. Shannon schätzte, daß eine gewöhnliche englisch geschriebene Botschaft einen Informationsgehalt von 9,14 Bits pro Wort enthält. Eine Passage, die eine Menge unüblicher Worte enthält, wird jedoch einen höheren Informationsgehalt haben. Der Informationsgehalt einer Nachricht hängt für Shannon mit dem Grad an *Unvorhersagbarkeit* der Nachricht zusammen.

	Nein	Ja
Beginnt der Nachname der Person mit einem Buchstaben zwischen A und M?	x	
Beginnt der Nachname der Person mit einem Buchstaben zwischen N und S?		x
Beginnt der Nachname der Person mit einem der Buchstaben N, O oder P?		x
Beginnt der Nachname der Person mit N oder O?	x	
Ist die Person jünger als 30?	x	
Ist die Person jünger als 60?		x
Ist die Person männlich?		x
Gut. Nach sieben Fragen weiß ich, daß es sich um einen älteren Mann handelt, dessen Nachname mit P beginnt. Ist er Amerikaner?		x
Bin ich ihm jemals begegnet?	x	
Ist er Politiker?	x	
Ist er Schauspieler?	x	
Ist er eine andere Art von Künstler?		x

	Nein	Ja
Ist er Maler?	x	
Ist er Schriftsteller?		x
Gut. Nach vierzehn Fragen weiß ich, daß die Person ein älterer amerikanischer Schriftsteller ist, dessen Nachname mit P beginnt.		
Hat er mehr als fünf Romane veröffentlicht?	x	
Wurden seine Bücher in der »New York Times Book Review« besprochen?		x
Ist es Charles Portis?	x	
Ist es Thomas Pynchon?		x

Abbildung 18: Thomas Pynchon in Form von achtzehn Bits

Ein Beispiel: Ein Roman von Wladimir Nabokov enthält mehr Information als ein mittelalterlicher Ritterroman. Fehlt ein einziges Wort in einem Buch Nabokovs, so kann ein Dutzend Fragen erforderlich sein, um das betreffende Wort herauszufinden, wohingegen ein fehlendes Wort in einem mittelalterlichen Ritterroman wahrscheinlich mit nur zwei Versuchen geraten werden kann. Diese Beobachtung enthält nicht notwendigerweise ein Werturteil; es handelt sich vielmehr um eine objektive Feststellung über die Sprache, die in den beiden Büchern gebraucht wird. Nabokov verwendet geheimnisvolle Worte, während von mittelalterlichen Autoren erwartet wird, daß sie genau das vermeiden.

Natürlich ist nicht unbedingt erforderlich, daß eine Nachricht aus Wörtern besteht. Eine Botschaft kann auch die Gestalt eines Bildes, einer Gleichung, einer Welle oder sogar eines Gedankens haben. Das Medium der Nachrichtenübermittlung wird *Kanal* genannt. Wenn wir miteinander sprechen, so benutzen wir Schallwellen als Kanal. Betrachtet man die Sache etwas anders, so sprechen wir, indem wir den Luftdruck um uns herum verändern. Hätten wir Menschen noch nie Sprache gehört, käme uns das sehr befremdlich vor! Zum Vergleich stelle man sich eine Rasse von Lebewesen vor, die miteinander kommunizieren, indem sie die Stärke des Magnetfeldes in ihrer Umgebung variieren.

Der aufmerksame Leser wird sicherlich eine Reihe von Problemen bei Shannons Versuch bemerken, den Informationsgehalt der »zwanzig Fragen« zu messen. Diese Probleme sind realistisch. Was ist, wenn der Fragende ein Einsiedler ist, der niemals von einer berühmten Persönlichkeit gehört hat? Was ist, wenn die Fragende eine Japanerin ist, der man zuerst englisch beibringen muß? Was ist, wenn die Fragende eine Riesenschnecke vom Saturn ist, die es gewöhnt ist, in einer Methanathmosphäre zu reden? Das Problem besteht darin, daß das, was des einen Empfängers Information ist, des andern Empfängers zufälliges Geräusch sein kann.

Eine der verwirrenden Eigenschaften des Informationsbegriffs ist, daß Information in einem bestimmten Maß ein *relativer* und kein *absoluter* Begriff ist. Die Situation ähnelt ein wenig der in der Logik – wenn ich behaupte, etwas sei logisch beweisbar, so kann ich natürlich zurückfragen: »Beweisbar *woraus?*«. Nach demselben Schema kann man sehr wohl fragen, wenn ich sage, daß ein Muster eine Menge Information enthält: »Information *für wen?*« Gegenwärtig gibt es keine universell anwendbare Definition von »Information«. Die einzige Möglichkeit, etwas zu erreichen, ist Ausprobieren. *Der Ozean der Wahrheit* ist in erster Linie eine Untersuchung über das Wesen der Information.

Ich möchte nun etwas näher ausführen, warum man vom Informationsbegriff sagen kann, daß er die vier traditionellen Gebiete der Mathematik vereinheitlicht. In gewisser Weise enthalten die meisten Techniken der Mathematik Regeln, um Dinge herauszufinden. In der Grundschule lernen wir das Kleine Einmaleins auswendig, und wir lernen Techniken, mit denen man größere Produkte auswerten kann. In der Algebra lernen wir, einfache Gleichungen mit ein oder zwei Unbekannten zu lösen. Studieren wir die Euklidische Geometrie, so lernen wir, Axiome zu Beweisen von Theoremen zusammenzusetzen. Die Analysis liefert uns Techniken zur Berechnung krummlinig begrenzter Flächen und Körper und so weiter. Die Mathematik besteht zu einem großen Teil aus Techniken, mit denen eine Art Information in eine andere überführt wird. Ein mathematisches Problem zu bearbeiten, ähnelt dem Entziffern einer Botschaft.

Die Entzifferungstechniken der Mathematik sind allgemein unter der Bezeichnung *Algorithmen* bekannt. Dieses Wort ist von dem Namen des arabischen Mathematikers Al-Chwarismi (9. Jahrhundert) abgeleitet. Al-Chwarismi hat ein Buch über die Kunst des Rechnens geschrieben, das die seinerzeit ungewohnten »Arabischen« Ziffern – wie wir sie heute alle kennen – benützte. Heute wird die Wissenschaft von der Computerprogrammierung gelegentlich »Algorithmik« genannt.

Kehren wir zu den allgemeineren Überlegungen des letzten Abschnittes zurück. Welche Aspekte der menschlichen Psychologie lassen sich am ehesten mit dem Informationsbegriff verbinden? Eine Antwort lautet: die Kommunikation. Insofern wir nicht als isolierte Individuen existieren, versuchen wir, uns miteinander zu verständigen. Das ist eine fundamentale psychologische Aktivität. Eng mit der Kommunikation hängt das Gedächtnis zusammen. Insofern wir nicht zu einem isolierten Zeitpunkt alleine existieren, versuchen wir uns zu erinnern, was uns in der Vergangenheit widerfahren ist. Kommunikation verleiht die Fähigkeit, Informationen an einer anderen Stelle reproduzieren zu können; in analoger Weise verleiht das Gedächtnis die Fähigkeit, Informationen zu einem anderen Zeitpunkt zu reproduzieren.

Jeder auf der Empfängerseite der Kommunikation ist in die »Informationsverarbeitung« einbezogen. Ich kann mit dem Leser kommunizieren, indem ich dieses Buch schreibe. Aber der Leser muß die in diesem Buch enthaltene Information in Begriffen organisieren, die für ihn eine Bedeutung haben. Er muß die Information verarbeiten.

Rücken diese Überlegungen einen Moment lang in den Hintergrund, so wird die gesprochene oder geschriebene Kommunikation rätselhaft wie die Telepathie. Wie kann ein anderer Mensch meine Gedanken kennen oder ich die seinigen? Jemand hat einen Gedanken, er schreibt einige Zeichen auf Papier, er schickt mir dieses Papier per Post, ich betrachte es, und durch einen mysteriösen Verständigungsalgorithmus konstruiere ich in meinem Denken ein Muster, das genauso aussieht wie der ursprüngliche Gedanke.

Information!

Eine Ideengeschichte

Heute wird über Computer nicht mehr gestritten als über das Fernsehen. Sie sind ein Faktum des Lebens – oder auch nicht. Jedenfalls ist die Revolution vorüber. Computer befinden sich in unseren Fabriken, auf unseren Schreibtischen und auch sonst überall. In den meisten Geräten und Spielzeugen sind Mikrocomputer eingebaut. Wovor haben wir solche Angst?

Ich glaube, der wahre Grund für diese Angst ist, daß die Computerrevolution die Leute dazu gezwungen hat, die Welt auf eine neue Art und Weise zu betrachten. Die neue Weltsicht, die die Computer verbreitet haben, lautet: *Überall ist Information.* Heutzutage gilt die Behauptung, die Welt sei fundamental aus Information aufgebaut, als vernünftig. Nach dieser neuen Weltsicht bekommt man das, was man sieht, und man ist das, was man sagt. Für den Menschen der Postmoderne ist die Realität eine Form der Information, also ein Muster im Tatsachenraum.

Zahl, Raum, Logik, Unendlichkeit und Information. Ich habe bereits dargelegt, wie diese fünf Grundbegriffe miteinander in philosophischer und psychologischer Hinsicht zusammenhängen. Jetzt möchte ich sie als Bezugspunkte für eine kurze Ideengeschichte verwenden. Wenn wir jetzt das Informationszeitalter haben, wie sahen dann die früheren Zeitalter des westlichen Denkens aus? Wie passen sie zusammen, und wie haben sie begonnen?

1. Das Mittelalter Die Verwendung der Schriftsprache erlaubte es, spezielle Namen für Dinge einzuführen und beizubehalten. Der geschriebene Name eines Dinges war fast ein magisches Symbol für das Ding selbst.

Die charakteristische Tätigkeit des Mittelalters war die

Namensgebung. Die mittelalterliche Wissenschaft stellte endlose Listen von Spezialfällen auf. Die Gegenstände in mittelalterlichen Gemälden sind Symbole für die verschiedensten Sünden und Tugenden. Die Theologen beschäftigten sich damit, für die Abstufungen der Schönheit Namen zu erfinden. Die Tendenz dieses Zeitalters ging dahin, sich von der realen Welt abzuwenden und statt dessen durch Berge von Nomenklatur hindurchzufressen.

2. Renaissance Der entscheidende Punkt an der perspektivischen Malerei der Renaissance ist, daß der physische Raum in mathematischer Weise behandelt wird. Ein mittelalterliches Gemälde ist eine ebene Leinwand mit Darstellungen, die eine zahlenartige Botschaft codieren. Ein perspektivisches Bild stellt das abgebildete Objekt in einen einheitlichen mathematischen Raum. Dies zeigt eine völlig neue Sichtweise der Welt. Die Dinge, die zuvor Namen im Geiste Gottes waren, wurden nun Strukturen im mathematischen Raum. Die Renaissance war das Zeitalter des Raumes.

Die Tätigkeit der Namensgebung ist wesentlich zahlorientiert. Zahlen selbst sind einfache, universelle Namen, und Zahlenmystiker sehen genau das in ihnen. Der mittelalterliche Glaube an die Möglichkeit, den gesamten Kosmos gemäß vorgegebener Schemata kategorisieren zu können, war im wesentlichen ein Glaube daran, daß die Welt aus Zahlen bestünde. Das Mittelalter war das Zeitalter der Zahl.

Galileis Entdeckungen in der Astronomie machten deutlich, daß der Raum zwischen den Planeten grundsätzlich nicht verschieden ist von demjenigen, in dem wir uns bewegen. Noch wichtiger war, daß seine Experimente (z. B. mit Kugeln, die eine schiefe Ebene hinunterrollen) zeigten, daß physikalische Bewegungen überall denselben Gesetzen gehorchen. Anstatt anzunehmen, Gegenstände bewegten sich »gemäß ihrer inneren Natur«, entwickelten die Menschen nun die Vorstellung, die Objekte bewegten sich aufgrund von Kräften, die sich durch den Raum ausbreiten. Voltas Entdeckung der Elektrizität und der elektrischen Effekte in den Muskeln des Frosches unterstützte die Idee, die Welt sei ein von Kraftfeldern durchdrungener Raum.

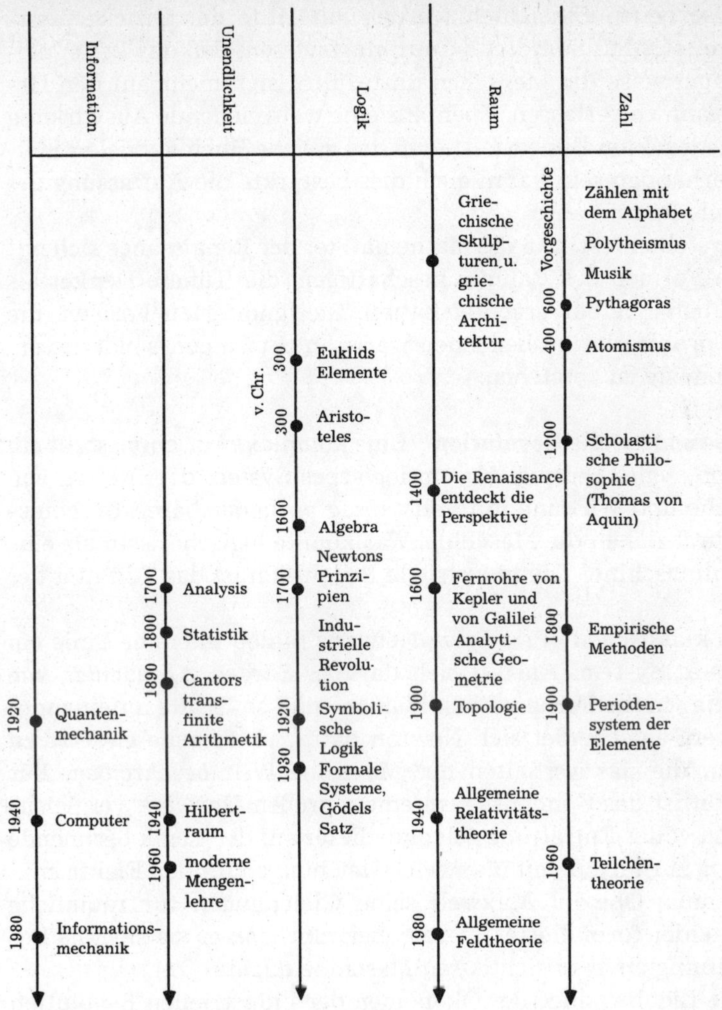

Abbildung 19: Die fünf westlichen Weltsichten im Laufe der Jahrtausende

Diese neuen Einsichten wurden mit Hilfe der Druckerpresse verbreitet. McLuhan hat darauf hingewiesen, daß das Lesen notwendigerweise die Menschen dazu führt, sich mehr auf den Gesichtssinn zu verlassen. Ebenfalls eine weitreichende Auswirkung von gedruckten Büchern ist, daß das gleiche Buch an vielen Stellen vorhanden sein kann; auch dies bestärkte die Auffassung der Welt als Raum.

Wir stellen fest, daß die Mathematiker der Renaissance sich mit vielen Formen des Raumes beschäftigen, die frühere Denker als nicht behandelbar erachtet hatten. Sie ignorierten Formen, die nicht problemlos zu benennen waren, nicht länger, sondern versuchten, sie zu verstehen.

3. Die Industrielle Revolution Eine komplexe Maschine stellt ein vollkommenes Beispiel für ein logisches System dar. Ketten von Ursache und Wirkung mit vollständig vorhersehbaren Ergebnissen durchziehen die Maschine. Was könnte logischer sein als eine Dampfmaschine? Die industrielle Revolution ist das Zeitalter der Logik.

Die klassischen »Principia« Newtons bilden in erster Linie ein logisches System. Anstatt sich darüber Sorgen zu machen, wie Objekte »in die Ferne wirken können« und so Kräfte aufeinander ausüben, entscheidet sich Newton dafür, universelle Gesetze zu finden, die das Verhalten der Maschine Welt *beschreiben*. Für Newton ist das Sonnensystem einem großen Uhrwerk vergleichbar. Zu voller Entfaltung gelangte dieser auf der Logik beruhende Zugang zur Physik mit Maxwells Gleichungen für den Elektromagnetismus. Obwohl Maxwell seine Gleichungen für räumliche Kraftfelder formulierte, ist doch bekannt, daß er sie sich als Beschreibung einer unsichtbaren Maschine dachte.

Eine Lieblingsidee der Ökonomen der Industriellen Revolution war die Gesellschaft als große Maschine. Der Begriff des »ökonomischen« Menschen, der vernünftig handelt, um seinen Reichtum zu maximieren, ist ebenso vollkommen logisch wie mechanistisch.

Was die Mathematik anbelangt, so erreichten die algebraischen Rechenverfahren während der Industriellen Revolution ein bis dahin ungekanntes Niveau. George Boole entwickelte die Vorstellung, vernünftiges Denken in eine Art Algebra zu übersetzen: Dies war die Geburtsstunde der symbolischen Logik.

4. Die Moderne Ein Charakterzug der Moderne ist der Verlust der Gewißheit. Die Wahrheit steckt nicht mehr in zahlenartigen Regeln, in einem heiteren räumlichen Bild oder im System der Logik. Die Wahrheit ist vielmehr unendlich komplex geworden. Die krächzende Stimme des Radios kommt aus den unermeßlichen Tiefen des Äthers – wie es im Zeitalter der Unendlichkeit auch sein sollte.

Die statistische Mechanik erklärt Phänomene wie Wärme und Druck mit Hilfe großer Mengen miteinander wechselwirkender Individuen. Von uns aus gesehen sind die Anzahlen von Atomen, die hierbei im Spiel sind, unendlich. Diese bildlichen Unendlichkeiten werden in der Quantenmechanik zu wirklichen. Die Quintessenz der modernen Quantenmechanik lautet, daß *man sich keine vollständige Beschreibung der Welt ausdenken kann*. Wegen des Unschärfeprinzips muß die Quantenmechanik die Welt als etwas behandeln, das prinzipiell jenseits der Grenzen unserer Erkenntnis liegt. Mathematisch findet diese Theorie ihren Ausdruck im unendlichdimensionalen Raum. Die Relativitätstheorie machte eine wissenschaftliche Kosmologie möglich, die das Universum als Ganzes zu untersuchen versucht.

Hinsichtlich der Gesellschaft ist die moderne Ära das Zeitalter der Massenbewegungen und der Weltkriege. Das führte zu einer umfassenden Entfremdung. Die Menschen haben die Hoffnung aufgegeben, das faktisch unendlich komplexe Leben in der Moderne wirklich steuern zu können.

Was die Mathematik betrifft, so hat die Moderne Georg Cantors Mengenlehre hervorgebracht, die eine exakte Wissenschaft des Unendlichen ist. Gödels Satz setzte dem Grenzen, was die Logiker ohne Intuition können.

5. Die Postmoderne Der Computer ist ein derart suggestives Modell für das menschliche Gehirn, daß er uns zwingt, unser eigenes Denken zu reflektieren. Heute hat die Vorstellung, der Mensch sei ein endliches, informationsverarbeitendes System und keine unsterbliche Seele, nichts Aufsehenerregendes mehr an sich. Die hochfliegenden Ungewißheiten des Kosmos, welche die Moderne inspiriert haben, erscheinen nun als nicht mehr denn bloße Beschränkungen der menschlichen Komplexität.

Die Physiker der Gegenwart wenden sich mehr und mehr der Methode der Computersimulation zu. Daß physikalische Systeme Informationsprozessoren seien, ist heutzutage eine vieldiskutierte Idee. Ein Tintentropfen fällt in ein mit Wasser gefülltes Glas. Das Wasser verarbeitet den Tropfen zu feinen Fäden. Es werden Theoreme erstellt über die Schnelligkeit, mit der ein physikalisches System Information erzeugt. Unter einem etwas anderen Gesichtspunkt versuchen manche Forscher zu zeigen, daß bestimmte einfache physikalische Systeme sich wie nicht weiter analysierbare komplexe »Universalcomputer« verhalten.

Im sozialen Bereich beendet der Aufstieg der Information die für die moderne Massenkultur so charakteristische Entfremdung: Massenprodukte werden individualisiert – man denke an das Kabelfernsehen und die persönliche Ausstattung von PKWs. Computerisierte Meinungsumfragen verleihen den Bürgern neue Macht über die Regierung. Der Begriff der informationstheoretischen Komplexität durchdringt als absoluter Maßstab die postmoderne Ethik, was zu einem zunehmenden Pluralismus führt.

Das Studium der Information hat in der Mathematik zu einer Anzahl faszinierender neuer Einsichten geführt. *Der Ozean der Wahrheit oder Die fünf Arten zu denken* will dem Leser ein Gefühl für Information verleihen und ihm zeigen, wie diese mit Zahl, Raum, Logik und Unendlichkeit zusammenhängt.

Die Zahl

Null und Eins

Aus irgendeinem Grund benutzen wir fast immer 0 und 1 als Beispiel für den fundamentalsten Typ von Unterscheidung, die man treffen kann. Wir kennen viele andere ähnliche Unterscheidungen: an und aus, negativ und positiv, Nacht und Tag, Frau und Mann. Aber zumindest für den Mathematiker sind Null und Eins etwas Besonderes. Was bedeuten Null und Eins? Ich will ein wenig mit freien Assoziationen spielen.

0 und 1... das sind die fette Dame und der dünne Mann. 0 schaut eiförmig aus, während 1 wie ein Samen geformt, also männlich ist. Kann das ein Zufall sein? Betrachtet man die Mathematikgeschichte, so stellt man fest, daß sich unsere heutigen Symbole erst nach Jahrhunderten von Versuch und Irrtum durchgesetzt haben. Es ist anzunehmen, daß die Zeichen, die überlebt haben, diejenigen sind, die am besten zu unseren eingeschliffenen Denkweisen passen. Ein Ei ist rund und ein Spermium mager. Es gibt nur ein Ei, aber jede Menge Spermien. Die Spermien sind aktiv, während das Ei bloß abwartet. Die liebenswerte runde Frau wird belagert von Freiern, die nach Ruhe und Vollendung streben.

Formal betrachtet sind sowohl Null als auch Eins undefinierbar. Die ursprünglichen Begriffe »nichts« und »etwas« können nicht mit noch einfacheren Nomen erklärt werden. Wir verstehen diese Begriffe nur deshalb, weil sie in unserer Lebenswelt verankert sind.

Bevor die Zeit begann, sah das Universum wie 0 aus, also wie ein Ei. Das Ei wurde ausgebrütet und heraus kam die 1, das Küken. Chicken here, chicken there, chicken everywhere.

Warum wurde das Ei ausgebrütet? Warum gibt es etwas und nicht nichts? Gäbe es nicht etwas, so könnten wir keine Fragen über dieses etwas stellen... Genügt das als Antwort?

In Momenten tiefer Ergriffenheit scheinen gelegentlich alle Unterschiede zu verschwinden: man hat dann eine Art »0-Erlebnis«. Solange man mit der Leere in Verbindung steht, stellt man keine Fragen wie »Warum gibt es etwas und nicht nichts?«. Aber solche Augenblicke vergehen, und man wird wieder zu einer gewöhnlichen Person. Klack, klack.

Eins und Null ähneln Kasperle und Gretel, die endlos ihr Spiel weiterspielen. Erstaunlicherweise hat die Menschheit auf diesem Spiel eine Wissenschaft aufgebaut: die Zahlentheorie.

Zahlen und Logarithmen

Das einfachste Zählsystem ist das »Zaunsystem«: Eine Zahl *N* wird durch eine Liste von *N* Einsen dargestellt. Üblicherweise verwendet man beim Abzählen mit den Fingern dieses System (vgl. Abbildung 20). Das Zaunsystem ist für die Darstellung großer Zahlen ungeeignet. Effektiver ist das römische Ziffernsystem. Erinnern wir uns daran, daß die Römer die Zeichen I, V, X, L, C, D und M für die Zahlen 1, 5, 10, 50, 100, 500 und 1000 verwandten. Schreibt man X anstelle von 1111111111, so ist das eine große Ersparnis. Ein Nachteil des römischen Systems ist, daß man es nicht immer Zeichen für Zeichen lesen kann. Um herauszufinden, daß IV 4 bedeutet und LX 60, muß man zwei Zeichen auf einmal lesen. Das macht römische Zahlen schwer verständlich. Wie viele unter uns haben schon die Römische Zahl MDCCLXXVI auf der Rückseite eines Dollarscheines gesehen, ohne zu realisieren, daß sie 1776 bedeuten soll? Problematisch ist auch, daß das römische System mit M zu Ende geht. Will ich elftausend notieren, so muß ich MMMMMMMMMMM hinschreiben. Hinter M beginnt wieder das Zaunsystem. Heutzutage verwenden die am weitesten fortgeschrittenen Kulturen das geläufige Stellenwertsystem. Größen werden dabei durch Summen von Einheiten, Gruppen von Zehnern, von zehn Zehnern oder von zehn Gruppen von zehn Zehnern usw. ausgedrückt:

39_{Zehn} = 3 Gruppen von Zehnern und 9 Einheiten

322_{Zehn} = 3 Gruppen von zehn Zehnern, 2 Gruppen von Zehnern und 2 Einheiten

1987_{Zehn} = 1 Gruppe von zehn Gruppen von zehn Zehnern, 9 Gruppen von zehn Zehnern, 8 Gruppen von Zehnern und 7 Einheiten.

Der Index »Zehn« soll daran erinnern, daß unser Ziffernsystem auf Bündelungen von Zehnern beruht. Es fällt ein wenig schwer einzusehen, daß am Dezimalsystem nichts Ungewöhnliches ist. So einfältig das auch klingen mag, der einzige Grund, warum wir die Zehn verwenden, ist, daß wir zehn Finger haben. Ein Ziffernsystem kann beispielsweise genauso gut auf der Drei aufgebaut werden – mit Bündeln von Dreiern, Bündeln von drei Dreiern, Bündeln von drei Bündeln von drei Dreiern usw. Um uns das klarzumachen, wollen wir die verschiedenen Möglichkeiten betrachten, wie man 54 Einheiten gemäß der Stellenwertsysteme mit den Basen zwei bis zehn bündeln kann.

Basis Zehn	Hand	Zaun
1	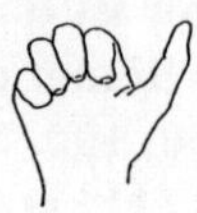	I
2	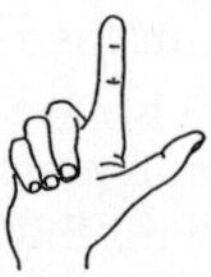	II
3	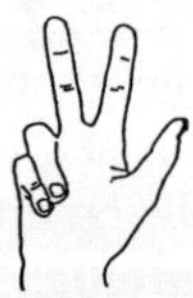	III
4	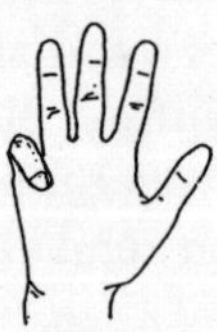	IIII
5	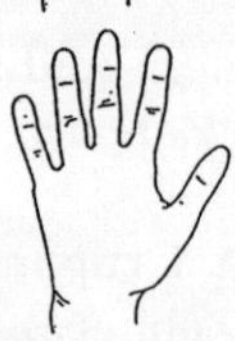	IIIII

Abbildung 20: Bis fünf zählen

Digitalrechner benützen das auf der Basis zwei beruhende Binär- (oder Dual-)system. Ein Grund hierfür ist die Tatsache, daß die Speicher der Computer mit internen Zuständen arbeiten, die zwei Werte annehmen können: »ein« oder »aus«. Setzen wir »ein« gleich 1 und »aus« gleich 0, so können Computer Zahlen darstellen, indem sie die Zustände ihres Speichers mit verschiedenen Werten belegen.

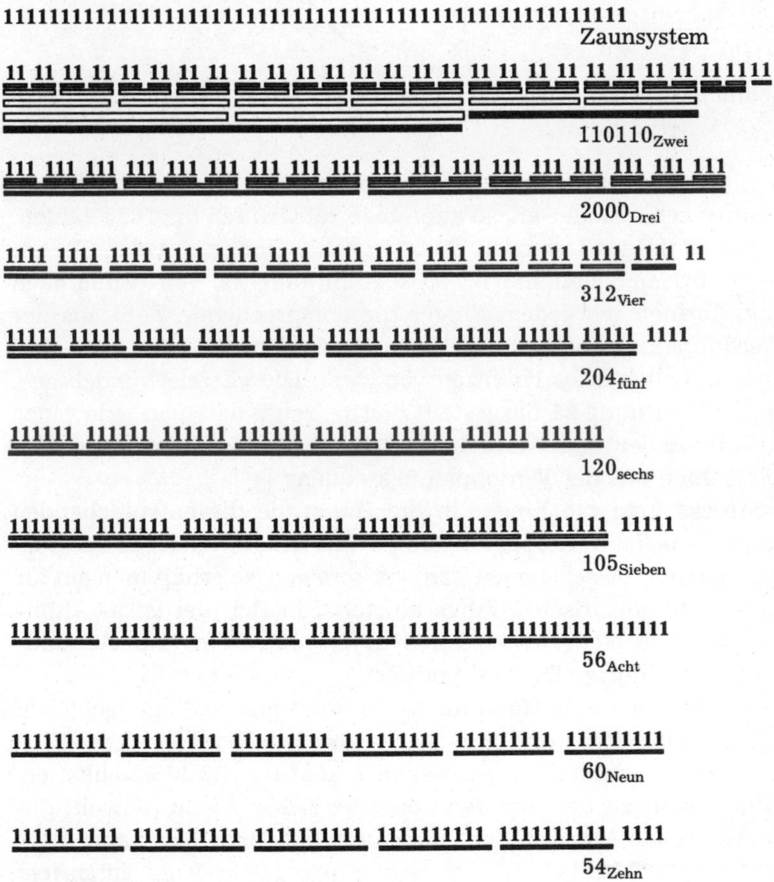

Abbildung 21: 54 in verschiedenen Stellenwertsystemen

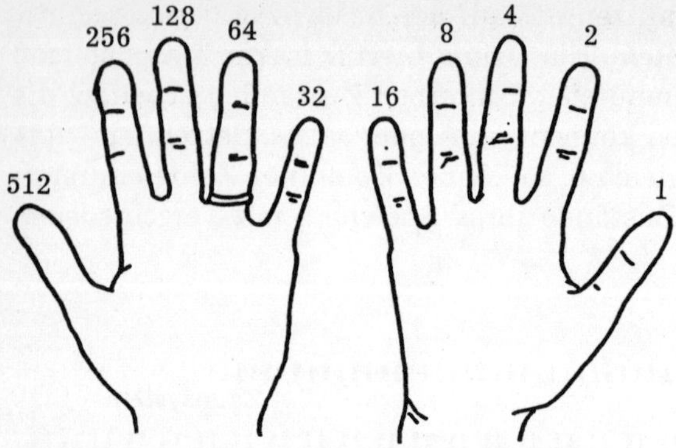

Abbildung 22: Die Finger als Flip-Flops zur Basis zwei

Wendet man ein binäres Stellenwertsystem auf die Positionen unserer zehn Finger an, so kann man tatsächlich bis 1023 zählen. Das geht folgendermaßen: Man lege die Hände mit den Tellern nach oben nebeneinander wie in Abbildung 22. Von rechts nach links ordnen wir jedem Finger die entsprechende Zahl aus der »Verdoppelungsfolge« 1, 2, 4, 8, 16, 32, 64, 128, 256, 512 ... zu. Das sind natürlich alles Potenzen von zwei. Die »Zweierbündelung«, die in Abbildung 21 dargestellt wurde, zeigt, daß man jede ganze Zahl in eindeutiger Weise darstellen kann als Summe von gewissen Zahlen aus der Verdoppelungssequenz.

Streckt man die Finger in die Höhe, die die entsprechenden Zahlen aus der Verdoppelungsfolge darstellen, welche in der Zerlegung einer vorgegebenen Zahl vorkommen, so erhält man ein für diese Zahl spezifisches Fingermuster. Ein Beispiel ist in Abbildung 23 dargestellt. Rechts von dem jeweiligen Fingermuster habe ich die zugehörige Dualzahl notiert.

Benützt man eine Hand allein, so kann man mit ihr jede Zahl zwischen 00000_{Zwei} und 11111_{Zwei} – also jede Zahl zwischen 0_{Zehn} und 31_{Zehn} – darstellen. Insgesamt macht das 32 Möglichkeiten. Nimmt man zu den Händen noch die Zehen hinzu (obwohl das Hochstrecken von Zehen nicht einfach ist), so kann man $11111111111111111111_{\text{Zwei}}$ erreichen, was $1\,048\,575_{\text{Zehn}}$ entspricht – also etwas mehr als eine Million.

Versuchen wir ein Stellenwertsystem mit der Basis 1 aufzubauen, so landen wir beim Zaunsystem, denn alle Potenzen von 1 sind 1. Deshalb kommt zwei der Vorzug zu, die kleinste Zahl zu sein, die man als Basis eines Stellenwertsystems benutzen kann.

$1 = 1$ 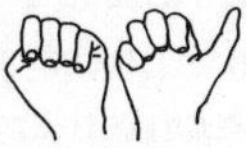 1_{Zwei}

$2 = 2$ 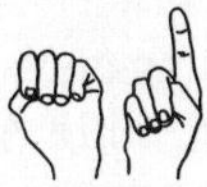 10_{Zwei}

$3 = 2 + 1$ 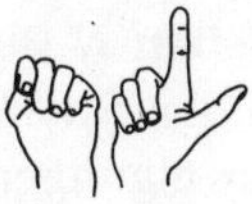 11_{Zwei}

$4 = 4$ 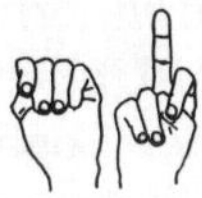 100_{Zwei}

$5 = 4 + 1$ 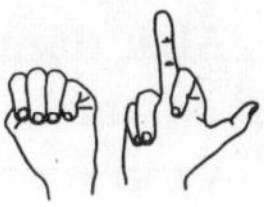 101_{Zwei}

$6 = 4 + 2$ 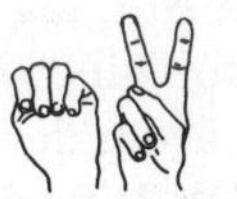 110_{Zwei}

$7 = 4 + 2 + 1$ 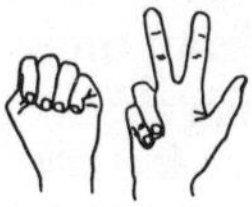 111_{Zwei}

$25 = 16 + 8 + 1$ 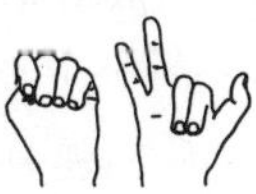 11001_{Zwei}

$666 = 512 + 128 + 16 + 8 + 2$  1010011010_{Zwei}

Abbildung 23: Fingerzählen zur Basis zwei

Will man herausfinden, wieviel Information eine Entscheidung zwischen N Möglichkeiten beinhaltet, so ist es zweckmäßig, im Zweiersystem zu denken.

Eine Wahl zwischen zweiunddreißig Möglichkeiten zu treffen, ist gleichwertig mit den fünf 0/1-Wahlen beim Aufschreiben einer fünfstelligen Binärzahl. Anders ausgedrückt: eine Wahl zwischen zweiunddreißig Möglichkeiten erfordert fünf Bits an Information. Dabei entspricht ein Bit einer Wahl zwischen 0 und 1. Es ist auffallend, daß zweiunddreißig gerade zwei hoch *fünf* ist und daß eine Wahl zwischen zweiunddreißig Alternativen *fünf* Bit Information erfordert. Im allgemeinen erfordert die Entscheidung zwischen zwei hoch N Möglichkeiten N Bit Information. Eine solche Wahl zu treffen, ist ähnlich der Suche nach einem Pfad durch einen Weg, der N binäre Verzweigungen hat.

Um diese Einsicht klarer formulieren zu können, müssen wir über Logarithmen reden. Üblicherweise wird die Informationstheorie in der Sprache der Logarithmen dargestellt. In der Vergangenheit hat mich das aufgebracht, denn wie jedermann sonst haßte ich Logarithmen. Aber dann hatte ich ein Aha-Erlebnis: der Logarithmus einer Zahl ist annähernd gleich der Anzahl von Stellen, die man benötigt, wenn man die Zahl ausschreibt. Bezogen auf die Basis zehn ist log 10 1, log 100 2, log 1987 etwa 3, log 12 345 ist etwa 4 und der log von einer Milliarde ist 9.

Formal wird die Operation des Logarithmierens als die Inverse des Potenzierens eingeführt. Bezüglich der Basis 10 ist der Logarithmus einer Zahl N genau diejenige Potenz, in die Zehn erhoben werden muß, um N zu ergeben.

Das Logarithmieren	verhält sich zum	Potenzieren wie
die Division	sich verhält zur	Multiplikation wie
die Subtraktion	sich verhält zur	Addition.
$y = \log_{10} x$	bedeutet	$10^y = x$.
$y = x/10$	bedeutet	$10 \times y = x$.
$y = x - 10$	bedeutet	$10 + y = x$.

Wir müssen nicht unbedingt Logarithmen zur Basis Zehn betrachten. Für die Zwecke der Informationstheorie ist es viel besser, unsere Logarithmen auf die Basis 2 zu beziehen. Bezogen auf die Basis 2 ist der Logarithmus einer Zahl *N* genau die Potenz, in die Zwei erhoben werden muß, um *N* zu ergeben:

$$y = \log_2 x \quad \text{bedeutet} \quad 2^y = x.$$

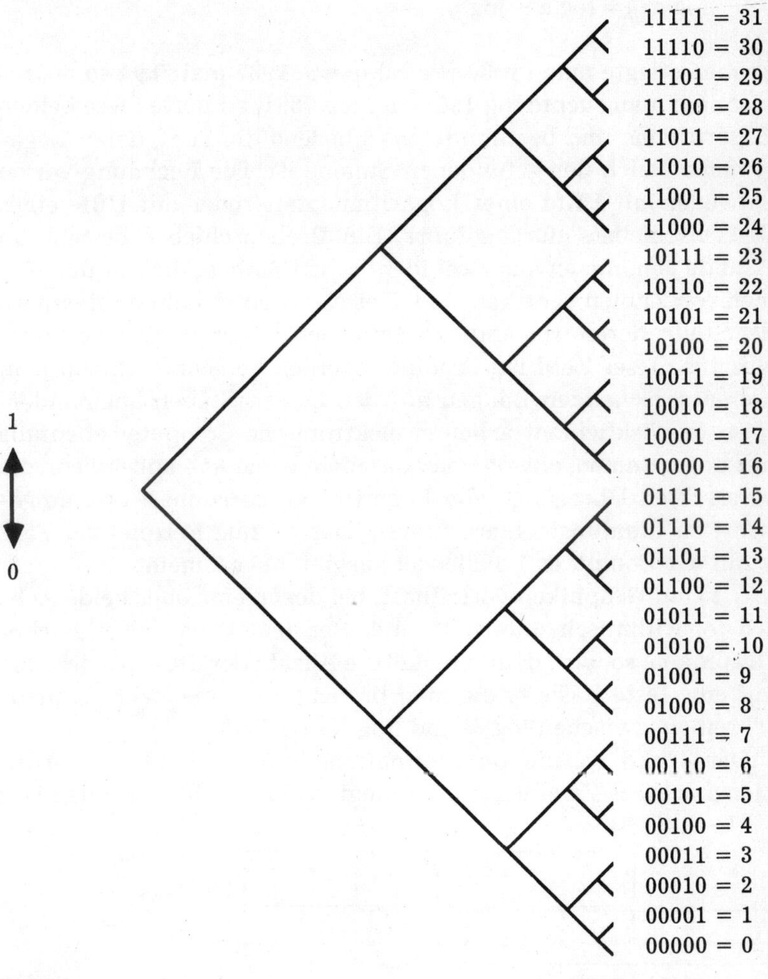

Abbildung 24: Fünf 0/1-Wahlen ergeben zweiunddreißig Resultate

Logarithmen gleich zu welcher Basis haben einige sehr schöne Eigenschaften. Drei Eigenschaften sind es, die Logarithmen für das Rechnen so nützlich machen

$$\log x^N = N \times \log x;$$
$$\log xy = \log x + \log y;$$
$$\log x/y = \log x - \log y.$$

Früher pflegte man große Produkte wie 1987 mal 7891 so auszurechnen: man suchte log 1987 und log 7891, addierte diese beiden Logarithmen und bestimmte anschließend die Zahl, deren Logarithmus gleich der gefundenen Summe ist. Die Rechnung wurde entweder mit Hilfe einer Logarithmentafel oder mit Hilfe eines Rechenschiebers durchgeführt. Ein Rechenschieber besteht im Grunde genommen aus zwei identischen Stäben, die mit den Namen von Zahlen versehen sind. Der Name einer Zahl erscheint an der Stelle, deren Abstand zum Ende des Stabes gleich dem Logarithmus dieser Zahl ist. Produkte werden berechnet, indem man die entsprechenden Längen auf den beiden Stäben aneinanderfügt. In Wirklichkeit arbeiten elektronische Computer ebenfalls mit Logarithmen, obwohl man das nicht bemerkt – außer wenn die versteckten Übergänge von Logarithmen zu Numeri und umgekehrt zu Rundungsfehlern führen. Das ist zum Beispiel der Fall, wenn der Computer 1,99999999 ausgibt, aber 2 meint.

Oft sind Graphiken vorteilhaft, bei denen eine oder beide Achsen logarithmisch unterteilt sind. Betrachtet man zwei solcher Graphiken, so wird deutlich, daß die Anzahl der Stellen – bezogen auf eine feste Basis –, die man braucht, um eine Zahl N aufzuschreiben, zwischen log N und (log N) + 1 liegt.

Der Grund, warum die Informationstheorie so häufig Logarithmen zur Basis Zwei verwendet, liegt darin, daß die Grundeinheit

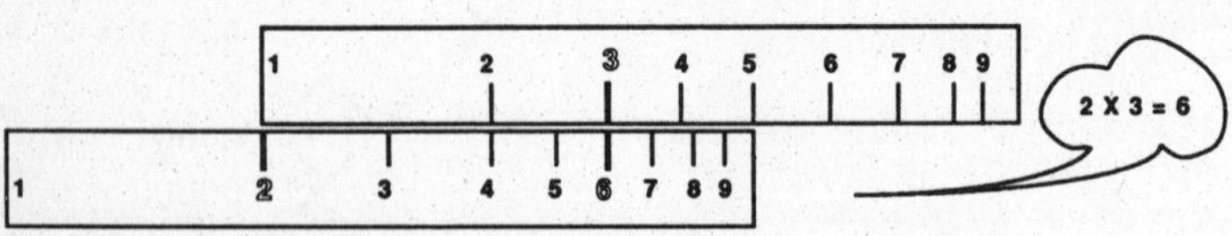

Abbildung 25: Ein Rechenschieber in Aktion

der Information das Bit ist und ein Bit eine Entscheidung zwischen zwei Möglichkeiten bedeutet. Nun haben wir gerade gesehen, daß die Anzahl von digitalen Bits, die man benötigt, um eine Zahl N im Binärsystem zu schreiben, annähernd gleich dem Zweierlogarithmus von N ist.

Shannon dachte sich die Information als *Verminderung der Unsicherheit*. Ist jemand gerade dabei, mir eine Nachricht zu schikken, so weiß ich nicht, was die Nachricht besagen wird. Je größer die Anzahl der möglichen Nachrichten ist, desto größer ist meine Unsicherheit. Der Empfang der Nachricht verringert meine Unsicherheit und liefert mir Information. Shannon definierte die in der Nachricht enthaltene Information als den Zweierlogarithmus der Gesamtanzahl von Nachrichten, die hätten gesendet werden können. Schreiben wir I für Shannons Informationsmaß und M für die Anzahl möglicher Nachrichten, so können wir seine Definition als Gleichung wiedergeben:

$$\mathrm{I} = \log_2 \mathrm{M}.$$

Das bedeutet folgendes: Gibt es nur zwei mögliche Nachrichten, etwa »Ja« und »Nein«, so liefert die Nachricht ein Bit Information. Vier mögliche Nachrichten führen zu zwei Bit Information, acht mögliche Nachrichten ergeben drei Bit Information und so fort. Eine Million ist rund zwei hoch zwanzig. Gibt es also eine Million möglicher Nachrichten, so trägt jede Nachricht zwanzig Bit Information. Anders gesagt kann man sich zwischen einer Million Möglichkeiten entscheiden, indem man zwanzig Ja-nein-Fragen stellt. Im großen und ganzen braucht man, will man eine Zahl in binärer Notation schreiben, etwa dreimal so viele Ziffern wie im Dezimalsystem. Dennoch sollte man nicht meinen, daß die dezimale Notation eine effizientere Darstellung der Zahlen sei, denn die Information, die erforderlich ist, um eine Ziffer im Dezimalsystem zu erinnern, ist etwa dreimal so hoch wie die Information, die man braucht, um eine Ziffer im Binärsystem zu behalten. Das läßt sich durch eine Gleichung präzisieren, welche die Logarithmen zu verschiedenen Basen miteinander verbindet:

$$\log_2 M = (\log_2 10) \times (\log_{10} M)$$

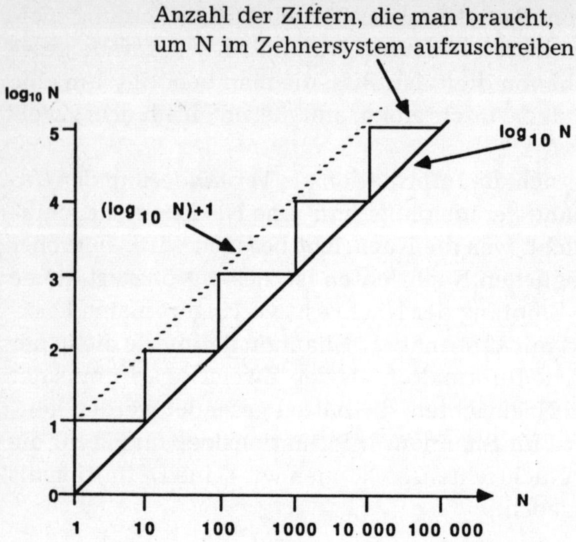

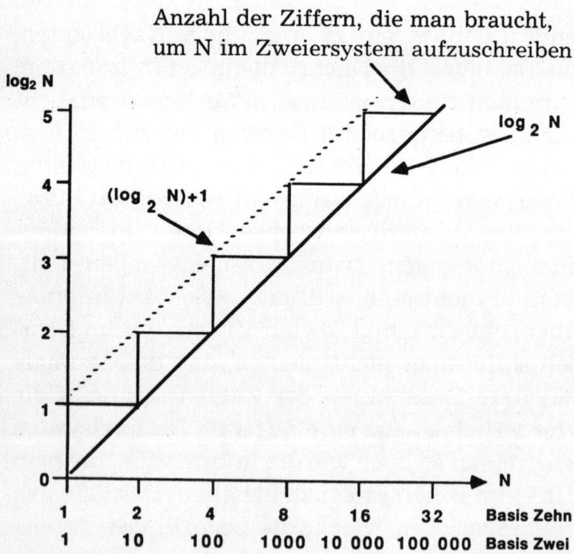

Abbildung 26: Bezüglich jeder Basis ist log N annähernd gleich der Anzahl von Stellen, die man benötigt, um N aufzuschreiben

Stellen wir uns $\log_2 M$ als die Anzahl von binären Symbolen vor, die man zur Darstellung von M braucht, stellen wir uns weiter $\log_{10} M$ als die Anzahl von dezimalen Symbolen vor, die man benötigt, um M aufzuschreiben, und stellen wir uns schließlich $\log_2 10$ als einen Umwandlungsfaktor vor, der die Anzahl von binären Bits angibt, die man braucht, um eines der zehn dezimalen Symbole 0, 1, 2, 3, 4, 5, 6, 7, 8, 9 auszuwählen. Anders gesagt: $\log_2 10$ ist der Informationsgehalt pro Dezimalziffer. Die in M enthaltene Information ist gleich dem Produkt aus dem Informationsgehalt pro Ziffer und der Anzahl von Stellen, die man benötigt, um M aufzuschreiben. Der Wert von $\log_2 10$ ist nebenbei bemerkt 3,32. Das bedeutet, daß eine Dezimalstelle 3,32 Bit Information enthält. $\mathrm{Log}_2\, 26$ ist 4,7, was besagt, daß ein Buchstabe des Alphabets 4,7 Bit Information trägt. Genug der Logarithmen für jetzt!

Zahlenmuster

Den natürlichen Zahlen kommt eine eigenartige Solidität zu. Was immer man auch anstellt, 5 läßt sich nicht in zwei gleiche natürliche Zahlen zerlegen – 5 zerfällt in 1 und 4 oder in 2 und 3. Aber das ist schon alles. Jemand könnte fragen: »Und wie steht es, wenn ich 5 in 2½ und 2½ aufspalten würde?« Im Augenblick sind wir aber an solcherlei Einwänden nicht interessiert, denn jetzt stellen wir uns Zahlen als aus Einheiten zusammengesetzt vor.

Eine Zahl ist ein ewiges, universelles Muster. Die Griechen haben möglicherweise einige ihrer Götter mit Zahlen identifiziert. Heute sind diese Götter vergessen, aber die Zahlen leben noch immer. Es ist denkbar, daß mögliche außerirdische Wesen überhaupt nicht in Zahlbegriffen denken. Empfindungsfähige Gaswolken zum Beispiel könnten niemals Eindrücke haben, die diskret genug sind, um die Idee des Zählens nahezulegen. Sollten aber irgendwelche intelligente Wesen die Vorstellung von diskreten Objekten entwickeln, so können wir sicher sein, daß sie zu genau denselben Zahlen gelangten, wie wir sie benützen. Die Zahl ist ein objektiv existierender Aspekt der Welt.

Verschiedene Anzahlen von Einheiten ergeben unterschiedliche Sorten von Mustern. In der Einleitung haben wir uns des längeren darüber unterhalten, daß gewisse Archetypen mit einigen der kleineren Zahlen verbunden sind:

1. Monade – Einheit
2. Dyade – Gegensatz
3. Triade – These-Antithese-Synthese
4. Tetrade – Gleichgewicht der Quaternität
5. Quintade – ein Schritt darüber hinaus

Jetzt wollen wir uns einige andere Begriffe anschauen, die mit verschiedenen geläufigen Zahlen zusammenhängen. Dabei werde ich mich oft auf die Pythagoräer beziehen. Pythagoras lebte in Griechenland und Italien im sechsten Jahrhundert vor Christus. Er war nicht nur Philosoph, sondern auch so etwas wie ein Zauberer. Seine Anhänger schlossen sich zusammen und bildeten auf der Insel Samos, wohin sie von Süditalien auswanderten, eine religiöse Gemeinschaft. Nach der einflußreichsten Lehre dieser »Pythagoräer« besteht das Universum letztlich aus Zahlen. Aristoteles hat in seiner »Metaphysik« die Lehrmeinung der Pythagoräer so beschrieben:

> Sie dachten, daß man in den Zahlen mehr Ähnlichkeiten zu den Dingen, die sind und werden, findet als in Feuer, Erde und Wasser. Deshalb ist Gerechtigkeit ein Attribut der Zahlen, auch Seele und Geist sowie Möglichkeit und so weiter. Sie fanden in den Zahlen auch die Attribute und Verhältnisse von Tonleitern. Weil also alle Dinge wesensmäßig den Zahlen angeglichen sind, und weil die Zahlen die ersten Dinge in der Natur zu sein schienen, nahmen sie an, daß die Elemente der Zahlen die Elemente aller Dinge seien und daß der gesamte Himmel eine Tonleiter und eine Zahl sei.

Die Pythagoräer meinten, daß die Zahlen eine Vielzahl grundlegender Begriffe verkörperten. Im allgemeinen stellte man sich die geraden Zahlen (2, 4, 6, 8, ...) als weiblich vor, während die ungeraden Zahlen als männlich galten. Insbesondere vertrat 2 die Frau und 3 den Mann. Ein Grund hierfür könnte im Aussehen des männlichen und weiblichen Genitales liegen.

Da 5 die Summe von 2 und 3 ist, galt diese Zahl als Symbol für die Heirat.

Gemäß einem anderen pythagoräischen Gedankengang steht 1 für Gott oder die vereinigte Gottheit, die der Welt zugrunde liegt. Die Zwei, die erste Bewegung über die Eins hinaus, stand für Kampf und Meinung. Diese Interpretation der 2 steckt im Begriff der Dyade, der Komplementäres paart. Drei gilt üblicherweise als eine glückliche Zahl; die christliche Religion beruht auf dem Begriff der göttlichen Dreieinigkeit. Ein anderer wichtiger Aspekt der Zahl 3 ist, daß drei Punkte die einfachste zweidimensionale

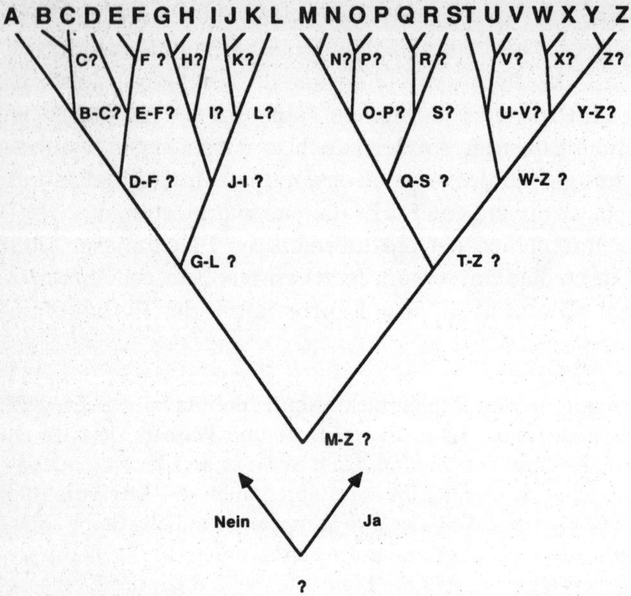

Abbildung 27: Ein Buchstabe enthält etwas weniger als fünf Bit Information

Gestalt kennzeichnen: das Dreieck. Kirchen in Österreich und Süddeutschland haben häufig über dem Altar ein Bild, das Gott als Auge im Innern eines Dreiecks darstellt. Irgendwie hat dieses Bild seinen Weg auf die amerikanischen Dollarscheine gefunden.

Im Rest dieses Abschnittes werde ich über Zahlen als ebene Muster nachdenken. Das bedeutet, daß ich Zahlen als Ansammlungen von Punkten darstellen und einige der Muster untersuchen werde, die verschieden große Ansammlungen ergeben. Die Pythagoräer benützten oft ebene Muster, um Einsicht in die Eigenschaften von Zahlen zu erlangen. Dabei werde ich versuchen, die Muster so einfach und so »digital« wie möglich zu halten. Letztlich geht es uns hier mehr um die Zahlen als um den Raum.

Eines der ersten Beispiele in der Menschheitsgeschichte für die Verwendung von Punktmustern zur Darstellung von Zahlen findet sich in einem chinesischen Bild, das unter dem Namen *lo-shu* bekannt ist. Darin finden sich Punktmuster für die Zahlen 1 bis 9, angeordnet in Form eines »magischen Quadrats«. Angeblich sah Kaiser Yu das lo-shu-Muster auf dem Rücken einer Schildkröte an den Ufern des Gelben Flusses im Jahre 2200 vor Christus. Das Muster heißt magisches Quadrat, weil die Summe entlang jeder Zeile, jeder Spalte und jeder Diagonalen immer gleich 15 ist.

Die sehr umfangreiche Abbildung 29 enthält so viele einfache Darstellungen für die Zahlen zwischen 1 und 100, wie ich zu finden vermocht habe. Einige davon sind aus der Tradition bekannt, andere sind meine Erfindung.

Möglicherweise entdecken die Leser einige einfache Muster, die ich vollkommen übersehen habe. Beim weiteren Lesen sollte man sich stets Abbildung 29 vor Augen halten.

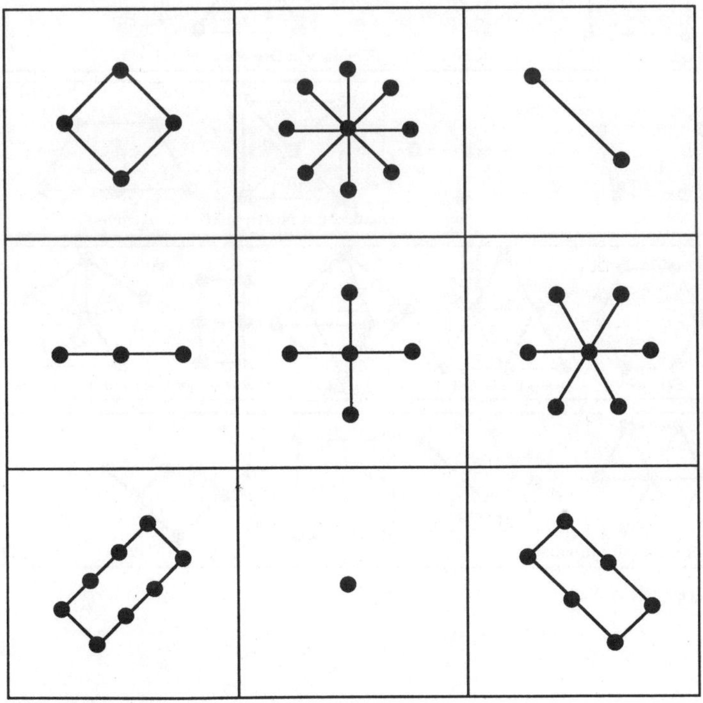

Abbildung 28: Das magische Quadrat lo-shu

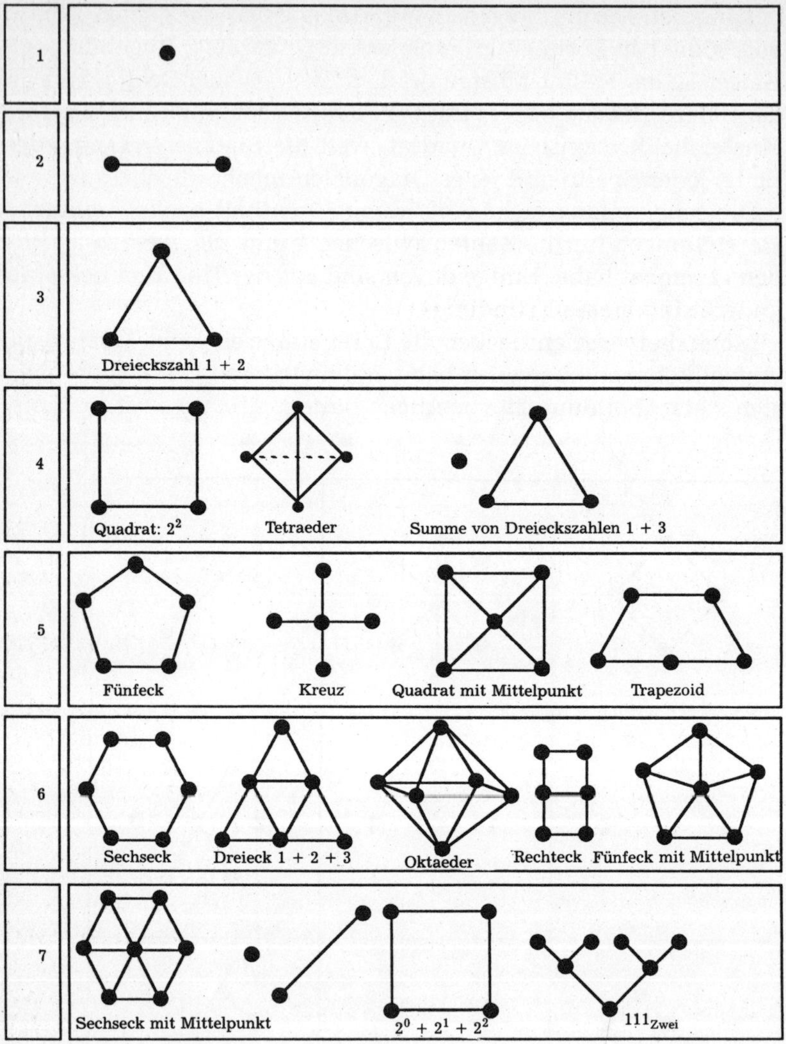

Abbildung 29: Nr. 1

Weil 4 so bereitwillig in die gleichen Hälften 2 und 2 zerfällt, galt 4 als Symbol für Gerechtigkeit. Ein Überrest dieser Vorstellung findet sich in der Redeweise »a square deal« (ein gerechtes Geschäft). Die Orthogonalität der Seiten macht die Quadrat- oder Rechteckform ideal zu Bauzwecken. Vielleicht war es diese Solidität, die das Wort »square« zur Bezeichnung für einen soliden (und irgendwie aufreibenden) Bürger werden ließ. Ein einmaliger Aspekt an 4 ist, daß 4 nicht nur 2 plus 2, sondern auch 2 mal 2 und 2 hoch 2 ist. Auf diesem Niveau der niedrigen Zahl ist die Unterscheidung zwischen Addition, Multiplikation und Potenzbildung noch nicht vollständig entfaltet.

Die Zahl 5 ist aus vielerlei Gründen bemerkenswert. Ein menschlicher Körper hat fünf große Ausstülpungen (Kopf, Arme und Beine). Die Pythagoräer identifizierten 5 gelegentlich mit »Körper« oder »Gesundheit«. Ein anderer wichtiger Aspekt an 5 ist, daß eine unverstümmelte Hand fünf Finger besitzt. Die Anhänger des Pythagoras trugen Fünfsterne als Glücksbringer ... genau wie die Sheriffs im Wilden Westen. Kinder malen gewöhnlich Häuser als irreguläre Fünfecke.

Die 5 hat während des Mittelalters eine negative Bedeutung bekommen. Fast alle Versuche, den Teufel zu beschwören, benützten ein Pentagramm (einen Fünfstern). Ein Grund hierfür könnte sein, daß es tatsächlich ziemlich schwierig ist, ein genaues Fünfeck zu zeichnen. Vielleicht benützen Zauberer das Pentagramm, um es den Amateuren schwer zu machen, ihre Zeremonien zu kopieren.

Sechs wurde von den Pythagoräern geschätzt, weil sie die denkwürdige Eigenschaft besitzt, gleich der Summe ihrer Teiler zu sein. 6 läßt sich in 6 mal 1, 3 mal 2 und 2 mal 3 zerlegen, und bemerkenswerterweise ist $6 = 1 + 2 + 3$. Die Pythagoräer nannten solche Zahlen *vollkommen.* (Die nächste vollkommene Zahl nach 6 ist 28. 28 läßt sich in 28 mal 1, 14 mal 2, 7 mal 4 oder 2 mal 14 aufspalten, und $28 = 1 + 2 + 4 + 7 + 14$). Ein weiterer interessanter Aspekt von 6 ist, daß diese Zahl wie 3 eine sogenannte Dreieckszahl ist. Das bedeutet, daß man sechs Punkte in Form eines gleichseitigen Dreiecks anordnen kann. Sechs spielt im Alten Testament eine wichtige Rolle, weil Gott die Welt in sechs Tagen erschuf. Der sechszackige Davidstern wurde später ein Zeichen des Judentums. Mit der Natur verbunden sind zwei weitere Eigenschaften der Zahl 6: Viele Blumen beruhen auf einer Anordnung der 6, und die Bienen, die sich von Blumen ernähren, bewahren ihren Honig in sechsseitigen Waben auf.

Ein wenig geläufiges Muster, das auf sechs Punkten basiert, ist das dreidimensionale *Oktaeder*. Man kann sich das Oktaeder so vorstellen, als sei es aus zwei quadratischen Pyramiden, die Basis an Basis liegen, hervorgegangen. Jede seiner Flächen ist ein gleichseitiges Dreieck.

Im Alten Testament steht die Sieben oft für eine sehr große Zahl. Ein Grund hierfür könnte sein, daß es unmöglich ist, 7 in eine einfache symmetrische Anordnung zu bringen. 7 ist eine *Primzahl*. Das bedeutet, daß sie keine anderen Teiler außer 1 und sich selbst besitzt. Natürlich ist 5 auch prim, aber 5 hat so viele andere Eigenschaften, daß man kaum an 5 als eine »typische« Primzahl denkt. Sieben könnte die erste typische Primzahl genannt werden. Ein anderer, widerspenstiger Charakterzug der 7 ist der folgende: Beschränkt man sich auf Zirkel und Lineal, so ist es nicht möglich, damit ein reguläres Siebeneck (Heptagon) zu konstruieren. Alle kleineren Zahlen als 7 lassen sich in vertraute Muster bringen, 7 aber stellt man sich in ganz natürlicher Weise als gerade Linie von Punkten vor. Deshalb könnte es sein, daß 7 die Idee von Größe und des Fortschreitens ins Unendliche nahelegt. Die Einmaligkeit der 7 veranlaßte die Menschen, sie eine Glückszahl zu nennen. Diese Assoziation könnte etwas mit einem Würfelspiel zu tun haben, bei dem die 7 automatisch gewinnt. Sieben besitzt die ansprechende Eigenschaft $7 = 111_{\text{Zwei}} = 1 + 2 + 4$. Zahlen, die in einem Stellenwertsystem als eine Folge von lauter Einsen geschrieben werden können, heißen »Rep-Zahlen«. Das Schöne an Rep-Zahlen ist, daß man sie in Baumform darstellen kann, wobei jede Verzweigung dieselbe Anzahl von Ästen besitzt. Ein weiteres zur 7 gehöriges Muster ist das Sechseck mit Mittelpunkt.

Acht ist eine interessante Zahl, denn sie ist die erste echte Kubikzahl, das heißt $8 = 2 \cdot 2 \cdot 2$. Acht ist sozusagen *gerade* im Exzeß, und ihre glatten Schwünge machen sie zu einer noch weiblicheren Zahl als 2. Ein merkwürdiger Aspekt an unserem Symbol 8 ist,

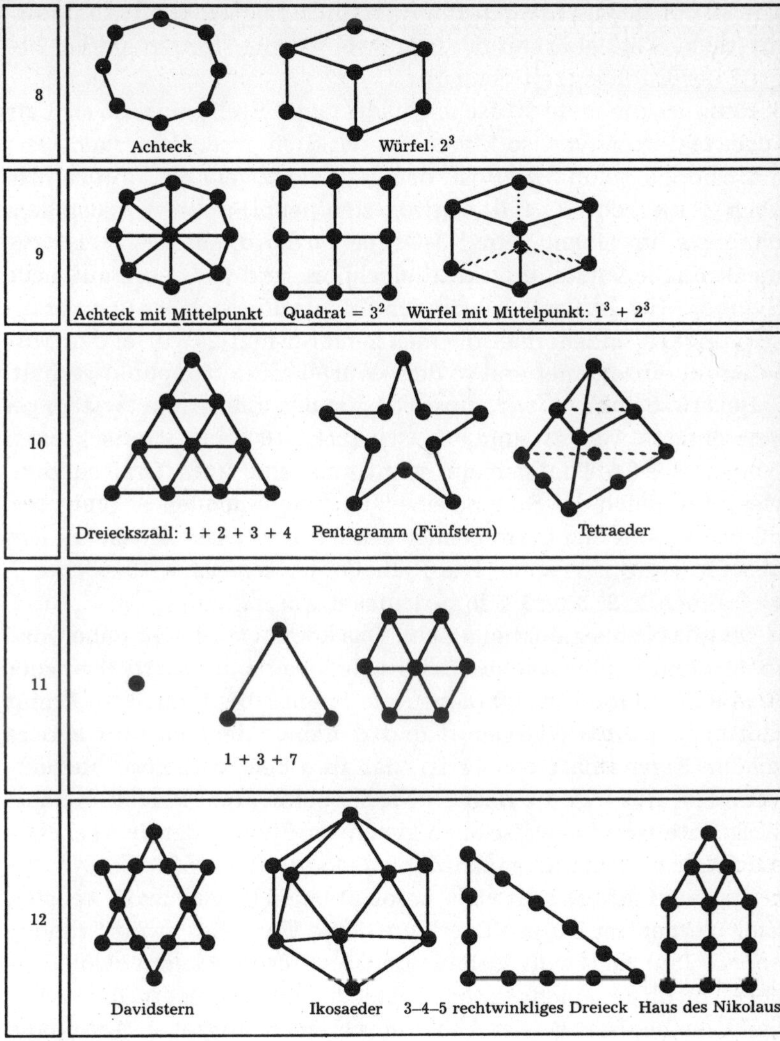

Abbildung 29: Nr. 2

daß es gelegt das Symbol für Unendlich zeigt. Vielleicht läßt die dreifache Zerlegbarkeit der 8 in zwei gleiche Hälften an den Begriff der Endlosigkeit denken.

Neun ist die erste typische Quadratzahl. Stellt man sie sich als »drei mal drei« vor, so klingt das wirklich groß. Bemerkenswert am Übergang von 8 zu 9 ist, daß man von zwei hoch drei zu drei hoch 2 übergeht. Es fällt schwer, sich neun Punkte vorzustellen, ohne sie in einem 3-mal-3-Gitter anzuordnen. Bei 9 ist die menschliche Vorstellungskraft erschöpft, und wir hören auf, neue Symbole für Ziffern zu erfinden. Man kann sich 9 auch veranschaulichen, indem man in einen 2-mal-2-mal-2-Würfel den Mittelpunkt einzeichnet und so den »Würfel mit Mittelpunkt« erhält.

Bei 10 beginnen wir, unser dezimales Stellenwertsystem zu verwenden. Wie 3 und 6 ist auch 10 eine Dreieckszahl: $10 = 1 + 2 + 3 + 4$ (allgemein nennt man eine Zahl Dreieckszahl, wenn sie gleich der Summe einer bei 1 beginnenden Sequenz unmittelbar aufeinanderfolgender Zahlen ist). Diese Tatsache liegt dem Bowling zugrunde. Die Pythagoräer schätzten 10 hoch ein, weil ihnen 1, 2, 3 und 4 so bedeutsam waren.

Elf gilt oft als glückliche Zahl. Das kommt vielleicht daher, daß in unserem Zahlensystem 11 einen Neubeginn markiert: Ein neuer Durchlauf durch die fundamentale Folge 1 bis 9 beginnt. Damit läßt uns 11 an Wiedergeburt und Zunahme denken. Eine andere schöne Eigenschaft von 11 ist, daß ihre beiden Ziffern übereinstimmen. Das legt die Begriffe Verdoppelung und Reichtum nahe. 11 ist interessanterweise auch gleich der Summe der drei geheimnisvollsten vorhergehenden Zahlen: 1, 3 und 7.

Zu Zwölf gibt es sehr viele Assoziationen. Es gab zwölf Apostel; Eier werden im Dutzend verkauft; eine Uhr zeigt zwölf Stunden an; ein Jahr hat zwölf Monate, und der Tierkreis kennt zwölf Zeichen. Zwölf ist »mehr teilbar« als jede andere größere Zahl – das heißt, keine Zahl größer 12 ist durch einen so großen Anteil von kleineren Zahlen teilbar.

Eine weitere Eigenschaft von zwölf ist die folgende: Setzt man auf ein dreieckiges Muster mit sechs Punkten ein quadratisches Muster mit neun Punkten (wobei eine Kante gemeinsam sein soll), so erhält man ein »Haus des Nikolaus« mit zwölf Punkten. Es

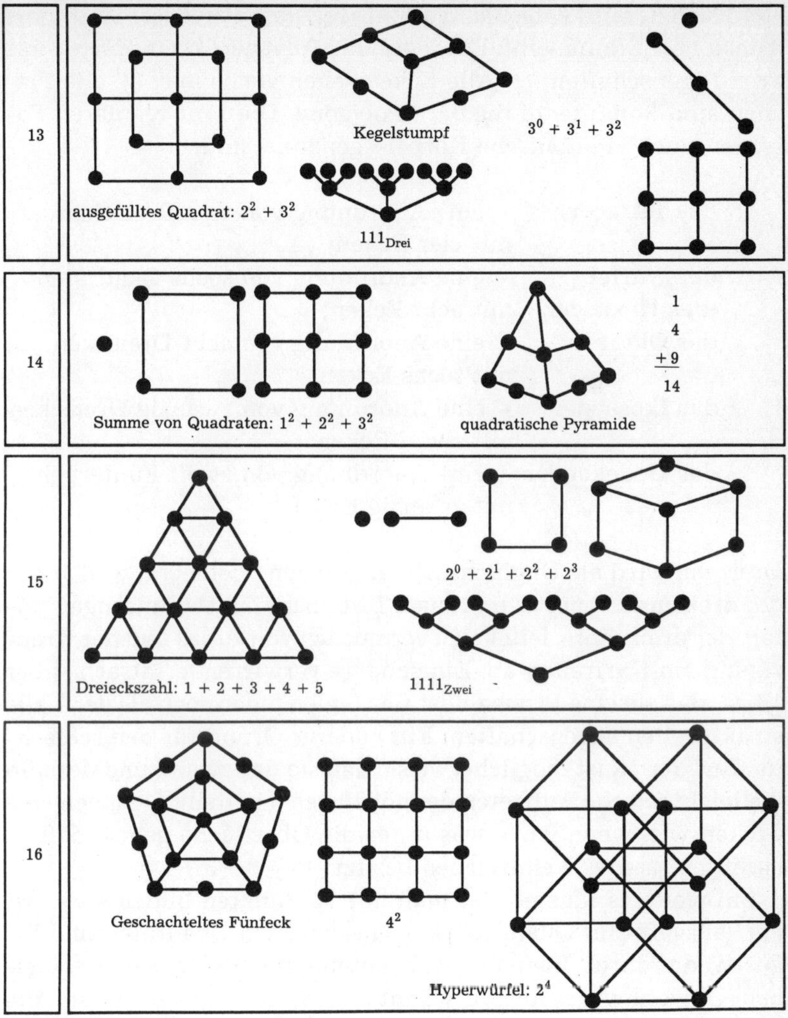

Abbildung 29: Nr. 3

stellt sich heraus, daß es genau fünf »reguläre Polyeder« im dreidimensionalen Raum gibt. Ein regulärer Polyeder ist ein Körper mit zwei Eigenschaften: (1) Alle Ecken sehen gleich aus; (2) alle Flächen sind kongruente reguläre Polygone. Die fünf regulären Polyeder, auch »Platonische Körper« genannt, sind:

das Tetraeder	– eine Anordnung von vier Dreiecken mit vier Ecken;
der Würfel (das Hexaeder)	– eine Anordnung von sechs Quadraten mit acht Ecken;
das Oktaeder	– eine Anordnung von acht Dreiecken mit sechs Ecken;
das Ikosaeder	– eine Anordnung von zwanzig Dreiecken mit zwölf Ecken;
das Dodekaeder	– eine Anordnung von zwölf Fünfecken mit zwanzig Ecken.

Dreizehn wird als Unglückszahl angesehen, vielleicht, weil Judas der dreizehnte Apostel im Neuen Testament ist. Der unselige Freitag, der dreizehnte, leitet sich vermutlich von Judas und der Kreuzigung am Karfreitag ab. Eine andere verwirrende Tatsache über 13 ist, daß sie eine Primzahl ist. Ihr fehlen mehr noch als der 7 alle strukturellen Eigenschaften. Ein anderer Grund für den schlechten Ruf der 13 ist möglicherweise, daß sie das zweite und deshalb vielleicht *falsche* Auftreten der göttlichen 3 enthält. Dennoch entdecken wir, wenn wir etwas unter die Oberfläche gehen, daß 13 ein interessantes Kennzeichen besitzt: $13 = 9 + 3 + 1 = 111_{\text{Drei}}$.

Ein weiteres Muster, das man mit 13 Punkten bilden kann, ist ein »ausgefülltes Quadrat«. Die »ausgefüllten Quadrate« sind Figuren, die durch Ineinanderschachtelung von Quadraten entstehen. Obwohl wir es nicht erwähnt haben, ist auch 5 eine Zahl, die zu einem ausgefüllten Quadrat gehört.

Vierzehn, das gleich zwei mal sieben ist, sieht wie eine ziemlich glückliche Zahl aus. Schön an 14 ist, daß sie die Summe dreier Quadratzahlen ist: $14 = 1^2 + 2^2 + 3^2$. Das erlaubte es, uns 14 Punkte in einer Art Pyramidenform vorzustellen.

Fünfzehn ist die nächste Dreieckszahl: $15 = 1 + 2 + 3 + 4 + 5$.

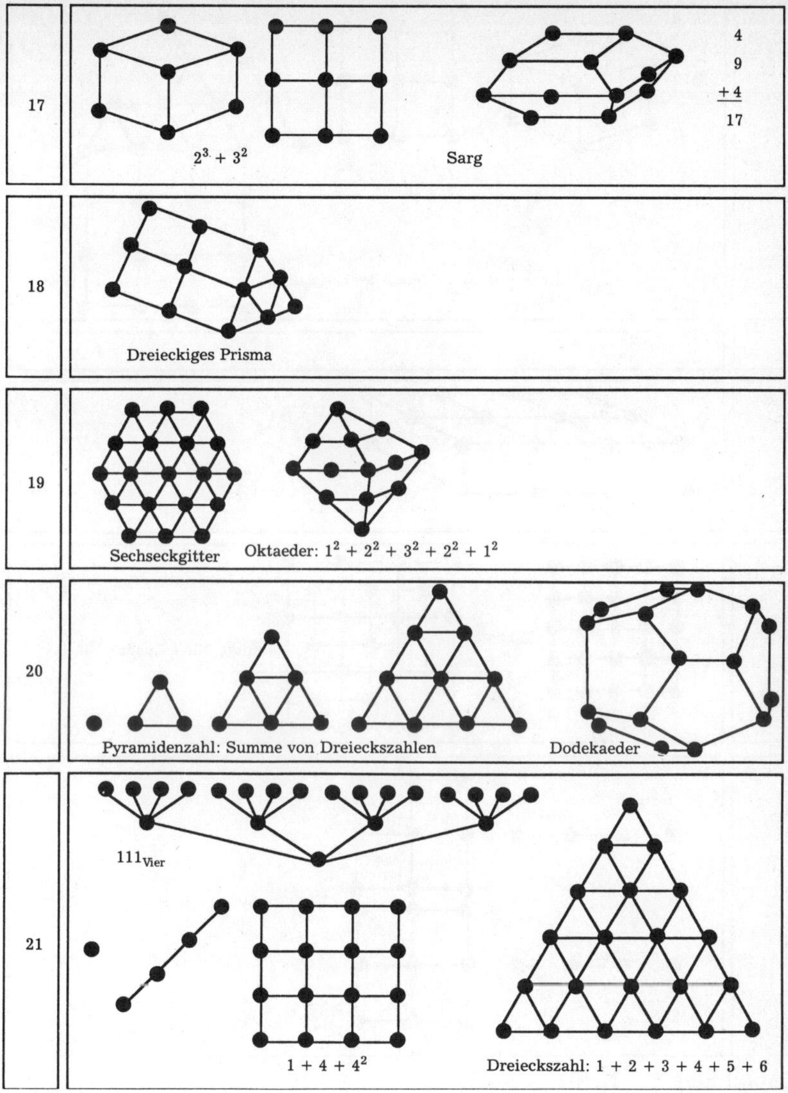

Abbildung 29: Nr. 4

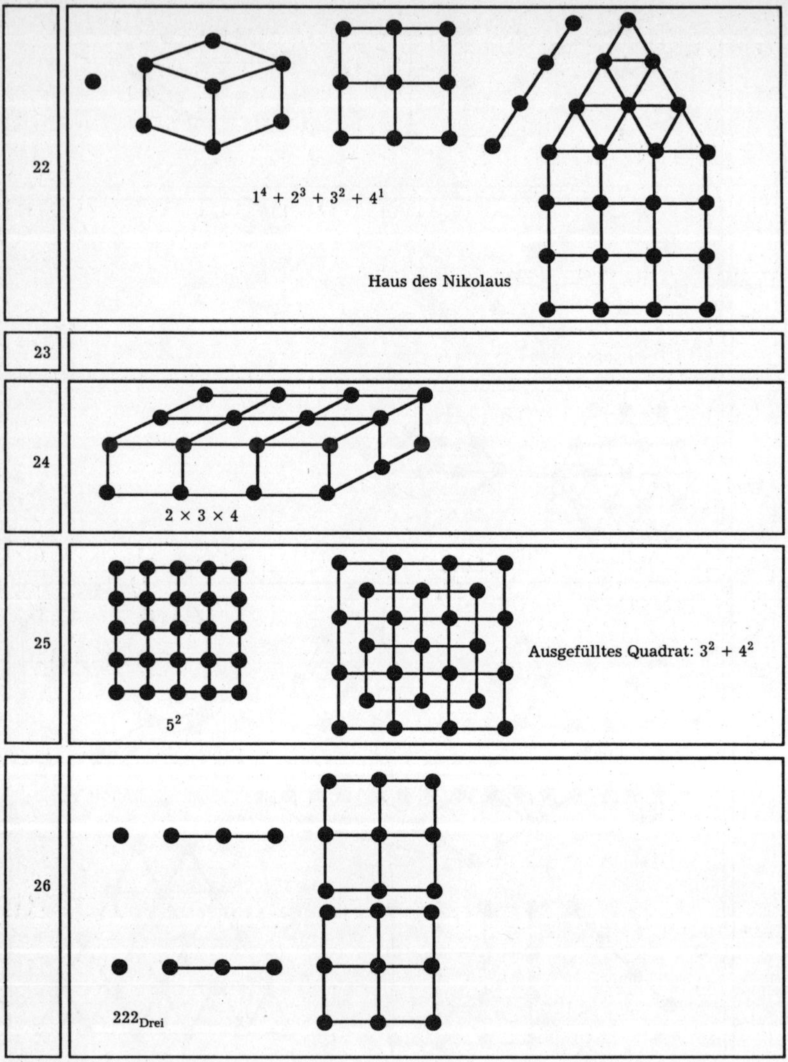

Abbildung 29: Nr. 5

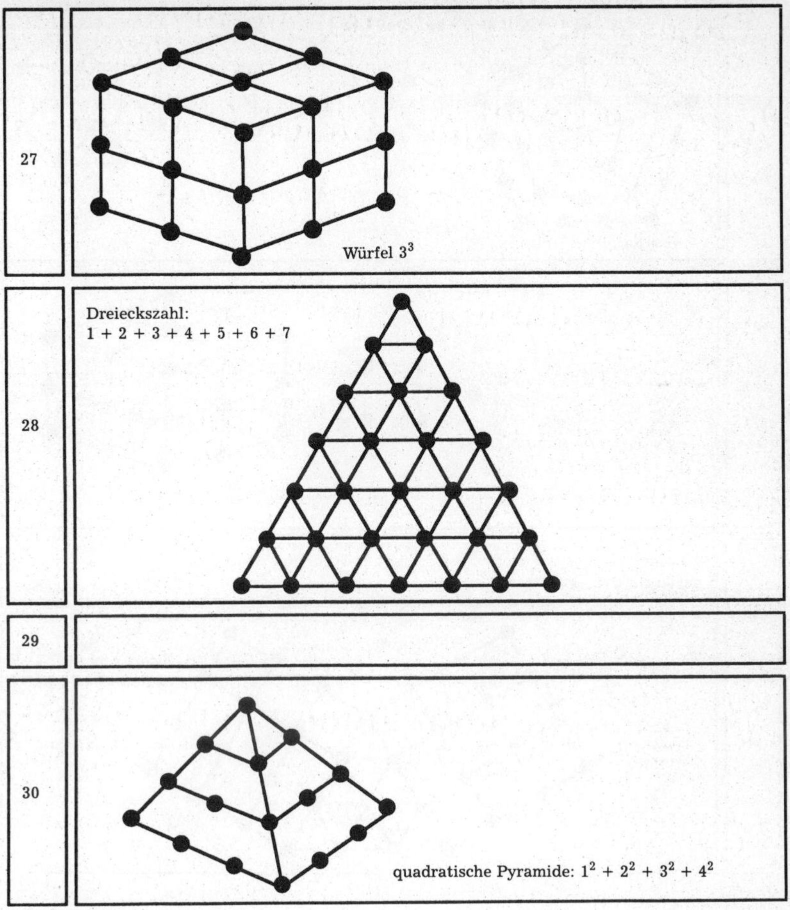

Abbildung 29: Nr. 6

Fünfzehn ist ebenfalls eine »Rep-Zahl« im Dualsystem. Deshalb läßt sie sich in Baumform darstellen.

Sechzehn ist die erste Zahl, die gleich der vierten Potenz einer anderen Zahl ist, das heißt, 16 ist 2 hoch 4. Deshalb legt 16 die mysteriöse Vorstellung eines vierdimensionalen Raumes nahe. Man kann ein Netz mit 16 Ecken zeichnen, das einen 2-mal-2-mal-2-mal-2-Hyperwürfel darstellt.

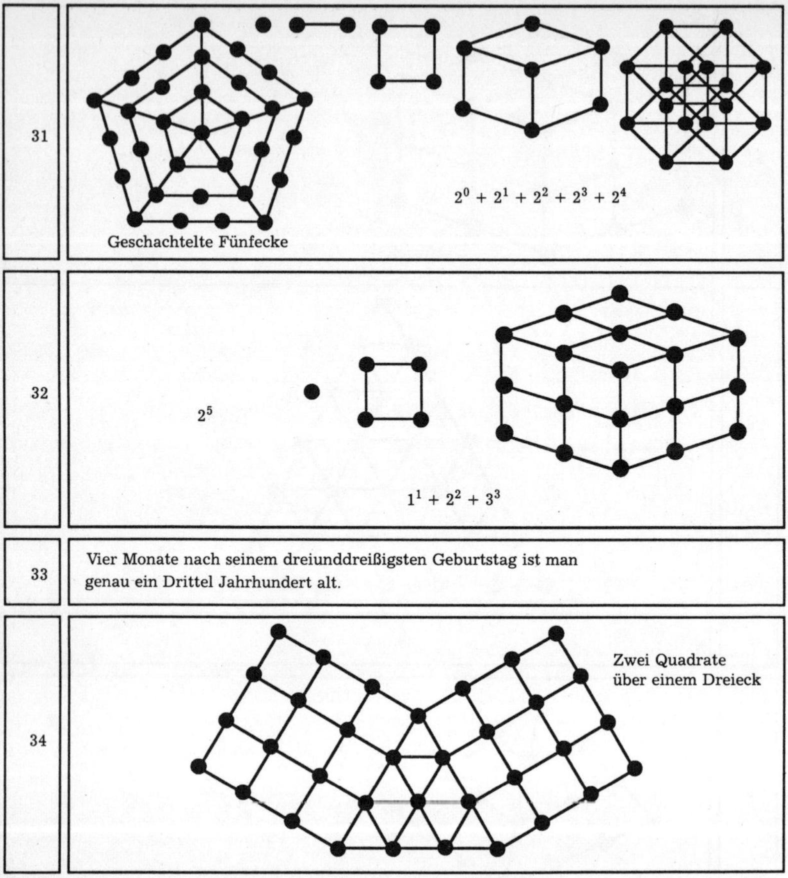

Abbildung 29: Nr. 7

Über 17 gibt es wirklich wenig zu sagen. Sie ist gleich der Summe von 8 und 9, was in gewisser Weise interessant ist – nehme ich jedenfalls an. 17 läßt sich in »Sargform« darstellen: man nehme oben und unten ein 2-mal-2-Quadrat und in der Mitte eines mit den Abmessungen 3 mal 3.

Bei 18 ist die Ausbeute ebenfalls dürftig, aber 19 ist in zweierlei Hinsicht interessant. Zum einen fügen sich 19 Punkte in ein hüb-

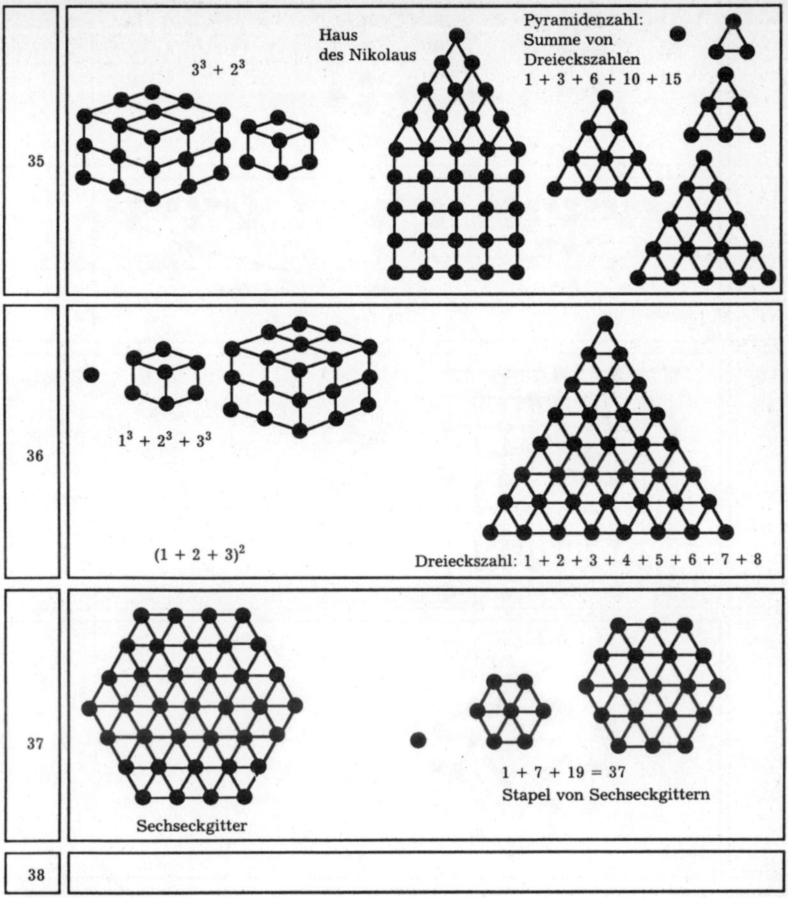

Abbildung 29: Nr. 8

sches Sechseckgitter, zum anderen lassen sie sich in Oktaederform bringen.

20 ist wichtig als Anzahl der Ecken eines Dodekaeders. Daneben ist 20 eine Pyramidenzahl. Eine Zahl heißt Pyramidenzahl, wenn sie gleich der Summe einer mit 1 beginnenden Folge aufeinander unmittelbar folgender Dreieckszahlen ist. Zwanzig Kugeln lassen sich in Form eines Tetraeders (Pyramide mit dreieckiger

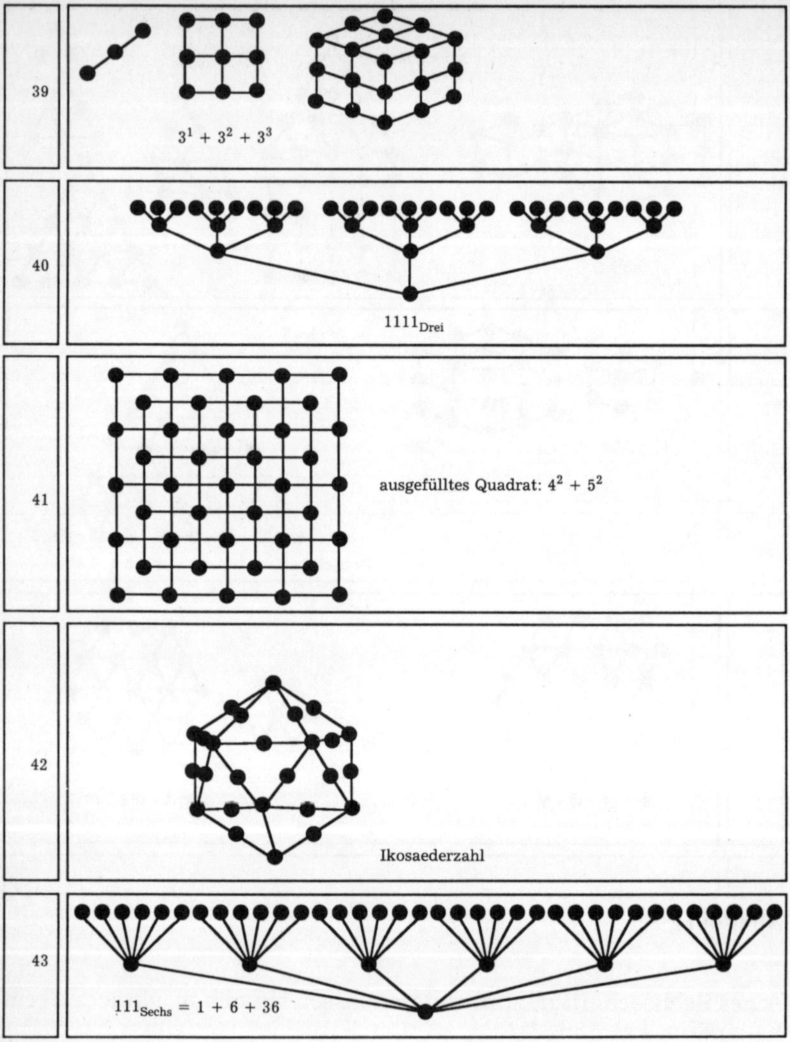

Abbildung 29: Nr. 9

44	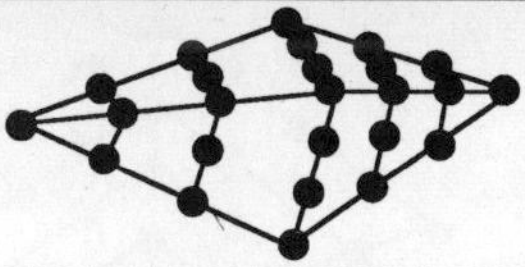 Oktaederzahl: $1^2 + 2^2 + 3^2 + 4^2 + 3^2 + 2^2 + 1^2$
45	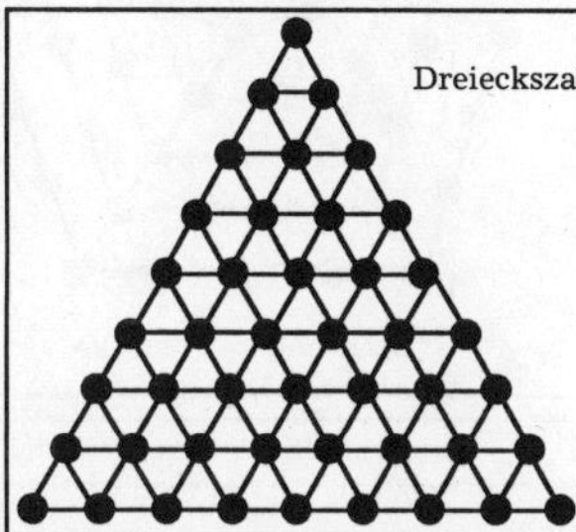 Dreieckszahl: $1 + 2 + 3 + 4 + 5 + 6 + 7 + 8 + 9$
46	
47	
48	3×2^4
49	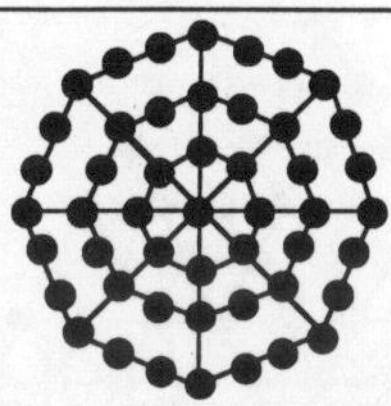 Geschachtelte Achtecke
50	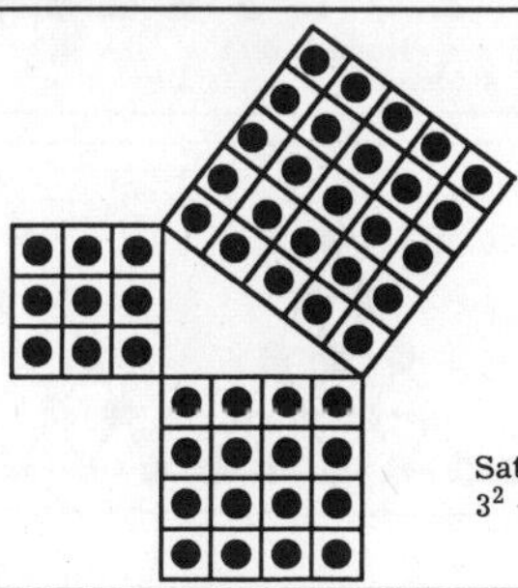 Satz des Pythagoras: $3^2 + 4^2 = 5^2$

Abbildung 29: Nr. 10

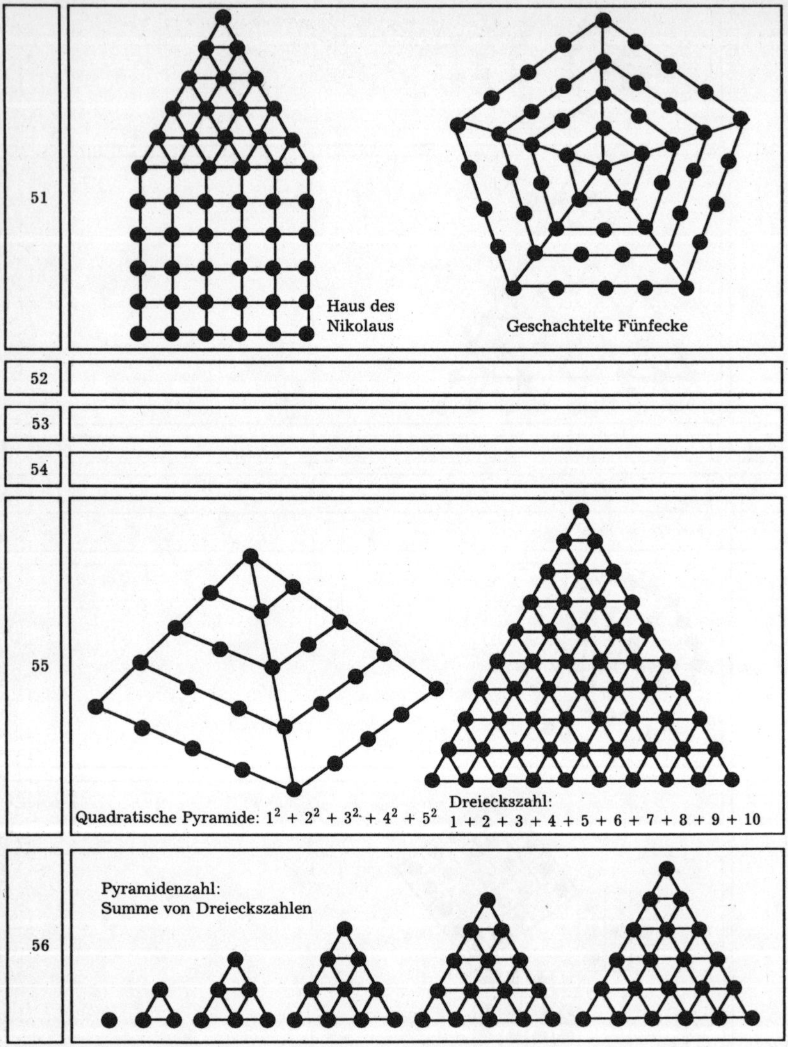

Abbildung 29: Nr. 11

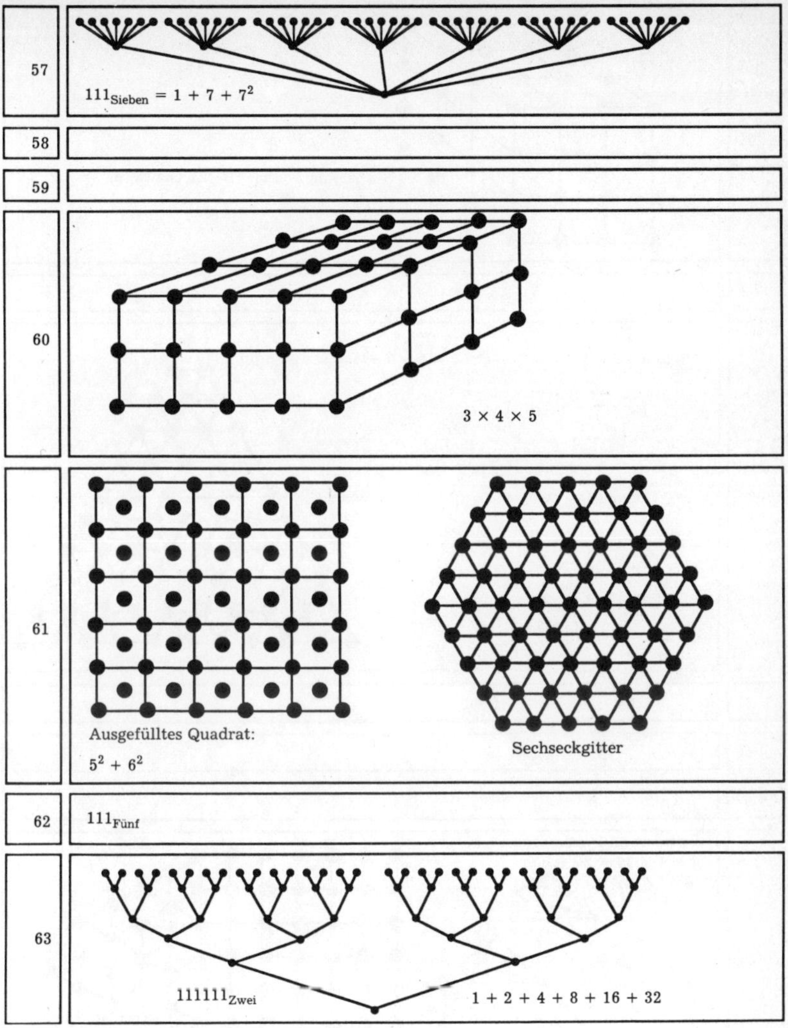

Abbildung 29: Nr. 12

64	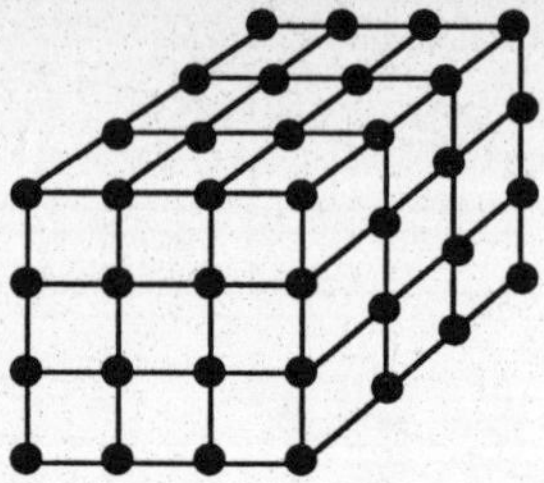 Summe von vier Sechseckgittern: 1 + 7 + 19 + 37
65	
66	Dreieckszahl: 1 + 2 + 3 + 4 + 5 + 6 + 7 + 8 + 9 + 10 + 11 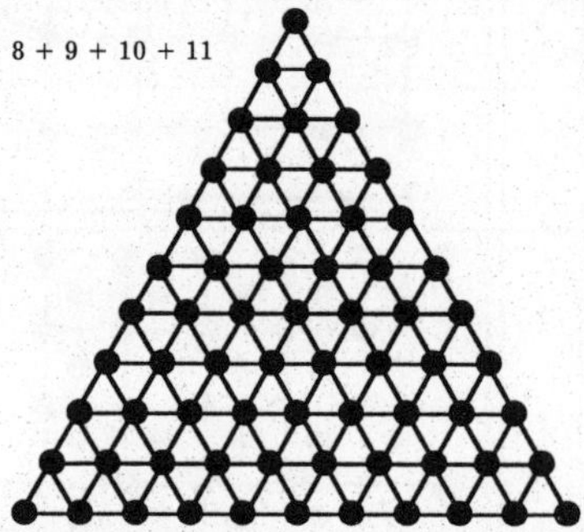
67	
68	
69	
70	Summe von Pyramidenzahlen: 1 + 4 + 10 + 20 + 35 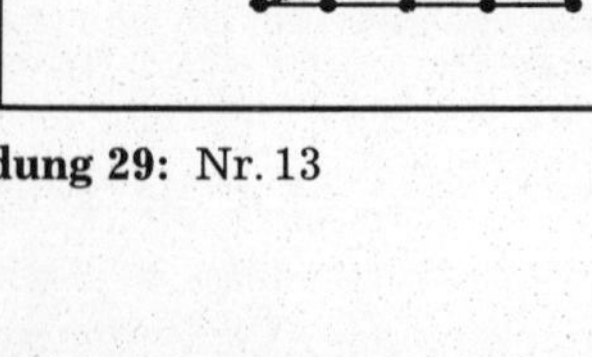 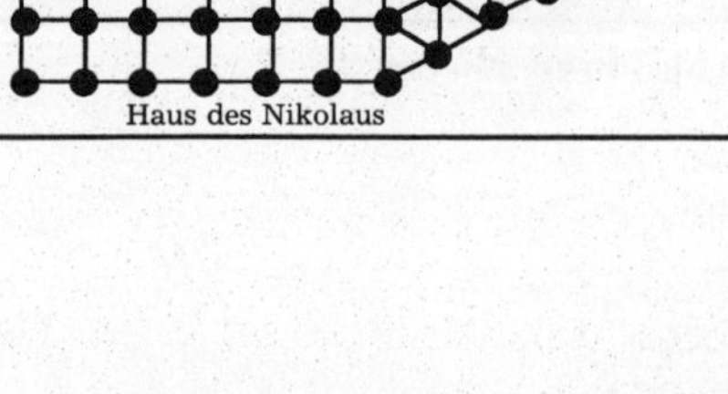 Haus des Nikolaus

Abbildung 29: Nr. 13

71	
72	$2^3 \times 3^2$
73	
74	
75	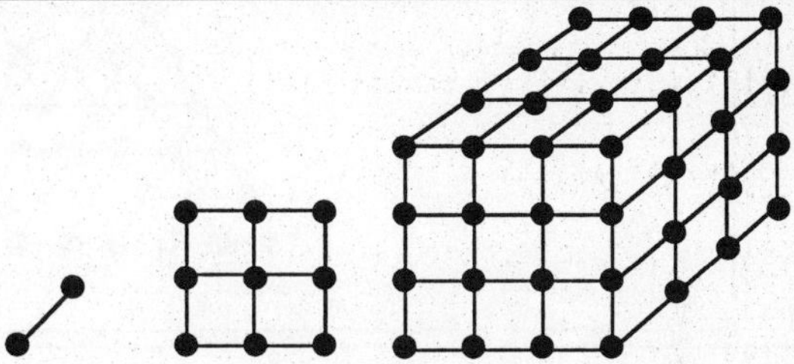 $2^1 + 3^2 + 4^3$
76	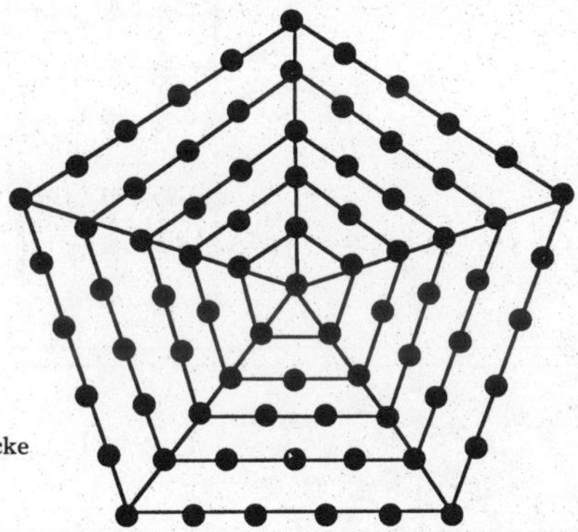 Geschachtelte Fünfecke
77	$5^1 + 4^2 + 3^3 + 2^4 + 1^5$

Abbildung 29: Nr. 14

Grundfläche) anordnen: Man versuche es mit Tennisbällen oder Orangen.

Es ist interessant, wenn nicht sogar faszinierend zu sehen, wie viele Muster und Beziehungen in unseren 100 ersten Zahlen verborgen sind. Ich habe seit einigen Wochen über nichts anderes nachgedacht und möchte jetzt damit aufhören. Letzte Nacht beunruhigte mich das Fehlen eines guten Musters für die 11 der-

78	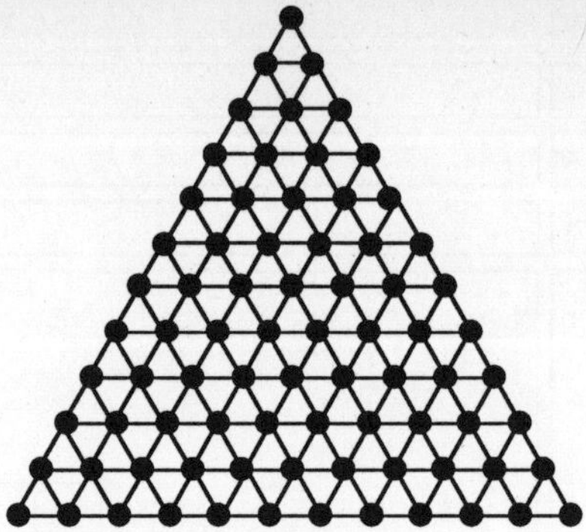 Dreieckszahl: 1 + 2 + 3 + 4 + 5 + 6 + 7 + 8 + 9 + 10 + 11 + 12
79	
80	2222_{Drei} 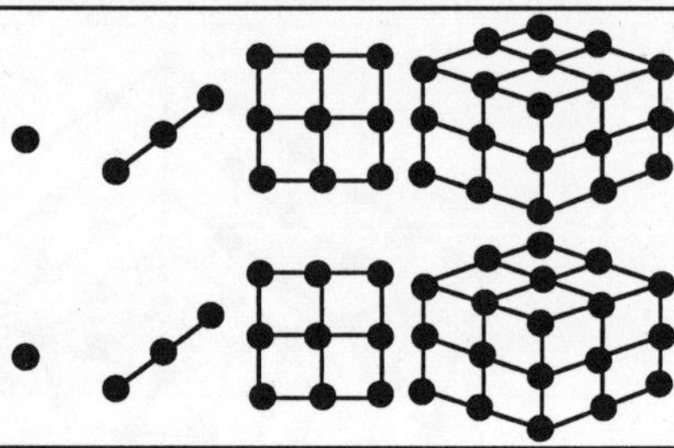
81	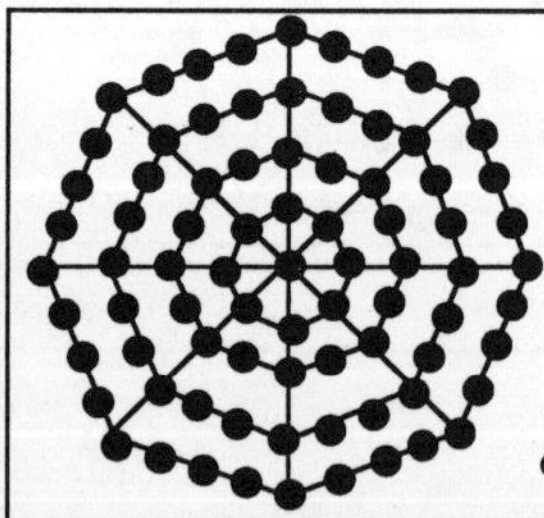 3^4 Hyperwürfel Geschachtelte Achtecke
82	
83	

Abbildung 29: Nr. 15

84	Pyramidenzahl: Summe von Dreieckszahlen 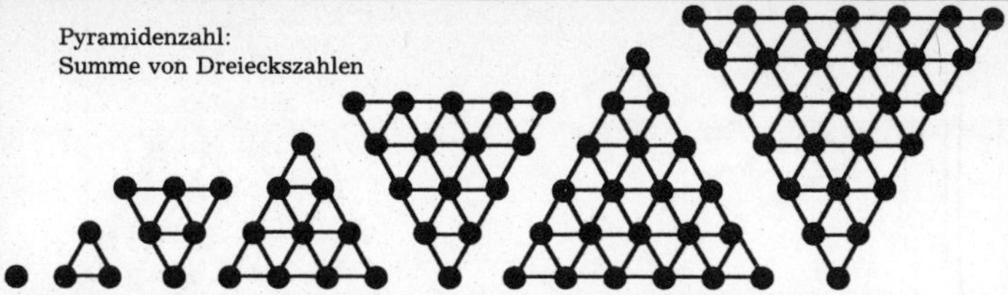
85	Oktaederzahl: $1^2 + 2^2 + 3^2 + 4^2 + 5^2 + 4^2 + 3^2 + 2^2 + 1^2$ 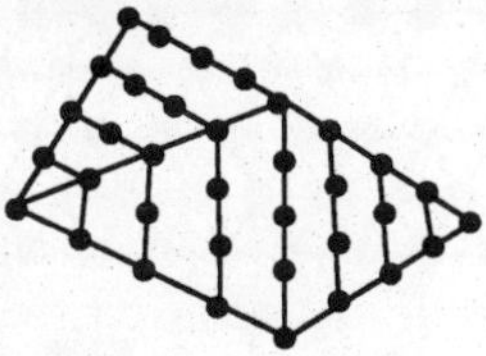 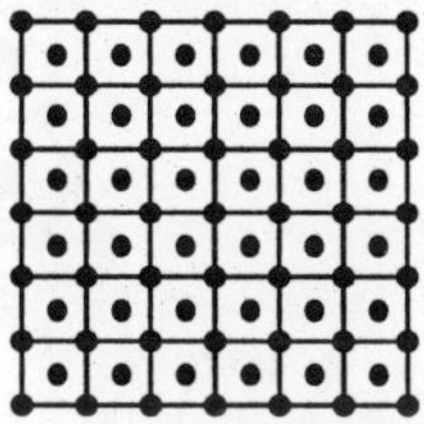 Ausgefülltes Quadrat: $7^2 + 6^2$ 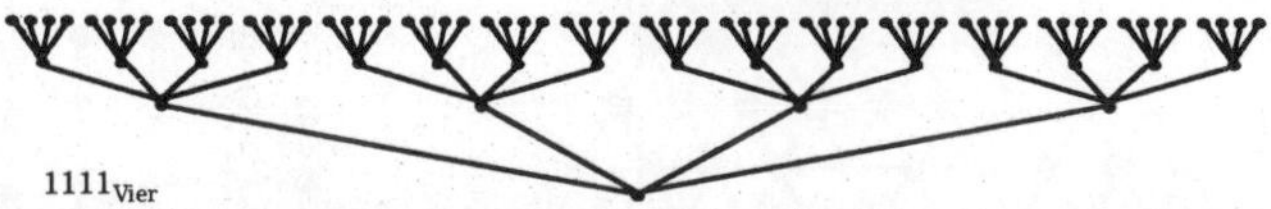 1111_{Vier}
86	222_{Sechs}
87	
88	
89	
90	

Abbildung 29: Nr. 16

art, daß ich aufstand und prüfte, ob ein Tetraeder aus vier Milliarden Kugeln schön auf ein Sechseckgitter mit sieben Milliarden Kugeln paßt. Ich nehme an, das geht.

Aber wozu ist das alles gut? Eine nützliche, wenn auch oberflächliche Verwendung können diese Muster beim Ausschmücken von Einladungskarten und Geburtstagstischen finden. Die Leute haben es gerne, wenn sie erfahren, daß ihr Alter (oder ihre Ehejahre) einige geometrische Formen zuläßt.

Auf einem tieferen Niveau geben uns diese Übungen einen bes-

91

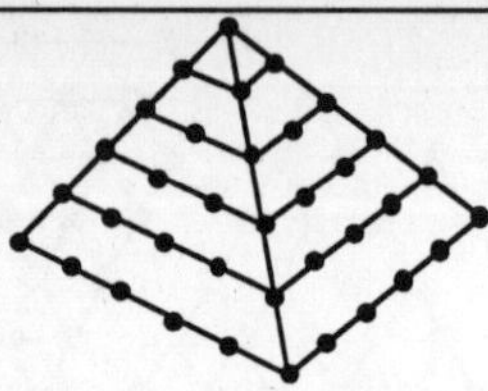

Quadratische Pyramide:
$1^2 + 2^2 + 3^2 + 4^2 + 5^2 + 6^2$

111_{Neun}

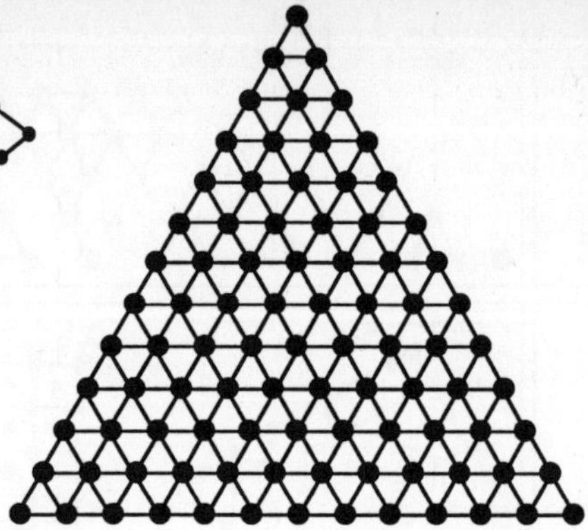

Dreieckszahl: $1 + 2 + 3 + 4 + 5 + 6 + 7 + 8 + 9 + 10 + 11 + 12 + 13$

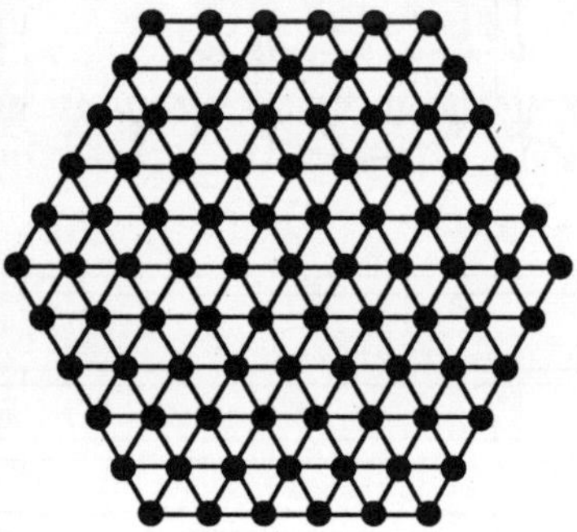

Sechseckgitter

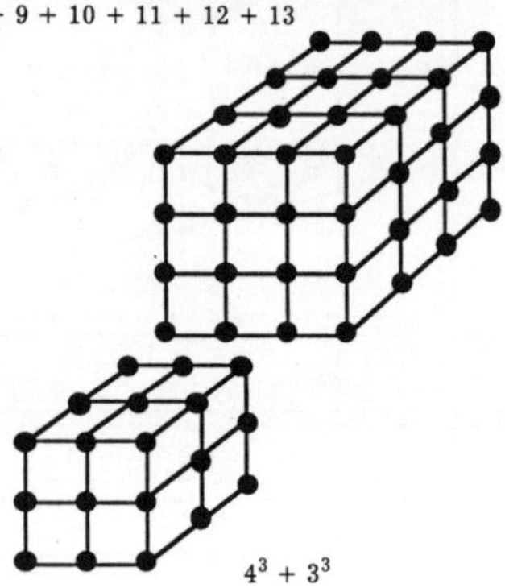

$4^3 + 3^3$

92	
93	
94	
95	
96	
97	Ausgefüllter Hyperwürfel: $2^4 + 3^4$

Abbildung 29: Nr. 17

98	$1^4 + 2^4 + 3^4$
99	
100	$(1 + 2 + 3 + 4)^2$ $1^3 + 2^3 + 3^3 + 4^3$

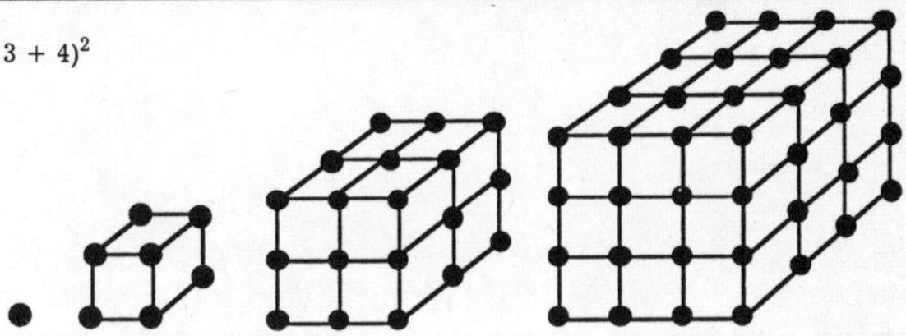

Abbildung 29: Nr. 18

seren Einblick in das Wesen der Zahlen. Alle Muster, die ich gezeichnet habe, beruhten auf verschiedenartigen Kombinationen von kleinen Zahlen: kleine Zahlen wurden addiert, multipliziert, quadriert oder in die dritte Potenz erhoben. Diese einfachen Kombinationen lieferten unerwartet viele Muster. Die endlose Liste der Zahlen weist bemerkenswerte Regelmäßigkeiten auf, aber auch einige wirkliche Überraschungen wie beispielsweise die reiche Struktur von 91 und 100. Trotz alledem gibt es einige Zahlen wie 23 oder 59, die keinerlei Beziehungen zu kleineren Zahlen aufweisen. Diese Tatsache legt die Vermutung nahe, daß das Reich der Zahlen letztlich unendlich vielseitig ist. Wenn wir die Zahlenreihe durchgehen, tauchen immer wieder fremdartige und vollkommen neue Muster auf – Muster, die sich nicht mit Hilfe von kleineren Zahlen beschreiben lassen.

Zahlenmystik, Zahlbesessene und Massen

Die Zahlen existieren eindeutig in Form von Mustern, die unseren Gedanken und den uns umgebenden Gegenständen zugrunde liegen. In Abhängigkeit von der Komplexität des Musters, von dem sie abstammen, zerfallen die Zahlen grob in vier Größenbereiche: klein, mittel, groß und unvorstellbar. Die *kleinen Zahlen* – so etwa von 1 bis 1000 – verschlüsseln einfache und universelle Archetypen. Diesen Zahlen kommt die Solidität und Eindeutigkeit eines natürlich gewachsenen Kristalls zu. Mittlere Zahlen – von 1000 bis zu ungefähr einer Billion – stehen üblicherweise für die verschiedenartigsten Zusammenfassungen von diskreten Objekten: so sprechen wir z. B. von der Anzahl der Bäume in einem Wald, von der Anzahl der Menschen auf der Erde oder der Bücher in einer Bibliothek und vom Bruttosozialprodukt, das in Dollar ausgedrückt wird. Es ist schwierig, sich diese Zahlen »auf einen Schlag« vorzustellen, weshalb sie abstrakter sind als die kleinen Zahlen. *Große Zahlen* sind solche, die unser Vermögen, Namen für Zahlen zu erfinden, übersteigen. »Googol« ist eine der kleinsten unter den großen Zahlen. Googol schreibt sich als eine 1 mit hundert Nullen: 10 000 000 000 000 000 000 000 000 000 000 000 000 000 000 000 000 000 000 000 000 000 000 000 000 000 000 000 000 000 000 000 000 000. Wir werden im Abschnitt »Wörter als Zahlen« erfahren, daß diese großen Zahlen weniger wegen ihrer enormen Größe als vielmehr wegen der in ihnen verborgenen Formen wichtig sind. Betrachtet man ein Buch unter dem Gesichtspunkt des Informationsgehaltes, so ist dieses wirklich ein Beispiel einer großen Zahl – es ist nämlich einige Millionen »Stellen« lang. *Unvorstellbare Zahlen* sind Zahlen, die, obwohl sie nicht unendlich sind, dennoch so groß und komplex sind, daß wir uns keine klare

Vorstellungen von ihnen bilden können. In diesem Abschnitt möchte ich nicht mehr zu dieser Zahlengruppe sagen.

Akademische Philosophen schreiben gelegentlich Artikel, in denen sie argumentieren, daß Zahlen fiktionale Denkformen seien, die der menschlichen Rasse als solcher zufälligerweise zu eigen seien. Das scheint mir falsch und ein wenig chauvinistisch zu sein. Niemand, der eine ernsthafte Ahnung von der Mathematik hat, kann sich vorstellen, daß Zahlen etwas seien, was wir »bloß mal so machen«. Spielt man eine Weile mit Zahlen herum, so beginnt man zu bemerken, wie stur objektiv ihre Eigenschaften sind. Drei Punkte ergeben kein Quadratmuster – ganz gleich wie sehr wir Menschen uns das wünschen. Nur eine Landratte glaubt nicht an Wale, und nur ein Philosophieprofessor kann die Existenz von Zahlen leugnen!

Andere beziehen das entgegengesetzte Extrem und behaupten, alles *mit Ausnahme* der Zahlen sei Illusion. Die Anhänger Pythagoras' haben anscheinend eine ähnliche Ansicht vertreten. Sie stellten sich die Zahlen als Punktmuster vor und meinten, die Welt sei aus den verschiedenen Punktmustern aufgebaut wie eine Spielzeugburg aus Legosteinen. Diese Sichtweise der Welt wurde in gewisser Weise durch die Entdeckung gerechtfertigt, daß die Materie aus den Atomen verschiedenartiger chemischer Elemente aufgebaut ist, die alle eine wohldefinierte Ordnungszahl haben: so hat Sauerstoff die Ordnungszahl 16, Gold 79 usw. Natürlich sind die Dinge nicht länger so kristallin und pythagoräisch, wenn wir uns auf subatomares Niveau begeben. Dennoch ist es bemerkenswert, daß man soviel Chemie mit Hilfe von Anordnungen kleiner Zahlen erklären kann.

Oberflächliche Menschen gehen noch viel weiter. Sie versuchen, alles in der Welt durch Manipulationen mit kleinen Zahlen zu erklären. Diese Denkweise ist als »Zahlenmystik« bekannt, Anhänger dieser Theorie glauben, daß Dinge wie Daten, Adressen und Versnummern der Bibel eine wichtige Bedeutung haben. Die dabei zugrunde liegende Vorstellung ist, daß die Welt ein magisches Muster kleiner Zahlen ist, die in einfacher Weise angeordnet sind. Spieler fallen oft dieser Besessenheit zum Opfer – besonders jene, die sich an staatlichen Lotterien oder an den privaten und illegalen Lotterien, die unter dem Namen »Die Zahlen« bekannt sind, beteiligen.

In den meisten Städten beliebiger Größe gibt es »Zahlenspiele«. Eine Person, die sich hieran beteiligen will, wählt eine dreistellige Zahl aus und gibt einem Spielmacher einen geringen Geldbetrag. Die Gewinnzahl wird aus einer allgemein zugänglichen Zahl abgeleitet – manchmal nimmt man die letzten drei Stellen des täglichen amtlichen Börsenindex. Obwohl die Gewinnchancen etwa 1 zu 1000 stehen, beträgt der Auszahlungskurs meist 1 zu 500.

Trotz der schlechten Chancen beteiligen sich viele Leute an diesem Spiel. Es ist in der Tat die populärste Form des Spielens in den USA. »Zahlen«spieler haben, wie andere Spieler auch, das Gefühl, daß sie das System sprengen können, wenn sie sich in den richtigen kosmischen Rhythmus einfühlen. Geschäftstüchtige Kapitalisten wandeln dieses Gefühl in bare Münze um, indem sie »Zahlenblätter« an den Zeitungskiosken der Städte verkaufen. Solche Hefte bestehen hauptsächlich aus langen Listen von Wörtern, denen dreistellige Zahlen zugeordnet sind. Träumt man z. B. von einem Hund, so schlägt man unter »Hund« nach und findet die Zahl 328. Sieht man einen Leichenwagen durch die Straße fahren, so schaut man unter »Leichenwagen« nach und stößt auf die Zahl 024.

Sehr viele komplizierte Arten von zahlenmystischen Begriffen findet man in traditionellen okkulten Systemen wie der Kabbala und dem Tarot. Aber ich weiß zu wenig darüber, um etwas Interessantes darüber sagen zu können. Statt dessen möchte ich jetzt über eine etwas andere Zahlenbesessenheit sprechen. Die Zahlenmystik beschäftigt sich mit kleinen Zahlen. Die Obsession, an die ich jetzt denke, hat es mit mittleren Zahlen zu tun. Sie ist sehr verbreitet, aber es gibt keine Bezeichnung für ihre Opfer. Ich möchte sie *Zahlbesessene* (Arithmomanen) nennen.

Als Beispiel denke man an den sprichwörtlichen Vetter, der einen besuchen kommt und über nichts anderes spricht als über die Autobahnkilometer, die er gefahren ist, über den Benzinverbrauch seines Wagens, über den Punktestand seiner Lieblingsmannschaft, über die Feinheiten der Umsatzsteuer, über die Anzahl von Chinesen, die täglich auf die Welt kommen, über den

Preis des Weins, den er mitgebracht hat, über den Zeugnisdurchschnitt seiner Tochter, wieviel Platten von der Platte, die gerade läuft, verkauft worden sind, über die Höhe der Hypothek auf dem Haus, über das Außenhandelsdefizit und so weiter – Zahlen über Zahlen; mittlere Zahlen – einen ganzen Abend lang Zahlen aus einem Zahlenhirn.

Die meisten unserer militärischen und politischen Anführer scheinen Zahlbesessene zu sein. Das ist in ihrem Falle naheliegend. Truppen oder Waffen, die auf einem Exerzierplatz aufgestellt werden, bilden große Gitter identischer Einheiten. Zwingt man jemanden zu wählen, so reduziert man dessen komplexe Meinung auf eine Auswahl zwischen Zahlen.

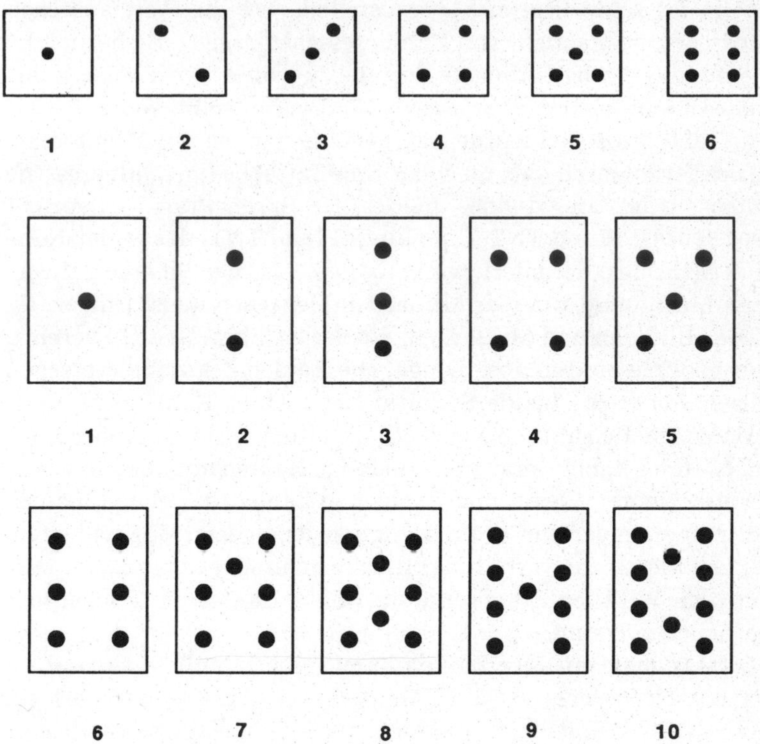

Abbildung 30: Die Zahlen des Spielers: Würfel und Karten

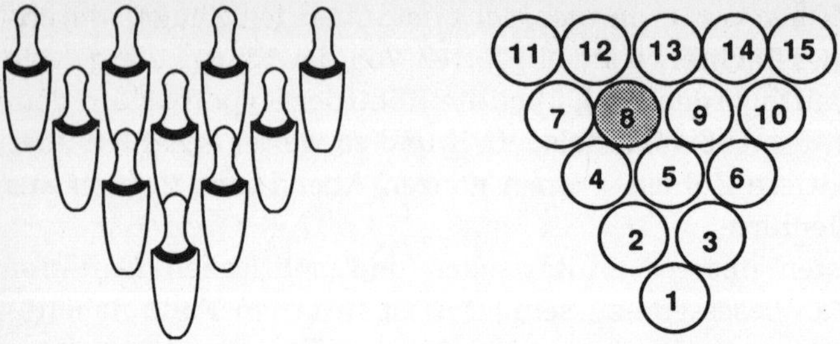

Abbildung 31: Die Zahlen des Sportlers: Bowling und Pool-Billard

Jeder Zeitungsartikel strotzt von Zahlen: Geldbeträge, Prozentangaben, Wachstumsraten und Megatonnen begegnen einem häufig. Es ist schwierig, sich vorzustellen, wie die Welt aussehen würde, würde sie nicht von Zahlbesessenen regiert. Sicherlich ist es – um das offensichtlichste Beispiel zu wählen – die reine Zahlbesessenheit, die den Rüstungswettlauf vorantreibt. Wer außer einem Zahlbesessenen würde sich mehr Gedanken um Megatonnen als um Strahlenschäden machen? Eine Tatsache für Zahlbesessene lautet: eine Megatonne nuklearer Sprengkraft entspricht 2 000 000 000 Pfund TNT. Ein halbes Pfund TNT, das in der Nähe eines Menschen detoniert, wirkt tödlich. Also genügt eine gut verteilte Megatonne, um vier Milliarden Menschen umzubringen.

Die Millionen und Milliarden, die der Zahlbesessene so verehrt, sind häßliche und leblose Dinge. Die Zahlen des Zahlbesessenen weisen weder die luzide Struktur der kleinen Zahlen auf, noch besitzen sie die subtilen Formeigenschaften wirklich großer Zahlen. Mittlere Zahlen sind große, massige Haufen mit kurzen, wenig schönen Namen. Denkt man in solchen Zahlen, so gelangt man zu einem übersteigerten Gefühl bezüglich der eigenen Möglichkeiten. Der Zahlbesessene verfällt der Illusion, daß sein Gerede über Millionen die Wirklichkeit verändern könnte. Das ist ein falscher und gefährlicher Traum.

Erfährt man mittlere Zahlen unmittelbar sinnlich, so sind sie etwas ganz anderes als die Zahlen in den Zeitungen. Es ist ein merkwürdiges und elektrisierendes Gefühl, in einer zehntausendköpfigen Masse zu sein. Ein großer Teil des Vergnügens, das man empfindet, wenn man sich ein Konzert anhört, eine Sportveranstaltung besucht oder einer religiösen Zeremonie beiwohnt, besteht darin, daß man sich einer größeren Gruppe angehörig fühlt. Die Inder haben für dieses Gefühl ein eigenes Wort: *darshan,* was soviel wie die mystische Erfahrung, zu einer großen Gruppe zu gehören, bedeutet. In seiner klassischen Studie über »Massen und Macht« schreibt Elias Canetti: »Ein Mann, der einer Predigt zuhört, die ihm etwas bedeutet, wäre erstaunt, wenn nicht beleidigt, wenn man ihm erklären würde, daß ihn die große Anzahl der Teilnehmer mehr zufriedenstellt als die Predigt selbst. Aber alle Zeremonien und Regeln, die solche Institutionen aufrechterhalten, zielen grundsätzlich darauf ab, die Masse zu fesseln.«

Canetti unterscheidet zwischen »offenen« und »geschlossenen« Massen. Eine geschlossene Masse, wie beispielsweise eine Kirchengemeinde, ist in ihrer Größe beschränkt. Eine offene Masse, wie etwa eine Straßendemonstration, will ausdrücklich wachsen: »Sobald sie überhaupt zu existieren beginnt, will sie aus *mehr* Menschen bestehen: das Bedürfnis zu wachsen ist die erste und wichtigste Eigenschaft der Masse. Sie möchte sich jedermann, der sich in ihrer Nähe befindet, einverleiben; jeder, der wie ein Mensch aussieht, kann ihr beitreten. Die natürliche Masse ist die *offene* Masse. Sie kennt keine Grenzen für ihr Wachstum, und sie macht weder vor Häusern noch vor Türen oder Riegeln halt; jeder, der sich selbst einschließt, macht sich verdächtig. ... Die offene Masse existiert, solange sie wächst; sie zerfällt, sobald ihr Wachstum stagniert.« Zahlen haben dieselbe Eigenart – auch sie wollen wachsen. Hat man einmal mit Zählen begonnen, so ist es schwer, wieder damit aufzuhören.

Der Kopfrechner

Kinder veranstalten Wettbewerbe, wer die größte Zahl nennen kann. Einige von uns kommen nie vollkommen von diesem Spiel los. Unter einem kruden magischen Aspekt scheint es, als ob einem die Kenntnis von Namen großer Zahlen Macht über die Welt verleihen würde. Vielleicht kann ich den Himmeln befehlen, wenn ich die Anzahl der Sterne in unserer Galaxie kenne (das sind etwa 100 Milliarden (10^{11})). Vielleicht gewinne ich öfter beim Bridge, wenn ich die Anzahl aller möglichen Kartenverteilungen weiß (das ist eine Zahl, die etwas kleiner als eine Billiarde ist (10^{15})). Möglicherweise laufe ich schneller, wenn ich weiß, wieviel Atome in einem Atemzug eingesogen werden (das sind etwa eine Zehntel Trilliarde (10^{20})). Vielleicht werde ich das Trinken aufgeben, wenn ich die Anzahl der Moleküle in einem Bierkrug kenne (es sind rund zehn Quadrillionen (10^{25})).

Einer der frühesten Versuche, große Zahlen zu benennen, begegnet uns in der »Sandzahl«. Das ist eine Abhandlung, die Archimedes für seinen Freund Zeuxippus um 215 vor Christus verfaßt hat. Sein Ziel dabei war es, König Gelon zu beeindrucken. Archimedes berechnete die Anzahl der Sandkörner, die im Universum Platz finden können. Der Durchmesser des Universums wurde damals auf 10 000 000 000 Stadien (das entspricht etwa 1850 Millionen Kilometer) geschätzt. Archimedes fand heraus, daß einige Dekilliarden Sandkörner untergebracht werden können, in Ziffern sind das 1 000 000 000 000 000 000 000 000 000 000 000 000 000 000 000 000 000 000 000 000 000 000: eine Eins mit dreiundsechzig Nullen oder 10^{63}. Diese Zahl liegt an der Grenze des Bereichs der – wie ich sie genannt habe – mittleren Zahlen. Archimedes war der erste, der so weit gekommen ist. Die Einleitung zu seiner Abhandlung zeigt deutlich, wie stolz er auf sein Ergebnis war:

»Etliche glauben, König Gelon, daß die Zahl der Sandkörner unendlich sei. Ich spreche dabei nicht allein vom Sand von Syrakus und im übrigen Sizilien, sondern auch von dem Sande der ganzen bewohnten und unbewohnten Erde. Andere gibt es, die zwar nicht der Ansicht sind, daß die Zahl der Sandkörner unendlich sei, die aber meinen, daß es keine so große Zahl gebe, die die Zahl der Sandkörner übertreffe. Es ist klar, daß die Vertreter dieser Ansicht, wenn sie sich eine Kugel aus Sand vorstellten, so groß wie die Erdkugel, nachdem in dieser die Meere und alle Vertiefungen bis zur Gipfelhöhe der höchsten Berge aufgefüllt wären, um so mehr der Ansicht wären, daß keine Zahl namhaft gemacht werden könne, die größer wäre als die Zahl der Sandkörner dieser Kugel. Ich aber werde versuchen, Dir mit Hilfe von geometrischen Beweisen klarzumachen, daß unter den von uns in den Schriften an Zeuxippos genannten Zahlen etliche vorhanden sind, die nicht nur die Zahl der Sandkörner in jener der Erdkugel gleichen Kugel, von der wir sprachen, übertreffen, sondern auch die Zahl der Sandkörner in einer Kugel, die so groß ist wie der Kosmos.«

Die »Sandzahl« war das letzte, was Archimedes schrieb. Einige Jahre später töteten ihn römische Soldaten, als er dabei war, Figuren in den Sand zu zeichnen. Interessant an der »Sandzahl« ist nicht nur, daß Archimedes berechnen mußte, wieviel Sandkörner in eine Kugel passen, die die Größe des griechischen »Universums« hat, sondern daß er auch einige neue Zahlwörter erfinden mußte, um die Zahlen benennen zu können, die er errechnete. Ich möchte in diesem Abschnitt Archimedes nachahmen, indem ich die Anzahl einer sehr großen, scheinbar unendlichen Menge benenne. Es ist dies die Menge aller möglichen menschlichen Gedanken. Um dieser Menge eine Anzahl zuordnen zu können, müssen wir zuvor einige neue Zahlwörter einführen. Beginnen wir mit einem Überblick über die Zahlwörter für große Zahlen, die wir bereits haben*:

1	Eins	10^0
10	Zehn	10^1
100	Hundert	10^2
1000	Tausend	10^3

* Die folgende Passage mußte neu formuliert werden, da das deutsche und das amerikanische Zählsystem hier nicht übereinstimmen. (A. d. Ü.)

1 000 000	Million	10^{6}
1 000 000 000	Milliarde	10^{9}
1 000 000 000 000	Billion	10^{12}
1 000 000 000 000 000	Billiarde	10^{15}
1 000 000 000 000 000 000	Trillion	10^{18}
1 000 000 000 000 000 000 000	Trilliarde	10^{21}
1 000 000 000 000 000 000 000 000	Quadrillion	10^{24}
1 000 000 000 000 000 000 000 000 000	Quadrilliarde	10^{27}
1 000 000 000 000 000 000 000 000 000 000	Quintillion	10^{30}
1 000 000 000 000 000 000 000 000 000 000 000	Quintilliarde	10^{33}
1 000 000 000 000 000 000 000 000 000 000 000 000 000 000 000 000 000 000 000 000 000 000	Dekilliarde	10^{63}
1 000	Quinquagintilliarde	10^{303}

Das Prinzip, das hinter diesen auf -illion und -illiarde endenden Zahlwörtern steckt, ist das folgende: eine Zahl mit N mal 6 Nullen ist eine »N-illion«, eine Zahl mit N mal 6 plus 3 Nullen ist eine »N-illiarde«. Anders gesagt: eine »N-illion« schreibt sich als eine Million hoch N, während eine »N-illiarde«, die das Tausendfache der »N-illion« ist, sich also als eine Million hoch N plus 3 schreibt. Die Vorsilben in den Zahlwörtern, die den Werten N = 1, 2, 3, 4, 6, 7, 10, 20 und 100 entsprechen, sind: mi-, bi-, tri-, quadri-, sext-, sept-, dec-, vigint- und zent-. Diese -»illionen« besitzen 6, 12, 18, 24, 36, 42, 60, 120 und 600 Nullen.

Gelegentlich wurde versucht, das »-illionen« System auf Zahlen sehr großer Länge auszudehnen. Hierbei ergeben sich Schwierigkeiten: zum einen ist es nicht leicht herauszufinden, welche Vorsilben man genau für die größeren Zahlen verwenden soll, zum anderen hat eine »N-illion« nicht N, sondern 6N Nullen. Das ist im unteren Bereich kein Problem. Aber bei großen Zahlen wie einer Eins mit hundert oder tausend Nullen hätte man gerne Namen, die man auf einfache Art und Weise ermitteln kann.

Wie bereits im letzten Abschnitt erwähnt, wird die Zahl, die aus einer Eins mit hundert Nullen dahinter besteht, *Googol* genannt. Der Mathematiker Edward Kasner hat diesen Namen in den 30er Jahren populär gemacht. Googol ist eine sehr große Zahl – die meisten Naturwissenschaftler teilen die Meinung, daß die Anzahl aller Atome in allen für uns sichtbaren Sternen kleiner als Googol ist. Wollen wir Googol im »-illionen« System ausdrücken, so können wir das tun, denn $100 = 16 \cdot 6 + 4 = 16 \cdot 6 + 3 + 1$, weswegen Googol gleich 10 »16-illiarden« ist oder 10 Sedekilliarden.

Das klingt ziemlich merkwürdig. In ihrem Buch »Mathematik und Imagination« haben Kasner und Newman Abhilfe vorgeschlagen: »Kinder sprechen weise Worte mindestens ebensooft wie Wissenschaftler. Der Name ›Googol‹ wurde von einem Kind erfunden (nämlich Kasners neunjährigem Neffen), das man gebeten hatte, sich einen Namen für eine sehr große Zahl (eine Eins mit hundert Nullen) auszudenken. Es war sich vollkommen im klaren darüber, daß diese Zahl nicht unendlich ist und folglich einen Namen haben müßte. Bei der gleichen Gelegenheit, wo es ›Googol‹ vorschlug, erfand es auch noch einen Namen für eine noch größere Zahl: ›Googolplex‹. ›Googolplex‹ ist eine wohlbestimmte endliche Zahl; Gogolplex ist der Name einer Zahl, die aus einer 1 und googol Nullen besteht.« Ich schlage vor, noch etwas weiterzugehen und die Nachsilbe -plex ähnlich frei zu verwenden wie die -illion. Die Grundidee ist einfach. Ist N ein Zahlwort, so soll N-plex die Zahl bedeuten, die aus einer 1, gefolgt von N Nullen besteht. Im »-plex System« heißen Zehn, Hundert, Tausend, Million und Milliarde Einplex, Zweiplex, Dreiplex, Sechsplex und Neunplex, da sie 1, 2, 3, 6 bzw. 9 Nullen besitzen. Googol ist dasselbe wie Hundertplex. Ein wenig anders formuliert ist N-plex einfach 10^N

(sprich 10 hoch N), wobei 10^N für das N-fache Produkt von 10 mit sich selber steht, was wiederum nichts anderes als eine 1 mit N Nullen ergibt. Zwei gute Gründe sprechen dafür, N-plex anstatt 10^N zu verwenden: N-plex kann ohne Hochzahl geschrieben werden, und N-plex läßt sich einfach aussprechen.

Das »-illionen« System verwendet lateinische Zahlwörter als Vorsilben. Im allgemeinen werden wir im »-plex« System gewöhnliche Zahlwörter als Vorsilben benutzen, aber es ist lustig, für einige Zahlen spezielle Vorsilben zu verwenden. Die Vorsilben, die ich meine, beruhen auf griechischen Zahlwörtern. Ein internationales Komitee für Gewichte und Maße hat sie 1958 eingeführt. Die gängigen griechischen Vorsilben für zehn-, hundert-, tausend-, million-, milliarde- und billion- waren deka-, hekto-, kilo-, mega-, giga- bzw. tera-. Deshalb werden wir von Dekaplex, Hektoplex, Kiloplex, Megaplex, Gigaplex und Teraplex sprechen:

10^{10}	Dekaplex oder auch zehn Milliarden
10^{100}	Hektoplex, auch als Googol bekannt
10^{1000}	Kiloplex
$10^{1\,000\,000}$	Megaplex
$10^{1\,000\,000\,000}$	Gigaplex
$10^{1\,000\,000\,000\,000}$	Teraplex
10^{Googol}	Googolplex, auch als Hektoplexplex geläufig

Ein feiner Zug der Logarithmen ist es, daß sie das Reden über große Zahlen erleichtern. Wählen wir 10 als Basis unserer Logarithmen, so wird aus N-plex einfach N. Wiederholte Anwendung des Logarithmierens erlaubt weitere Reduktionen. So ist zum Beispiel (log googol) = 100, weshalb log (log googol) gleich (log 100) ist und der ist 2. Gehen wir einen Schritt weiter, so finden wir:

$$\begin{aligned}\text{log log log googolplex} &= \text{log log googol}\\ &= \log 100\\ &= 2.\end{aligned}$$

Wenn man einen Zahlenstrahl verwendet, dessen Skalierung von der gewöhnlichen über die logarithmische zur logarithmisch-logarithmischen übergeht, kann man die meisten unserer Zahlen in einer kompakten Weise darstellen, wie das Abbildung 32 andeutet:

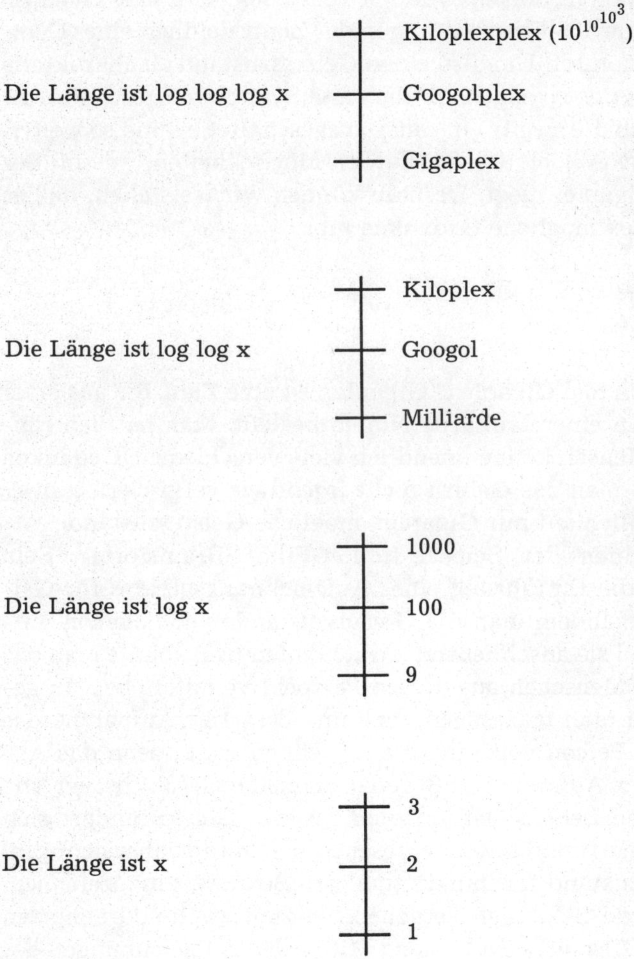

Abbildung 32

Als Nächstes möchte ich schätzen, wie viele verschiedene Gedanken ein Mensch haben kann. Wir wollen eine sehr grobe Abschätzung benützen. Das Gehirn besitzt angeblich drei Milliarden Synapsen. Wir wollen annehmen, daß ein Gedanke oder Geisteszustand sich durch die Angabe, welche Synapsen kontaktieren, exakt festlegen läßt. Auf dem ungenauen Niveau, auf dem wir uns bewegen, dürfen wir uns vorstellen, daß eine Synapse genau wie eine 0/1-Umschaltung in der Zentraleinheit eines Computers funktioniert. Um also einen Geisteszustand zu charakterisieren, genügt es zu sagen, ob die erste Synapse eingeschaltet ist oder nicht, ob die zweite ein- oder ausgeschaltet ist und so weiter. Das ergibt zwei hoch drei Milliarden Möglichkeiten, was im Bereich von Gigaplex liegt. Deshalb können wir feststellen, daß es etwa Gigaplex mögliche Gedanken gibt:

$$2^{3\ \text{Milliarden}} = (2^3)^{\text{Milliarden}} \approx 10^{\text{Milliarde}} = \text{Gigaplex}$$

Was war noch mal Gigaplex? Gigaplex ist eine Zahl, die aus einer 1, gefolgt von einer Milliarde Nullen besteht. Man hat den Eindruck, ein Mensch könne unendlich viele verschiedene Gedanken haben. Falls man das Gehirn nicht irgendwie vergrößert, gibt es aber in Wirklichkeit nur Gigaplex mögliche Geisteszustände.

1984 erschien der Science-fiction-Film »Brainstorm«. Sein Thema war die Einführung eines Aufzeichnungsgerätes für Geisteszustände. Indem man die Geisteszustände einer Person aufzeichnete und sie anschließend zurücklaufen ließ, konnte man das Leben eines Menschen aus dessen Perspektive miterleben. In gewisser Weise muß man sagen, daß eine derartige Aufnahme das Leben einer Person vollständig aufzeichnen kann, denn das Abspielen dieser Aufnahme ruft genau dasselbe Gefühl hervor wie das wirkliche Leben. Der Zustand unseres Geistes ändert sich nicht sprunghaft und unvorhergesehen. Es würde daher genügen, den Geisteszustand fünfhundertmal pro Sekunde aufzuzeichnen. Eine Milliarde Sekunden vergehen bis zum zweiunddreißigsten Lebensjahr. Also würden tausend Milliarden Aufzeichnungen des Geisteszustandes das Leben eines Durchschnittsmenschen hinreichend genau charakterisieren. Das bedeutet, daß eine Billion Aufzeichnungen ein Leben genau wiedergeben.

Es ist interessant, über solche Angaben zu verfügen. Ein Mensch besitzt Gigaplex mögliche Gedanken und eine Trillion mögliche Leben. Das zu wissen ist wirklich faszinierend! Das ist ein verblüffendes Ergebnis, obwohl die verwandte Mathematik einfach ist. Genau wie Archimedes schloß: »Ich glaube, König Gelon, daß dies der Menge der nicht mathematisch gebildeten Menschen unglaublich erscheinen wird, den mathematisch gebildeten Menschen ... aber keineswegs.«

Wörter als Zahlen

Ein Mann wird für zehn Jahre ins Gefängnis geschickt. Der Eßraum dient auch zum Theaterspielen, weshalb es eine Bühne darin gibt. Nach dem Abendessen springt einer der Gefangenen auf die Bühne und brüllt: »Vierhundertsiebenundachtzig.« Alle brechen in Lachen aus. Am nächsten Tag geschieht das gleiche. Nach dem Abendessen springt einer auf die Bühne und brüllt: »Zweitausendsechshundertundzweiundzwanzig«, und alle Gefangenen schütteln sich vor Lachen. Das geht ein paar Wochen so. Endlich fragt unser Gefangener seinen Zellennachbar, was hier vorgehe.

»Ja«, sagt der, »das ist so. In der Gefängnisbücherei gibt es ein dickes Buch ›Die zehntausend besten Witze‹. Wir sind alle schon so lange hier, daß wir das Buch auswendig können. Will jemand einen Witz erzählen, so braucht er nur die Nummer des Witzes zu rufen, und wenn der Witz gut ist, beginnen alle zu lachen.«

Beim Abendessen an jenem Tag will der Gefangene den anderen zeigen, daß er ein guter Kumpel ist. Bevor noch ein anderer auf die Bühne gelangen kann, springt er hinauf und schreit: »Fünftausendneunhundertachtundsechzig.« Zu seinem Schrecken zeigt niemand auch nur ein Lächeln. Einige gähnen sogar. Er schleicht in seine Zelle zurück, um seinen Nachbar zu befragen.

»Niemand hat gelacht. Ist Fünftausendneunhundertachtundsechzig kein guter Witz?« »Sicher ist das ein guter Witz«, sagt der Zellennachbar, »der alte Fünftausendneunhundertachtundsechzig ist einer der besten.«

»Aber warum hat dann keiner gelacht?«

»Du hast ihn nicht richtig erzählt.«

Der Unterschied zwischen »eine Zahl kennen« und »eine Zahl richtig benennen« ist ein weiteres Beispiel für die Digital-analog-

Unterscheidung, von der wir in der Einleitung gesprochen haben. Die wirkliche Bedeutung dieser Geschichte besteht für uns darin, daß Zahlen für alle Arten von Gegenständen stehen können, wenn nur ein Verschlüsselungssystem gegeben ist. In der geschilderten Geschichte besteht das Verschlüsselungssystem aus einem bestimmten Buch. Das geläufige System, Dinge nach einer Skala von 1 bis 10 zu bewerten, beruht auf einem Wörterbuch, das nicht explizit vereinbart wurde, das aber dennoch ungefähr so beschrieben werden kann:

1	Das Schlechteste
2	Sehr schlecht
3	Schlecht
4	Schwach
5	Ungefähr in Ordnung
6	In Ordnung
7	Ansprechend
8	Gut
9	Wirklich gut
10	Das Beste

So weit ich weiß, hat das »1 bis 10«-Bewertungssystem seine größte Verbreitung in den Unterhaltungen zwischen US-Soldaten und südvietnamesischen Hausierern gefunden. Selbst wenn Leute über gar keinen gemeinsamen Wortschatz verfügen, kennen sie noch dieselben Zahlen.

Besitzen zwei Leute jeweils eine Abschrift des gleichen Wörterbuchs, so können sie Botschaften untereinander austauschen, indem sie die Nummer angeben, unter der das Wort, das sie verwenden wollen, zu finden ist. So wird aus »How are you?« unter Benützung meines Merriam-Webster-Schulwörterbuches »30 068 – 3480 – 74 462«. Das ist natürlich eine sehr mühsame Art der Verschlüsselung; es ist unbequem, immer ein dickes Wörterbuch zum Nachschlagen des Codes mit sich herumzuschleppen.

Auch das einfache Hinschreiben von Wörtern enthält in Wirklichkeit einen numerischen Code. Es gibt keinen großen Unterschied zwischen Zahl- und Buchstabensymbolen – beides sind einfache Formen, die sich schnell mit der Hand zeichnen und leicht unterscheiden lassen. Bezieht man die Buchstaben des Alphabets und die Leerstelle auf ein Stellenwertsystem zur Basis 27, so kann man diese als einzelne Ziffern verstehen. Textstücke werden dann zu Zahlen, die im Siebenundzwanzigersystem dargestellt sind. Zur Vereinfachung wollen wir annehmen, daß wir unseren Text in Kleinbuchstaben schreiben und daß wir Leerstellen mit »–« markieren. Wir stellen uns vor, daß 0 für »–«, 1 für »a«, 11 für »k« und so weiter steht. Abstrakt betrachtet gibt es keinerlei Einwände gegen ein Stellenwertsystem, das auf einer Basis größer als Zehn beruht. Auch ist es nicht verboten, Buchstaben als Stellvertreter für Zahlen zu nehmen. Dieses spezielle Stellenwertsystem wollen wir mit »B27« bezeichnen, wobei »B« daran erinnert, daß wir Buchstabensymbole für Zahlen verwenden. Die »27« gibt an, daß das System auf den Potenzen von 27 beruht. Wir werden sehen, daß im B27-System eine Kette von Buchstaben wie zum Beispiel »big« eine wohlbestimmte Zahl darstellt (1708 im Falle von »big«).

Um dieses fremdartige Stellenwertsystem besser zu verstehen, sollte man die Analogie zu unserem vertrauten Dezimalsystem im Gedächtnis behalten. Im B27-System bewirken »–« und »a« dasselbe wie 0 und 1 im Zehnersystem, und »z« (das ist die Zahl, die um eines kleiner ist als die Basis des Systems) entspricht der 9 im Dezimalsystem. Deshalb entspricht dem Übergang von »z« zu »a-« der Übergang von »9« zu »10«; von »zzz« zu »a---« gehen ist dasselbe wie von 999 zu 1000 zu gehen. Der ganze Unterschied besteht darin, daß wir in B27 Buchstabensymbole als Ziffern verwenden und mit den Potenzen von 27 arbeiten (1, 27, 729, 19 683, 531 441 ...) und nicht mit denen von 10 (1, 10, 100, 1000, 10 000, ...). Aus unserer Diskussion der Logarithmen wissen wir, daß eine Dezimalziffer $\log_2 10$ oder 3,32 Bits Information trägt. Eine B27-Ziffer enthält $\log_2 27$ oder 4,75 Bits Information.

Weil ein einzelnes Symbol mehr Information trägt, kann eine kurze Liste von B27-Symbolen bereits eine große Zahl benennen. Wie könnte man eine Liste von B27-Symbolen nennen? Es erscheint etwas unnatürlich, sie *Zahl* zu nennen. Deshalb wollen wir von einer *Kette* sprechen.

Tabelle 1. Das B27-System

B27 Symbol	Symbol im Dezimal-system	B27 Symbol	Symbol im Dezimal-system
– (blank)	0	a–	1 × (27) = 27
a	1	aa	1 × (27) + 1 = 28
b	2	ab	1 × (27) + 2 = 29
c	3	...	...
d	4	az	1 × (27) + 26 = 53
e	5	b–	2 × (27) = 54
f	6	ba	2 × (27) + 1 = 55
g	7	...	...
h	8	hi	8 × (27) + 9 = 225
i	9	...	...
j	10	z–	26 × (27) = 702
k	11	za	26 × (27) + 1 = 703
l	12	...	...
m	13	zz	26 × (27) + 26 = 728
n	14	a– –	1 × (27 × 27) = 729
o	15	a–a	1 × (27 × 27) + 1 = 730
p	16	...	...
q	17	aa–	1 × (27 × 27) + 1 × (27) = 756
r	18	aaa	1 × (27 × 27) + 1 × (27) + 1 = 757
s	19	...	...
t	20	are	1 × (27 × 27) + 18 × (27) + 5 = 1220
u	21	...	...
v	22	big	2 × (27 × 27) + 9 × (27) + 7 = 1708
w	23	...	...
x	24	zap	26 × (27 × 27) + 1 × (27) + 16 = 18997
y	25	...	...
z	26	zzz	26 × (27 × 27) + 26 × (27) + 26 = 19682
		a– – –	1 × (27 × 27 × 27) = 19683

Mit Hilfe eines Taschenrechners kann man herausfinden, für welche Zahl der eigene Name steht. Dazu muß man ihn in Kleinbuchstaben schreiben und als B27-Kette auffassen. Mein Name bedeutet 369 871:

$$\text{rudy}_{\text{B27}} = 18 \times (19\,683) + 21 \times (789) + 4 \times (27) + 25 = 365\,871$$

Freut mich, Sie kennengelernt zu haben.

Es ist auch möglich, den Codierungsprozeß umzukehren. Ein wenig rechnerisches Herumprobieren läßt einem zu jeder Dezimalzahl die zugehörige, eindeutig bestimmte B27-Kette finden. Will ich zu jemandem, der das B27-System beherrscht, »he« sagen, so genügt es, wenn ich ihm eine Schachtel mit 221 Murmeln darin gebe. Nach nicht allzu langer Zeit wird er feststellen, daß die 221 Murmeln in eine Gruppe zu 8 mal 27 Murmeln und in eine andere mit 5 einzelnen Murmeln zerfallen. Das bedeutet aber im B27-System, daß ich dieser Person »he« Murmeln gegeben habe. Liebt man die Vorstellung, die Welt sei mit versteckten Fingerzeigen erfüllt, so kann man seinen Spaß daran finden, die verschiedenartigsten Zahlen in B27-Ketten zu verwandeln:

$$\begin{aligned} 221 &= 8 \times (27) + 5 = \text{he}_{\text{B27}}; \\ 1986 &= 2 \times (729) + 19 \times (27) + 15 = \text{bso}_{\text{B27}}; \\ 666 &= 24 \times (27) + 18 = \text{xr}_{\text{B27}}. \end{aligned}$$

Also ist »xr« die B27-Kette dieses Biestes! Ich bin nur froh, daß mein Vorname nicht »Xaver« lautet.

Ein anderer Aspekt des B27-Stellenwertsystems ist, daß es in systematischer Weise alle möglichen Kombinationen der Leerstelle und der sechsundzwanzig Buchstaben in einer Art lexikographischer Ordnung auflistet. Ich sage *eine Art* von lexikographischer Ordnung, weil die B27-Auflistung zuerst alle Ketten, die aus einem Symbol bestehen, aufführt, dann diejenigen, die zwei Symbole lang sind und so weiter.

Es kann nützlich sein, ein Textstück als B27-Kette zu betrachten. Ein kleines Problem hierbei ist, daß das B27-System weder Satzzeichen und sonstige Sonderzeichen noch Großbuchstaben kennt. In Wirklichkeit können wir jedoch, solange wir Leerstellen zur Verfügung haben, ohne Großbuchstaben und Satzzeichen auskommen, und wirklich wichtige Sonderzeichen lassen sich durch ihren Namen ersetzen: Wir setzen »gleich« für »=« ein und »fünf« für »5«. Will man einen beliebigen Text als B27-Kette behandeln, so ersetze man alle Groß- durch Kleinbuchstaben, alle Satzzeichen durch Leerstellen und jedes Sonderzeichen (wie zum Beispiel Ziffern) durch seinen Namen. Auf diese Weise wird aus einem an Satzzeichen reichen Abschnitt, wie dem Ende des drittletzten Abschnitts, folgendes: »also-ist--xr--die-bsiebenundzwanzig-kette-dieses-biestes---ich-bin-nur-froh-daß-mein-vorname-nicht--xaver--lautet--«

Offensichtlich ist das eine B27-Kette, die nur Leerstellen und Kleinbuchstaben enthält. Sie ist 117 Zeichen lang, weshalb sie eine Zahl darstellt, die mit einem Vielfachen von 27 hoch 117 beginnt.

$$1 \times (27^{117}) + 12 \times (27^{116}) + \ldots + 20 \times (27^{2}) + 0 \times (27^{1}) + 0 \times (27^{0}) \approx 27^{118} \approx 10^{165}.$$

Diese Zahl, die man den B27-Zahlenwert des fraglichen Abschnittes nennen könnte, ist sehr groß: sie ist größer als Googol, aber kleiner als Kiloplex.

Früher habe ich bereits erwähnt, daß man im B27-System zu jemandem »he« sagen kann, indem man ihm 221 Murmeln überreicht. Allerdings möchte ich nicht mehr als Googol Murmeln übergeben, nur um einen banalen Witz über meinen Namen und die Zahl 666 zu machen. Warum ist die B27-Code-Zahl einer so kurzen Botschaft so groß? Der Grund hierfür ist, daß die B27-Code-Zahl etwa gleich der Gesamtanzahl aller möglichen Botschaften dieser Länge ist, die überhaupt gesendet werden könnten. Es gibt 27 hoch 117 Möglichkeiten, eine B27-Liste mit 117 Symbolen zu bilden. Wenn man ein Stück Text hinschreibt, so verfaßt man tatsächlich eine B27-Kette. Man wählt bewußt oder unbewußt eine spezielle Botschaft aus einer astronomischen Anzahl von Möglichkeiten aus.

»Astronomisch« ist in Wirklichkeit ein viel zu schwaches Wort an dieser Stelle. Eine kurze Novelle mit siebzigtausend Worten ist ungefähr siebenhunderttausend Symbole lang, das ergibt einen B27-Zahlenwert von etwa Megaplex. Es gibt, anders gesagt, rund Megaplex mögliche Kurznovellen, wobei jede mögliche Kette von B27-Symbolen zugelassen wurde:

$$27^{700\,000} \approx (10^{1{,}43})^{700\,000} = 10^{(1{,}43 \times 700\,000)} \approx 10^{1\,000\,000} =$$
Megaplex.

Zur Erinnerung: im »Kopfrechner« haben wir geschätzt, daß es etwa Gigaplex mögliche menschliche Gedanken gibt. Setzt man diese Abschätzung in Beziehung zu der gerade angestellten, so findet man, daß eine vollständige Beschreibung des Geisteszustandes einer Person etwa tausend Taschenbücher füllen würde. Ich hoffe, das klingt vernünftig. Anders gesagt: einen bestimmten Gedanken zu fassen bedeutet, eine Anordnung von tausend Bücherstapeln zu finden. Wir können uns vorstellen, daß jeder Gedanke etwa tausend Grundbegriffe einbringt, wobei jeder Begriff (wie »blau«, »Frau« oder »Auto«) ein Buch zu seiner Erklärung benötigt:

$$\text{Megaplex}^{1000} = (10^{1\,000\,000})^{1000} = 10^{1\,000\,000\,000} = \text{Gigaplex}$$

Kehren wir zum Kern unserer Überlegungen zurück: Was besagt die Tatsache, daß die geschriebene Sprache durch große Zahlen verschlüsselt wird? Ein Aspekt ist, daß Schreiben ein digitaler Prozeß ist: Etwas niederzuschreiben bedeutet, Ketten wohlunterschiedener Symbole zu erschaffen. Anders verhalten sich die Dinge beim Reden, das eher ein analoger Vorgang ist. Die Art und Weise, wie etwas gesagt wird, kann dessen Bedeutung von Grund auf ändern. Wortgewandte Schriftsteller versuchen, diese analogen Effekte auf die verschiedensten Weisen zu digitalisieren.

Ein anderer Punkt, der von dem B27-Kode angesprochen wird, ist der Begriff der *Information*. Die zahlenmäßige Verschlüsselung eines Buches enthält vom formalen oder strukturellen Gesichtspunkt aus genauso viel Information wie das Buch selbst. Die wichtige Information steckt weniger in der speziellen Darstellung als in der zugrunde liegenden Form. Gewöhnlich denken wir bei Zahlen an das Abzählen von Dingen, wir sehen aber, daß Zahlen ebenfalls zur Kodierung von Information dienen können. In bestimmter Weise ähnelt die unendliche Menge der Zahlen einer universellen Bibliothek. Jeder Zahl entspricht durch den B27-Kode ein bestimmter geschriebener Text. Umgekehrt kann jedes Buch als ein Informationsmuster betrachtet werden, das zu einer bestimmten großen Zahl gehört.

Man beachte, daß diesem Codierungsprozeß keine Grenzen gesetzt sind. Anstatt ein einziges Buch nach B27 zu kodieren, können wir auch alle 70 Millionen Bände der Library of Congress nach ihrer Anordnung im Katalog zusammenfassen und so eine B27-Superkette erhalten, deren Zahlenwert einige Billiarden Stellen lang ist.

Die Grenzen der Erkenntnis

Es gibt unendlich viele natürliche Zahlen. Sie umgeben uns in allen Dimensionen wie ein uferloser Ozean. Verglichen mit dem Zahlenozean ist unser ganzer Sternenhimmel weniger als ein Bazillus im Gedärm eines Röhrenwurmes, der sich am Boden des zehn Kilometer tiefen Mariannengrabens an der Öffnung eines Vulkans wärmt.

Es fällt uns Menschen schwer einzusehen, wie klein wir in Wirklichkeit sind. In biologischen Sammlungen begegnet man gelegentlich menschlichen Gehirnen, die in Formaldehyd eingelegt sind. Es ist befremdend und erschreckend, ein Gehirn zu betrachten, es zu wiegen und festzustellen, wie beschränkt unsere Denkmaschine ist. Es gibt weite Bereiche von Phänomenen, die jenseits unserer Zahlen liegen, und es gibt Zahlen, die so groß sind, daß niemand sie sich vorzustellen vermag.

Aus irgendeinem Grund enthält das Guinness-Buch der Rekorde keine Angaben über die größte Zahl, bis zu der jemand gezählt hat. Da der Tag 86 400 Sekunden hat, könnte eine Person, die die Mühe auf sich nähme, pro Sekunde um zwei weiterzuzählen, innerhalb von sechs Tagen bis eine Million zählen (vorausgesetzt, sie zählt rund um die Uhr). Leute haben schon Fahrräder verspeist, um in dieses Buch zu gelangen – könnte da sich nicht mal jemand die Mühe machen und bis eine Million zählen?

Natürlich müssen wir nicht bis zu einer Zahl zählen, um uns diese vorstellen zu können. Ich habe eine klare Vorstellung davon, was 1 234 567 890 bedeutet, obwohl ich nicht so weit gezählt habe. Begeben wir uns in spektakulärere Bereiche, so habe ich eine deutliche Vorstellung davon, was die B27-Zahl der Bibel König Jakobs bedeutet, obwohl es sehr schwierig für mich wäre, die entsprechende Dezimalzahl tatsächlich anzugeben. Große Zahlen kodieren große Informationsmengen.

Wieviel Information verschlüsselt eine Zahl K genau? Man braucht K Symbole, um K in unitärer Notation als Liste von K Strichen zu notieren. Drücken wir K aber in einem System mit der Basis Zwei oder der Basis Zehn aus, so brauchen wir weniger Striche. Nehmen wir als Beispiel die Zahl, deren Strichliste aus eintausendzweihundertsiebenunddreißig Strichen besteht. Um diese Zahl im Dezimalsystem beschreiben zu können, braucht man bloß vier Symbole: »1237«. Im Dualsystem benötigt man elf Symbole: »10011010101«.

Zur Erinnerung: Der Logarithmus zur Basis 10 einer Zahl K ist die Anzahl der Stellen, die man benötigt, um K in Dezimalform aufzuschreiben, und der Logarithmus zur Basis 2 von K ist die Anzahl von Nullen und Einsen, die man braucht, um K in Dualform darzustellen.

Da wir die Information in möglichst einfachen Bits messen möchten, werden wir normalerweise davon ausgehen, daß *die in einer Zahl K enthaltene Information definitionsgemäß gleich dem Logarithmus von K zur Basis 2 ist.* Die Beschreibung mit Hilfe der Basis Zehn ist nicht wirklich effektiver als die Beschreibung mit Hilfe der Basis zwei, denn um eine Dezimalzahl verstehen zu können, muß man zwischen zehn möglichen Ziffern unterscheiden können anstatt zwischen zwei. Wie bereits in »Zahlen und Logarithmen« erwähnt, wird die scheinbare Ersparnis, die einem das Dezimalsystem zu gewähren scheint, ausgeglichen durch die erhöhten Kosten, die durch den Gebrauch von mehr Symbolen entstehen. Genauer gesagt, braucht die Entscheidung zwischen zehn Ziffern rund 3,32 Bits Information. Der Logarithmus einer Zahl bezüglich der Basis Zwei ist etwa das 3,32fache des Logarithmus der gleichen Zahl zur Basis Zehn. Also ist die Anzahl der Symbole in der Dualdarstellung einer Zahl etwa das 3,32fache der Anzahl von Symbolen in der Dezimaldarstellung. Von nun möchte ich festsetzen, daß ich, wenn ich log schreibe, immer den Logarithmus zur Basis Zwei meine. Stellt man sich die Bits als Ja-Nein-Entscheidungen vor, so kann man sagen, daß die Information, die in einer Zahl K steckt, annähernd gleich log K ist.

Gewisse Zahlen haben sehr kurze Beschreibungen. Die meisten Zahlen aber lassen keine Beschreibung zu, die merklich kürzer wäre als eine Auflistung ihrer Ziffern in einem beliebigen Stellenwertsystem. »Dreizehn hoch tausend« ist eine kurze Kennzeichnung einer Zahl mit etwa 1100 dezimalen oder 3654 dualen Stellen. Die meisten Zahlen mit 3654 Bits besitzen keine Beschreibung mit weniger als jenen 3654 Bit, die man braucht, um sie tatsächlich aufzuschreiben. Diese großen Zahlen ohne kurze Kennzeichnungen darf man als kleine Exemplare von »unbegreiflichen Zahlen« ansehen.

Ich habe schon erwähnt, daß die natürlichen Zahlen in vier Größenordnungen auftreten: klein, mittel, groß und unbegreiflich. Die kleinen Zahlen kann man sich – um es noch einmal zu sagen – in der einfachsten Weise als Mengen von Punkten vorstellen. Bis etwa Sieben sind die Zahlen so klein, daß wir sie uns direkt durch Ansammlungen von Punkten veranschaulichen können. Größere Zahlen wie zum Beispiel Fünfundzwanzig kann man sich immer noch als Ansammlung von Punkten vor Augen führen, indem man die Punkte in geeigneter Weise – vielleicht als Quadrat oder als Dreieck – anordnet. Wir verstehen diese Punktmuster so gut, daß wir uns sogar vorstellen können, daß die Punkte schwarz oder weiß oder auch farbig wären.

Überschreiten wir tausend, so wird es praktisch unmöglich, Zahlen durch irgendeine Art von Punktmuster zu veranschaulichen. An diesem Punkt setzt der Verschlüsselungsmechanismus unseres Zahlsystems ein. Das ist der Bereich der mittleren Zahlen. Anstatt uns die Anzahl von Punkten vorzustellen, für die eine Zahl wie 3721 steht, neigen wir dazu, uns auf das Muster ihrer Ziffern zu konzentrieren. Wir könnten an der Tatsache interessiert sein, daß 3721 das Quadrat von 61 ist. Aber das beeindruckt als eine Aussage über die Ziffern und nicht als eine über Punktmuster. Die Kraft des Stellenwertsystems rührt daher, daß eine Zahl wie 3721 durch vier Einheiten an Information (nämlich die Ziffern dieser Zahl im Dezimalsystem) dargestellt wird und nicht durch einen Haufen von 3721 Punkten. Aufgrund der Tatsache, daß jede dezimale Ziffer rund 3,32 Bit Information trägt, erkennen wir, daß 3721 gut 12 Bit Information enthält. Wir können sagen, daß eine mittlere Zahl eine Zahl ist, deren Zweierlogarithmus klein ist. Der Veranschaulichung einer mittleren Zahl mit Hilfe ihrer Dualdarstellung entspricht die Veranschaulichung mittels einer Ansammlung von Punkten, wobei diese entweder weiß (für 1) oder schwarz (für 0) sind.

Halten wir weiterhin nach noch größeren Zahlen Ausschau, so erreichen wir bald den Bereich der großen Zahlen. Das sind solche Zahlen, deren Dual- oder Dezimaldarstellung zu lang ist, um noch wirklich verstehbar zu sein. Für eine große Zahl ist nicht nur die Veranschaulichung durch Punkte indiskutabel, für sie ist auch eine Dualdarstellung kaum vorstellbar. Eine Zahldarstellung, die aus tausend zufällig ausgewählten Ziffern besteht, ist so gut wie sinnlos. Sie sagt uns nichts. Sie geht ins Unbegreifliche über.

Dennoch haben manche großen Zahlen eine Bedeutung für uns. Das sind diejenigen, die etwas besitzen, was man Darstellungen höherer Ordnung nennen könnte. So ist zum Beispiel »die B27-Zahl von *Der Ozean der Wahrheit*« eine höherstufige Kennzeichnung für diejenige Zahl, deren B27-Verschlüsselung gerade mit der Symbolkette übereinstimmt, aus der dieses Buch besteht. Wir könnten eine derartige Kennzeichnung einen »Kettennamen« nennen. Ein Name wie dieser ist ziemlich einfach zu verstehen, wenn man das Buch zur Hand hat. Der Titel des Buches wird zu einem kurzen Namen für die B27-Kette, die der Text des Buches bildet. Eine andere Art von höherstufiger Kennzeichnung sind die »mathematischen Namen« wie zum Beispiel »die googolste Primzahl«. Mathematische Namen sind schwieriger als Kettennamen, weil zu ihrer Entzifferung eine Menge schwieriger Mathematik erforderlich sein kann.

Noch eine andere Sorte von Namen für Zahlen sind die »physikalischen«. Das ist eine Bezeichnung, die in gewisser Hinsicht vom Zustand der Wirklichkeit abhängt. Ein Kettenname funktioniert so: Man nimmt eine spezielle Sorte einer Ansammlung von physikalischen Objekten (die Buchstaben eines Buches), ordnet diese und behandelt sie dann als Ziffernfolge. Ein physikalischer Name verallgemeinert diesen Vorgang, indem er andere Dinge wie Körper, Sterne oder Moleküle als Ziffern verwendet. Hierfür drei Beispiele:

Die Geschlechtszahl In diesem Augenblick (13:08:33 ostamerikanischer Zeit am 31. Januar 1986) leben auf dem Planeten Erde annähernd fünf Milliarden Menschen. Man stelle sich vor, diese Menschen seien dem Alter nach – beginnend mit dem jüngsten und mit dem ältesten endend – geordnet. Nun definieren wir die Geschlechtszahl folgendermaßen: wir notieren eine 1 an der N-ten Stelle, wenn die N-te Person der Alterskette männlich ist; ist sie weiblich oder von unbestimmtem Geschlecht, so notieren wir eine 0.

Die galaktische Kennzahl Unsere Galaxie beheimatet etwa einhundert Milliarden Sterne. Wir wollen annehmen, daß den Sternen entsprechend ihrer Entfernung von unserer Sonne Zahlen zugeordnet sind. Nun stelle man sich eine hundert Milliarden Stellen lange galaktische Kennzahl vor, die Informationen über die Sternsysteme unserer Galaxie gemäß dem folgenden Kode verschlüsselt:

0 Explodierender Stern
1 Schwarzes-Loch-System
2 Einzelstern ohne Planeten
3 Mehrfachstern ohne Planeten
4 Einzelstern mit unbelebten Planeten
5 Mehrfachstern mit unbelebten Planeten
6 Einzelstern mit belebten Planeten
7 Mehrfachstern mit belebten Planeten
8 Sternsystem mit interstellarem Leben
9 Künstliches Sternsystem

Da unsere Sonne ein Einzelstern mit belebten Planeten ist, lautet die erste Ziffer der galaktischen Kennzahl 6. Falls der zehntnächste Stern zur Sonne ein Doppelstern mit Planeten ohne Leben sein sollte, so wäre die zehnte Stelle der galaktischen Kennzahl eine 5 und so weiter.

Meine Körperzahl Mein Körper besteht aus einigen Quadrillionen Molekülen. Man stelle sich vor, diese Moleküle wären von eins bis eine Quadrillion durchnumeriert. Nun lege man ein Verzeichnis an, das zu jeder Zahl zwischen Eins und einer Quadrillion die chemische Zusammensetzung des entsprechenden Moleküls angibt sowie die Kennzahlen der dem fraglichen Molekül am nächsten liegenden Moleküle. Das Adreßbuch kann jetzt aufgefaßt werden als B27-Kode einer Zahl: meiner Körperzahl.

Philosophisch gesehen scheinen diese physikalischen Namen für Zahlen ziemlich problematisch zu sein. Nehmen wir zum Beispiel die galaktische Kennzahl: Wie können wir in dem schwindelerregenden Wirbel der Galaxien effektiv herausfinden, welcher Stern wo in die Rangordnung gemäß seiner Entfernung einzuordnen ist? Wie groß muß ein Steinbrocken sein, daß er als Planet zählt? Was genau bedeutet »Leben«? Und so weiter. In Wahrheit sind wir noch nicht einmal vollständig sicher, daß unser Sonnensystem tatsächlich ein Einzelsternsystem ist. Einige Wissenschaftler haben in jüngster Vergangenheit vermutet, daß unser Sonnensystem vielleicht die Hälfte eines Doppelsternsystems sei, wobei der andere Stern ein sehr dunkles und weit entferntes Objekt ist, das dem Namen Nemesis bekannt ist. Man nimmt an, daß Nemesis nur alle 20 Millionen Jahre in die Nähe unserer Erde gelangt. Beim letzten Mal löste Nemnesis einen Meteoritenhagel aus, der soviel Staub aufwirbelte, daß die Eiszeit ausbrach und die Saurier ausstarben. Das ist nur eine Spekulation – aber sie reicht aus, um uns hinsichtlich der ersten Ziffer der galaktischen Kennzahl zu verunsichern: Ist sie eine 6 oder eine 7? Wenn wir aber noch nicht einmal die erste Ziffer herausfinden können, mit welchem Recht nehmen wir dann an, daß es eine derartige Zahl überhaupt gibt?

Eine mögliche Antwort lautet: Zwar können wir nicht die ersten Ziffern der galaktischen Kennzahl tatsächlich hinschreiben, aber dennoch existieren Zahlen wie diese als mögliche Informationsmuster im Zahlenozean. Es mag sein, daß wegen gewisser Zweifelsfälle keine Zahl tatsächlich *gleich* der galaktischen Kennzahl ist. Vielleicht laßt sich der Bereich möglicher Kandidaten eingrenzen. Das kann man mit der Tatsache vergleichen, daß es nicht den einen wahren Text der Bibel gibt. Vielmehr kennen wir mehrere mehr oder minder »authentische« Versionen der Bibel. Jede von diesen hat ihre eigene exakte B27-Zahl.

Das gleiche gilt für die Geschlechtszahl. Angenommen, mehrere Leute haben das gleiche ununterscheidbare Alter, so gibt es mehrere mehr oder weniger zutreffende Versionen der Geschlechtszahl. Keine Version ist über jeden Zweifel erhaben, und doch gibt es Versionen, die korrekter sind als andere. Die Tatsache, daß die Menschheit tatsächlich existiert, bestärkt uns in der Ansicht, daß es Informationsmuster geben muß, die sich mit der Geschlechtszahl identifizieren lassen.

Die am wenigsten konkrete unter diesen physikalischen Zahlen ist meine Körperzahl. Das Problem liegt hier in der fundamentalen Ungewißheit der Quantenmechanik über Position und Zusammensetzung der Moleküle. Wahrscheinlich gibt es so viele Zahlen, die Anspruch darauf erheben können, meine Körperzahl zu sein, daß dieser Begriff zu vage ist, um als Name einer Zahl bezeichnet werden zu können.

Anstatt diese Definitionen wegen ihrer Vagheit anzugreifen, kann man sie wegen ihres ineffektiven Charakters attackieren. So könnte jemand zum Beispiel argumentieren, daß es sinnlos sei, über die Geschlechtszahl zu reden, weil niemand jemals diese Zahl berechnen kann. Das gleiche Argument trifft in noch höherem Maß für die galaktische Kennzahl und für meine Körperzahl zu. Weil es in praktischer Hinsicht für einen Menschen unmöglich ist, jemals diese Zahlen anzugeben, müssen wir uns fragen, ob es Sinn hat, zu behaupten, wir hätten sie mit einem »Namen« versehen. Anstatt darüber weiter zu diskutieren, wollen wir annehmen, daß wir uns über das Folgende einig sind: Einerseits wollen wir zugestehen, daß Informationsmuster von der Komplexität der Geschlechtszahl, der galaktischen Kennzahl und meiner Körperzahl tatsächlich existieren. Diese Muster (und die sie beschreibenden Zahlen) sind in der Struktur der Welt selbst verankert. Andererseits wollen wir zugestehen, daß diese Muster so komplex sind, daß sie für uns Menschen wesensmäßig unbegreiflich bleiben. Eine Zahl wie die galaktische Kennzahl mit ihren 100 Milliarden Stellen liegt am unteren Ende des Bereiches der unbegreiflichen Zahlen.

Die höchste Stufe der Skala von Unbegreiflichkeit stellt sicherlich unsere Welt dar – vorgestellt als eine Zahl. Nun denn – versuchen wir, uns der Dimension des Raums im Licht der Information zu nähern.

Der Raum

Mathematischer Raum und wirklicher Raum

Im alltäglichen Leben ist der Begriff der Zahl mit den verschiedenen Arten der Macht verbunden. Will man ein Geschäft zustande bringen, eine Maschine bauen oder ein wissenschaftliches Experiment durchführen, so muß man die entsprechenden Zahlen kennen. Jemandes Zahlen zu kennen, bedeutet Kontrolle. Genau diese Art auf Zahlen beruhender Kontrolle läßt Bürgerrechtler die Vergrößerung der Regierungsdateien fürchten. »Raum« dagegen suggeriert Freiheit. Wir bestrafen Kriminelle dadurch, daß wir ihre räumliche Freiheit einschränken: Wir stecken sie ins Gefängnis. Wir befreien uns von unserer Unkenntnis, indem wir unseren Geist mit Büchern *erweitern.* Unsere Sprache ist so digital und so begriffsorientiert, daß es schwierig ist, über den reinen, leeren Raum zu reden. Der Raum hat keine innerliche Struktur. Deshalb läßt er uns nicht an statische Muster denken, sondern an die *Möglichkeit von Bewegung.* Unsere wirkliche Kenntnis des Raumes stammt nicht vom Lesen, sondern vom Umherwandern. Ein Athlet kennt den Raum auf die gleiche vertraute Weise, wie ein Buchhalter die Zahlen kennt. Ganz allgemein legt jede Art von Bewegung den Gedanken an einen zugrunde liegenden Raum nahe. Wir gehen davon aus, daß sich unsere Körper im dreidimensionalen physikalischen Raum bewegen, aber wir stellen uns auch vor, daß sich die Volkswirtschaft in einem vieldimensionalen Raum bewegt mit Achsen für das Bruttosozialprodukt, die Inflation, die Arbeitslosigkeit und so weiter. Man kann sich ausmalen, wie sich der Gemütszustand eines Menschen in einer Art von Gemütsraum bewegt. Jede Art von Veränderung weist ganz allgemein auf den Raum hin.

Verschiedene Typen von Mengen führen, indem sie durch Abstraktion zum Begriff des Zählens führen, zu den gewöhnlichen Zahlen der Mathematik. Genauso führt die Betrachtung stetiger Änderungen zum Begriff des mathematischen Raumes.

Die Mathematik diskutiert eine Menge liebenswerter räumlicher Formen. Es gibt zahlreiche Wege, diese Formen zu klassifizieren. Eine Möglichkeit besteht darin, räumliche Formen nach ihrer Dimensionalität anzuordnen. Ein Punkt wird nulldimensional genannt. Eine Kurve heißt eindimensional, selbst dann wenn sie in einem höherdimensionalen Raum gekrümmt ist. Eine Fläche – gekrümmt oder eben – ist zweidimensional. Es gibt vielfältige Formen des Raumes, die wir dreidimensional nennen. Vierdimensionale Gebilde werden als Hyperflächen bezeichnet, und bestimmte unendlichdimensionale Formen heißen Hilberträume.

Die einfachsten räumlichen Formen der Dimensionen eins bis drei sind: Geraden und Kreise, Ebenen und Kugeloberflächen, der gewöhnliche Raum und die Hypersphären.

Die Mathematik kennt eine große Vielzahl von Namen für die typischen Raumformen der Dimension eins – oder anders gesagt: sie hat zahlreiche Arten verschiedener Kurven studiert. Es folgt eine Liste von bekannten Kurven, die gemäß zunehmender Komplexität geordnet ist: Geraden und Vielecke, Kegelschnitte, Kurven dritten Grades, Quadriken sowie algebraische Kurven höherer Ordnung, Sinus- und Exponentialkurven, Spiralen, Schneckenlinie, Kurven in höherdimensionalen Räumen und Bäume.

Aber was *ist* der wirkliche Raum? Wir stellen uns im allgemeinen vor, die Welt sei dreidimensional. Damit meinen wir, daß den groben Bewegungen unseres Körpers drei Freiheitsgrade zukommen: links/rechts, vorwärts/rückwärts, hoch/runter. Selbst dieser »reale« Raum ist eine Art Abstraktion. Aber was ich tatsächlich über die Welt *weiß*, zeigen meine unmittelbaren Wahrnehmungen, die mich ungeordnet überfallen, wenn sich mein Kopf und mein Körper so oder so bewegen. Ich weiß, daß bestimmte Arten der Körperbewegung (wie zum Beispiel vorwärtslaufen) meine visuellen Raumwahrnehmungen in bestimmter vorhersagbarer Weise verändern – zum Beispiel ändert sich der Winkel, unter dem die Ecke eines Gebäudes erscheint. Mein Gehirn verarbeitet unbewußt große Mengen solcher Informationen, um aus ihnen ein innerliches 3 D-Modell der Objekte in meinem Gesichtsfeld herzustellen. Dieses interne Modellbilden ist keineswegs trivial: Eines der wichtigsten Probleme in der Robotik der Gegenwart ist es, Programme zu schreiben, die miteinander zusammenhängende 2 D-Bilder und Berichte über Bewegungsabläufe zu einem 3 D-Modell zusammensetzen. Wir leben nicht in dem wahrhaft mathematischen Raum – der mathematische Raum dient als eine angemessene Idealisierung des physikalischen Raumes. Viele Dinge in unserer Welt sehen *genauso aus* wie gerade Linien, Parabeln oder Kugeloberflächen. Die Nützlichkeit der Geometrie beruht auf der Tatsache, daß wir ein Gebilde aus der realen Welt nehmen und es durch idealisierte mathematische Formen annähern können. Wir leiten aus der mathematischen Form logische Schlußfolgerungen ab und übersetzen diese schließlich in Voraussagen über die ursprüngliche reale Gestalt. Gemäß unserer Alltagserfahrung ist die Erde alles andere als eine glatte Kugeloberfläche. Dennoch ist es nützlich, wollen wir das Volumen der Erde bei bekannter Länge des Äquators schätzen, die Erde näherungsweise einer Kugel gleichzusetzen und deren Volumen vermöge einer mathematischen Formel auszurechnen, die den Rauminhalt einer Kugel in Abhängigkeit vom Umfang angibt.

Was hindert unsere physikalische Welt daran, *exakt* den mathematischen Raumformen zu entsprechen? Mir scheint, das Kardinalproblem ist der Begriff der »Dimensionalität«. Dimensionalität ist kein klar umrissener Begriff in der physikalischen Welt. Dem bloßen Auge erscheint ein menschliches Haar wie eine dunkle Linie, also als eindimensionale Kurve. Unter einem Vergrößerungsglas sieht das gleiche Haar wie eine glatte Röhre, also wie eine zweidimensionale Oberfläche, aus. Unter dem Mikroskop wird das Haar zu einer dreimensionalen Anhäufung schuppiger Gehäuse. Die klassische Physik behauptet, daß das Haar »in Wirklichkeit« eine Anordnung von punktartigen Teilchen im 3 D-Raum sei. Die relativistische Physik meint, daß das Haar »realiter« eine unebene Ausbuchtung eines Hyperraumes wäre. Die gerade wieder auferstandene Klein-Kaluza-Theorie behauptet, daß die Materie elfdimensional sei. Die Quantenmechanik meint, daß das Haar eine Wellenfunktion in einem unendlich-dimensionalen

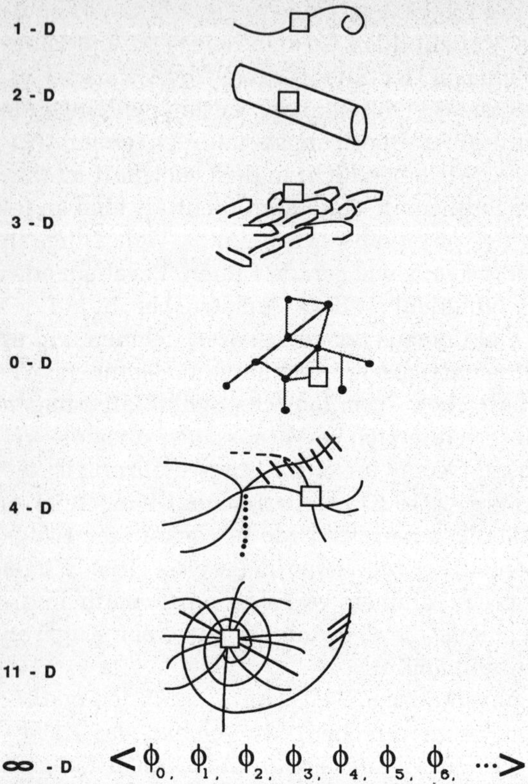

Abbildung 33: Ansichten eines Haares

Hilbertraum wäre. Das Problem der physikalischen Dimensionalität hat zwei Seiten: Einerseits gibt es keine Beständigkeit auf dem Niveau der Wahrnehmungen, und andererseits herrscht auf dem theoretischen Feld keine allgemein anerkannte Übereinstimmung.

Vergleichen wir das Haar mit einer wirklich eindimensionalen Kurve, zum Beispiel mit einer geraden Linie. Eine Gerade – oder eine Ebene oder ein Stück des gewöhnlichen Raumes – ist durch ihre Homogenität gekennzeichnet, also: durch das Fehlen von Unterscheidungsmerkmalen. Eine mathematische Gerade sieht auf allen Vergrößerungsstufen gleich aus. Fiele man auf eine Gerade zu und wäre man irgendwie imstande, sie zu beobachten, so

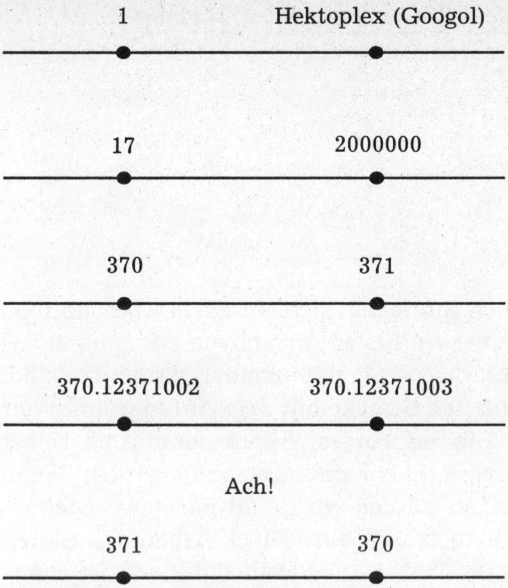

Abbildung 34: Eine Gerade sieht auf allen Vergrößerungsstufen gleich aus

könnte man nicht voraussagen, wo man aufschlagen wird. Die Gerade würde bis zu dem Moment, wo sie an das Auge anstößt, immer gleich aussehen.

Unsere Probleme bei der Klärung der Dimensionalität der Objekte der realen Welt rühren teilweise von der der Welt eigenen Komplexität her. Weiter unter in diesem Kapitel werden wir sehen, daß die Mathematik in jüngster Zeit eine Vielzahl von Formen entwickelt hat, die die gleiche Komplexität und unbestimmte Dimensionalität wie reale Gegenstände haben. Diese fremdartigen Formen heißen *Frakta.*

Zuerst jedoch wollen wir einige der geläufigen mathematischen Kurven betrachten, die die Welt uns nahelegt. Es wird gesagt, es gebe sechs wichtige Arten von Kurven, die man in der Natur finden kann: Vielecke, Kreise, Wellen, Spiralen, Schraubenlinien und Bäume. Wir werden in den nächsten Abschnitten Beispiele für alle diese Kurvenarten kennenlernen.

Kacheln, Zellen, Pixel und Gitter

In einem sehr allgemeinen Sinne läßt sich ein Vieleck beschreiben als eine Figur, die aus einer endlichen Anzahl von zusammenhängenden Strecken besteht, die derart miteinander verbunden sind, daß der Endpunkt der letzten Strecke mit dem Anfangspunkt der ersten zusammenfällt. Ein beliebiges Vieleck kann sich selbst schneiden, oder anders gesagt, es kann ausgehöhlt wirken. Wenn wir über Vielecke reden, so meinen wir damit meistens *regelmäßige* Vielecke. Bei einem regelmäßigen Vieleck haben alle Seiten die gleiche Länge und alle Winkel die gleiche Größe. Es ist rundherum konvex und hat keine Selbstüberschneidungen. Es gibt unendlich viele regelmäßige Vielecke: gleichseitiges Dreieck, Quadrat, Fünfeck, Sechseck, Siebeneck, Achteck, Neuneck, Zehneck usw. Für jeden vorgegebenen Wert N können wir N Strecken aneinanderhängen und sie reihum zu einem regelmäßigen N-Eck anordnen. Wenn wir über regelmäßige Vielecke sprechen, befinden wir uns genauso im Bereich der Zahlen wie in dem des Raumes. Das Nachdenken über das Zehneck beispielsweise unterscheidet sich nicht so sehr vom Nachdenken über die Zahl Zehn. Ein einfaches Graphikprogramm für einen Computer, das ein N-Eck zeichnet, enthält kaum mehr Information als die Zahl N selbst. In der Computersprache LOGO hätte ein solches Programm die Form: »WIEDERHOLE N [VORWÄRTS 1 LINKS 1]«.

Die regelmäßigen N-Ecken beginnen etwas raumartiger zu wirken, wenn wir nach Möglichkeiten Ausschau halten, mit ihnen die Ebene vollständig auszulegen. Eine solche Überdeckung benennt man mit dem hübschen Wort »Kachelung«; auch »Parkettierung« ist üblich.

Es gibt nur drei Arten von vollständig gleichmäßigen Kachelun-

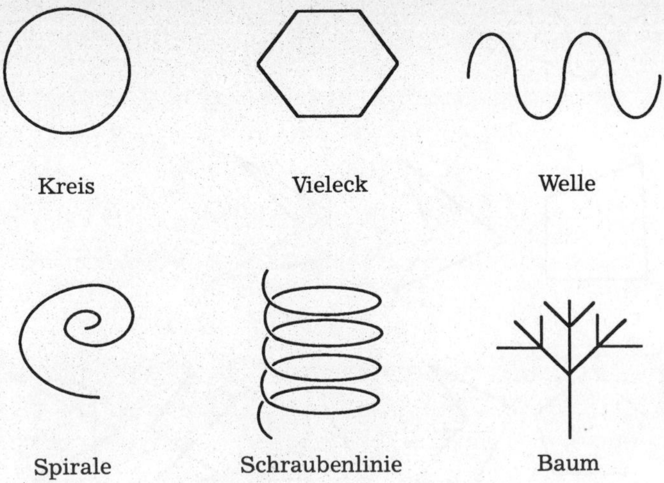

Abbildung 35: Sechs Sorten von in der Natur auftretenden Kurven

gen, welche ausschließlich eine Sorte von regulären Vielecken benützen; wir können die Ebene mit Dreiecken, Quadraten oder Sechsecken kacheln.

Die Sechseckkachelung sieht man auf Badezimmerböden. Der Grund hierfür ist vermutlich, daß das Fehlen von durchgehenden geraden Linien Materialsprünge reduziert. Betrachtet man eine Schaumflocke – zum Beispiel den Seifenschaum im Abfluß –, so bemerkt man, daß die Blasen in Mustern zusammengefügt sind, die der Sechseckkachelung entfernt ähnlich sind. Das liegt daran, daß die Oberflächen der Seifenblasen unter Spannung stehen und deshalb bestrebt sind, so klein als möglich zu bleiben. Die Sechseckkachelung ist dasjenige sich ständig wiederholende Muster, das mit der geringsten Zahl von Linien ein vorgegebenes Gebiet überdeckt. Eine Schaumflocke nimmt natürlicherweise die Gestalt eines Bündels von Sechsecken an, weil jede Seifenblase eine möglichst kleine Oberfläche anstrebt.

Um eine etwas allgemeinere Gruppe von Kachelungen zu erhalten, wollen wir zulassen, daß mehr als eine Sorte von Vielecken auftreten dürfen. Aber wir verlangen, daß alle Ecken gleich ausse-

Abbildung 36: Allgemeine Vielecke

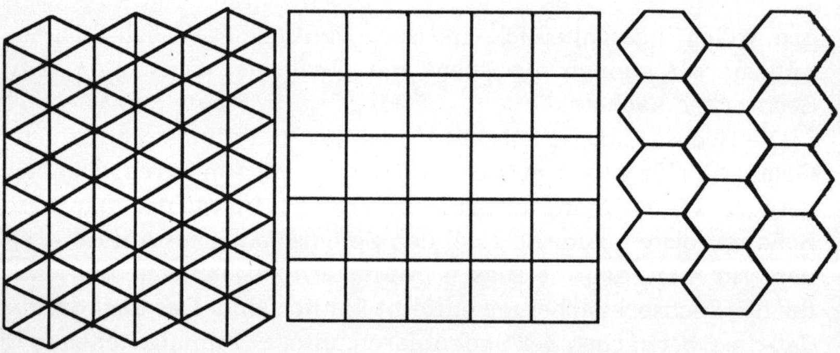

Abbildung 37: Die drei einfachsten Kachelungen

hen sollen – oder, was dasselbe ist, daß sich an jeder Ecke genau die gleiche Anzahl von genau gleichartigen Vielecken treffen. Solche Kachelungen heißen *homogen* und sind nur in feineren Badezimmern anzutreffen.

Geben wir die Forderung auf, daß jede Kachel regelmäßig sein und alle Ecken gleich aussehen sollen, so läßt sich eine größere Anzahl ungewöhnlicher Kachelungen finden. Eine sehr schöne

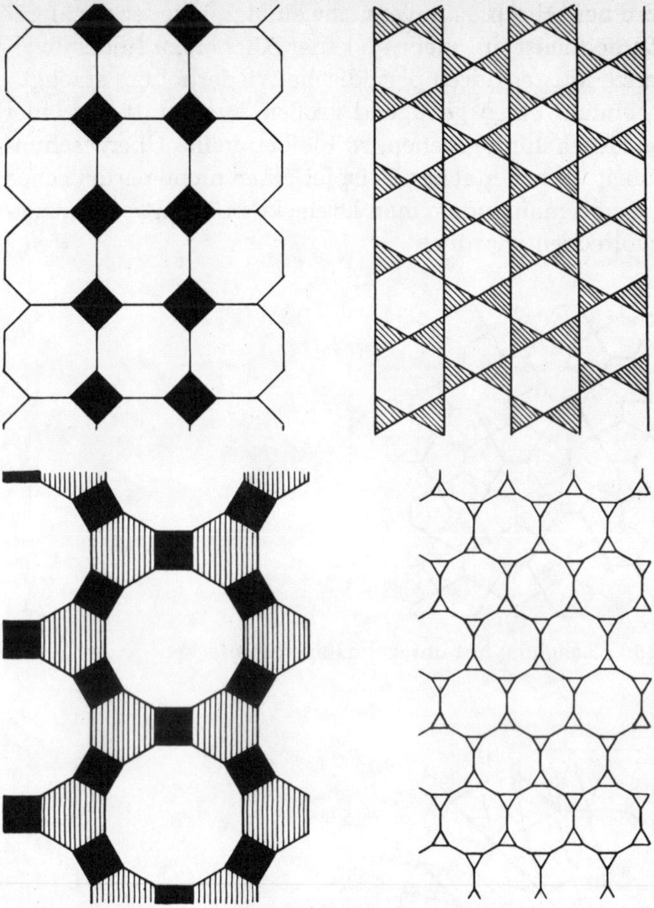

Abbildung 38: Vier homogene Kachelungen

Lösung setzt sich aus unregelmäßigen Fünfecken zusammen, man sieht sie oft in Europa und im Nahen Osten.

Eine Kachelung wird *periodisch* genannt, wenn es in ihr einen Block von Einheiten gibt, der sich, ähnlich wie bei Tapeten, immer wiederholt. Genauer gesagt ist eine periodische Kachelung eine, in der man ein Gebiet auszeichnen kann, das sich ständig und ohne Drehung wiederholt. Alle Kachelungen, die wir bisher betrachtet haben, waren periodisch. Man versuche einmal, in jeder ein kleinstes Gebiet (möglichst mit mehr als einer Kachel) zu finden, welches das ganze Muster durch periodische Wiederholung erzeugt.

Hat man einmal einen genügend großen Ausschnitt aus einer periodischen Kachelung gesehen, so bleiben keine Überraschungen mehr übrig. Ein einfaches Beispiel einer nicht-periodischen Kachelung erhält man, indem man Dreiecke in Form von konzentrischen Zwölfecken anordnet.

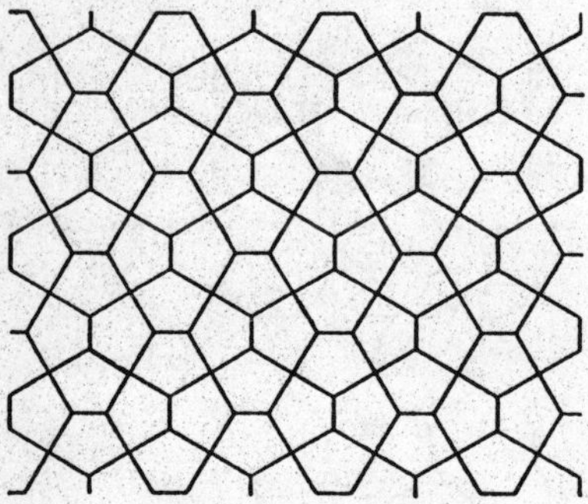

Abbildung 39: Kachelung mit unregelmäßigen Fünfecken

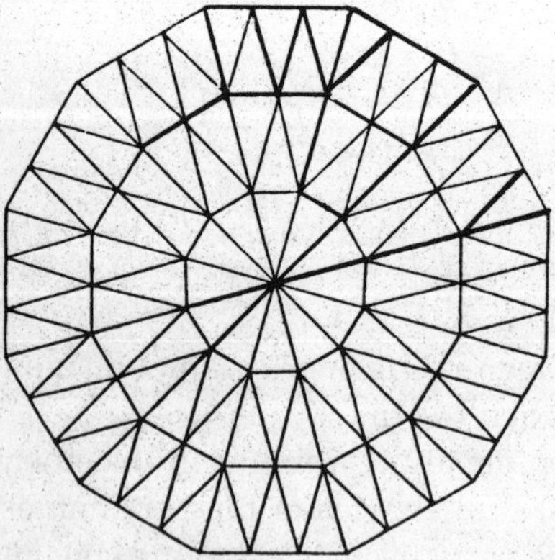

Abbildung 40: Eine vorhersagbare, aber dennoch nicht-periodische Kachelung

Dieses Muster ist vorhersagbar in dem Sinn, daß es vollständig aus Ringen von Dreiecken besteht. Dennoch ist es nicht periodisch, denn es gibt keine Möglichkeit, das Ganze zu erzeugen, indem ein Segment desselben links und rechts, oben und unten ohne Drehung immer wieder angefügt wird. Eine weniger vorhersagbare Kachelung erhält man bei der Idee, ein unbegrenztes zweidimensionales Gitter willkürlich mit Nullen und Einsen aufzufüllen: Jede Null ersetze man durch ein Quadrat, das von seiner Hauptdiagonalen zerschnitten wird. Für jede Eins nehme man ein Quadrat, das von seiner Nebendiagonalen in zwei Dreiecke zerlegt wird. Das führt zu einer unregelmäßigen Kachelung, die auf dem rechten Winkel basiert.

Eine sehr bemerkenswerte, nicht-periodische Kachelung der Ebene fand der britische Wissenschaftler Roger Penrose im Jahre 1974. Penrose ist Mathematikprofessor an der Universität Oxford.

0	1	1	0
1	1	0	1
1	0	1	0
0	0	1	1

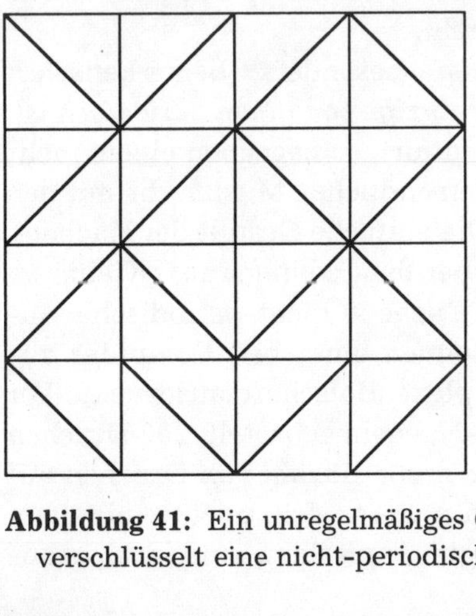

Abbildung 41: Ein unregelmäßiges Gitter von Nullen und Einsen verschlüsselt eine nicht-periodische Kachelung

Seine Arbeitsschwerpunkte liegen bei Relativitätstheorie und Quantenmechanik; am bekanntesten sind wohl seine frühen Arbeiten zur Theorie der Schwarzen Löcher. In den letzten Jahren hat er an einer neuen Theorie der Materie – der sogenannten »Twistortheorie« – gearbeitet. Damit aber nicht genug, denkt er sich auch noch merkwürdige, irritierende Spiele mathematischen Charakters aus. Die Kachelung von Penrose beruht auf zwei besonderen Kacheln. Man beachte, daß jede Kachel zwei schwarze Punkte trägt. Um zu verhindern, daß sich die Kacheln in irgendeiner regelmäßigen Form anordnen, hat Penrose die Regel aufgestellt, daß die Kacheln immer so zusammengefügt werden müssen, daß jede Ecke mit einem schwarzen Punkt nur an Ecken mit einem schwarzen Punkt stoßen darf. Die großen Kacheln heißen »Drachen«, die kleinen werden »Pfeile« genannt. Manche der kleineren Kachelmuster von Penrose tragen Namen wie beispielsweise »Flieger«, »kurzer Bogen« oder »Batman«.

Diese Bezeichnungen stammen von John Horton Conway, einem ebenso bizarren wie brillanten Mathematikprofessor an der Universität von Cambridge. Die bedeutungsschwere und schillernde Terminologie ist ebenso ein Markenzeichen Conways wie die Kopfschmerzen, die man bekommt, wenn man sie zu verstehen sucht. In gemeinsamer Arbeit konnten Penrose und Conway beweisen, daß es auf unendlich viele Weisen möglich ist, die Ebene mit Pfeilen und Drachen zu kacheln.

Was die Penrose-Kachelungen besonders bemerkenswert macht, ist die Tatsache, daß *keine einzige von ihnen periodisch ist*. Setzt man eine Penrose-Kachelung fort, so begegnen einem mehr oder minder zufällig alle möglichen endlichen Muster, die mit den Kacheln gelegt werden können. Die einfache Gestalt der Kacheln, die auf 36- und 72-Grad-Winkeln beruhen, zwingen auf geheimnisvolle Weise die ganze unendliche Ebene in nicht-periodische Muster. Ähnlich ist es, wenn man einem einfachen Computer zuschaut, der eine unendlich komplexe Botschaft ausdruckt. Vor kurzem habe ich mir 320 Penrose-Kacheln gebastelt, 200 Drachen und 120 Pfeile. Ich zeichnete eine große Anzahl von Drachen auf ein Blatt und viele Pfeile auf ein anderes. Ich machte mir dann einen Stapel Fotokopien, besorgte Papierleim und drei große

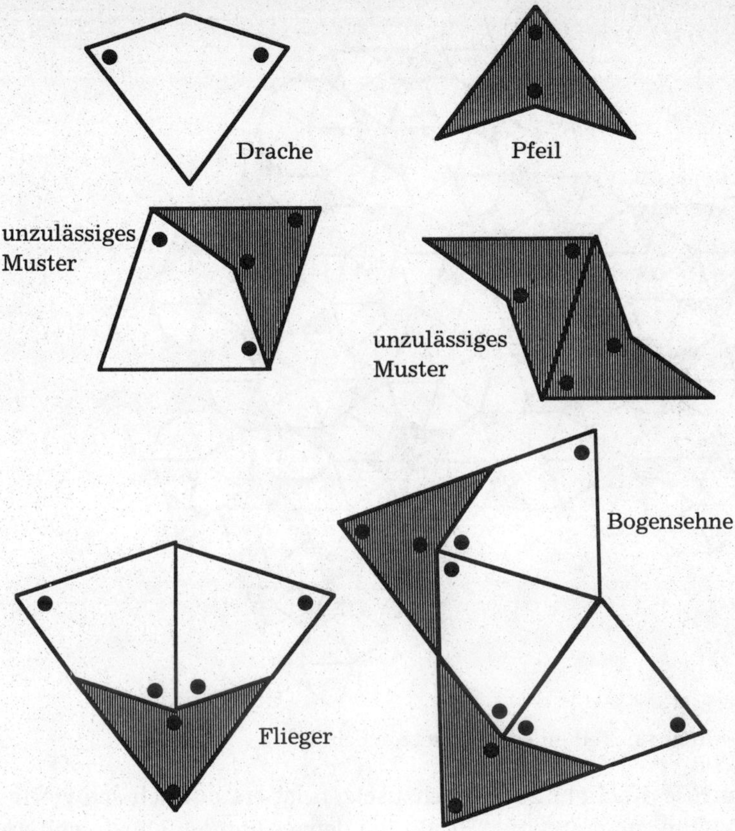

Abbildung 42: Penrose-Kacheln

Stücke Packpapier, ein rotes und zwei gelbe. Die Kopien der Drachen klebte ich auf die Rückseite des gelben Plakats und die Kopien der Pfeile auf die Rückseite des roten. Schließlich habe ich mir eine Schere besorgt und gelbe Drachen und rote Pfeile ausgeschnitten, sie mit Punkten versehen, um zu verhindern, daß sie illegal zusammengelegt werden – und dann habe ich versucht, sie alle zu einem Muster zusammenzulegen. Nach zwei bis drei Tagen, an denen ich wie ein Besessener Kacheln geschoben habe, erhielt ich etwas Ähnliches wie Abbildung 43.

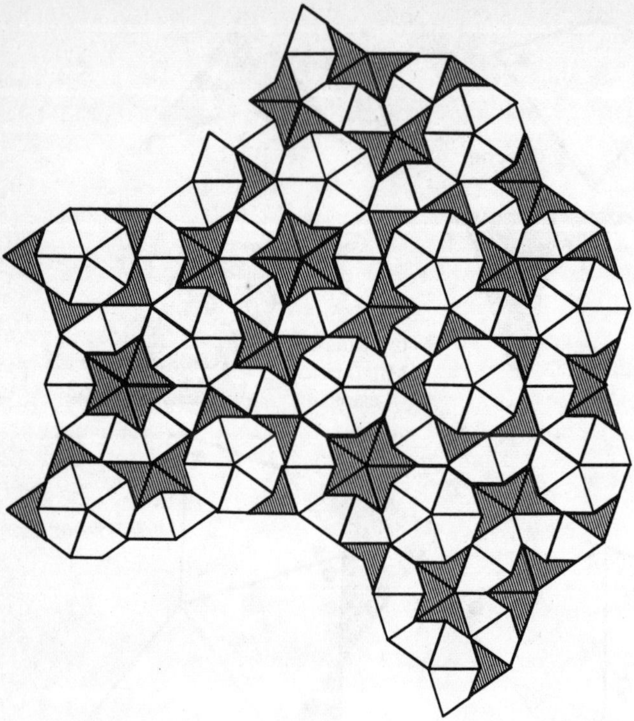

Abbildung 43: Teil einer Penrose-Kachelung

Penrose-Kacheln zusammenzusetzen ist erstaunlich schwierig. Oft kommt man an einen Punkt, an dem es unmöglich ist, weitere Kacheln in legaler Weise anzufügen. Dann muß man zurückgehen, die letzten Kacheln wegnehmen und von neuem beginnen. Soweit ich weiß, kann man das hier gezeigte Muster nicht nach außen fortsetzen, ohne Änderungen vorzunehmen. Es ist nicht allzuviel über Penrose-Kacheln bekannt, und es könnte sein, daß es gar nicht möglich ist, theoretisch vorauszusagen, welche Anfangssituation tatsächlich zu einer vollständigen Kachelung der Ebene führen kann. Dieses »Penrosesche Kachelungsproblem« könnte möglicherweise äquivalent sein dem unlösbaren »Halteproblem für Turingmaschinen«, das im Kapitel ›Die Logik‹ diskutiert wird. Allein die Tatsache, daß die Penrose-Kacheln als ein Modell für den Aufbau unseres Universums angesehen werden können, macht sie hinreichend wichtig, um das Kopfzerbrechen über sie zu rechtfertigen. Es ist vorstellbar, daß unser Universum auf einem fundamentalen Niveau zusammengesetzt ist aus zahlreichen Kopien einiger weniger einfacher Komponenten, die nur auf bestimmte Art und Weise zusammengesetzt werden können. Die überraschende Lehre der Penrose-Kacheln lautet: Es gibt sehr einfache Regeln und Bestandteile, die notwendigerweise zu einem sehr komplizierten Ganzen führen.

Auf der gleichen grundlegenden Einsicht beruht auch das Lebensspiel, eine andere Erfindung von John Harton Conway. Conways Lebensspiel ist kein richtiges »Spiel« im Sinne von Wettkampf, es ist vielmehr eine Spielart von Solitaire und ähnelt etwas dem Betrachten eines Kaleidoskops. Man beginnt mit einer Kachelung der Ebene durch Quadrate, dann schraffiert man aufs Geratewohl einige Felder. Die quadratischen Felder werden »Zellen« genannt, die schraffierten Zellen heißen »lebendig«, die weißen sind »tot«. Wenn wir das »mit einer Ecke zusammenstoßen« als Berührung zählen, so berührt jede Zelle acht Nachbarzellen.

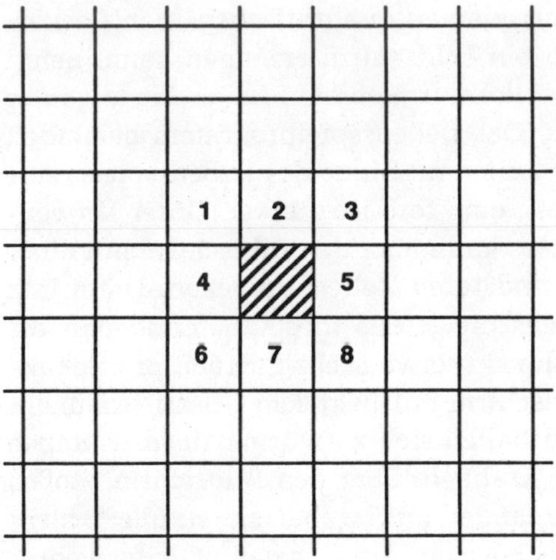

Abbildung 44: Eine schraffierte Zelle mit ihren acht Nachbarn

Folgende Regel wird nun gleichzeitig auf alle Zellen angewandt: Hat eine leere Zelle genau drei lebendige Nachbarn, so »reproduzieren« sich diese Nachbarn, und die leere Zelle wird ausgefüllt. Wenn eine lebende Zelle zwei oder drei Nachbarn besitzt, so ist sie glücklich und bleibt am Leben. Hat sie aber weniger als zwei lebende Nachbarn, so stirbt sie an Einsamkeit; hat sie mehr als drei lebende Nachbarn, so geht sie an Überbevölkerung zugrunde.

Beginnt man mit einem mehr oder weniger zufälligen Muster von lebendigen Zellen und wendet man darauf diese Regel wiederholt an, so entstehen viele bemerkenswerte Formen. Einige Formen wie zum Beispiel der sogenannte »Gleiter« schaffen es, über die ganze Ebene zu wandern und sich dabei immer wieder zu reproduzieren. Häufiger allerdings kommt es vor, daß ein Muster mehrere Stadien durchläuft, um schließlich einen statischen Zustand wie die »Verkehrsampel« zu erreichen, der sich immer wieder reproduziert.

Man kann Muster des Lebensspiels mit der Hand auf Rechenpapier oder auf einem Go-Brett herstellen. Viel bequemer aber ist es, das Lebensspiel auf dem Computer laufen zu lassen. Eine Reihe von Softwareherstellern bietet heute Disketten mit Programmen für das Lebensspiel an. Jedes Bild auf dem Computerschirm besteht ja in Wirklichkeit aus kleinen quadratischen Lichtflecken. Den kleinsten Punkt, den ein Bildschirm erzeugen kann, nennt man »Pixel«. Die meisten Bildschirme bieten Raum für ungefähr $200 \times 300 = 60\,000$ Pixels. Das Lebensspielprogramm behandelt die Pixels als individuelle Zellen im Sinne des Lebensspiels: eine lebende Zelle ist erleuchtet, eine tote ist dunkel. Unter Verwendung eines Zufallsgenerators kann man den Bildschirm mit einer »Ursuppe« von lebenden und toten Zellen bedecken. Dann läßt man die Regeln des Lebensspieles das ihre tun. Läßt man die Übergänge schnell ausrechnen – etwa sechzig Stück pro Sekunde –, so füllt sich der Bildschirm mit hektischer Betriebsamkeit. Punkte rennen umher und ballen sich zu wurmartigen Klumpen zusammen. Diese Würmer krabbeln über den Bildschirm, stoßen zusammen und fressen einander auf, wobei sie stabile Bruchstücke übriglassen. Einige Formen, die Conway »Gleitgewehre« getauft hat, stoßen einen unablässigen Strom von Gleitern aus.

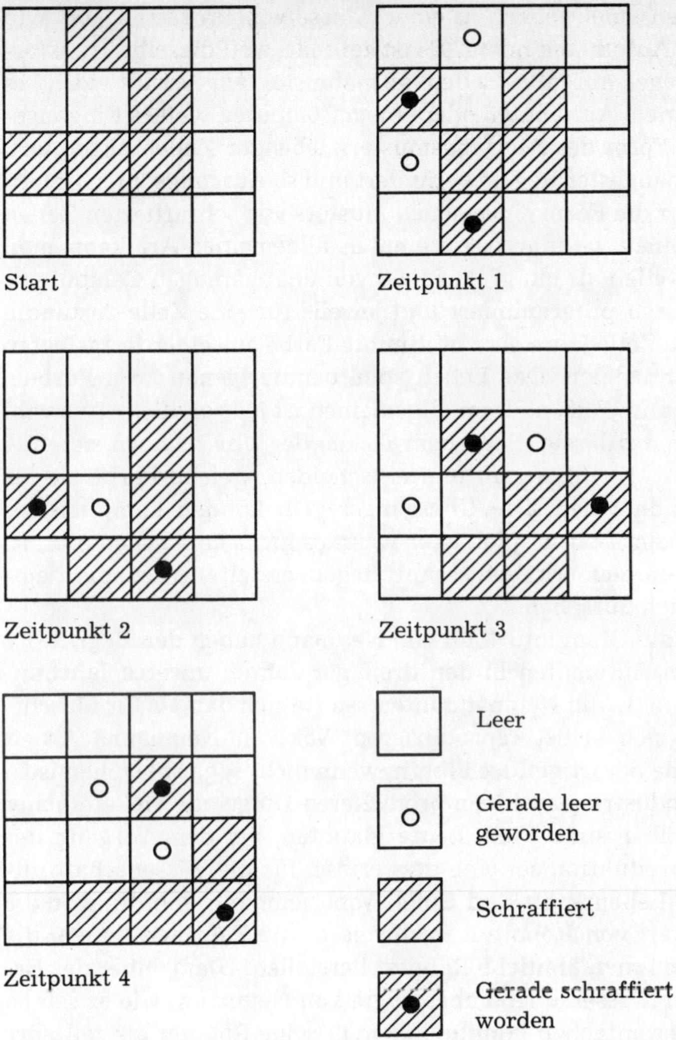

Abbildung 45: Der »Gleiter« in Aktion

Das Lebensspiel gehört zu einer Klasse von Prozessen, die man zelluläre Automaten nennt. Es ist zellulär, weil dieselbe Transformationsregel auf alle Zellen ausnahmslos angewandt wird; es gleicht einem Automaten oder einem Computer, weil es Eingangsdaten in Form des Ausgangsmusters lebender Zellen akzeptiert, diese gemäß fester Regeln verändert und so Ausgangsdaten liefert, die wieder die Form eines neuen Musters von schraffierten Zellen haben. Einen zellulären Automaten allgemeiner Art kann man sich vorstellen als ein großes Feld von unabhängigen Computern, die identisch programmiert und jeweils für eine Zelle zuständig sind. Jede Zelle kann eine bestimmte Farbe aus einer festgelegten Palette annehmen. Das Lebensspiel benutzt genau zwei Farben, Schwarz und Weiß, aber im allgemeinen ist jede endliche Auswahl von Farben zulässig. Bei jedem Ticken der Uhr schauen sich alle Zellen ihre Nachbarn an und entscheiden, welche Farbe sie als nächste annehmen. Die Übergangsregeln können komplizierter sein als beim Lebensspiel, aber wenn es genügend Zellen gibt, so können komplexe Ergebnisse mit Regeln erzielt werden, die ziemlich einfach aussehen.

Stanislaw Ulam und John von Neumann haben den Begriff des zellulären Automaten in den dreißiger Jahren unseres Jahrhunderts geprägt. Von Neumann interessierte sich damals für Maschinen, die sich selbst reproduzieren. Vor von Neumanns Arbeit schien eine derartige Idee albern, wenn nicht sogar blasphemisch. Unsere Industriemaschinen produzieren Dinge, die viel einfacher als sie selber sind. Viele Leute glaubten, bei dem Vorgang der Selbstreproduktion sei eine mysteriöse, für die Wissenschaft unfaßbare »Lebenskraft« im Spiel. Von Neumann konnte aber die Möglichkeit von Robotern nachweisen, die Fabriken bauen, die wiederum ihnen ähnliche Roboter herstellen. Ulam, einer der Erfinder der Wasserstoffbombe, zeigte von Neumann, wie er seinen Beweis vereinfachen konnte, indem er seine Roboter als zelluläre Automaten auffaßte. Zelluläre Automaten sind Muster auf einem quadratischen Gitter. Eine mit quadratischen Zellen gepflasterte Ebene wird als vereinfachtes Modell für den physikalischen Raum betrachtet. Ein Muster in einer solchen Ebene, das sich nach festen Regeln entwickelt, verhält sich wie eine Maschine oder ein

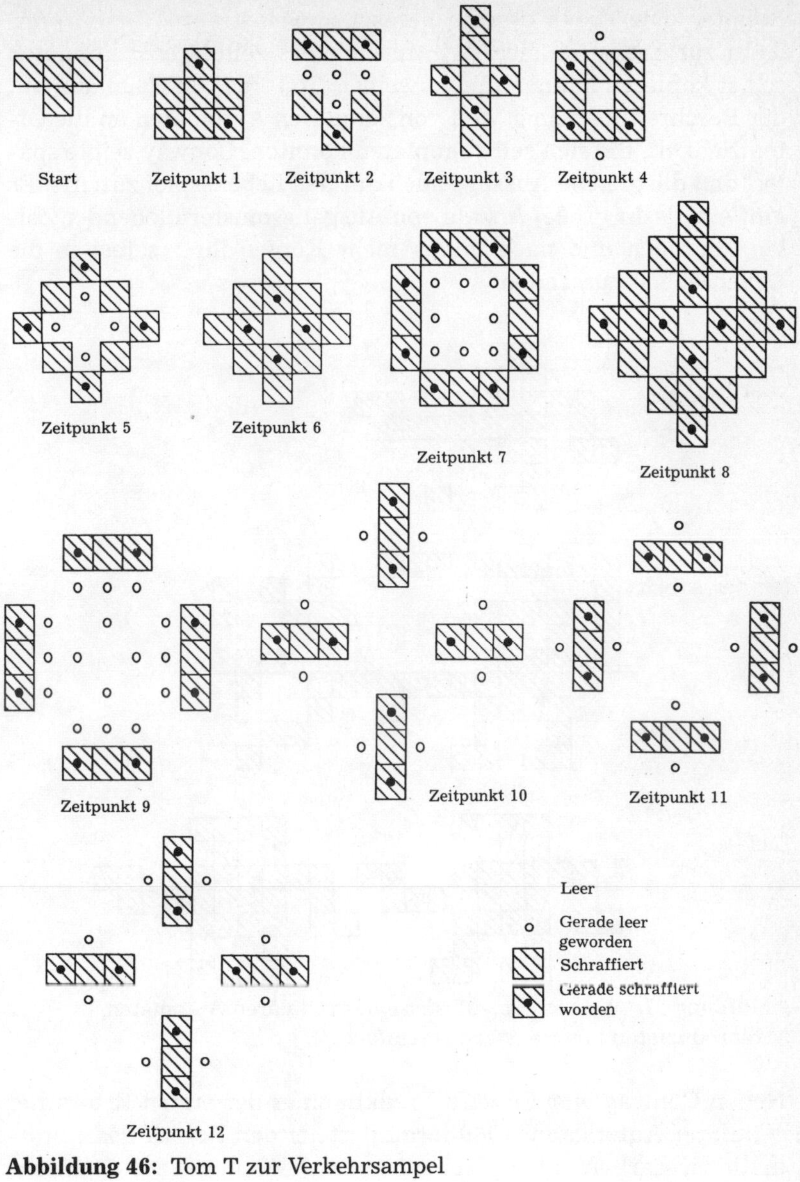

Abbildung 46: Tom T zur Verkehrsampel

Roboter. Die Frage der mechanischen Selbstreproduktion wird dann zur Frage, ob sich das Muster eines zellulären Automaten selbst kopieren kann. Kurz vor seinem Tod trat von Neumann mit der Beschreibung einer Welt von zellulären Automaten an die Öffentlichkeit, die sich selbst kopieren konnten. Conway zeigte später, daß die gleiche Aussage auch auf das Lebensspiel zutrifft: Es gibt eine (sehr große) Anzahl von Ausgangsmustern lebender Zellen, die nach und nach immer mehr Kopien ihrer selbst in die Lebensebene aussenden.

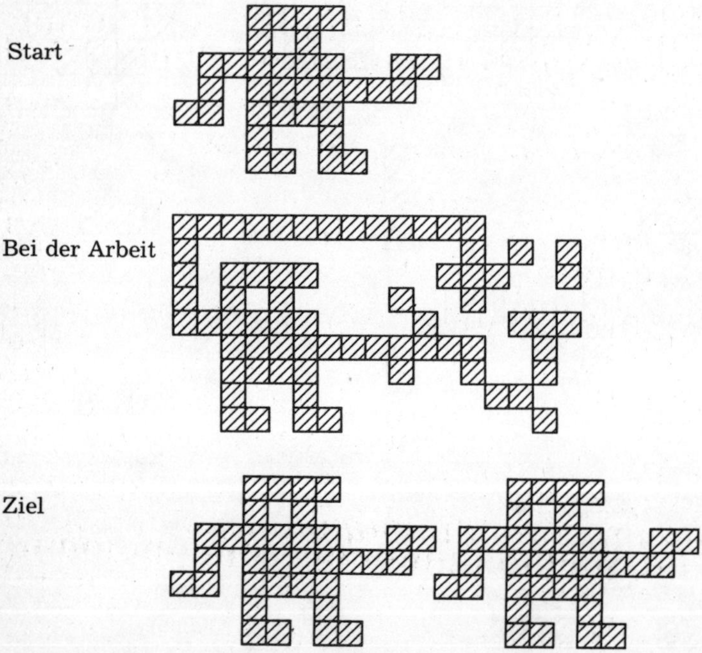

Abbildung 47: Wie sich das Muster eines zellulären Automaten reproduzieren könnte (stark vereinfacht)

Neben Conway war Edward Fredkin einer der ersten Erforscher zellulärer Automaten. 1960 formulierte er den Begriff des »informationsverarbeitenden Mechanismus« in Analogie zur Quantenmechanik. Er ging dabei von der grundlegenden Annahme aus, daß die Welt aus Information bestehe. Weiter schlug er vor, die ganze physikalische Welt als einen dreidimensionalen zellulären Automaten aufzufassen. Das ist die moderne Version der Leibnizschen Vorstellung, die Welt sei aus unteilbaren »Monaden« aufgebaut, die alle unabhängig voneinander wirken. Die groben Phänomene großen Maßstabes, die wir beobachten, sind statistische Mittel aus dem harmonischen Zusammenwirken von Myriaden von Monaden. Nach Fredkins Ansicht könnte unsere Welt aus kleinen dreidimensionalen Monaden bestehen, die ihren Zustand eine trillionmal pro Sekunde ändern.

Eine offensichtliche Schwierigkeit dieses computerisierten Weltmodells ist, daß die Welt in Wirklichkeit ganz und gar nicht so aussieht, als sei sie aus Pixeln aufgebaut. Man hat den Eindruck, daß die Welt, obwohl einige ihrer Aspekte digitalen Charakter haben, genauso sehr analog geartet sei. Phänomene wie Hitze, Lautstärke und Abstand scheinen sich glatt zu verändern und nicht in digitalen Sprüngen.

Allerdings könnte es sein, daß wir einfach nicht fähig sind, die Welt so genau zu betrachten, daß wir ihre digitale Struktur erkennen könnten. Etwas erscheint uns als analog, weil seine Pixel so klein sind, daß wir sie nicht ohne weiteres empfinden können. Oder anders gesagt: ein Vorgang erscheint als analog, wenn seine digitale Darstellung eine unbegreiflich große Anzahl von Einzelbits enthält. In einem Wandmosaik sind die Pixel von der Größe der verwandten Steinchen. Ein Pixel auf dem Computerschirm ist der kleinste Punkt, der erleuchtet oder dunkel sein kann. Unter dem Aspekt der Wahrnehmung betrachtet ist ein Pixel ein Fleck, der so klein ist, daß man nicht sicher sein kann, ob man ihn sieht oder nicht.

Verhalten wir uns etwas natürlicher – rennen wir, schauen wir uns um oder sprechen wir mit Freunden –, so führen wir Handlungen aus, die nahe an die Grenze der informationsverarbeitenden Kapazität unseres Gehirnes heranreichen. Es sind dabei so viele Bits an Information im Spiel, daß keine Gehirnkapazität mehr frei bleibt, um »zurückzutreten« und die Bits zu betrachten. Unsere natürlichen Handlungen erscheinen deshalb als analoge Vorgänge, die sich nicht digital simulieren lassen.

Dennoch läßt sich jeder physikalische Vorgang mit jedem gewünschten Grad an Präzision durch eine hinreichend komplizierte digitale Berechnung modellieren. Das ist ein wichtiger Punkt. Der Unterschied zwischen einer digitalen (welches Wort soll ich wählen?) und einer analogen Wahl (in welcher Tonhöhe soll ich sprechen?) ist bloß eine Frage der Abstufung. Es gibt so viele Tonhöhen, in denen man sprechen kann, daß wir keine Hoffnung haben, sie jemals alle auf einer digitalen Tastatur anzutreffen. Hier liegt jedoch einfach ein Versagen der Vorstellungskraft vor und keineswegs eine Realität. Nehmen wir an, daß es alles in allem einige hundert Millionen Möglichkeiten gibt, wie man ein Wort aussprechen kann. Eine Million ist etwa zwei hoch zwanzig. Also kann die Tonhöhe, die ursprünglich etwas vollkommen Analoges zu sein schien, durch zusätzliche zwanzig Bits pro Wort ausgedrückt werden.

Die meisten von uns sind mit der Art und Weise vertraut, wie Mathematiker Dezimalbrüche und Punkte einer geraden Linie einander zuordnen. Es sei eine Gerade gegeben. Man wähle zufällig einen Punkt auf der Geraden aus und nenne diesen Punkt »Ursprung«. Der Ursprung wird oft mit 0 bezeichnet. Ist der Ursprung einmal gewählt, so wird eine Längeneinheit dadurch ausgezeichnet, daß man einen weiteren Punkt – den man mit 1 bezeichnet – bestimmt. Das Geradenstück zwischen 0 und 1 nennt man »Einheitsintervall«. Indem man Kopien des Geradenstückes zwischen 0 und 1 abwechselnd nach rechts und nach links an dieses anlegt, erhält man die mit 2;–1;3;–2;4; ... benannten Punkte. Unterteilt man jedes Intervall in zehn gleichlange Teile, so erhält man Punkte mit Namen wie 2,1; 2,2; 2,3 ... usw. Unterteilt man diese Teilintervalle erneut in zehn gleichlange Teile, folgen Punkte mit Namen wie 2,31; 2,32; 2,33 ... Dieser Prozeß läßt sich so lange fortführen, wie man es aushält. Diese Zahlen nennt man meist einfach »Dezimalzahlen«, aber es wäre korrekter, sie als »Dezimalkommabrüche« zu bezeichnen. In der Praxis sind 2; 2,3 oder 2,37 nicht die Namen von auf der Geraden exakt festgelegten Punkten. Wenn ich über die Lage eines Punktes nur weiß, daß sie mit 2 beginnt, dann kann der Punkt irgendwo in dem Einheitsintervall zwischen 2 und 3 liegen. Genauso kann man die

Aussage »die Lage des Punktes ist 2,3« so auffassen: er liegt zwischen 2,3 und 2,4. Will ich mich mit größerer Genauigkeit ausdrücken, so kann ich ihm den Namen 2,30 geben, der sich auf ein Intervall von einhundertstel Einheitslänge bezieht. Jeder Grad an Präzision der Messung schafft ein Raster und damit ein Genauigkeitsniveau. Könnten wir durch ein Wunder unendlich genau sein, so würden wir bei unendlich langen Dezimalnamen (wie 2,375832009917464...) landen. Diese entsprächen unendlichkleinen Intervallen. In dieser idealisierten Situation hätten wir so etwas wie einen eindeutigen Namen für jeden Punkt der Geraden. Das wäre ein Beispiel dafür, wie das Unendliche eine Brücke schlagen kann zwischen Zahl und Raum. Die Mathematiker erwecken oft den Anschein, als sei diese idealisierte Situation tatsächlich gegeben. Aber in Wirklichkeit verhält es sich so, daß niemals etwas genauer als bis auf endlich viele Stellen gemessen werden kann.

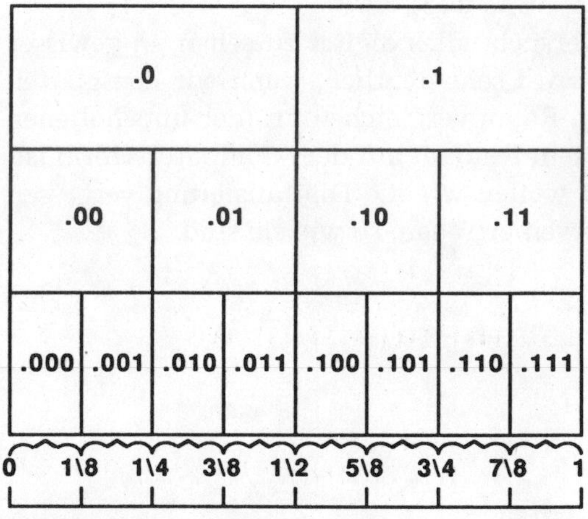

Abbildung 48: Dualkommabrüche

Um das Gesagte zu verdeutlichen, können wir »Dualkommabrüche« verwenden, um die Zahlen zwischen 0 und 1 darzustellen. Dabei bedeutet eine 1 an der *N*-ten Stellen rechts vom Komma den Bruch 1 durch 2 hoch *N*. Zum Beispiel ist $0{,}1_{\text{Zwei}} = \frac{1}{2}$; $0{,}01_{\text{Zwei}} = \frac{1}{4}$;

$0{,}001_{\text{Zwei}} = 1/8$ und $0{,}1011_{\text{Zwei}} = 11/16$. Ein »Dualkommabruch« der mit »0,0« beginnt, liegt in der linken Hälfte des Einheitsintervalles, und ein »Dualkommabruch«, der mit »0,01« beginnt, im rechten Viertel der linken Hälfte des Einheitsintervalles. Jede zusätzliche Ziffer verdoppelt die Genauigkeit. Stellt man auf alltägliche Weise Dinge dar, so verwendet man eher Dualbrüche als die vertrauten Dezimalbrüche. Der Grund hierfür ist, daß es leichter ist, ein Intervall zu halbieren, als es in Zehntel zu zerlegen. Wenn ich Papier und Bleistift nehme und versuche, damit eine Gerade so weit als möglich zu unterteilen, so erreiche ich schließlich die Grenze, weil ich nicht mehr wirklich zwischen zwei Bleistiftmarkierungen unterscheiden kann, die näher als ein Millimeter beieinander liegen. In der Praxis ist also der »analoge« Vorgang des Auswählens eines Punktes auf einer zehn Zentimeter langen Strecke nichts anderes als eine Wahl zwischen 100 Möglichkeiten, das bedeutet sechs bis sieben digitale Bits. Anders gesagt, ein »analoges Bit« – aufgefaßt als Ort in einem Intervall – ist praktisch etwa sieben digitale Bits wert.

Dennoch führt der Versuch, alles digital zu sehen, in gewisser Weise in die Irre. Das wird sehr deutlich, wenn wir den glatten Bogen einer Parabel im Raum vergleichen mit der unbeholfenen Treppe von Pixels, die sein Pendant auf dem Computerschirm ist. Im nächsten Abschnitt wollen wir die Digitalisierung vergessen und uns an einigen Kurven erfreuen, so wie sie sind.

Algebraische Kurven

Die gewöhnliche Einheit der digitalen Information ist das digitale Bit – die Wahl zwischen 0 und 1. Will man sich über Raumkurven unterhalten, so ist es zweckmäßig, sich die Standardeinheit der analogen Information als Position auf einer Linie vorzustellen. Wenn ich über »ein Stück analoger Information« reden werde, so meine ich damit eine Position auf einer Linie. Im letzten Abschnitt haben wir gesehen, daß in der Praxis ein analoges Bit soviel wert ist wie sieben digitale. Dennoch könnte sich der Wert eines analogen Bit in digitalen erhöhen, wenn wir es mit engen Fehlertoleranzen und sehr hohen Graden an Genauigkeit zu tun hätten. Aber wir wollen nun die digitalen Bits vergessen und uns vorstellen, daß ein Punkt auf einer Linie ein Bit analoger Information ist.

Im siebzehnten Jahrhundert hatten die französischen Mathematiker Pierre Fermat und René Descartes die Idee, Zahlen nicht nur als Namen für Punkte auf der Geraden, sondern auch für solche in der Ebene zu verwenden. Diese Idee entwickelte sich zu dem uns vertrauten Verfahren der Einführung »kartesischer Koordinaten«, mit deren Hilfe man Positionen in der Ebene angeben kann. Jeder Punkt der Kurve wird beschrieben durch seinen horizontalen und seinen vertikalen Abstand vom Ursprung, seine x- und y-Koordinaten. Wenn ein Punkt auf einer Geraden ein analoges Bit x enthält, so ist ein Punkt der Ebene gleichwertig mit zwei analogen Bits (x, y).

Der große Vorteil dieser Zugangsweise besteht darin, daß sich eine gegebene ebene Kurve oft beschreiben läßt durch eine algebraische Beziehung zwischen ihren x- und y-Koordinaten. Wir bemerken an dieser Stelle, wie die Logik der Algebra eine Brücke schlägt zwischen raumartigen Kurven und Paaren von simplen

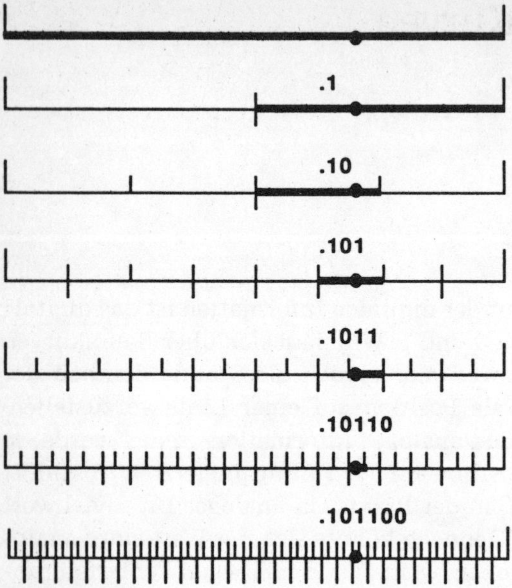

Abbildung 49: Binäre Bits und Meßgenauigkeit

Zahlen. Nicht jede Kurve in der Ebene läßt sich durch einfache algebraische Gleichungen beschreiben, aber bei vielen geht es. Man nennt sie *algebraische Kurven*. Formal ausgedrückt ist eine algebraische Kurve eine Kurve, die durch eine Gleichung gegeben wird, die natürlichzahlige Potenzen von x und y enthält. Das ist keine so einschneidende Beschränkung, wie man glauben mag. Jedes glatte Gebilde läßt sich durch algebraische Kurven annähern.

Algebraische Kurven werden gemäß der Komplexität oder des Grades der sie beschreibenden Gleichung eingeteilt. Als Grad einer Gleichung bezeichnet man die höchste Summe aus den Potenzen der x und y, die in einem Term der Gleichung auftreten:

$8x - 5y = 2$ ist eine Gleichung ersten Grades;
$x^2 + y^2 = 100$ ist eine Gleichung zweiten Grades;
$x^2y - y^2 + xy - x = 1$ ist eine Gleichung dritten Grades und
$x^4 - x^2y^2 + 200xy^3 = 0$ ist eine Gleichung vierten Grades.

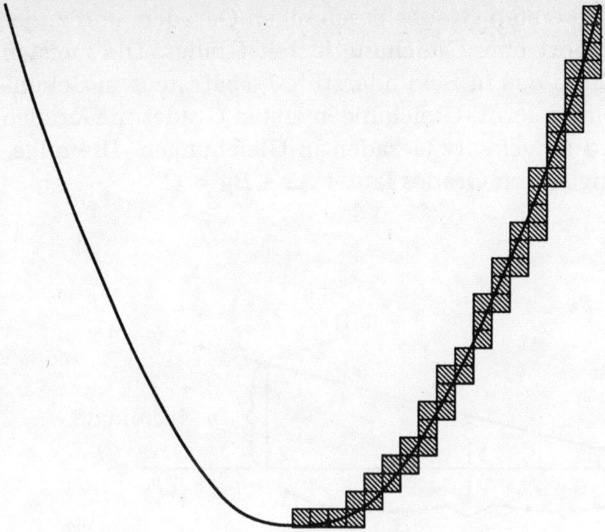

Abbildung 50: Analog *versus* digital

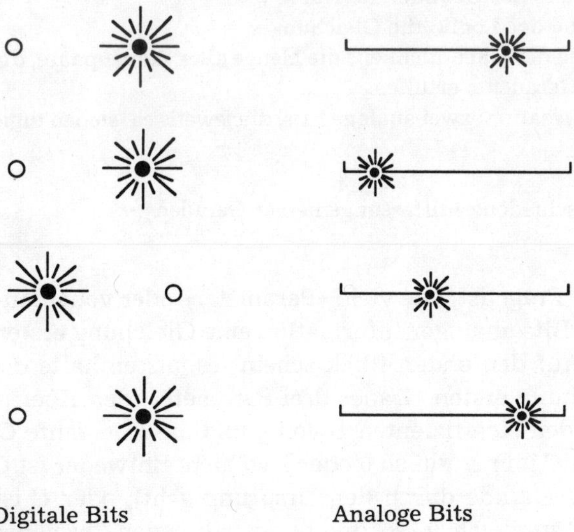

Abbildung 51: Zwei Arten von Information

Alle Gleichungen ersten Grades beschreiben Geraden, und zu jeder Geraden gehört eine Gleichung ersten Grades. Die meisten unter uns erfahren das in Sekundarstufe I, spätestens in Sekundarstufe II, wo man lernt, Gleichungen ersten Grades in Geraden umzusetzen und umgekehrt Geraden in Gleichungen. Die allgemeine Gleichung ersten Grades lautet $Ax + By = C$.

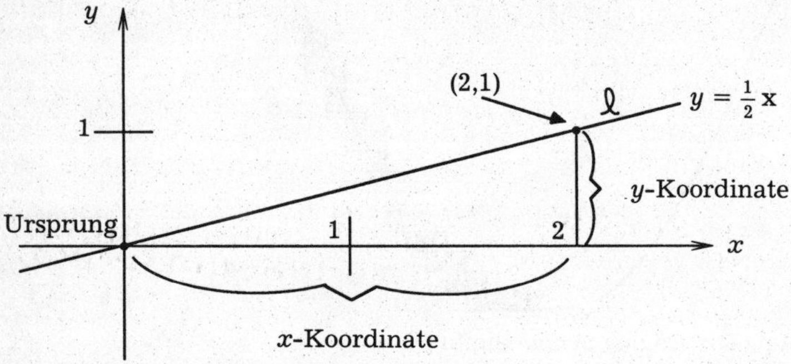

Die Gerade als Zahl: das Verhältnis 1:2
Die Gerade als räumliches Gebilde: die Kurve ℓ
Die Gerade im Sinne der Logik: die Gleichung $y = \frac{1}{2}x$.
Die Gerade im Sinne der Unendlichkeit: die Menge aller Zahlenpaare, die die Gleichung der Geraden ℓ erfüllen.
Die Gerade als Information: zwei analoge Bits, die jeweils ca. sieben digitale Bits wert sind.

Abbildung 52: Verschiedene Auffassungen einer Geraden

Eine interessante Frage ist, wie viele »Parameter« oder voneinander unabhängige Bits analoger Information eine Gleichung ersten Grades enthält. Auf den ersten Blick scheint es, als enthalte die allgemeine Gleichung ersten Grades drei Parameter: den Koeffizienten A von x, den Koeffizienten B von y und die Konstante C. Jedoch kann man C immer gleich 0 oder 1 wählen. Entweder ist C gleich 0 (weil die Gerade durch den Ursprung geht), oder C ist ungleich 0. Ist C ungleich 0, so dividieren wir jeden Term der Gleichung durch C und erhalten so 1 auf der rechten Seite.

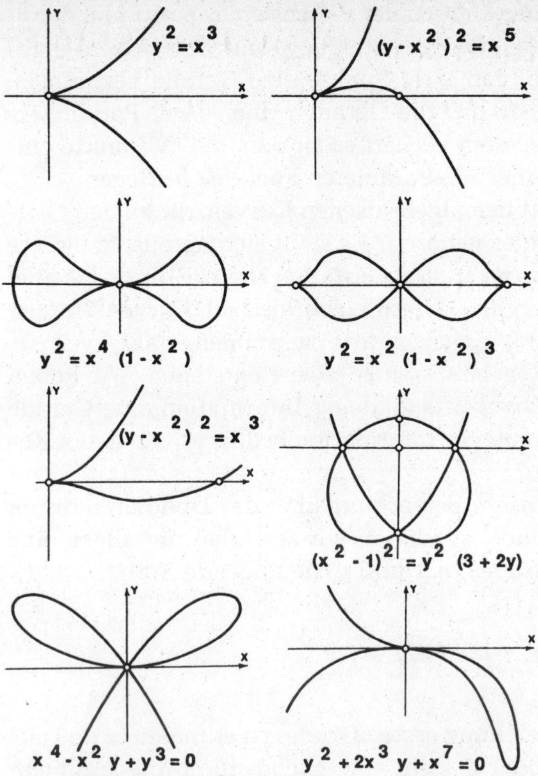

Abbildung 53: Einige algebraische Kurven

$$Ax + By = C \qquad 8x - 5y = 2$$
$$(A/C)x + (B/C)y = 1 \qquad 4x - 2{,}5y = 2$$
$$A'x + B'y = 1 \qquad (4)x + (-2{,}5)y = 1$$

Also gibt es in Wirklichkeit nur zwei unabhängige Koeffizienten in der Gleichung ersten Grades. Deshalb bezeichnet man die Familie dieser Gleichungen gelegentlich als eine »Zwei-Parameter-Familie«. Aufgrund der Entsprechung zwischen Gleichungen ersten Grades und Geraden in der Ebene bilden die Geraden ebenfalls eine »Zwei-Parameter-Familie«. Das bedeutet, daß zwei Bits an analoger Information ausreichen, um eine Gerade festzulegen.

Diese beiden Parameter können der x-Achsenabschnitt und der y-Achsenabschnitt sein oder die Steigung und der y-Achsenabschnitt. Die Tatsache, daß zwei Punkte eine Gerade bestimmen, hängt damit zusammen, daß die Geraden eine »Zwei-Parameter-Familie« bilden. Allgemein verhält es sich so, daß N Punkte eindeutig ein Mitglied einer »N-Parameter-Familie« festlegen.

Wie steht es nun mit den algebraischen Kurven, die zu den Gleichungen zweiten Grades gehören? Es stellt sich heraus, daß diese Gleichungen den wohlbekannten Gestalten Kreis, Ellipse, Parabel und Hyperbel entsprechen. Diese algebraischen Kurven werden unter der Bezeichnung Kegelschnitte zusammengefaßt, weil sie beim Schnitt eines Kegels mit einer Ebene entstehen. Wir haben gerade gesehen, daß zwei Bits analoger Information eine Gerade bestimmen. Wieviel analoger Information bedarf es, um einen Kegelschnitt festzulegen?

Wenn wir uns an unsere Bemerkung über das Dividieren durch eine Konstante erinnern, so stellen wir fest, daß die allgemeine Gleichung zweiten Grades in x und y die folgende Form besitzt:

$$Ax^2 + Bxy + Cy^2 + Dx + Ey = 1$$

Genau wie bei der Gleichung ersten Grades ist es möglich, daß auf der rechten Seite 0 oder 1 steht – je nachdem, ob die fragliche Kurve durch den Ursprung geht oder nicht. In der allgemeinen Gleichung zweiten Grades treten fünf Koeffizienten auf, so daß diese Familie von Gleichungen fünfparametrig ist – woraus folgt, daß jeder Kegelschnitt durch höchstens fünf Bits analoger Information festgelegt wird. Um beispielsweise eine beliebige Ellipse zeichnen zu können, müssen wir folgende Größen festlegen: 1. den x-Wert des Mittelpunktes der Ellipse und 2. dessen y-Wert, 3. den Winkel, den die große Halbachse der Ellipse mit der Horizontalen einschließt, 4. die halbe Länge der Hauptachse der Ellipse und 5. die halbe Länge ihrer Nebenachse. Genauso wie zwei Punkte in der Ebene eine Gerade bestimmen, legen fünf Punkte in der Ebene einen Kegelschnitt fest. Solange nicht vier dieser Punkte auf einer Geraden liegen, ist der Kegelschnitt *eindeutig* bestimmt.

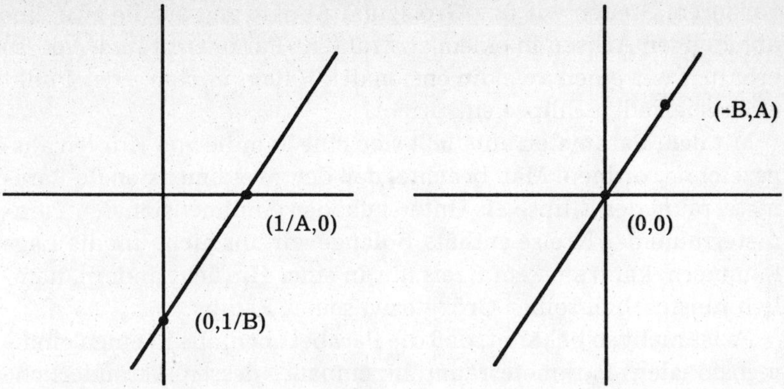

$Ax + By = 1$ $\quad$ $Ax + By = 0$

Abbildung 54: Graphen der allgemeinen Geradengleichung

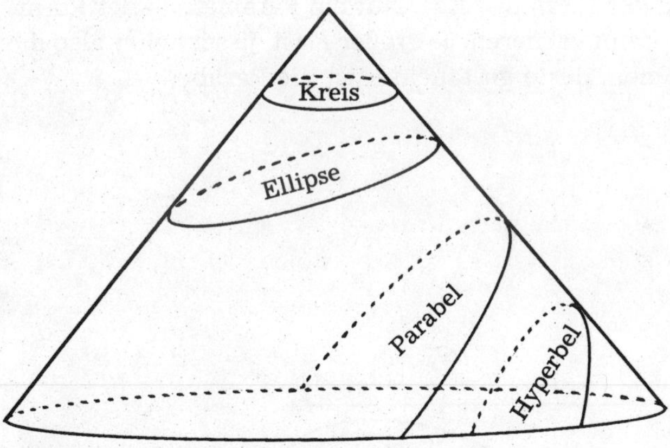

Abbildung 55: Kegelschnitte

Es ist interessant, darüber nachzudenken, wie die Gestalten der verschiedenen Kurvenarten variieren können. Betrachten wir die Ellipse. Wenn wir uns nicht darum kümmern, wo die Ellipse liegt und wie sie orientiert ist, so bemerken wir, daß es in Wirklichkeit nur zwei Weisen gibt, wie die Ellipse ihre Gestalt ändern kann: ihre Größe kann sich als Ganze ändern, und ihre Abplattung kann variieren. Stellen wir uns Größe und Abplattung als die zwei unabhängigen Achsen in einem abstrakten »Parameterraum« vor, so erhalten wir einen zweidimensionalen Raum, in dem jeder Punkt einer speziellen Ellipse entspricht.

Mit dem Parameterraum läßt sich eine Familie von Kurven ausgezeichnet ordnen. Man beachte, daß der zweidimensionale Parameterraum der Ellipse als Unterraum den eindimensionalen Parameterraum der Kreise enthält. Solange wir uns nicht um die Lage kümmern, kann sich ein Kreis nur in einer Hinsicht ändern, nämlich hinsichtlich seiner Größe bzw. seines Radius.

Es ist nicht so bekannt, daß die Parabel ebenfalls in einen eindimensionalen Parameterraum hineinpaßt, dessen Veränderliche die Sperrung ist. Eine gestreckte, flache Parabel kann man einfach als Modifikation einer gestauchten ansehen. Anders gesagt, wenn wir eine beliebige Parabel mit dem Scheitel in den Ursprung legen – und zwar so, daß sie nach oben geöffnet ist –, erhalten wir eine Gleichung der Form $y = Kx^2$. Nur ein Parameter – der Formparameter K – kann variieren. Je größer K ist, je schneller also die y-Werte zunehmen, desto gestauchter ist die Parabel.

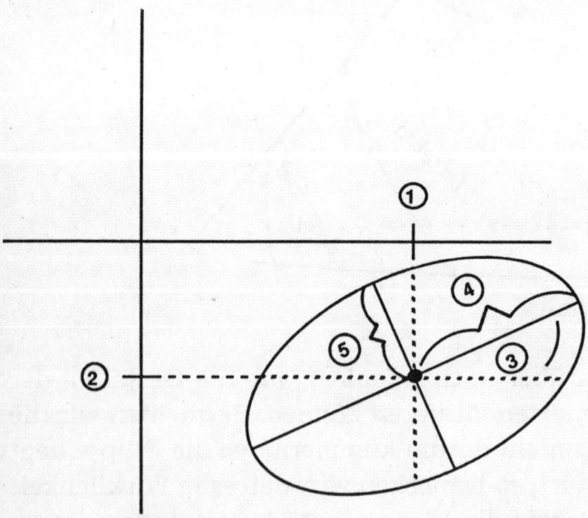

Abbildung 56: Fünf Bits Information legen eine Ellipse fest

Obwohl die algebraischen Kurven zweiten Grades eine Fünf-Parameter-Familie bilden, sind nur zwei Parameter wesentlich für die Form: Die drei anderen betreffen Position und Orientierung. Es ist möglich, die Formen aller algebraischen Kurven zweiten Grades in einem einzigen zweidimensionalen Parameterraum darzustellen. Weil jede dieser Kurven durch den Schnitt einer Ebene mit einem Kegel erhalten wird, kann man für die zwei Parameter den

Einheit: Länge der großen Halbachse

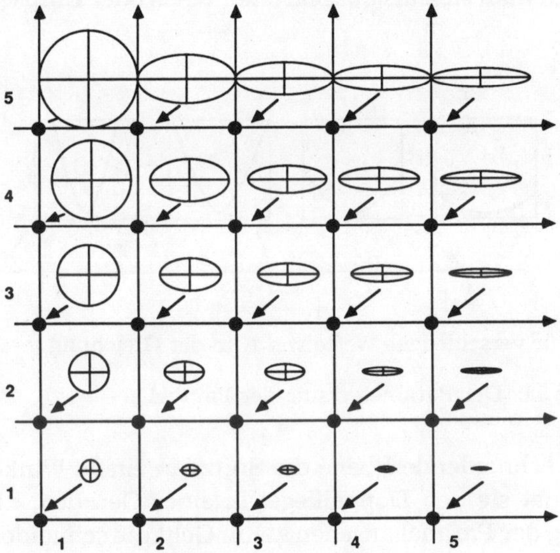

Abplattung: Verhältnis der großen zur kleinen Halbachse

Abbildung 57: Der Parameterraum der Ellipse

Abstand *D* nehmen (vgl. Abb. 59) – gemessen vom Boden des Kegels bis zum höchsten Schnittpunkt mit der Ebene – und den Winkel θ, den die schneidende Ebene mit der Horizontalen bildet. Ich habe es nicht ausdrücklich erwähnt, aber der Kegel ist als *Doppelkegel* zu sehen, damit man beide Äste der Hyperbel erhält. So können wir einen D-θ-Parameterraum bilden und alle Kegelschnitte darstellen. Die einparametrige Familie der Kreise liegt bei $\theta = 0°$, diejenige der Parabeln bei $\theta = 45°$. Die Ellipsen liegen zwischen den Kreisen und den Parabeln, die Hyperbeln befinden sich rechts der Parabeln. Setzen wir das Diagramm auf Werte von θ größer als 90° fort, so erhalten wir die gleichen Hyperbeln, dann wieder die Parabeln (für θ = 135°), die Ellipsen und schließlich die Kreise.

Die Kegelschnitte, die auf der Geraden $D = 0$ liegen, sind als »ausgeartete Kegelschnitte« bekannt. Trifft die schneidende Ebene den Kegel nur in dessen Spitze, so erhalten wir einen Punkt, den man sich als ausgearteten Kreis oder Ellipse vorstellen kann.

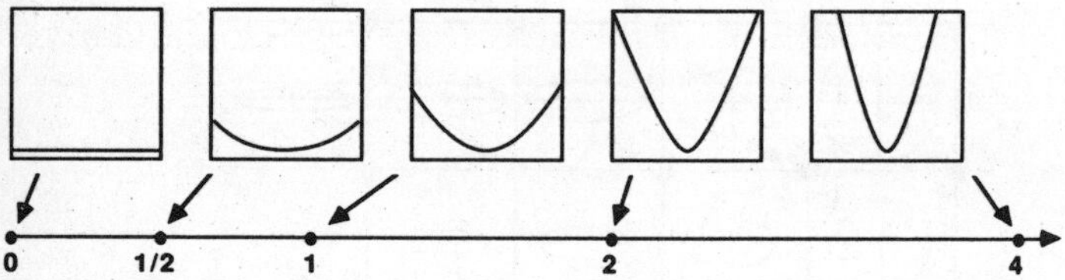

Parabeln für verschiedene Werte von K in der Gleichung $y = Kx^2$

Abbildung 58: Der Parameterraum der Parabel

Trifft die schneidende Ebene die Spitze in einem Winkel von 45°, so schneidet sie den Doppelkegel in einer Geraden, die man als Entartung der Parabel ansehen kann. Geht die schneidende Ebene durch die Spitze unter einem Winkel, der zwischen 45 und 90 liegt, so erhält man ein Paar sich schneidender Geraden, die man als ausgeartete Hyperbeln betrachten kann. Dieser mathematische Sinn des Wortes »ausgeartet« ist nicht völlig ohne Bezug zum soziologischen Sinn dieses Wortes. Ähnelt nicht jemand, der ständig betrunken ist, einer Ellipse, die auf Punktgröße zusammenschrumpfte?

Wie steht es mit Kurven, deren Gleichungen Potenzen größer als zwei enthalten? Hier werden die Dinge sehr schnell sehr kompliziert. Wir wollen mit der Betrachtung von Polynomen beginnen – das sind Kurven, in deren Gleichungen auf der einen Seite ein y und auf der anderen natürlichzahlige Potenzen von x stehen:

$y = x^3 - 12x$ ist ein Polynom dritten Grades;
$y = x^4 - 8x^2 + 2x$ ist ein Polynom vierten Grades.

Indem man den Ursprung des Koordinatensystems entsprechend verschiebt, kann man erreichen, daß jedes Polynom dritten Grades die Form $y = K(x^3 + Ux)$ annimmt, wobei K und U Konstanten sind. K ist als der »Formparameter« der Kurve bekannt – weil K die Steigung der Kurve festlegt, ohne aber ihre Natur zu beeinflussen. U ist eine viel wichtigere Konstante, die als »aufspaltender« Parameter bekannt ist – verschiedene Werte von U ergeben vollkommen verschiedene Kurvenverläufe. Genauer gesagt verhält es sich so: Ist U negativ, so hat die Kurve eine Art S-Form, ist U gleich Null, so geht die Kurve dritten Grades horizontal durch den Ursprung, und ist U positiv, so hat die Kurve nur einen kleinen Buckel. Wir sehen also, daß die Gestalten der Polynome dritten Grades eine Zwei-Parameter-Familie von Kurven bilden. Die Polynome vierten Grades ergeben andererseits eine Drei-Parameter-Familie. Durch Verschieben des Ursprungs läßt sich jedes Polynom vierten Grades auf die Form $y = K(x^4 + Ux^2 + Vx)$ bringen. Genau wie oben beeinflußt der Parameter K nur die Amplitude der Kurve, während U und V die aufspaltenden Parameter sind. Weil es schwierig ist, einen dreidimensionalen Parameterraum zu zeichnen, wollen wir K ignorieren und den Parameterraum der Kurven, die zum Polynom vierten Grades gehören, nur in Abhängigkeit von U und V aufzeichnen.

Diese Art und Weise, den Parameterraum eines Polynoms vierten Grades darzustellen, ist von einiger Bedeutung für die neue Disziplin der Mathematik, die als »Katastrophentheorie« bekannt ist. In der Katastrophentheorie geht es um die verschiedenen Möglichkeiten abrupter Veränderung. Die Beispiele für Katastrophen erstrecken sich von so harmlosen Dingen wie dem Einschalten des Lichts bis hin zu gewalttätigen Vorgängen wie Erdbeben und Gefängnisrevolten. Die Bedeutung des Polynoms vierten Grades für diesen Kontext liegt in Folgendem: Stellt man sich die Kurve als Metallstreifen vor, auf dem eine Murmel liegt, so können geringfügige Änderungen in den Kontrollparametern U und V zu abrupten und sprunghaften Veränderungen der Lage der Kugel führen.

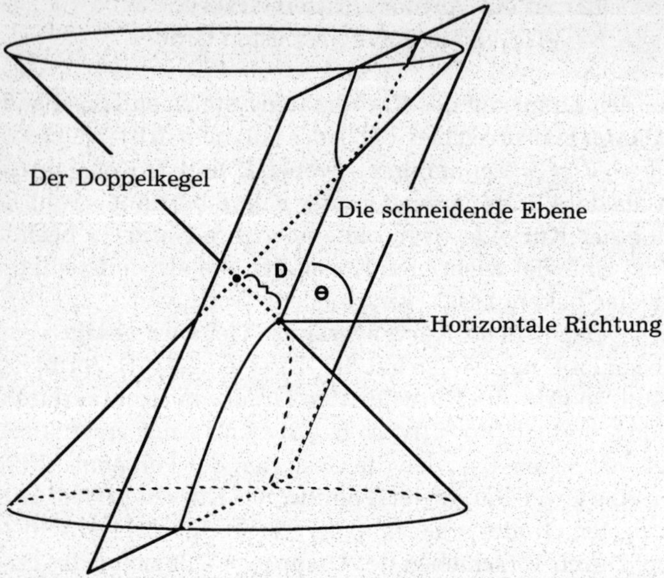

Abbildung 59: D und θ legen die schneidende Ebene fest

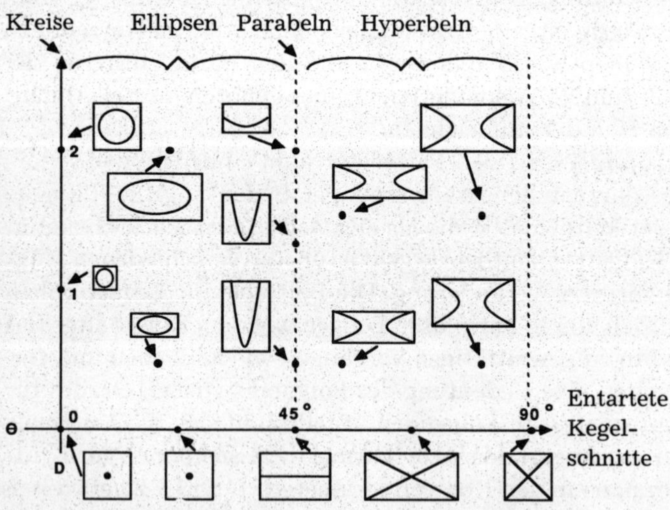

Abbildung 60: Der Parameterraum der Kegelschnitte

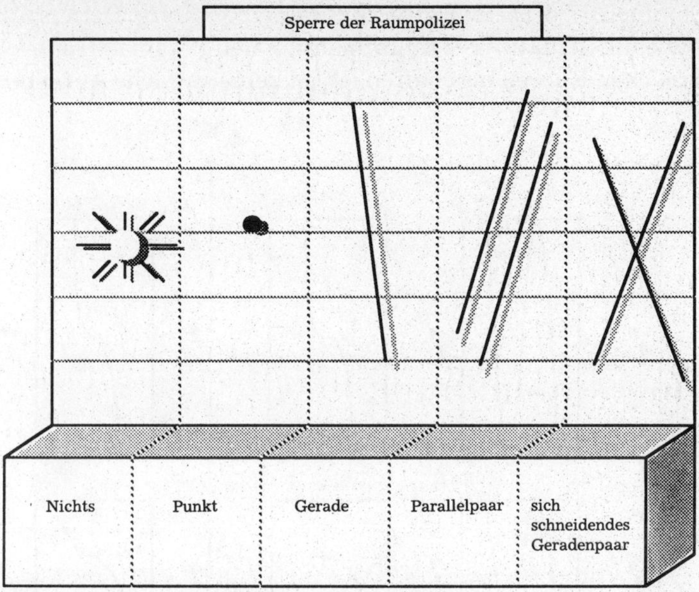

Abbildung 61: Ausgeartete Kegelschnitte

Bis jetzt haben wir Parameterräume für alle algebraischen Kurven zweiten, dritten und vierten Grades gefunden. Wie steht es nun mit der allgemeinen Gleichung dritten Grades, die nicht nach y aufgelöst und deshalb nicht in Polynomform gebracht werden kann?

Eine allgemeine Kurve dritten Grades besitzt eine Gleichung der Form

$$Ax^3 + Bx^2 + Cxy^2 + Dy^3 + Ex^2y + Fxy + Gy^2 + Hx + Jy = 1 \quad \text{(oder = 0)}$$

Das bedeutet, daß eine solche Kurve grundsätzlich durch neun Bits Information beschrieben wird: Das sind gerade die neun Koeffizienten *A* bis *J*. Befassen wir uns nur mit der Gestalt der Kurve dritten Grades, so können wir vier der neun Parameter ignorieren, denn zwei Parameter bestimmen die Lage, einer die Orientierung und einer die Größe. Bleiben also fünf Parameter übrig. Herauszufinden, wie die Struktur des fünfdimensionalen Parameterraumes aller kubischen Kurven beschaffen ist, ist keine einfache Aufgabe.

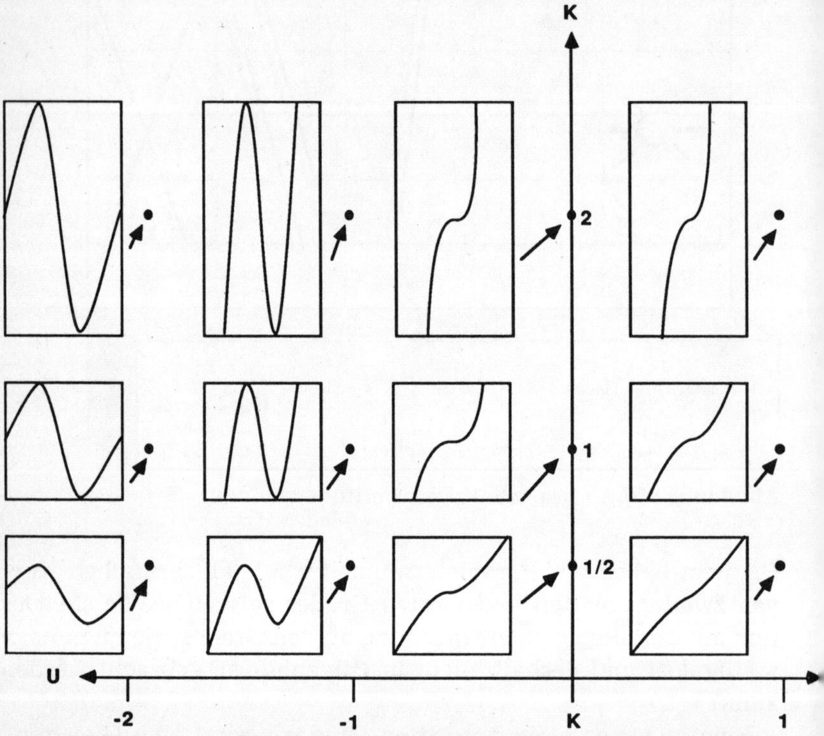

Abbildung 62: Der Parameterraum des allgemeinen Polynoms dritten Grades. *K* und *U* sind die Konstanten aus der Gleichung $y = K(x^3 + Ux)$

Newton fand 1676 die erste umfassende Klassifikation der Kurven dritten Grades. Er meinte, es gebe 72 verschiedene Arten von Kurven dritten Grades, wobei man jede erhalten könne als Schnitt einer Ebene mit einer kegelartigen Oberfläche. Newtons Klassifikation erschien in einem Anhang seiner »Optik« von 1704. Dank der Erfindung der Koordinatengeometrie und der Analysis war es um 1700 herum sehr populär, über Kurven nachzudenken. Einige berühmte kubische Kurven sind nach ihren Entdeckern benannt.

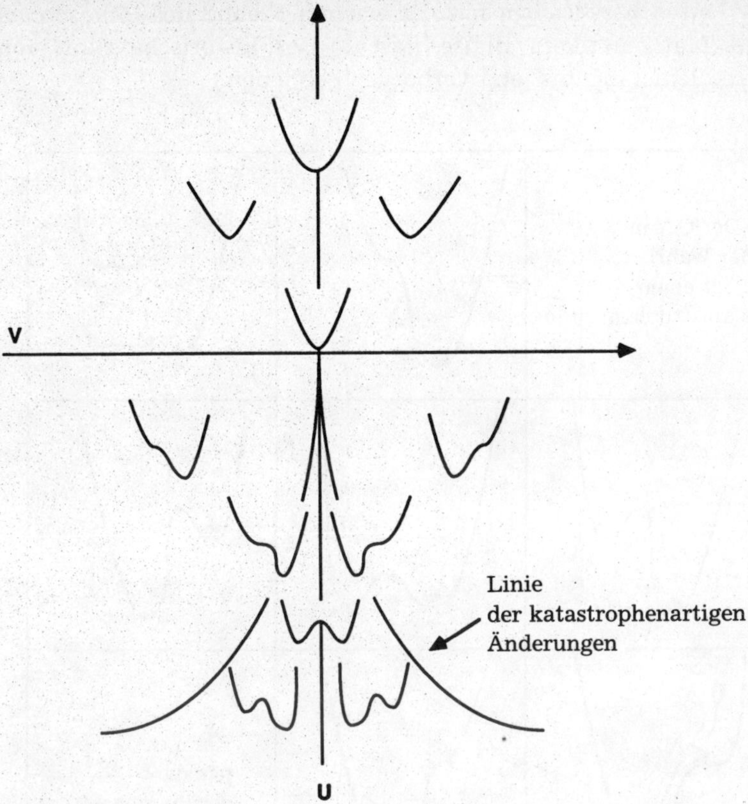

Abbildung 63: Der Parameterraum des Polynoms vierten Grades, gesehen mit den Augen eines Katastrophentheoretikers

Viele Quartiken – so nennt man Kurven, deren Gleichungen in x und y Potenzen bis zur vierten enthalten – tragen besondere Namen. Meine beiden Lieblingsnamen sind die bizarr klingenden »Perlen von Sluze« und die »Nephroide von Freeth«. Man kann sich leicht einen Science-fiction-Helden vorstellen, der versucht, einige aphrodisierende Perlen von Sluze aus der grausamen und verunstalteten Nephroide von Freeth zu stehlen. (In Wirklichkeit gab es einen Baron René François de Sluze, der um 1650 herum die Perlen beschrieben hat. Er war ein Freund des Philosophen und Mathematikers Blaise Pascal. Der historische Sinn von »Freeth« ist mir bis jetzt verborgen geblieben.)

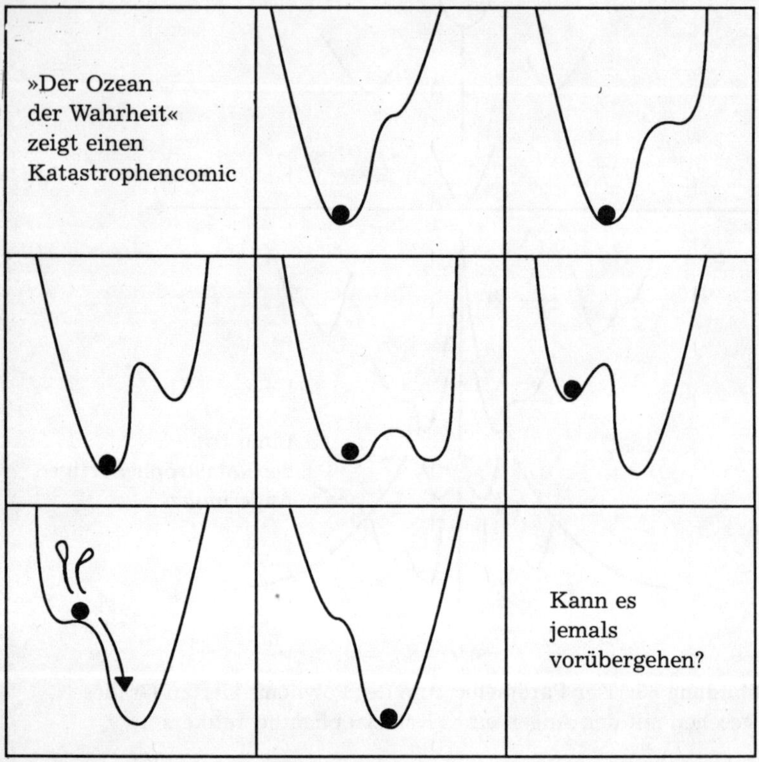

Abbildung 64: Ein abrupter Übergang

Wie haben es die Mathematiker der alten Tage überhaupt geschafft, solche komplizierten Kurven graphisch darzustellen? Ein wichtiger Aspekt ist, daß sie sich Zeit nahmen. Wenn das einzige Vermächtnis nach 300 Jahren der Name einer einzigen Kurve ist, dann macht man sich keine Gedanken darüber, ob man ein oder zwei Jahre benötigt, um sie richtig hinzubringen... Die meisten dieser Kurven wurden – um wieder ernsthaft zu werden – mit Hilfsmitteln der Analysis beschrieben.

Hat man die Gleichung in x und y einer algebraischen Kurve, so kann man mit Hilfe einiger einfacher Manipulationen verwandte Formeln in x und y erhalten, die man als die Ableitungen bezeichnet. Nun erlaubt es einem die ursprüngliche Gleichung für einen gegebenen Wert von x, den entsprechenden für y zu schätzen. Die Formel für die erste Ableitung macht es uns möglich, vorauszusagen, welche Richtung die Kurve hat, wenn sie durch den Punkt mit den Koordinaten (x, y) hindurchgeht. Die zweite Ableitung gibt an, auf welche Weise die Kurve gekrümmt ist, wenn sie (x, y) passiert.

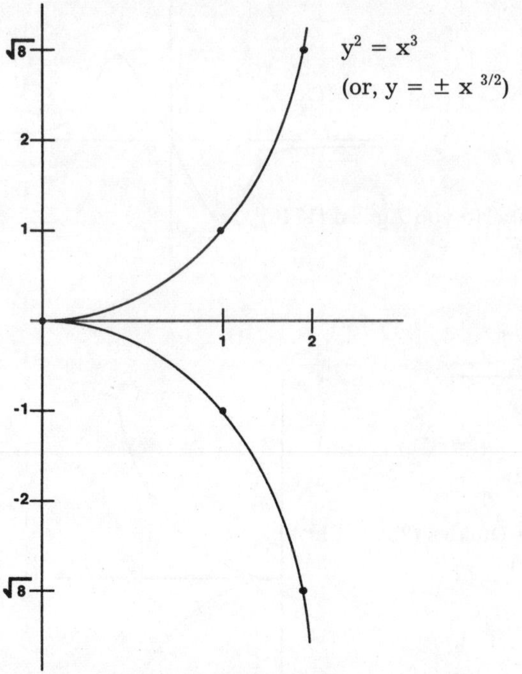

Abbildung 65: Die semikubische Parabel ist der Graph der einfachsten Gleichung dritten Grades, bei der y sich nicht durch natürlichzahlige Potenzen von x ausdrücken läßt

Findet man die Werte von (x, y), die die verschiedenen Ableitungen Null werden lassen, so kann man die Lage der wichtigsten Kurvenpunkte festlegen. Die beiden einfachsten Beispiele hierfür sind die Bestimmung der Maxima und der Wendepunkte. Eine Kurve nimmt an einer Stelle ein Maximum an, wenn der entsprechende Wert von y größer ist als bei allen anderen nahe gelegenen

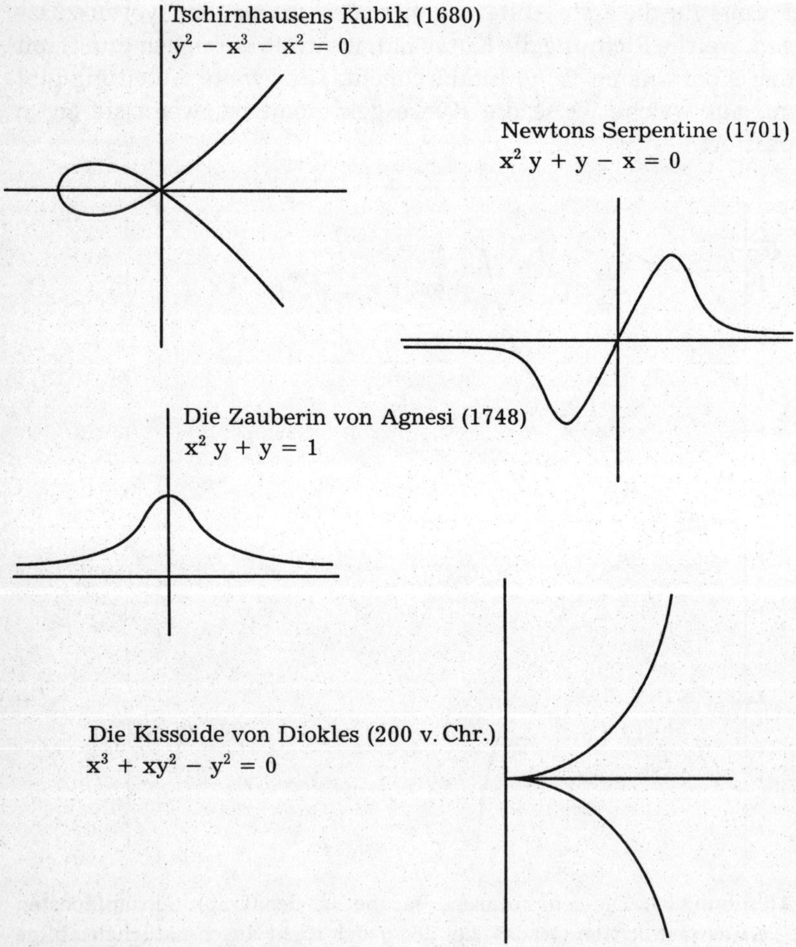

Abbildung 66: Einige Kurven dritten Grades

Stellen der Kurve. Diese hat einen Wendepunkt, wenn sie vor diesem Punkt links- und nach diesem rechtsgekrümmt ist oder umgekehrt. Man betrachtet in diesen Situationen die Ableitungen, weil die erste Ableitung Null wird an der Stelle, wo die Kurve ein Maximum oder Minimum annimmt. In einem Wendepunkt wird die zweite Ableitung Null. Höhere Ableitungen geben andere Informationen.

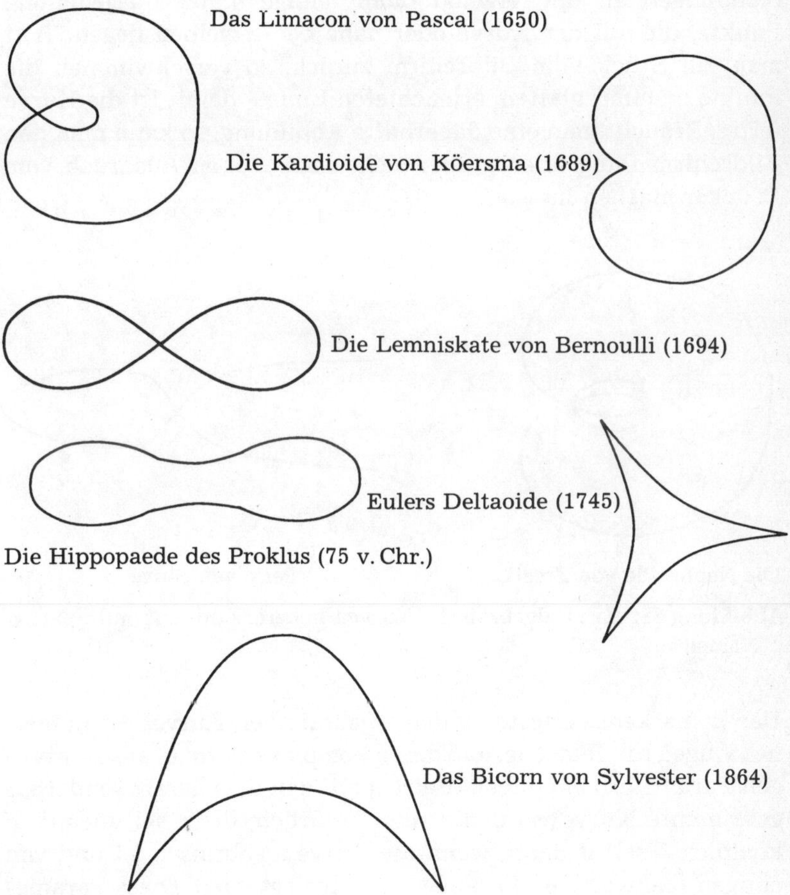

Abbildung 67: Einige Quartiken

Natürlich kann man heute sehr komplexe Kurven zeichnen, selbst wenn man nichts über Analysis und die Kunst der Kurvendiskussion weiß. Man braucht nur einen Computer, der mit einem einfachen Graphikprogramm ausgestattet ist. Sogar LOGO reicht aus. Ist die Gleichung einer algebraischen Kurve gegeben, so schätzt man zuerst grob ab, wie groß der interessante Teil der Kurve ist. Dann versieht man den Bildschirm mit einem geeignet skalierten Koordinatensystem. Anschließend stellt man eine Reihe von Berechnungen an und erzeugt damit einige hundert erleuchtete Punkte, die auf der Kurve oder nahe bei derselben liegen. Tritt man ein Stück vom Bildschirm zurück, so verschwimmen die Punkte zu einer glatten, erleuchteten Linie – damit ist die Kurve fertig. Braucht man eine dauerhafte Abbildung, so kann man den Bildschirm fotografieren oder sich einen groben Ausdruck vom Drucker machen lassen.

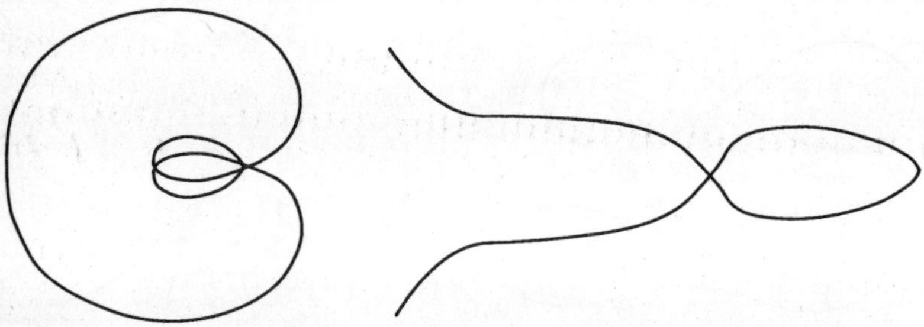

Die Nephroide von Freeth Perle von Sluze

Abbildung 68: Zwei algebraische Kurven höherer Ordnung mit aparten Namen

Das Bemerkenswerteste an den algebraischen Kurven ist in meinen Augen die Tatsache, daß deren komplexe Formen aus so wenigen Parametern entstehen. Betrachtet man eine derart sonderbar gekrümmte Kurve, so denkt man natürlich, diese sei unendlich komplex – selbst dann, wenn die Kurve algebraisch ist und von einigen reellwertigen Parametern festgelegt wird. Diese Parameter betrachten wir als einzelne Bits analoger Information.

Erinnern wir uns daran, daß mit einer vernünftigen Genauigkeit einem analogen Bit der Lage sieben digitale Bits Information entsprechen. Deshalb können einige wenige Bits digitaler Information Kurven von hoher Ordnung bestimmen. Es ist immer wieder überraschend festzustellen, welch komplex aussehende Formen man aus ein paar Bits Information gewinnen kann. Wenn ich sage, daß die Familie der elliptischen Gestalten eine Zwei-Parameter-Familie bildet, so sage ich damit in Wirklichkeit, daß die Ellipse, betrachtet man sie unter dem Gesichtspunkt analoger Information, zwei analoge Bits enthält. Das wiederum bedeutet, legt man den Umrechnungskurs von sieben zu eins zugrunde, daß sie etwa 14 Bits digitale Information wert ist.

Ich zeichne schnell einen zufälligen Kringel auf ein Blatt Papier. Wieviel Information enthält dieses Gekritzel? Wenn ich an den tatsächlichen Vorgang des Kritzelns denke, so scheint dieser darauf hinauszulaufen, etwa zehn zufällige analoge Auswahlen zu treffen. Die Geometrie meines Armes und die meiner Hand steuern vermutlich ungefähr zehn weitere Parameter bei. Bedeutet dies, daß es eine algebraische Kurve von sagen wir fünfzehntem Grad gibt, die mit meinem Kringel zusammenfällt? Theoretisch gibt es unendlich viele Kringel, die ich hätte malen können. Muß ich aber in der Praxis nicht doch auf eine geläufige Kurve eines niedrigdimensionalen Parameterraumes verfallen?

Vereinfachen wir das Problem. Gegeben sei eine Anzahl von Punkten in der Ebene – können wir die Gleichung einer algebraischen Kurve finden, die durch alle diese Punkte geht? Ja, das ist möglich. Dieser Prozeß wird gelegentlich als »Anpassen einer Kurve« bezeichnet. Eine grobe Methode für die Kurvenanpassung ist die folgende: Angenommen, die Punkte, auf die ich abziele, heißen $(a_1, b_1), (a_2, b_2), \ldots, (a_k, b_k)$. Dann schreibe man die folgende Gleichung in x und y auf:

$$(x + y - a_1 - b_1)\,(x + y - a_2 - b_2)\,\ldots\,(x + y - a_k - b_k) = 0.$$

Diese Gleichung hat den Grad K. Sie wird von jedem der ursprünglich gegebenen Punkte erfüllt. Deshalb wird der zu dieser Gleichung gehörige Graph eine algebraische Kurve sein, die durch die *K* Ausgangspunkte geht. Diese besondere Kurve wird durch 2K Bit analoger Information festgelegt. Je genauer die Koordinaten der a und b bekannt sind, desto genauer wird die Kurve festgelegt sein. Kehren wir nun zu unserem Zufallskringel zurück. Ist ein Kringel gegeben, so können wir ein ihn enthaltendes Koordinatensystem einführen. Dann picken wir ein einigermaßen dichtes Büschel von Punkten auf der Kurve heraus (fünfzig Punkte dürften für meinen Kringel genügen) und bestimmen die Koordinaten dieser Punkte bis auf einen hinreichenden Grad an Genauigkeit. Mit einer einfachen Prozedur zum Anpassen einer Kurve finden wir die Gleichung einer Kurve, die durch die fraglichen Punkte hindurchgeht. Obwohl es nicht offensichtlich ist, stellt sich doch heraus, daß wir unsere Prozedur so einrichten können, daß die Punkte so glatt und direkt wie möglich miteinander verbunden werden. Es gibt auch keine Sprünge in unserer Kurve.

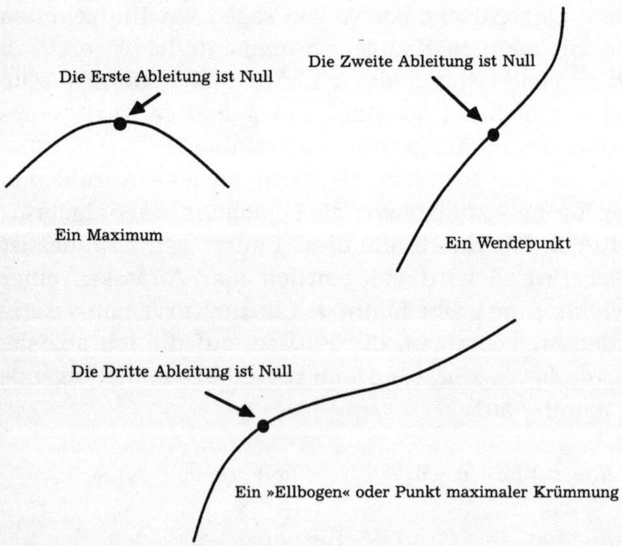

Abbildung 69: Der Wert Null einer Ableitung weist auf interessante Punkte hin

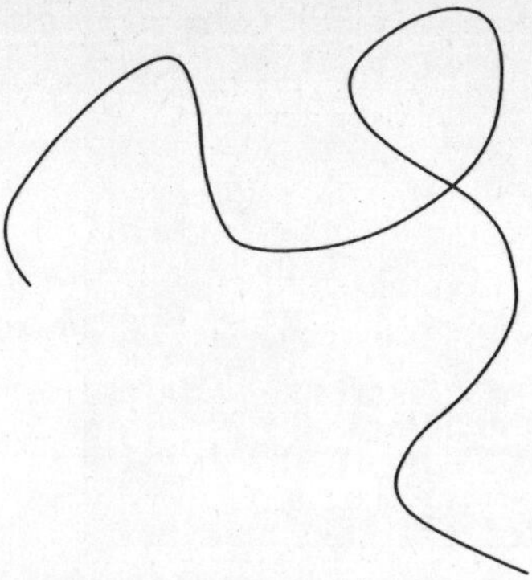

Abbildung 70: Ein Kringel

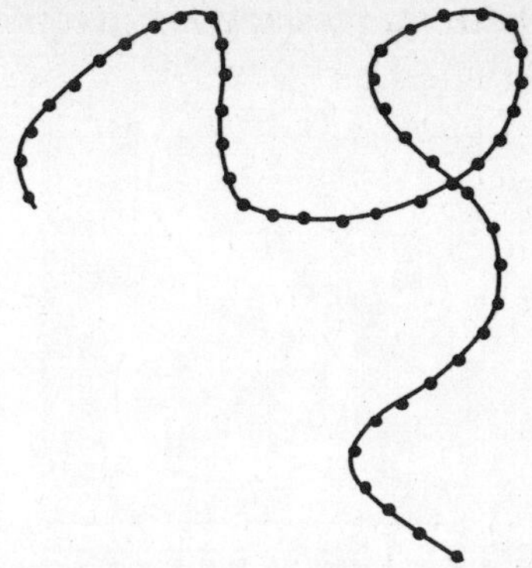

Abbildung 71: Hundert analoge Bits

In Wirklichkeit braucht man enorm viele Berechnungen, will man die Gleichung eines Kringels herausfinden. Aber wie das Zeichnen einer Kurve läßt sich auch dieser Vorgang computerisieren. Computer wie Macintosh oder Amiga verfügen über Programme, die als Eingabe einen Kringel akzeptieren, den man mit der Maus auf den Bildschirm gezeichnet hat. Es ist durchaus möglich, ein Programm zu schreiben, das als Ausgabe die Gleichung einer algebraischen Kurve liefern würde, die den Kringel innerhalb der Genauigkeitsgrenzen von Bildschirm und Pixel annähert.

Beherrschen wir die Maschinerie der algebraischen Kurven, so erkennen wir, daß ein zufälliger, unordentlicher Kringel bloß einige Hundert Bits analoger Information enthält. Wir wollen einmal untersuchen, wie effektiv genau diese Maschinerie ist, indem wir sie mit einer anderen Methode, Kringel zu beschreiben, vergleichen. Um einen genau festgelegten Standardwert zu haben, wollen wir annehmen, daß ein analoges Bit exakt sieben digitale Bits wert sei. Die Approximation eines Kringels mit Hilfe einer algebraischen Kurve, die durch fünfzig seiner Punkte geht, verwendet hundert analoge Stellen, also siebenhundert digitale Bits.

Wenn ich davon spreche, daß ein analoges Bit sieben digitale wert sei, mache ich in Wirklichkeit folgendes: Ich stelle mir vor, mein Blatt sei in ein Karomuster von 128 auf 128 Kästchen unterteilt. 128 ist zwei hoch sieben. Deshalb brauche ich sieben Bits, um

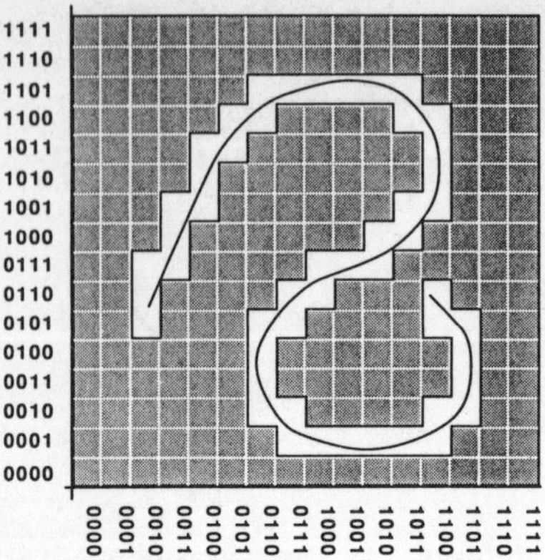

Es werden 50 Kästchen mit jeweils 8 Bit festgelegt; insgesamt macht das 400 Bits

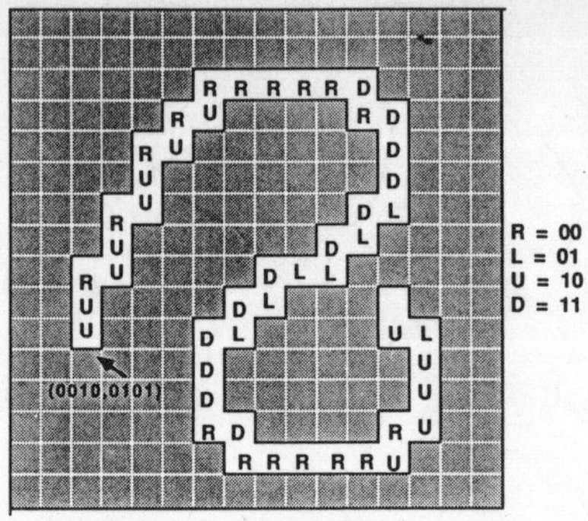

Es wird das Ausgangskästchen mit 8 Bits fixiert. Dann muß noch 49mal die Richtung durch 2 Bits festgelegt werden. Macht zusammen 106 Bits

Abbildung 72: Zwei Wege, um eine Kurve zu verschlüsseln

die horizontale Lage festzulegen, und weitere sieben Bits für die vertikale. Das macht zusammen vierzehn Bits, die ein Kästchen bestimmen.

Angenommen, ich entscheide mich für einen groben Zugang und beschreibe meinen Kringel, indem ich die Kästchen aufliste, durch die er hindurchgeht. Ein beliebiger Kringel wird die meisten Kästchen nicht treffen, weshalb diese Methode relativ effektiv ist. Ist der Kringel hinreichend verschlungen, so kann er durch fünfhundert verschiedene Kästchen gehen. Legen wir jede dieser Zellen mit Hilfe von vierzehn Bits pro Zelle fest, so benötigen wir siebentausend Bits. Dieses Verfahren läßt also zehnmal höhere »Kosten« entstehen als unser Vorhaben, die glatteste Kurve zu suchen, die fünfzig Punkte der Kurve verband. Natürlich kann die eben geschilderte Methode ein besseres Modell geben, nämlich dann, wenn die Kurve sehr eckig ist.

Eine andere Zugangsweise, die hinsichtlich ihrer Sparsamkeit eine mittlere Stellung einnimmt, benutzt die Tatsache, daß die Kurve stetig ist. Sie verwendet wenig Algebra. Geht die Kurve durch ein Kästchen, so muß sie wegen der Stetigkeit durch eines seiner Nachbarkästchen gehen. Wir wollen voraussetzen, daß der

Kringel ein Kästchen nur durch eine seiner Seiten verlassen kann. Das ergibt die zulässigen Richtungen Rechts (R), Links (L), Oben (U) und Unten (D). Eine Auswahl unter vier Möglichkeiten kostet zwei Bits. Also können wir, verfügen wir über die vierzehn Bit Information, die den Anfang der Kurve festlegen, die 499 nachfolgenden Kästchen durch zwei Bits pro Kästchen beschreiben, was Gesamtkosten von 1012 Bits ergibt.

Die zuletzt geschilderte Methode ist wahrscheinlich diejenige, die ein Computer zur Beschreibung einer Kurve verwenden würde. Sie benötigt etwas mehr Speicherplatz als der algebraische Zugang, braucht aber dafür viel weniger Berechnungen.

Würmer und Wirbel

Wie ich bereits im ersten Abschnitt dieses Kapitels bemerkt habe, wird manchmal behauptet, es gebe sechs Arten von einfachen, natürlichen Kurven: Vielecke, Kreise, Wellen, Schraubenlinien, Spiralen und Bäume.

Die Vielecke und ihre Verwandten im Raum, die Polyeder, wurden im zweiten Kapitel (über die Zahl) und noch einmal im Abschnitt über die Kachelungen (S. 126 ff) behandelt. Der Kreis stellt eine besondere Sorte von algebraischer Kurve dar. Neben dem Kreis tauchen noch viele andere algebraische Kurven in der Natur auf – ein nach oben geworfener Ball folgt einem parabelförmigen Weg; eine schräggeschnittene Wurst ergibt elliptische Scheiben; ein Komet beschreibt, nachdem er in Bewegung versetzt wurde, eine elliptische Bahn durch den Weltraum. Die meisten der algebraischen Kurven höheren Grades trifft man seltener an. Dennoch gibt es viele Ausnahmen, wie das Beispiel der Kurvenfamilie zeigt, die man »Kaustiken« nennt. Kaustiken sind helle Lichtstreifen, die entstehen, wenn Licht von einer irgendwie gekrümmten Oberfläche, beispielsweise von einer Linse oder einem Spiegel, zurückgeworfen oder gebrochen wird. Wenn Licht so gebündelt wird, daß helle Linien entstehen, so nennt man diese Linien kaustisch – und versucht man, etwas mit Hilfe eines Vergrößerungsglases zu verbrennen, so sind die hellen Linien, die konzentrisch um den Brennpunkt herumliegen, Kaustiken. Die leicht verschwommenen hellen Linien, die auf dem Boden von Schwimmbecken zu sehen sind, sind ebenfalls Kaustiken. Die einfachste kaustische Linie ist die Nephroide – eine algebraische Kurve sechsten Grades.

Man kann sie auf der Oberfläche seines Kaffees beobachten, vorausgesetzt, die Kaffeetasse ist von heller Farbe und man sitzt

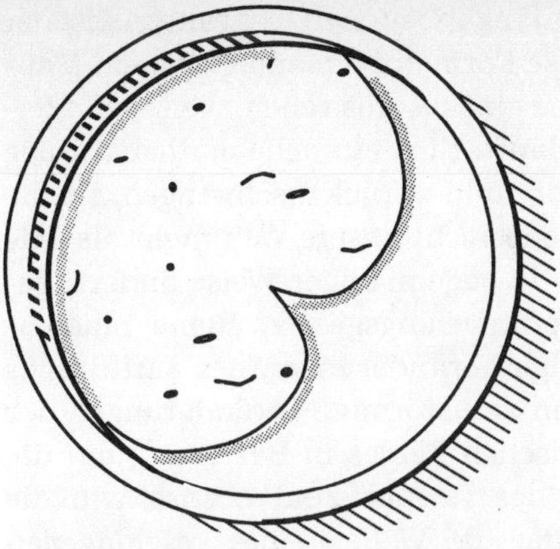

Abbildung 73: Eine kaustische Nephroide in einem Ehering

in der Sonne. Besitzt man einen Ehering, so besteht eine andere Möglichkeit darin, diesen auf eine sonnige Fensterbank zu legen und die schönen Kurven sechsten Grades, die dann entstehen, zu beobachten.

Aber wie steht es mit den anderen Sorten fundamentaler Kurven – mit den Wellen, Spiralen, Schraubenlinien und Bäumen? Diese natürlich vorkommenden Kurven sind aus verschiedenen Gründen nicht-algebraisch. Eine sich ins Unendliche erstrekkende Welle ist nicht algebraisch, weil keine algebraische Kurve unendlich viele Bäuche haben kann. Spiralige Kurven lassen sich nicht auf einfache Weise im rechtwinkligen Koordinatensystem der kartesischen Geometrie beschreiben. Ein tieferer Grund, warum die Spiralform einer Meeresmuschel nicht-algebraisch ist, ist die Tatsache, daß die Schale in einem Prozeß exponentiellen Wachstums entsteht. Schraubenlinien oder Korkenzieherformen sind nicht-algebraisch, weil sie wie die Wellen unendlich oft vor- und zurückschwingen. Eine andere Schwierigkeit der Schraubenlinien ist natürlich, daß diese Kurven sich aus der Ebene herauswinden und ins Dreidimensionale fortschreiten. Das Problem der Bäume stellen wir bis zum Kapitel über die Frakta zurück. Hier wollen wir uns auf Würmer und Wirbel konzentrieren.

Der Lauf eines Flusses schlängelt sich in charakteristischer Weise in Mäandern dahin. Diese Form kann man in kleinem Maßstab auf der Windschutzscheibe eines Autos sehen, wenn ein kleines Flüßchen auf ihr herunterläuft. Eine einfache mathematische Kurve mit der Eigenschaft, vor- und zurückzuschwingen, ist die *Sinuskurve*. Die Sinuskurve beherrscht unsere Welt mehr als jede andere Kurve. Alles, was sich in regelmäßiger Weise ändert, gehorcht einem sinusartigen Veränderungsgesetz. Reine musikalische Töne stellen sinusförmige Veränderungen des Luftdrucks dar. Unverfälschte Farben sind sinusförmige Veränderungen der Feldstärke des elektromagnetischen Feldes in Beziehung auf die Zeit. Die großen Flutwellen des Ozeans sind ebenso wie die Kleinstwellen einer Pfütze oder die Wellen eines geschlagenen Springseiles Sinuskurven. Die Bewegungen der Meere gemäß den Gezeiten sind Sinuswellen, die durch die Bewegung von Erde und Mond hervorgerufen werden. Die Länge der Tage ändert sich gemäß einer Sinuskurve bedingt durch die Bewegung der Erde um die Sonne. Man kann sich den Sommer als eine Art von Lichtflut vorstellen, während der Winter die »Wärmeebbe« darstellt.

Die Familie der Sinuswellen ist zweiparametrig. Die beiden Parameter sind die Amplitude und die Wellenlänge. Die Amplitude ist ein vertikaler Skalierungsfaktor, der die Höhe der Sinuswelle zwischen Wellenkamm und -tal bestimmt. Die Wellenlänge ist ein horizontaler Skalierungsfaktor; sie legt den Abstand zwischen zwei aufeinander folgenden Wellenkämmen fest. Die Wellenlängen von Lichtwellen, Meereswellen und Radiowellen betragen rund einen Millionstel Meter, zehn Meter und dreihundert Meter. Liegen wir auf derselben Wellenlänge?

An Stelle der Wellenlänge verwendet man oft die Frequenz. Die Frequenz einer Sinuswelle ist umgekehrt proportional ihrer Wellenlänge. Das bedeutet, daß eine Welle hoher Frequenz eine kurze Wellenlänge besitzt und eine mit niedriger Frequenz eine lange. Bei Schallwellen empfindet man die Amplitude als Lautstärke und die Frequenz als Tonhöhe; bei Lichtwellen entspricht der Amplitude die Leuchtstärke und die Frequenz dem Farbton. Die wirklich interessanten Lichtwellen sind diejenigen mit wahrhaft großen Frequenzen – ultraviolettes Licht, Röntgen- und Gammastrahlen. Diese Wellen hoher Frequenz sind wahre Energiebündel. AM-Radiowellen (von Amplitudenmodulation) sind elektromagnetische Sinuswellen, deren Frequenz fest ist, deren Amplitude aber variieren kann. Die Amplitudenveränderungen dienen dazu, die Signale zu verschlüsseln. FM- (für Frequenzmodulation) Radiowellen sind Sinuswellen mit fester Amplitude, aber variabler Frequenz. Hier wird das Signal durch die (geringfügigen) Frequenzveränderungen kodiert.

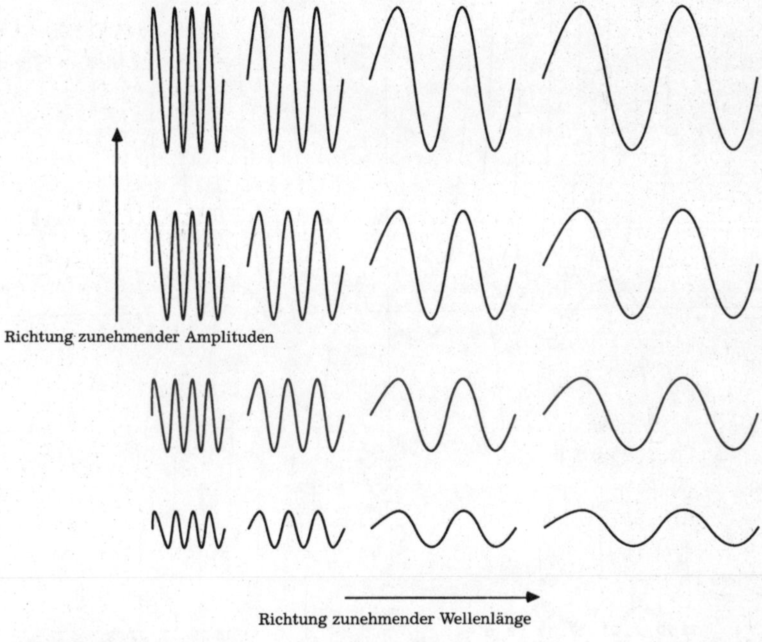

Abbildung 74: Der Raum der Sinuswellen

Keine algebraische Kurve hat, wie schon erwähnt, die sinusideale Eigenschaft, unendlich oft hin- und herzuschwingen. Der Sinus läßt sich durch keine algebraische Gleichung endlichen Grades ausdrücken. Aus diesem Grunde nennt man ihn oft »transzendent«. Andererseits ist es aber möglich, den Sinus durch den Graphen eines unendlichen Polynoms darzustellen:

$$y = x - \frac{1}{3!}x^3 + \frac{1}{5!}x^5 - \frac{1}{7!}x^7 + \frac{1}{9!}x^9 - \frac{1}{11!}x^{11} + \dots$$

In dieser unendlich langen Gleichung bedeutet 3! das Produkt $1 \cdot 2 \cdot 3$, 5! steht für $1 \cdot 2 \cdot 3 \cdot 4 \cdot 5$ und so weiter.

Je weiter man nach rechts geht, um so kleiner werden die Terme. Die Summe aller Terme auf der rechten Seite bleibt stets endlich. Berücksichtigt man immer mehr Terme dieses unendlichen Polynoms, so wird die Annäherung an die Sinuskurve insgesamt immer besser.

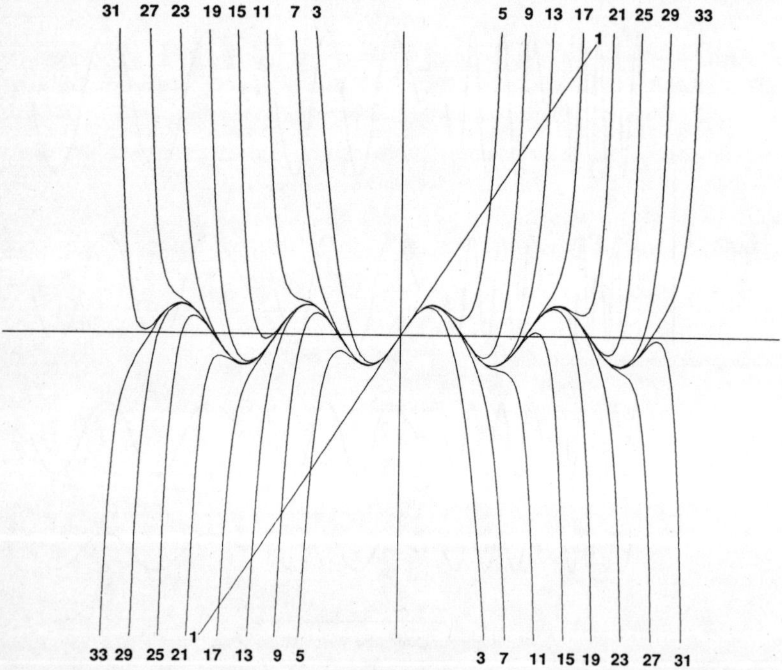

Abbildung 75: Approximation der Sinuskurve durch Polynome. Die mit 1 bezeichnete Kurve ist der Graph von $y = x$, die mit 3 bezeichnete Kurve ist der Graph von $y = x - \frac{1}{3!}x^3$; die mit 5 bezeichnete Kurve ist der Graph von $y = x - \frac{1}{3!}x^3 + \frac{1}{5!}x^5$ und so weiter

Das ist gewiß eine sehr unnatürliche Art, eine Sinuskurve zu erzeugen. Eine endlose Gleichung erweckt den Anschein, als ob sie unendlich viel Information voraussetzen würde. Würden aber die

Sinuskurven unendlich viel Information benötigen, so würden sie in der Natur nicht so oft vorkommen. In Wirklichkeit entsteht die Sinuskurve überall dort, wo wir eine kreisförmige oder eine sich ständig wiederholende Bewegung in eine lineare umwandeln. Nimmt man ein Stück Kreide in die Hand und geht man mit diesem eine Mauer entlang, wobei man den Arm auf und nieder kreisen läßt, so zeichnet man grob eine Sinuskurve. Die wiederholten Schwingungen des Armes werden in die Länge gezogen. Hierbei sind tatsächlich nur zwei Parameter beteiligt oder, anders gesagt, zwei Bits analoger Information: die Amplitude der Schwingungen des Armes und die Wellenlänge. Letztere entspricht der Strecke, die man während einer Umdrehung des Armes vorwärtsgeht. Ein anderes Beispiel für den Zusammenhang von Sinuswelle und Kreis- plus Vorwärtsbewegung findet man, wenn man einen Zigarettenstummel auf den Rand einer Langspielplatte legt. Nun läßt man die Platte laufen und kauert sich hin, so daß sich die Augen auf Plattenhöhe befinden. Dann sieht man den Stummel sich von rechts nach links mit der Geschwindigkeit einer Sinuswelle bewegen. Das besagt, daß der Abstand von der Spindel eine Sinusfunktion der Zeit ist. Das Beispiel des Plattenspielers bringt noch zwei weitere wichtige Kurven ins Spiel: die Spirale und die Schraubenlinie. Die wirklichen Rillen auf einer Schallplatte bilden eine besondere Spirale, die als »Archimedische Spirale« bekannt ist. Würde man den Plattenspieler mit gleichförmiger Geschwindigkeit in die Höhe heben, so würde der Stummel am Rande der sich drehenden Schallplatte eine Schraubenlinie beschreiben, deren Projektion, nebenbei bemerkt, eine Sinuskurve ergibt...

Bevor wir uns den Spiralen und Schraubenlinien zuwenden, sollten wir eine andere Familie transzendenter Kurven erwähnen, die ebenso wichtig ist wie die der Sinuskurven. Ich denke dabei an die exponentiellen Kurven.

In der Grundschule lernt man zuerst das Addieren, später dann die Multiplikation. In der Sekundarstufe I schließt man Bekanntschaft mit der nächsthöheren logischen Operation – dem Potenzieren. Genauso wie zwei *mal* drei zwei plus zwei plus zwei bedeutet, ist zwei *hoch* drei dasselbe wie zwei mal zwei mal zwei. Die Definition des Potenzierens läßt sich auf gebrochene und negative

Exponenten erweitern. Eine exponentielle Kurve ist eine Kurve, deren Gleichung die Form $y = A^x$ besitzt.

Die Gestalt einer Exponentialkurve kann man so charakterisieren: ihr Anfang sieht aus wie eine horizontale gerade Linie, dann geht sie durch einen »kritischen Punkt«, in dem die Steigung 45° beträgt, um schließlich davonzuschießen wie eine vertikale gerade Linie. Die charakteristische Eigenschaft der Exponentialkurve ist, daß sie um so steiler wird, je größer ihre Werte werden. »y ist eine exponentielle Funktion von x« besagt soviel wie: der Zuwachs von y ist überall proportional der Größe von y. Leute, die sich mit der Überbevölkerung beschäftigen, weisen oft darauf hin, daß die Zunahme der Bevölkerung exponentiell verläuft. Je mehr

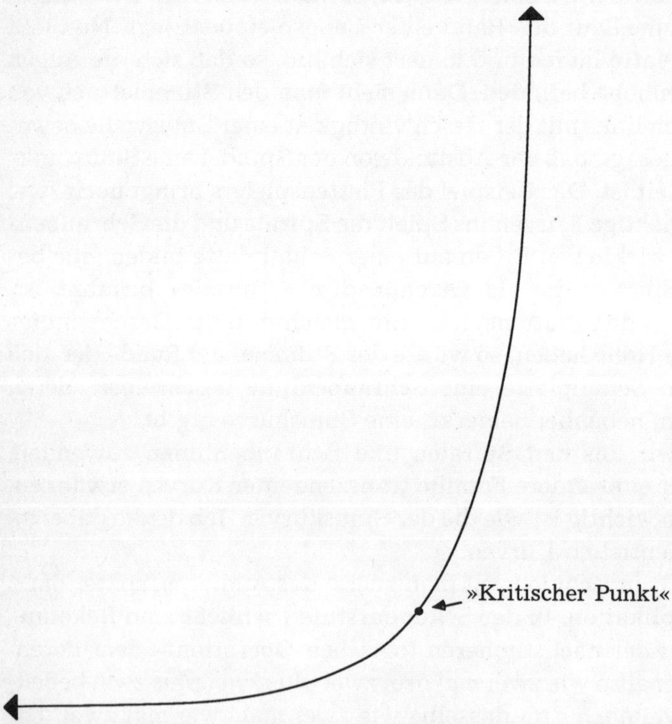

Abbildung 76: Eine Exponentialkurve

Menschen es gibt, desto mehr Neugeborene gibt es jährlich. Deshalb verläuft die Bevölkerungszunahme exponentiell. Die Zunahme der Bevölkerung ist direkt proportional der vorhandenen Bevölkerung. Vor ein paar Jahrhunderten war das eine gute Sache. Aber jetzt haben wir den »kritischen Punkt« der Bevölkerungskurve passiert, und die Bevölkerung wächst ins Unendliche.

Überbevölkerung kann nur Hunger, Krieg und Seuchen zur Folge haben. Mathematisch betrachtet, scheint das unausweichlich, da wir offensichtlich unfähig sind, unser Reproduktionsverhalten zu ändern. Warum sind wir jedesmal so betroffen, wenn viele Leute umkommen? Es gibt wirklich keinen Unterschied zwischen uns und den Bakterien in einer Petrischale. Wenn zuviele Bakterien vorhanden sind, sterben große Flächen von ihnen aus und ein neuer Wachstumszyklus beginnt. Die Bakterienkultur wird innerhalb weniger Generationen die kahlen Flächen wieder bevölkern. Ähnlich ist niemand betroffen, wenn ein Zehntel der Krebse, die in der Chesapeake Bay leben, jährlich gekocht werden. Ein Krebs ist fast genauso wie jeder andere, und die von uns hervorgerufene Dezimierung verkleinert die Krebsrasse kein bißchen. Warum denken wir nicht auch so über die Hungersnöte in Äthiopien, Typhus in Bangladesh oder ein Erdbeben in Mexiko? Die meisten Menschen sind einander in etwa gleich. Deshalb geht insgesamt wenig Information verloren, wenn ein paar Millionen davon verschwinden. Die abhanden gekommene genetische Information der Leute wird von deren Verwandten reproduziert werden, und die verlorengegangenen geistigen Kenntnisse (einschließlich Fähigkeiten, Erfahrungen und Wissen) dieser Menschen werden zweifellos von anderen geteilt. Dieses Argument erscheint vollkommen logisch. Akzeptiere ich es, so gerate ich in die Situation, auch die folgende unannehmbare Feststellung annehmen zu müssen: »Es ist wirklich nicht wichtig, wenn alle meine Freunde und Verwandte morgen tot umfallen.« Der Unterschied zwischen Menschen und Krebsen scheint mir darin zu bestehen, daß *ich* eine Person bin und daß ich die anderen Menschen als Individuen behandele. Vielleicht sieht ein Krebs die Dinge anders.

Wie die Sinuskurve ist auch die Exponentialkurve transzendent – das heißt, sie läßt sich nicht durch eine endliche algebraische

Formel (wobei nur natürliche Zahlen als Exponenten zugelassen sind) ausdrücken. Der Grund hierfür ist, daß die Exponentialfunktion schneller wächst als jedes Polynom. Ebenso wie die Sinuskurve läßt sich auch die Exponentialkurve als Graph eines unendlichen Polynoms darstellen:

$$y = x + \frac{1}{2!}\, x^2 + \frac{1}{3!} x^3 + \frac{1}{4!} x^4 + \frac{1}{5!} x^5 + \ldots$$

Der Leser sollte sich an dieser Stelle daran erinnern, daß es durchaus sinnvoll ist, negative Exponenten zuzulassen: Allgemein gilt $A^{-x} = 1/A^x$. Also ist zehn hoch minus eins ein Zehntel, zehn hoch minus zwei ein Hundertstel und zehn hoch minus N ist 0,000 ...0 000 1, wobei N die Anzahl der Nachkommastellen angibt. Nach dem gleichen Schema ist zwei hoch minus eins ein Halb, zwei hoch minus zwei ein Viertel und zwei hoch minus N ist die Dualkommazahl $0{,}000 \ldots 0\,0001_{\text{Zwei}}$. Auch hier gibt N die Anzahl der Nachkommastellen an.

Eine letzte wichtige transzendente Funktion ist die Logarithmusfunktion. Wie bereits im Kapitel ›Die Zahl‹ bemerkt, kann der Logarithmus als Umkehrung der Exponentialfunktion definiert werden. Das heißt, daß $y = \log_A x$ gleichbedeutend ist mit $A^y = x$. Aus unserer Bemerkung über negative Exponenten folgt, daß Zahlen zwischen Null und Eins negative Logarithmen haben:

$$log_{10} 0{,}1 = -1 \qquad log_2 \frac{1}{2} = -1;$$
$$log_{10} 0{,}01 = -2 \qquad log_2 \frac{1}{4} = -2;$$
$$log_{10} 1/\text{Million} = -6 \qquad log_2 \frac{1}{1024} = -10$$

Oft ist es nützlich, einen logarithmischen Zahlenstrahl zu verwenden. Dabei werden die Zahlen auf der Achse durch Längen repräsentiert, die den Logarithmen dieser Zahlen entsprechen. Man beachte, daß in Abbildung 77 die gesamte linke Hälfte des logarithmischen Zahlenstrahles mit Zahlen zwischen Null und Eins besetzt ist. Die Logarithmen von negativen Zahlen sind ja nicht definiert. Oder etwas anders formuliert: Der Logarithmus von Null ist minus unendlich.

Im Kapitel ›Die Zahl‹ haben wir kurz bemerkt, daß der Graph der Logarithmusfunktion eine Gerade wird, wenn man als x-Achse den logarithmischen Zahlenstrahl wählt und für die y-Achse den gewöhnlichen (halblogarithmische Darstellung). Nimmt man umgekehrt die gewöhnlichen Zahlen für die x-Achse und die logarithmierten für die y-Achse (Abbildung 78), so nimmt die Exponentialfunktion die Gestalt einer Geraden an. Verwendet man eine doppelt logarithmische Darstellung, bei der beide Achsen logarithmische Zahlenstrahlen sind (Abbildung 79), so hat eine Gleichung der Form $y = K \cdot x^N$ als graphische Darstellung eine Gerade der Steigung N.

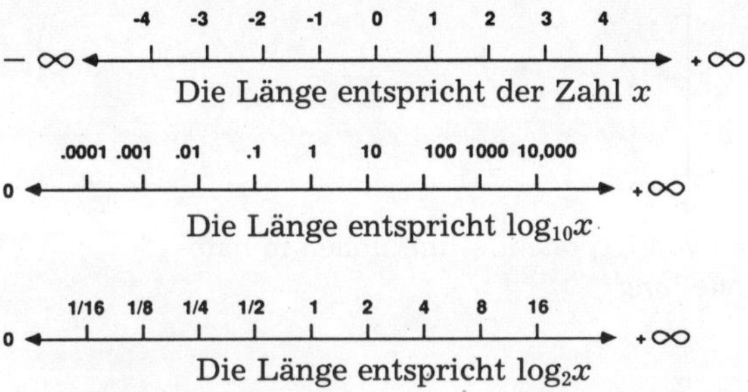

Abbildung 77: Ein gewöhnlicher und zwei logarithmische Zahlenstrahlen

Wenden wir uns nun einigen Spiralen zu (Abbildung 80). Die Archimedische Spirale, die wir oben schon erwähnt haben, ist durch die Tatsache charakterisiert, daß die Flächen zwischen ihren verschiedenen Windungen gleich sind. Sie ist genauso erstaunlich wie eine Gerade.

Eine ruhigere Spirale ist die von Fermat, die das halluzinatorische Aussehen eines unendlichen Yin-Yang hat. Der Lituus von Cotes ist hübsch: Eine Hälfte davon erinnert an die Voluten ionischer Säulen. Die bekannteste Spirale von allen ist die logarithmische, die oft in der Natur vorkommt.

Bis jetzt haben wir kartesische Koordinaten bei der Beschreibung von Kurven verwandt. Aber die Tatsache, daß sich die Spiralen unendlich oft um den Ursprung herumwinden, macht es un-

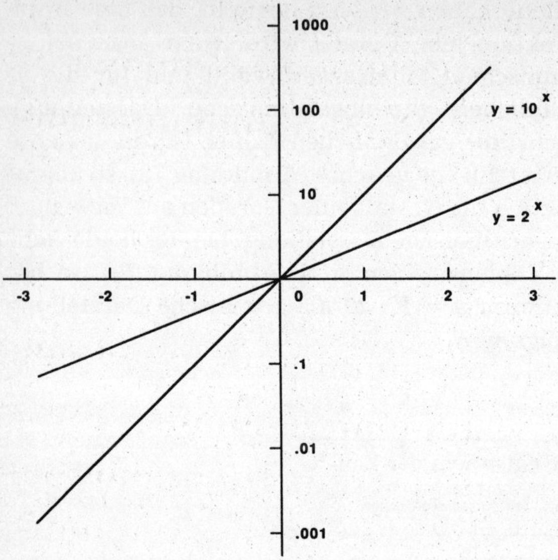

Abbildung 78: Graphen von Exponentialfunktionen in halblogarithmischer Darstellung

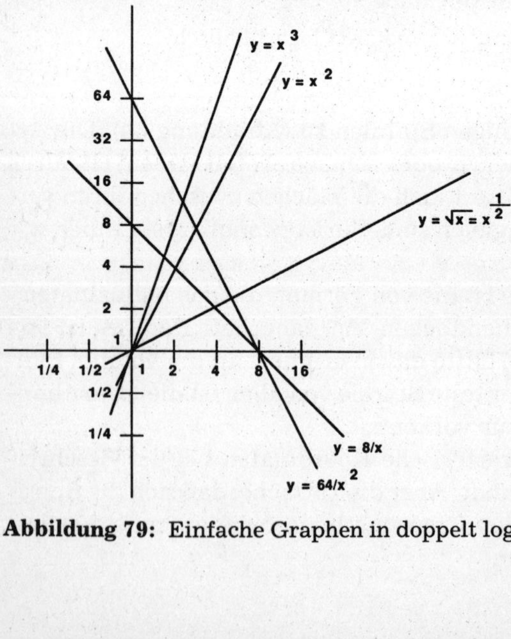

Abbildung 79: Einfache Graphen in doppelt logarithmischer Darstellung

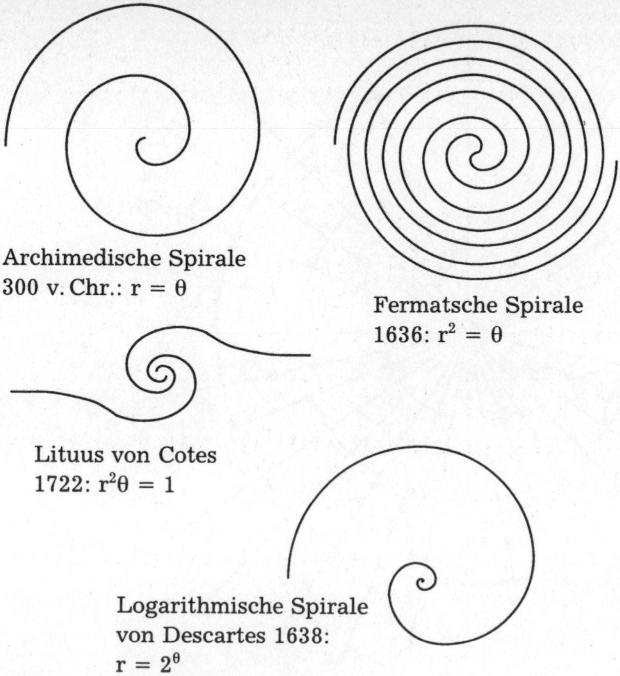

Abbildung 80: Einige Spiralen

möglich, diese als eine algebraische Gleichung zwischen x und y auszudrücken. Spiralen sind den sogenannten »Polarkoordinaten« besser angepaßt. Wie der Name schon andeutet, sieht ein Polarkoordinatensystem aus wie das Gewirr von Breiten- und Längengraden, das man an den Polen auf einem Globus sehen kann.

In Polarkoordinaten haben alle unsere Spiralen einfache Beschreibungen. Wir können uns die Entstehung einer Archimedischen Spirale zum Beispiel folgendermaßen vorstellen: ein Punkt umkreist den Ursprung mit konstanter Winkelgeschwindigkeit, während sich sein Abstand zum Ursprung mit konstanter Geschwindigkeit vergrößert. Daraus folgt, wie man durch etwas Nachdenken herausfindet, daß die Entfernung r des beweglichen Punktes vom Ursprung direkt proportional dem Winkel θ ist, der mißt, wie oft der Punkt den Ursprung umkreist hat. Anders ge-

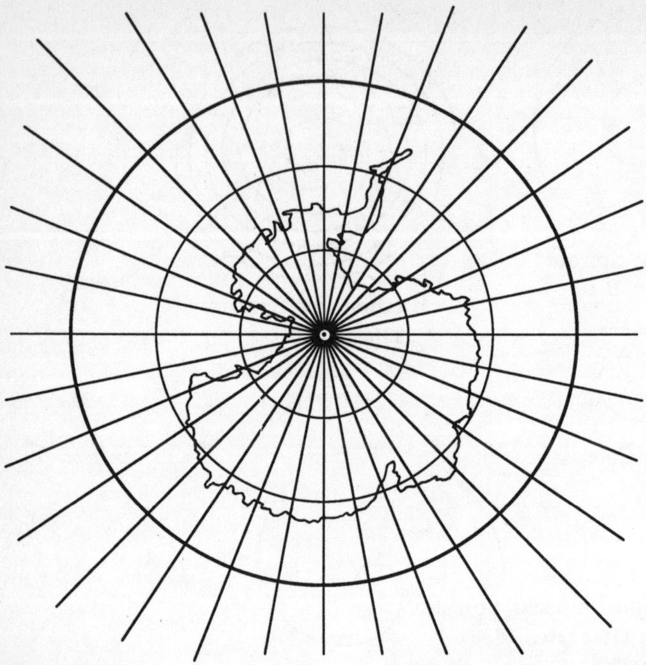

Abbildung 81: Der Südpol

sagt, die Gleichung der Archimedischen Spirale nimmt in Polarkoordinaten die einfache Form $r = A \times \theta$ an, die der logarithmischen Spirale lautet $r = A^{\theta}$, wobei A beidesmal eine Konstante ist. In Wirklichkeit könnte die logarithmische Spirale genauso gut exponentielle Spirale heißen, obwohl man den Logarithmus, wenn man das will, ins Spiel bringen kann, indem man die Gleichung folgendermaßen umschreibt:

$$\theta = k \times \log r \text{ (mit } k = 1/\log A).$$

Die logarithmische Spirale hat die charakteristische Eigenschaft, daß zusammengehörige Abschnitte dieser Spirale immer die gleiche Form haben im Sinne der Mathematik, das heißt, daß das Verhältnis der Flächeninhalte zweier solcher Stücke immer konstant ist. Die Bedeutung mathematisch ähnlicher Figuren liegt darin, daß sie wie aufgeblasene oder geschrumpfte Varianten voneinander erscheinen. Zur Illustration des eben Gesagten wollen wir nun beweisen, daß, falls die Spirale aus Abbildung 82 die Gleichung $r = A^{\theta}$ hat, die angegebenen Sektoren alle ähnlich sind.

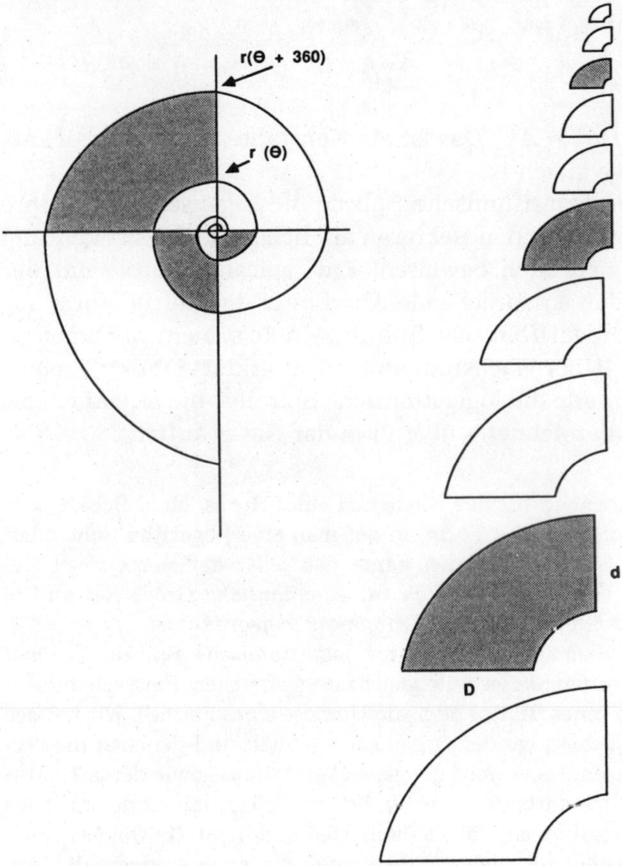

Abbildung 82: Einander entsprechende Teile der logarithmischen Spirale haben ähnliche Form

Genauer gesagt, wollen wir beweisen, daß in jedem 90°-Sektor einer Windung die lange Kante D zur kurzen Kante d immer das feste Verhältnis K hat. Man beachte, daß die Spirale nach jedem 360°-Umlauf zurückkommt. Deshalb läßt sich der Abstand zwischen zwei Windungen nach der Formel $r(\theta + 360) - r(\theta)$ mit dem entsprechenden Wert von θ berechnen. Man erhält somit:

$$\begin{aligned} d &= A^{\theta + 360} - A^{\theta} = A^{\theta} (A^{360} - 1) \\ D &= A^{(\theta + 90) + 360} - A^{(\theta + 90)} = A^{(\theta + 90)} (A^{360} - 1) \\ &= A^{90} (A^{\theta} (A^{360} - 1)) = A^{90} d. \end{aligned}$$

Demnach ist $D/d = A^{90}$. Das ist die Konstante K, die überall entlang der Kurve gleich ist.

Also hat die logarithmische Spirale die Eigenschaft, daß ihre einander entsprechenden Sektoren ähnlich sind. Die Umkehrung hiervon läßt sich auch beweisen: Eine spiralige Kurve mit der Eigenschaft, daß entsprechende Abschnitte die gleiche Form haben, muß eine logarithmische Spirale sein. In seinem monumentalen Klassiker »Über Wachstum und Form« erklärt D'Arcy Thompson, warum gerade die logarithmische Spirale – die er einfach als »die« Spirale bezeichnet – überall in der Natur auftritt:

»Es ist kennzeichnend für das Wachstum eines Horns, einer Schale oder jeder anderen organischen Form, in der man eine [logarithmische oder] gleichwinklige Spirale erkennen kann, daß *jeder der sukzessiven Zuwächse seinen Vorgängern ähnlich ist, eine ähnliche Größe hat und in ähnlicher Weise relativ zu seinem Vorgänger angeordnet ist. ...*

Wir können niemals erwarten, die logarithmische Spirale in einer Struktur anzutreffen, deren Teile gleichzeitig entstehen. Beispiele hierfür sind die Ränder eines Blattes oder die Umrisse eines Fisches. Wir müssen nach ihr dort suchen, wo der Organismus einhält und dennoch die verschiedenen Phasen des vorangegangenen Wachstums sowie deren Konturen auf einen Blick darbietet. Das Wachstum verfolgt immer den gleichen Tenor. Daraus ergibt sich, daß es die harten und nicht die weichen, fleischigen und weiterwachsenden Teile eines Organismus sind, die die Spiralform üblicher- und charakteristischerweise zeigen. Wir finden sie nicht im frischen, beweglichen Gewebe, dessen Form nur durch die gerade wirksamen Kräfte festgelegt ist, sondern in Dingen wie Schalen und Stoßzähnen, Hörnern und Klauen – Dingen also, die offenkundig aus nacheinander erzeugten und abgelagerten Teilen bestehen.«

Thompson behauptet also, daß die Schalen von Weichtieren die Form einer logarithmischen Spirale besitzen, weil ihre Schalen sich so ausbilden, daß einander entsprechende Abschnitte ähnlich sind. Der logische Zusammenhang zwischen der ersten und der zweiten Aussage läßt sich mathematisch beweisen. Die erste Aussage gilt, weil eine Schnecke ihr Gehäuse in der entsprechenden Weise aufbaut.

Man beachte: Eine junge Schnecke sieht haargenauso aus wie eine alte – sieht man davon ab, daß die ältere größer ist. Die sukzessiven Zuwächse des Schneckenhauses werden immer durch Kalzium abscheidende Zonen auf ihrem schneckenförmigen Körper produziert. Diese Zonen wachsen mit dem Körper, wobei sie aber ihre Form beibehalten. Als Folge hiervon krümmt sich das Gehäuse, das eine Abfolge von ausgeschiedenen Abschnitten ist, in eine selbstähnliche Spirale. Die gleiche Überlegung gilt auch für Hörner, Zähne, Klauen und Stoßzähne. Der Stoßzahn eines Elefanten wächst aus der Schale eines lebenden Stoßzahnes. Während der Elefant wächst, wächst die Schale des Stoßzahnes mit,

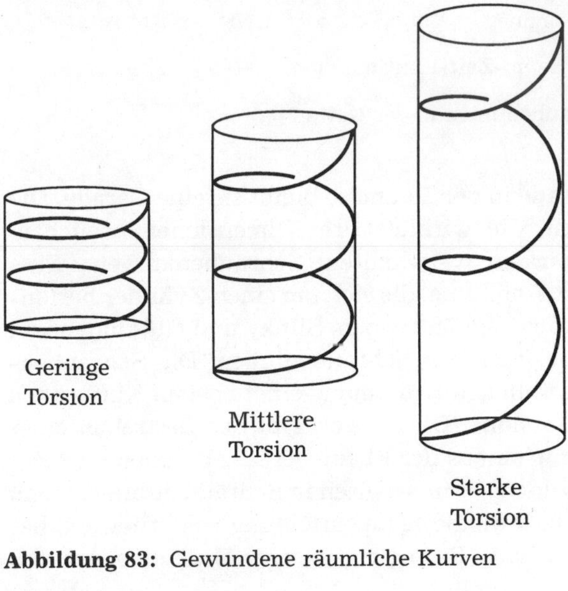

Abbildung 83: Gewundene räumliche Kurven

aber ohne ihre Form zu ändern. Aus dem gleichen Grund sind sogar die Oberflächen von menschlichen Zähnen Teile logarithmischer Spiralen. Vielleicht würden sich, könnte man in die Vergangenheit blicken, unsere früheren Körper in Form einer unheimlichen vierdimensionalen logarithmischen Spirale krümmen.

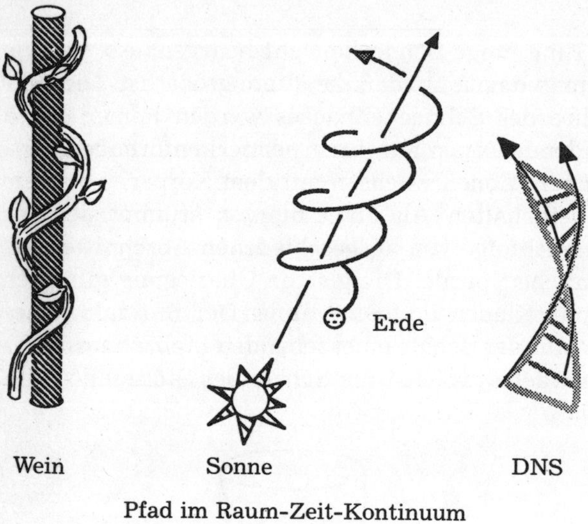

Abbildung 84: Schraubenlinien in der Natur

Legen wir eine Gerade in den Raum, so bleibt sie eine Gerade. Die einfachsten Kurven, die wirklich drei Dimensionen brauchen, sind die den Spiralen verwandten Schraubenkurven. Eine Schraubenkurve ist eine Linie, die sich um einen Zylinder herumwindet. Korkenzieher, Wendeltreppen, Slinky und Glühfäden von Glühbirnen sind Beispiele für Schraubenlinien. Die Schraubenlinie hat neben der üblichen Krümmung einer ebenen Kurve noch eine sogenannte »Torsion«. Die Torsion gibt das Bestreben einer Raumkurve wieder, sich aus der Ebene herauszuwinden.

Alle Arten von wildem Wein wachsen in Schraubenlinien. Wenn sich unsere Sonne in ihrer Bewegungsrichtung weiterbewegt, beschreibt die umkreisende Bewegung unserer Erde eine Art von

Schraubenlinie. Unsere genetische Information wird von DNS-Molekülen in Form von Zwillingsschraubenlinien verschlüsselt.

Auf metaphysischer Ebene sind Schraubenlinien sehr interessant, da sie eine Kreisbewegung mit der geradlinigen Aufwärtsbewegung kombinieren. Die Intelligenzentwicklung beim Menschen kann man sich schraubenlinienartig vorstellen. Die Gesellschaft schwankt immer zwischen Konservatismus und Liberalismus hin und her. Dennoch ist der Konservatismus der 1980er Jahre nicht derselbe wie der Konservatismus der 1950er Jahre. Der Liberalismus von gestern beeinflußt den Konservatismus von heute, genauso wie der heutige Konservatismus den Liberalismus von morgen prägt. Diese Bewegung ist mehr schraubenartig als kreisförmig. Manchmal glaubt man, einfach am Ausgangspunkt wieder angelangt zu sein. Aber das ist nicht der Fall: Die Vergangenheit ist nicht vergessen.

Die gleiche Form der Schraubenlinie begegnet uns in der traditionellen Forderung nach geistiger Aufklärung. Ein Mensch lebt ganz gewöhnlich. Aber dann beginnt er, nach einer Art höherer Wahrheit zu verlangen. Die Suche nach tieferer Bedeutung führt ihn beispielsweise zu Meditation und anderen geistigen Übungen. Am Ende einer derartigen geistigen Suche kann er beschließen, sein gewöhnliches Leben weiterzuführen. Das ist vernünftig. Das »Geheimnis des Lebens« ist das Leben selbst. Oberflächlich betrachtet erscheint das zirkulär, aber der Sucher hat in Wirklichkeit einen Umlauf um die Schraubenlinie vollführt. Gerade die Tatsache der Suche hat das Wesen des »gewöhnlichen Lebens«, zu dem man zurückkehrt, verändert.

Endlose Komplexität

Die Mathematik versucht, die Wirklichkeit durch einen Traum von Ordnung zu ersetzen. Vielleicht sind die Mathematiker aus diesem Grunde oft so befremdliche und sozial unfähige Leute. Sich der Mathematik zu widmen bedeutet, sich von der physischen Welt abzukehren und auf eine ideale Gedankenwelt zu referieren. Das Erstaunliche ist aber, daß diese rein mathematischen Meditationen tatsächlich ziemlich gute Voraussagen über undurchsichtige Dinge machen können. Eklipsen werden vorausgesagt, Brücken gebaut und Computer rechnen.

Das Vorgehen der Mathematik besteht darin, einfache Formen aus der Welt herauszulösen. Dennoch ist es später oft wünschenswert, diese Formen so weit zu komplizieren, daß sie gute Modelle der Wirklichkeit abgeben. Am Anfang der Geometrie spricht man über so einfache Formen wie Kugel und Würfel. Grob gesprochen ist die Erde eine Kugel. Die Gestalt eines Zimmers ist mehr oder minder die eines in einer Richtung erweiterten Würfels. Von ferne betrachtet sieht ein Parkplatz aus wie ein Ebenenstück. Manchmal genügt es, die Welt in ihrer ganzen Komplexität durch solch einfache mathematische Formen zu modellieren.

Das Gute an einfachen Formen ist, daß man so leicht über sie nachdenken kann. Das Volumen eines Quaders zu berechnen (Länge mal Breite mal Höhe) ist einfach, wohingegen die Bestimmung des Volumens eines wirklichen Zimmers ziemlich schwierig sein würde – beachtet man, daß die Ecken keine exakten rechten Winkel bilden und die Linie, wo Wände und Decke zusammentreffen, nicht vollkommen gerade ist. Die welligen Wände sind nicht wirklich eben, und der physikalische Raum ist »gekrümmt« und deshalb nicht wahrhaft euklidisch.

Einfache Modelle sind nützlich, aber auf Dauer finden es die Mathematiker langweilig, an Approximationen für die Wirklichkeit zu arbeiten. Der größte Traum eines Mathematikers ist es, ein vollkommen abstraktes Modell für die Realität mit all ihrem Reichtum zu finden. Die meisten Mathematiker würden – sei es ihnen nun bewußt oder nicht – Platons These unterschreiben, daß die physische Welt nur ein Schatten der reinen Welt der Ideen sei. Wenn ich die schlechttapezierte Wand des Zimmers, in dem ich schreibe, betrachte, so stelle ich als erstes fest, daß sie von einer großen Zahl von Dellen und Aushöhlungen verunstaltet ist. Stehe ich auf und betrachte eine dieser Dellen genauer, so bemerke ich, daß das Aussehen dieser Delle etwa das eines verwitterten Berges aus der Vogelperspektive ist. Nehme ich ein Vergrößerungsglas, um die einzelnen Spitzen, die beim Anstreichen entstanden sind, näher zu betrachten, so finde ich kleine Brüche in der Farbe. Ein Mikroskop zeigt sägezahnförmige Kanten entlang den Brüchen. Ein Elektronenmikroskop würde die Zähne der Säge in Farbmoleküle umwandeln und so weiter. All das bildet die Wand, die ich mir gerne als Ebenenstück vorstellen wollte!

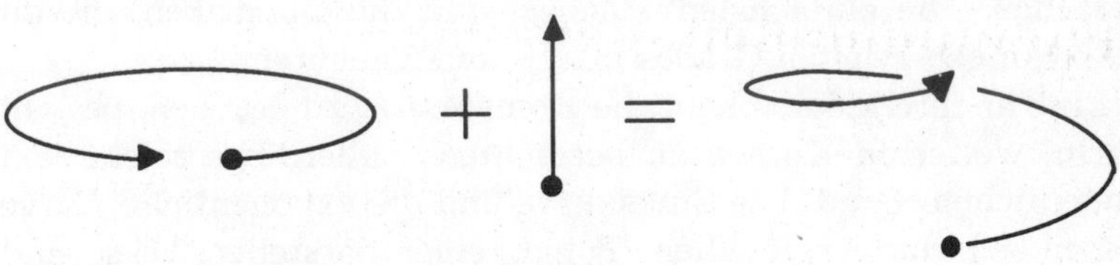

Abbildung 85: Kreis + Gerade = Schraubenlinie

Jeder Ausschnitt der uns umgebenden Welt enthält eine unvorstellbar große Menge von Information. In jeder praktischen Hinsicht ist die Welt in allen ihren Bestandteilen unendlich. Alles zeigt bei näherer Betrachtung immer mehr neue Strukturen. Abstrakt betrachtet, existiert die Form jedes Gegenstandes unabhängig von diesem. Das ist genau der Inhalt der Unterscheidung von Software und Hardware. Die tatsächlichen Teilchen, die die Delle auf meiner Wand bilden, spielen die Rolle der Hardware – sie sind das Material, das die Form kodiert. Die ideale Form, die kodiert wird, bildet die Software der Delle. Hier verwende ich Software im Sinne von Form und Hardware im Sinne von Inhalt. Wenn ich die Software der Delle ausreichend gut kenne, kann ich eine exakte Nachbildung derselben konstruieren, wann immer ich will. Wenn ein Gegenstand existiert, dann existiert auch seine Form. Deshalb ist es gerechtfertigt, über die Form als wohldefinierten Begriff nachzudenken. Mir kommt es an dieser Stelle darauf an, daß es ebenfalls gerechtfertigt ist, über unendlich komplexe Formen zu sprechen.

Nun gilt die Mathematik als die Wissenschaft der Formen. Obwohl die Mathematik mit sehr einfachen Formen anfängt, gibt es hochkomplexe Formen. Sie sollte in der Lage sein, etwas über diese auszusagen. Das Problem ist nur, etwas Interessantes zu finden, das man aussagen kann! Eine Möglichkeit, die Komplexität der von uns betrachteten räumlichen Formen zu vergrößern, ist natürlich, mehr Variablen zu verwenden; das bedeutet, in höhere Dimensionen zu gehen. Analog zu den algebraischen Kurven, die durch Polynome in x und y gegeben sind, kann man algebraische Flächen durch Polynome in x, y und z beschreiben. Es gibt wohlbekannte Flächen, die vielen der eben betrachteten Kurven entsprechen. Die einfachsten Flächen sind die Quadriken, die zu Gleichungen zweiten Grades in x, y und z gehören.

Eine andere Möglichkeit, die Komplexität zu erhöhen, besteht darin, weiterhin Kurven zu betrachten – allerdings solche von unendlichem Grad. Die Sinuskurve und die exponentielle Kurve lassen sich durch unendliche Potenzreihen darstellen. Diese sind nichts anderes als Polynome von unendlichem Grad. Merkwürdigerweise sind die durch Potenzreihen beschreibbaren Kurven nicht annähernd so komplex wie die Kurven der realen Welt (die Umrisse eines Fisches, das Profil eines Gebirges usw.). Durch Potenzreihen gegebene Kurven haben keine Ecken; sie tendieren dazu, sich glatt und unauffällig zu ändern. Ein wichtiges, von Brook Taylor 1712 entdecktes Theorem besagt: Kennt man das Verhalten einer durch Potenzreihen gegebenen Kurve an einer Stelle, so läßt sich deren Aussehen an jeder anderen Stelle genau voraussagen. Die Kurve wird, wenn man so will, durch ein »unendliches Bit« gegeben.

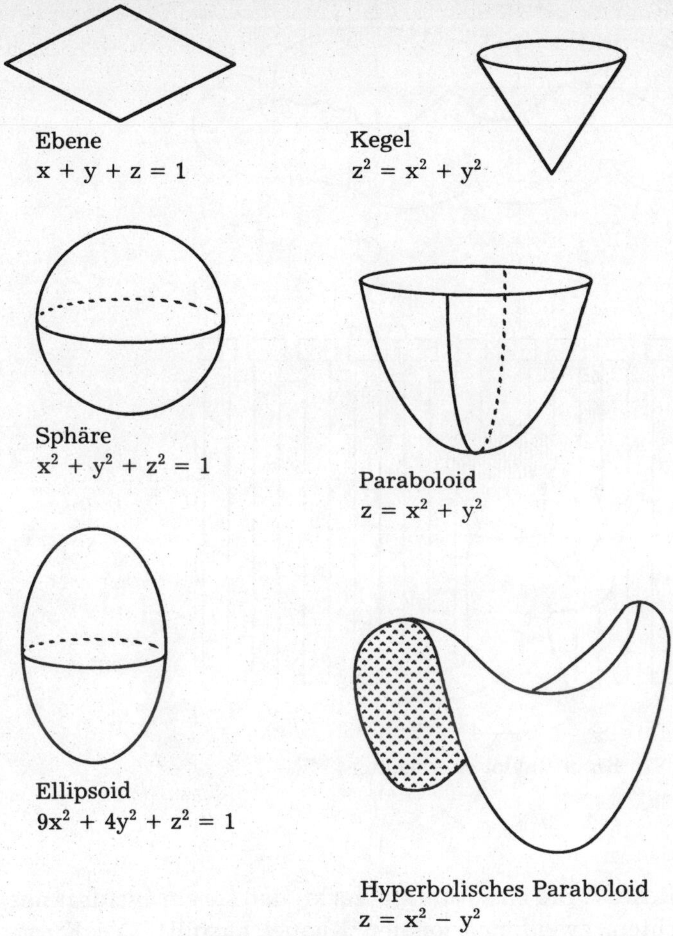

Abbildung 86: Einige Quadriken

Eine effektivere Möglichkeit, unendlich komplexe Kurven zu bekommen, besteht darin, Ecken in den Kurven zuzulassen – oder, was auf dasselbe hinausläuft, Kurven zu betrachten, die aus mehreren Teilen zusammengeklebt sind. Ein extremes Beispiel dieser Art, eine Kurve zu erzeugen, stellt Peanos flächenfüllende Kurve aus dem Jahre 1890 (Abbildung 88) dar. Die Peanol-kurve besteht

Abbildung 87: Brook Taylor sieht genug

»nur aus Ecken«. Sie ist so stark gezackt, daß sie ein Quadrat mit einem dichten, zweidimensionalen Knäuel ausfüllt. Die Kurve wird als Grenzkurve einer unendlichen Kurvenschar, die ich mit I*, I**, I***, I**** und so weiter bezeichnet habe, konstruiert. Die Ausgangskurve I ist einfach: Sie ist die Diagonale eines Quadrates. Jedes der nachfolgenden Stadien der Konstruktion wird durch die wiederholte Anwendung der Operation »*« gewonnen. Diese besteht darin, eine gerade Strecke durch eine Zickzacklinie oder eine S-förmige Linie zu ersetzen. Diese verläuft nach der Vorschrift LRRRLLLR, wobei »L« links und »R« rechts bedeutet.

Stadien in der Konstruktion der flächenfüllenden Kurve von Giuseppe Peano I**** ...

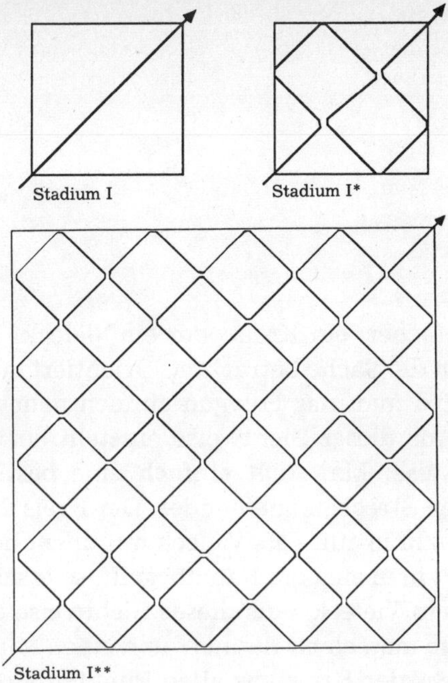

Abbildung 88: Stadien in der Konstruktion der flächenfüllenden Kurve von Giuseppe Peano: I*** ... I**** ... I***** usw.

Die meisten Mathematiker betrachteten Peanos flächenfüllende Kurve ursprünglich als Monster, aber nach und nach tauchten immer mehr Formen dieser Art auf. Die Topologie, die die Formen studiert, erfand in den 1930er und 40er Jahren eine Vielfalt von unendlich komplexen »Monstern«. Vielleicht ist die gehörnte Sphäre von Alexander das malerischste Monster in der Topologie. Sie wurde 1924 gefunden (Abbildung 89).

In den 50er und 60er Jahren hat Benoit Mandelbrot eine neue Art und Weise, bestimmte unendlich komplexe Formen zu betrachten, entwickelt. Er hat diese »Frakta« genannt.

Frakta

Was ist einfacher: ein Kreis oder ein Vieleck? Das kommt darauf an, wie man die Sache betrachtet. Orientiert man sich am Zahlbegriff, so wird man das Polygon einfach nennen und einen Kreis komplex. Aus dieser Sichtweise entsteht ein Vieleck auf simple Art und Weise: Man fügt einfach eine bestimmte Anzahl von gleichlangen Strecken aneinander. Der Kreis dagegen tritt nur als ideale Grenzlinie auf – als Vieleck mit unendlich kleinen Kanten.

Orientiert man sich am Raumbegriff, so erscheint ein Kreis einfacher als ein Vieleck. Aus dieser Sichtweise gewinnt man einen Kreis, indem man einen Radius r und einen Mittelpunkt M nimmt. Dann besteht der Kreis aus allen Punkten P, die von M den Abstand r haben.

Verwendet man algebraische Gleichungen, um Kurven zu beschreiben, so stellt man fest, daß ein Kreis eine sehr einfache Formel besitzt, während ein Vieleck auf eine viel komplexere Formel führt. Diese enthält zahlreiche Terme, nämlich für jede Seite des Vielecks einen.

In diesem Abschnitt möchte ich über Kurven zu sprechen beginnen, die von sich verzweigenden Strecken erzeugt werden. In gewisser Weise ähneln diese Bäume den Vielecken. Später will ich dann über die Klasse von Kurven berichten, die entsteht, wenn man verzweigte Kurven mit unendlich vielen Gabeln und unendlichkleinen Ästen betrachtet. Es gibt eine Sichtweise, in der diese unendlich oft verzweigten Kurven einfacher sind.

Betrachtet man Bäume im Winter, so lernt man einiges über deren Art, sich zu verzweigen. Eine der interessantesten Tatsachen hierbei ist, daß die meisten Bäume im großen und ganzen *selbstähnlich* sind. Damit ist gemeint, daß auf jedem Niveau die

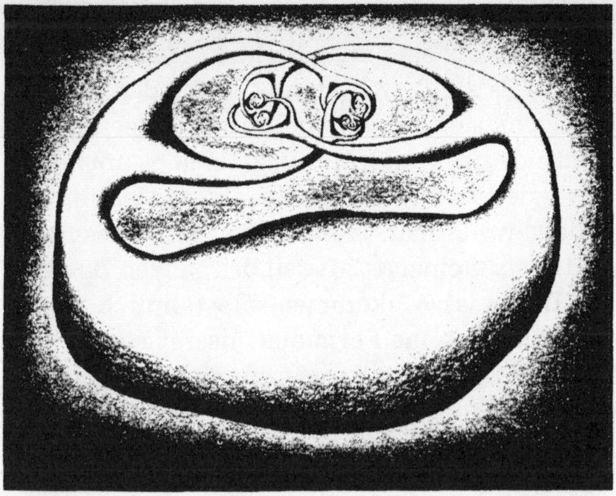

Abbildung 89: Die gehörnte Sphäre von Alexander

Anzahl der Zinken an einer Gabelung immer gleich ist. Einige Arten, wie zum Beispiel die Ulmen, teilen sich fast immer in zwei Teile, während andere Arten, wie zum Beispiel die Eiche, eine größere Anzahl von Teilen aufweisen.

Der Punkt, auf den es hier ankommt, ist der folgende: bei jedem Baum kann einer seiner Äste als verkleinertes Modell des ganzen Baumes dienen. Die Art und Weise, wie sich der Baum im Großen verzweigt, wird von jedem seiner Äste widergespiegelt. Aus diesem Grunde sind Bäume wie auch Schneckenhäuser selbstähnlich. Das gleiche, allumfassende Muster wiederholt sich in den verschiedenen Größenbereichen.

Natürlich gibt es, ist man erst einmal beim dünnsten Zweig des Baumes angelangt, keine Verzweigungen mehr, und die Selbstähnlichkeit hat somit hier ein Ende. Aber bevor man diesen Bereich der Zweige erreicht, haben große Bäume sich schon etwa siebenmal verzweigt. Das bedeutet siebenfache Selbstähnlichkeit.

Was geschieht, wenn man sich einen idealisierten mathematischen Baum vorstellt, der sich unendlich oft verzweigt? Der einfachste Baum dieser Art ist der »unendlich binäre Baum«. Nimmt man an, daß jeder Zweig nach einer Gabelung halb so lang ist wie derjenige vor der Gabelung, so kann man den ganzen unendlichen binären Baum im Einheitsquadrat unterbringen. Jeder Pfad durch den binären Baum läßt sich als eine unendliche Folge von Nullen und Einsen beschreiben. Es stellt sich heraus, daß jeder derartig beschriebene Pfad zu genau einem Punkt hinführt, der auf der Grenzlinie am oberen Ende des Quadrates liegt. Weil es unendlich viele Niveaus jenseits jeder Verzweigung gibt, liefert der Teil des Baumes, den man erhält, wenn man diesen an einer Verzweigung abschneidet, ein exaktes verkleinertes Modell des ganzen Baumes. Der unendlich binäre Baum ist vollkommen selbstähnlich.

So weit wir wissen, enthält keine Form aus unserer realen Welt unendlich viele Details. Aber genauso wie ein Kreis begrifflich einfacher ist als ein Vieleck, ist ein unendlich oft verzweigter Baum begrifflich einfacher als ein Baum mit einer genau festgelegten, endlichen Anzahl von Verzweigungen. Um den unendlichen binären Baum genau zu beschreiben, genügt es zu sagen:

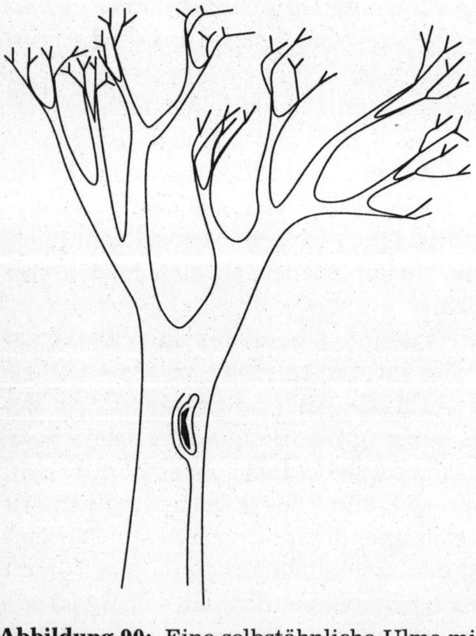

Abbildung 90: Eine selbstähnliche Ulme mit der Verzweigungszahl zwei

»Man nehme ein Paar von Zweigen und wiederhole den Schritt (*) immer wieder.« Dabei bedeutet der Schritt (*): »Man ersetze den Endpunkt eines Zweiges durch ein Paar von Zweigen, die halb so lang wie der ursprüngliche Zweig sind.«

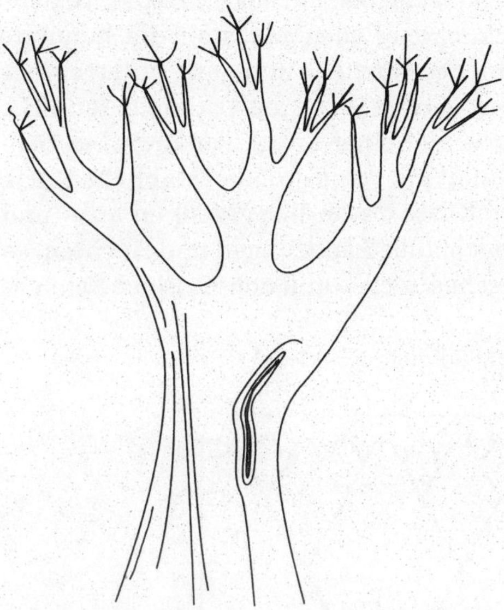

Abbildung 91: Eine selbstähnliche Eiche mit der Verzweigungszahl drei

Führt man diese Art von Konstruktion auf verschiedene Weisen aus, so gelangt man zu einer Vielfalt von unendlich komplexen, vollkommen selbstähnlichen Formen, die »Frakta« genannt werden. Die moderne Theorie der Frakta ist in erster Linie die Schöpfung eines Mannes: Benoît Mandelbrot. Mandelbrot, der in Polen geboren wurde und lange Zeit in Frankreich gelebt hat, arbeitet heute am IBM-Forschungszentrum in Yorktown Heights, New York. Er hat sein Hauptthema auf der ersten Seite seines 1977 erschienenen Buches »The Fractal Geometry of Nature« folgendermaßen formuliert: »Wolken sind keine Sphären, Berge keine Kegel und Küstenlinien keine Kreise, Rinde ist nicht glatt, und ein

Blitz bewegt sich nicht auf geraden Linien. Ganz allgemein möchte ich behaupten, daß viele Muster der Natur so irregulär und fragmentarisch sind, daß die Natur im Vergleich zur gewöhnlichen Geometrie nicht einfach ein höheres, sondern ein grundlegend verschiedenes Maß an Komplexität zeigt.«

Mandelbrot war von der Tatsache beeindruckt, daß die Küstenlinie eines Staates, je nachdem welchen Maßstab die benützte Landkarte hat, ganz verschieden aussieht und ganz unterschiedliche Längen hat. Auf einem Globus sieht die Ostküste der USA wie eine ziemlich glatte Kurve mit einer Länge von drei- bis viertausend Kilometern aus. Nimmt man eine großmaßstäbliche Karte der USA, so sieht die gleiche Küste wesentlich gezackter aus – und berücksichtigt man die Längen aller Landzungen und Buchten, so scheint die Länge eher zwischen sechs- und achttausend Kilome-

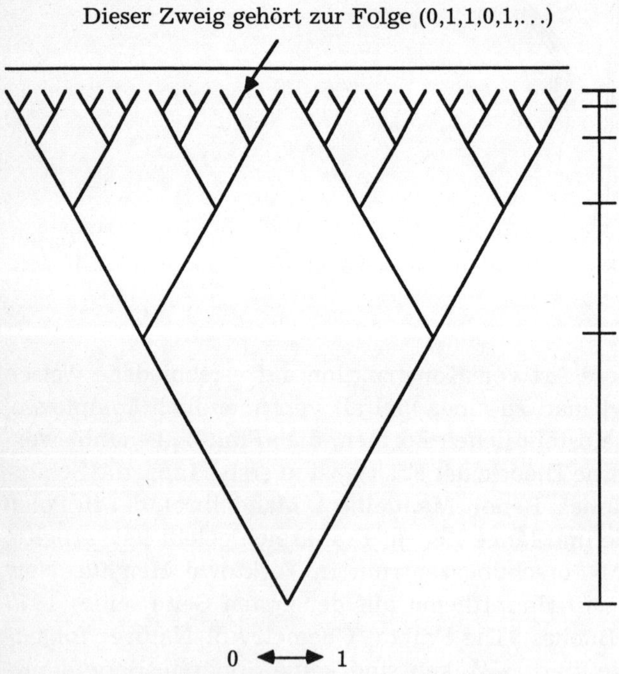

Abbildung 92: Der unendliche binäre Baum

tern zu liegen. Klebt man eine gigantische Karte der Küste aus detaillierten Seekarten zusammen, so wird die Küste eine unglaublich komplexe Kurve mit einer Länge von 16 000 bis 19 000 Kilometern. Schreitet man zu Fuß die Küstenlinie ab, indem man

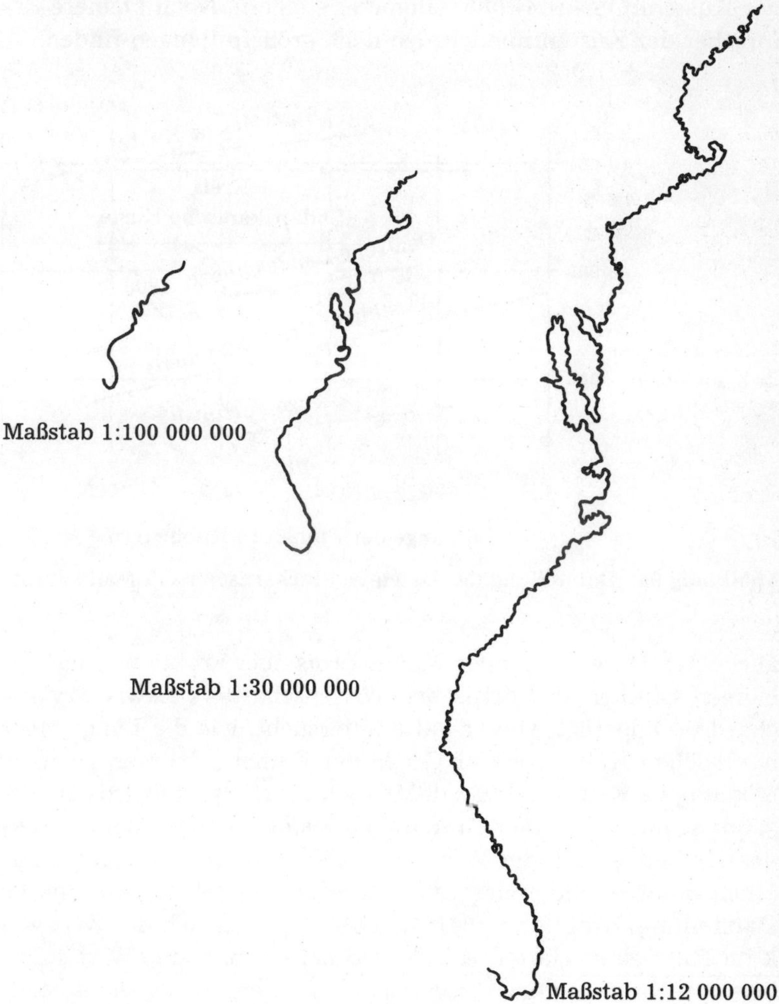

Abbildung 93: Je größer der Maßstab, desto zerklüfteter die Küste

sich stets einen Meter vom Wasser entfernt hält, so werden viele kleine Ausbuchtungen die Länge auf vielleicht 24 000 Kilometer hinauftreiben. Würde eine Ameise die Küstenlinie entlanglaufen und stets eine Ameisenlänge Abstand vom Wasser halten, so würden die unzähligen Umwege um Steine und Steinchen die Länge der Küstenlinie auf 48 000 Kilometer steigern. Noch kleinere Erforscher der Küstenlinie würden noch größere Längen finden.

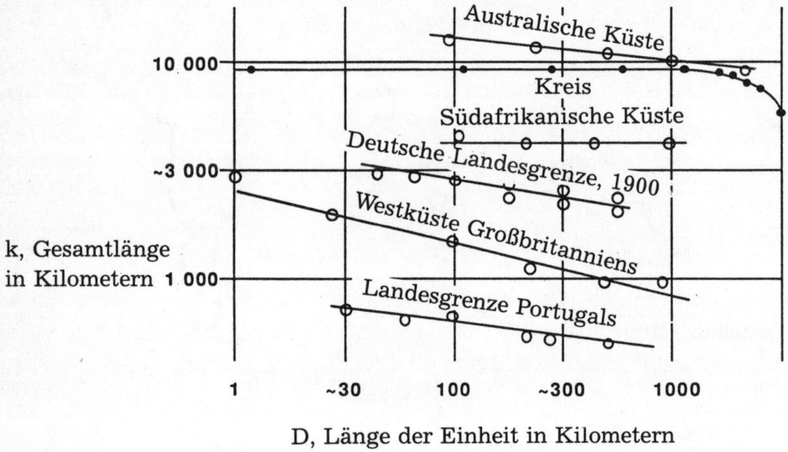

Abbildung 94: Darstellung der Daten von Richardson nach Mandelbrot

Die ersten Untersuchungen Mandelbrots über Frakta wurden von einigen Studien des britischen Wissenschaftlers Lewis Fry Richardson angeregt. Dieser hatte untersucht, wie die Länge einer natürlichen Küste von der Größe der Einheit, die man zu ihrer Messung verwendet, abhängt. Mandelbrot stellte Richardsons Ergebnisse mit Hilfe einer Graphik dar, wobei der Wert der messenden Einheit D und der Wert k der Gesamtlänge auf logarithmischen Zahlenstrahlen dargestellt werden (doppelt logarithmische Darstellung) (Abbildung 94). Man beachte, daß sich der Wert von k im Falle einer glatten Kurve bald bei einem festen Wert stabilisiert, während er für unregelmäßige Küstenlinien gegen unendlich zu gehen scheint, wenn D abnimmt.

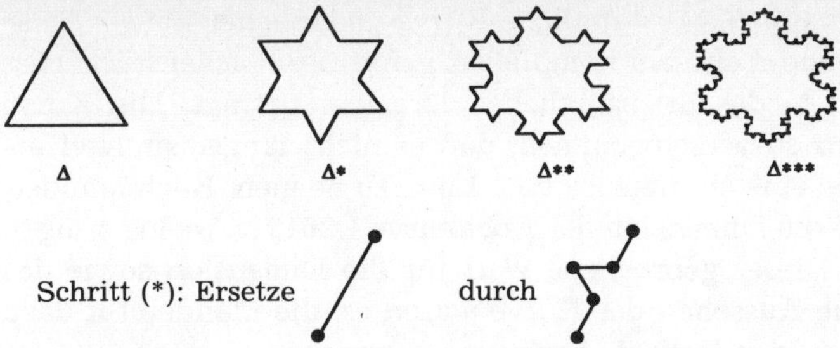

Abbildung 95: Die ersten vier Stadien der Kochkurve △****...

Die Pointe dieses Gedankenganges ist, daß scheinbar einfache Begriffe wie »die Länge einer Kurve« anscheinend nicht ohne weiteres auf Kurven, die in der Natur vorkommen (wie z. B. die Küstenlinie der USA), anwendbar sind. Dennoch existiert die Küstenlinie wirklich – sie bildet die Grenze zwischen Land und Wasser. Die Lektion hierbei ist, daß es verkehrt ist, als Modell der Küstenlinie so etwas wie eine algebraische Kurve zu nehmen. Ein neues Verstandeswerkzeug wird benötigt.

Mandelbrots fraktale Kurven sind Linien, die Zacken in jedem Größenbereich aufweisen. Die Bäume, die wir weiter oben betrachtet haben, sind sehr einfache Arten von Frakta, weil die verschieden langen Äste schön räumlich voneinander getrennt sind. Im allgemeinen tauchen Ecken aller Größenordnungen an jeder Stelle des Fraktums auf.

Ein Fraktum allgemein zu definieren, ist nicht so schwierig, wie man vielleicht annimmt. 1906 zeigte der Mathematiker Helge von Koch, wie man eine zusammenhängende »Schneeflockenkurve« konstruieren kann, deren Umfang unendlich ist und die dennoch eine endliche Fläche begrenzt. Die Idee dabei ist die folgende: man beginnt mit einem gleichseitigen Dreieck und wiederholt dann unendlich oft einen Konstruktionsschritt, den wir »(*)« nennen wollen: »Ersetze jede Strecke durch eine Strecke mit einer Ausbuchtung in Form eines gleichseitigen Dreiecks in ihrem mittleren Drittel.«

Die idealisierte, mathematische Grenzlinie dieses Prozesses ist eine vollkommen selbstähnliche Kurve unendlicher Länge. Diese Kurve berandet ein sehr kompliziert geformtes Flächenstück, dessen Inhalt $^8/_5$ des ursprünglichen Dreiecks beträgt. Die Kurve selbst wird so verschwommen, daß es nicht länger sinnvoll erscheint, sie eine eindimensionale Linie zu nennen. Nach Mandelbrot sollte die Dimension der Kochkurve 1,2618 ... (= log 4/log 3) betragen. Dieser gebrochene Wert für die Dimension sowie das gebrochene Aussehen der Kurve waren es, die Mandelbrot dazu veranlaßten, den Begriff »Fraktum« zu prägen.

Man fragt sich natürlich: Wie kann eine Kurve eine andere Dimension als eins haben? Einen groben Zugang zu dieser Idee bietet die folgende Überlegung: Wenn ich sage, daß eine gewöhnliche Kurve die Dimension 1 hat, so meine ich damit, daß ich immer nur einen Freiheitsgrad der Bewegung habe, wenn ich entlang dieser Kurve laufe. Ich kann nämlich beschleunigen oder abbremsen. Anders liegen die Dinge, wenn ich mich auf einer gekrümmten Fläche, beispielsweise auf einem Hügel bewege: ich kann beschleunigen oder abbremsen, ich kann mich nach links oder nach rechts drehen. Laufe ich nun einer annähernd fraktalen Kurve wie etwa einer Küstenlinie entlang, so kann ich wie zuvor beschleunigen oder abbremsen, aber ich habe dazu noch die Freiheit, mich etwas nach links oder etwas nach rechts zu wenden. Das hängt davon ab, wie nahe ich dem Wasser dabei komme. Der tatsächliche Verlauf der Grenze des Wassers schränkt mich einerseits ein, andererseits gibt mir die Möglichkeit, die Angelegenheit in verschiedenen Größenordnungen zu betrachten, eine gewisse Freiheit. Hat die Kurve viele Spitzen, so ist ihre gebrochene (fraktale) Dimension hoch, ist sie glatt, so ist ihre gebrochene Dimension klein. Es lohnt sich, Mandelbrots gebrochene Dimension ein wenig genauer anzuschauen. Wir wollen einmal annehmen, daß wir die Länge einer Kurve dadurch bestimmen, daß wir mit einem Stechzirkel eine Längeneinheit immer wieder abtragen. Diese sei D. Die Anzahl der Längeneinheiten, die in die Kurve hineinpassen, sei N. Der Wert für die Länge, den man so ermittelt, lautet $k = N \cdot D$. Ist die Kurve zufällig eine gerade Linie, die k Einheiten lang ist, so ist dieser Wert korrekt. Wir können unsere Gleichung auch umschreiben zu $N = k/D$.

Die Länge k gibt einfach an, wie oft ein Stechzirkel, der auf Einheitslänge eingestellt ist, in die Gerade hineinpaßt. Verkleinert man den Zirkelabstand auf ein Drittel, so muß man dreimal so oft abtragen. Schreiben wir N, um seine Abhängigkeit von D auszudrücken als $N(D)$, so finden wir $N(1) = k$, $N(1/3) = 3 \times k$, $N(1/9) = 9 \times k$ und so weiter.

Während er Richardsons Daten analysierte, kam Mandelbrot auf die Idee, daß für fraktale Kurven eine ähnliche Art von Gleichung gilt, nämlich $N(\mathrm{D}) = k/D^a$. Wieder gibt k an, wie oft ein Stechzirkel mit Einheitslänge entlang der Kurve abgetragen werden kann. Aber im Falle der Frakta gilt: Verkleinerung des Zirkelabstandes auf ein Drittel führt zu mehr als dreimal so vielen Abtragungen. Im Spezialfall der Kochkurve ergibt – wie wir gesehen haben – die Verkleinerung auf ein Drittel viermal so viele Abtragungen, Verkleinerung auf ein Neuntel ergibt sechzehn Abtragungen.

Qualitativ wird dieser Wert erreicht, wenn a einen Wert größer als 1 hat. In diesem Fall ist $N(1) = k$, $N(1/3) = 3^a k$, $N(1/9) = 9^a k$ und so weiter. Mandelbrot nennt a die »gebrochene Dimension«.

Weil für die Kochkurve $N(1/3) = 4 \cdot k$ und $N(1/9) = 16 \cdot k$ sein soll, muß die gebrochene Dimension a der Kochkurve die Eigenschaft haben, daß $3^a = 4$ ist. Logarithmieren mit der Hand zeigt, daß a gleich log4/log 3 sein muß:

$$
\begin{aligned}
3^a &= 4 \\
\log 3^a &= \log 4 \\
a \cdot \log 3 &= \log 4 \\
a &= \frac{\log 4}{\log 3}
\end{aligned}
$$

Im allgemeinen gilt: Vergrößert sich die Anzahl der Abtragungen entlang der Kurve um den Faktor Q, wenn man die Maßeinheit um den Faktor P verkleinert, so hat die Kurve eine gebrochene Dimension von log Q/log P.

Widmen wir einer Angelegenheit doppelt so viel Aufmerksamkeit, so gehen wir gewöhnlich davon aus, daß wir auch doppelt so viel Information erhalten. Man stelle sich eine Situation vor, in der die Verdoppelung der Aufmerksamkeit eine Verdreifachung

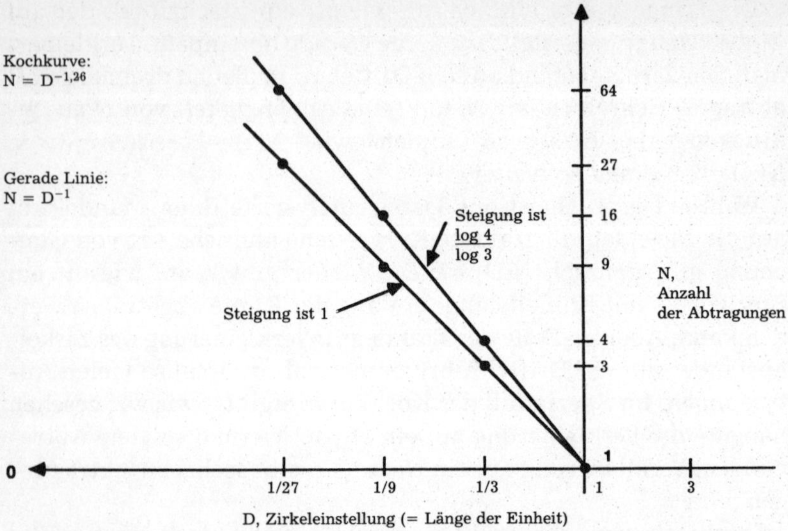

Abbildung 96: Eine doppelt-logarithmische Darstellung, in der das Verhalten einer Geraden und eines Fraktums wiedergegeben sind (Zahlen werden durch Strecken repräsentiert, deren Längen gleich den Vielfachen von log 3 sind)

der Information bewirkt. Ein Fraktum der Dimension log Q/log P hat allgemein die Eigenschaft, daß es bei P-fach genauerer Betrachtung Q-fach mehr Information bietet, wobei Q größer ist als P! Die alte Weisheit »Der Teufel steckt im Detail« gilt für Frakta in besonderem Maße.

Eine analoge Definition der gebrochenen Dimension ist auf Flächen anwendbar. Man mißt üblicherweise eine Oberfläche nicht mit kleinen Geradenstücken aus, sondern mit kleinen Quadraten. Um das Problem zu meistern, daß die zur Messung verwandte Einheitsstrecke die fraktale Kurve nur in einzelnen isolierten Punkten berührt, haben wir uns einen Stechzirkel vorgestellt. Aus dem gleichen Grunde wollen wir uns vorstellen, daß wir Flächen mit einem Gerät ausmessen, das vier Schenkel besitzt, die in Form eines Quadrates angeordnet sind – eine Art Zange mit 4 Haltern (s. Abb. 97).

Ein Maßquadrat mit der Kantenlänge D besitzt eine Fläche der

Größe D^2. Haben wir es mit einem ebenen Quadrat des Flächeninhaltes k zu tun, so wird die Anzahl der Maßquadrate, die in dieses Flächenstück hineingehen, klarerweise durch die Formel $N = k/D^2$ gegeben. Nun gibt k nach seiner Definition die Anzahl an, wie oft das Einheitsquadrat in das ebene Quadrat hineinpaßt. Anders gesagt gilt: $N(1) = k$. Angenommen, wir verwenden kleinere Maßquadrate. Dann ist $N(1/2) = 4 \cdot k$, $N(1/3) = 9 \cdot k$ und so weiter. Die Anzahl der Unterteilungen ändert sich mit dem Quadrat der Kantenlänge.

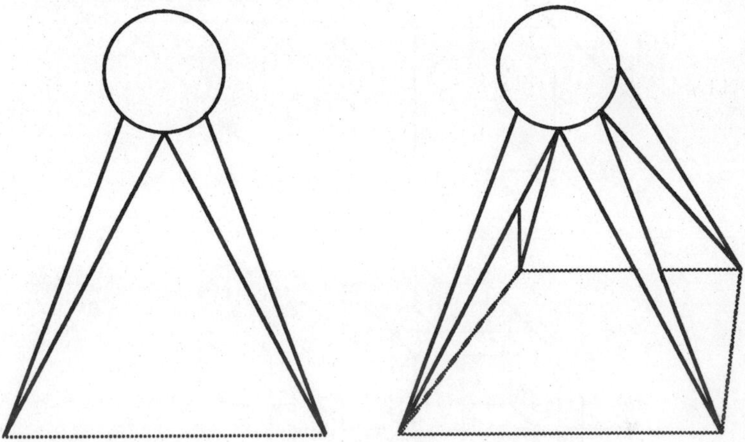

1-D Stechzirkel 2-D Stechzirkel

Abbildung 97: Approximation von Länge und Flächeninhalt

Eine in der Natur auftretende Fläche ist in vielen Größenordnungen irregulär. Deshalb sollte man annehmen, daß hier die Anzahl der benötigten Maßquadrate schneller zunimmt als im Falle des ebenen Quadrates. Wir vermuten also, daß der Wert von a in der Gleichung $N = k/D^a$ größer als zwei ist Wie oben soll die Verkleinerung der Kante des Maßquadrates um den Faktor P die Anzahl der Abtragungen um den Faktor Q erhöhen. Die gebrochene Dimension a wird dann gleich log Q/log P gesetzt. Bei einem ebenen Quadrat ist Q einfach gleich P^2. Damit findet man wie erwartet die Beziehung:

$$a = log\ Q/log\ P = log\ (P^2)/log\ P = 2\ log\ P/log\ P = 2$$

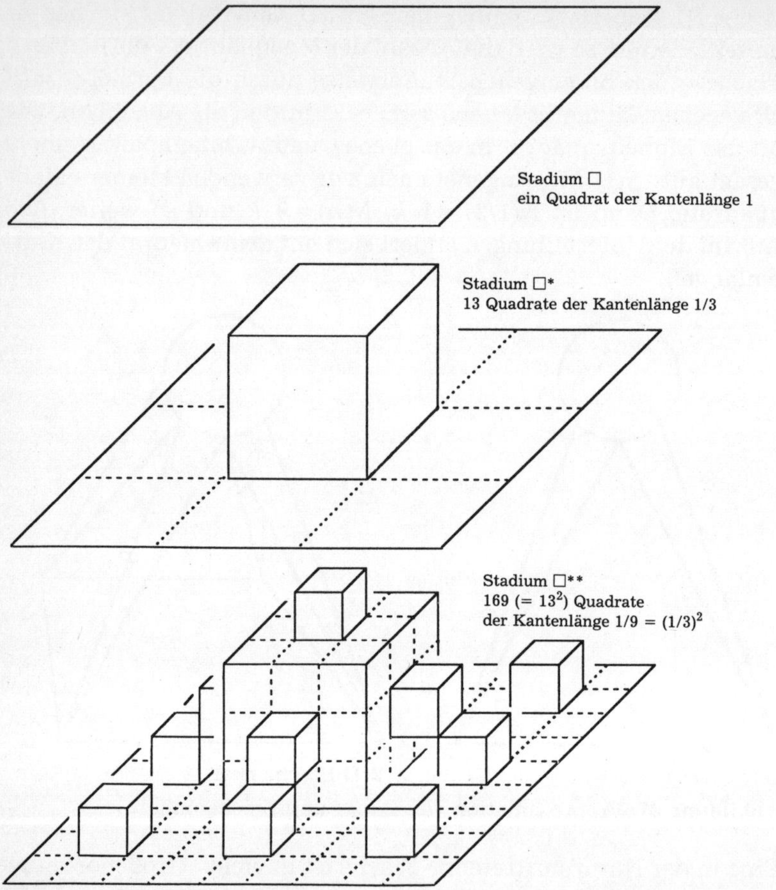

Abbildung 98: Der Hydrant, eine fraktale Fläche der Dimension log 13/ log 3 = 2,334 ...

Man kann eine regelmäßige fraktale Oberfläche konstruieren, indem man auf die Mitte eines Quadrates immer wieder einen Würfel setzt. Das führt auf eine fraktale Oberfläche mit der gebrochenen Dimension log 13/log 3, was 2,33... ergibt. Diese Fläche könnte man »den Hydranten« taufen. Nimmt man die Kantenlänge des Ausgangsquadrates als Einheit, so liegen in der Limeslinie der Mittelpunkt des Hydranten genau in der Höhe ½, die acht kleinen Hydranten an dessen Außenkante sind genau ¼ hoch und so weiter. Konstruieren wir einen Hydranten auf jeder Innenseite des Einheitswürfels, so passen diese genau in ihn hinein und wir erhalten eine 2,33 ... dimensionale Oberfläche, die wir den »Hydrantenwürfel« nennen könnten.

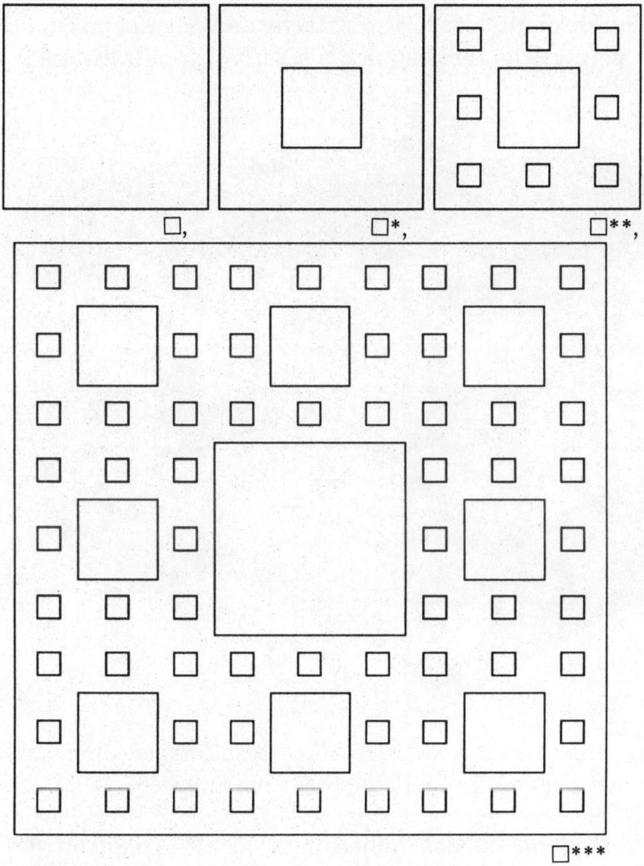

Abbildung 99: Der Sierpinskiteppich mit der Dimension log 8/log 3 = 1,893 ...

Betrachten wir den Teil der Hydrantenfläche, der in der Grundseite liegt, so erhalten wir ein Fraktum, das unter dem Namen

Sierpinskiteppich bekannt ist. Dieser Teppich läßt sich auch selbständig als Grenze eines Prozesses definieren, bei dem immer wieder das mittlere ⅑ der Quadrate entfernt wird. Die Dimension des Teppichs beträgt log 8/log 3, also etwa 1,9, so daß wir uns ihn besser als sehr verschwommene Kurve denn als tatsächliche Fläche vorstellen sollten. Weil der Teppich, wie bereits erwähnt, gleich dem Durchschnitt der Hydrantfläche und der Ebene ist, ist es in der Tat vernünftig, den Teppich als Kurve zu betrachten.

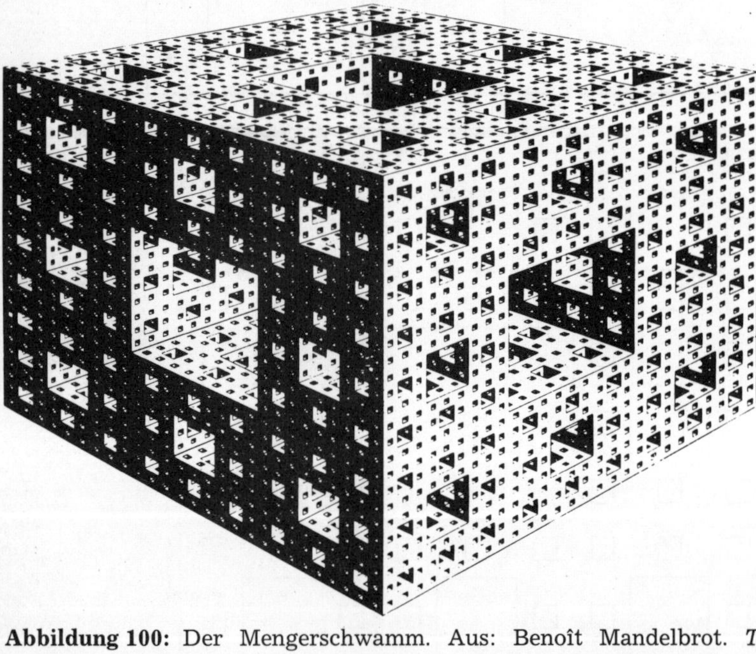

Abbildung 100: Der Mengerschwamm. Aus: Benoît Mandelbrot. *The Fractal Geometry of Nature*; W. H. Freeman, San Francisco, 1982

Der *Mengerschwamm* ist das höherdimensionale Analogon des Sierpinski-Teppichs. Er entsteht, wenn man von einem Vollwürfel ausgeht und den folgenden Schritt wiederholt anwendet: Man zerlege den Vollwürfel in siebenundzwanzig kleine Würfel. Dann nehme man den im Zentrum liegenden Würfel sowie alle Würfel, die in den Mitten der Seitenflächen liegen, heraus. Insgesamt werden sieben Würfel weggenommen. Schaut man dreimal so genau hin, so erkennt man die zwanzig übriggebliebenen Würfelchen. Also beträgt die gebrochene Dimension des Mengerschwammes log 20/log 3 oder 2,727... Den Mengerschwamm stellt man sich am besten als komplizierte Fläche vor. So wie es aussieht, könnte Abbildung 100, die einen Mengerschwamm darstellt, ebensogut das Bild eines Sierpinskiteppichs sein. Der Unterschied zwischen ihnen besteht darin, daß beim Mengerwürfel die Würfelchen im Zentrum (das bei der gewählten Projektion nicht sichtbar ist) alle weggenommen worden sind. In Wirklichkeit paßt die Hydrantflä-

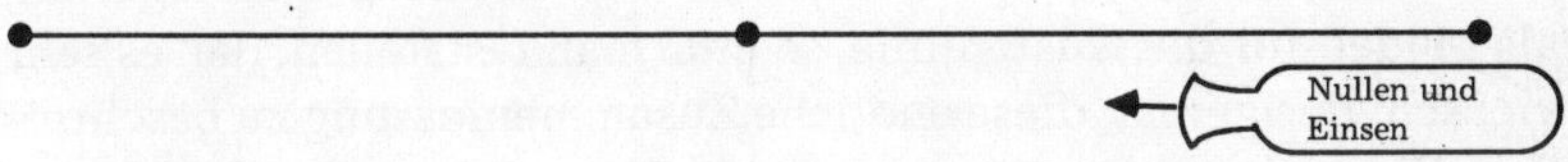

1. Beginne mit einer zweigeteilten Strecke und einem Zufallsgenerator, der Nullen und Einsen ausgibt – z. B. einer Münzwurfmaschine, wobei KOPF NULL bedeutet und ZAHL EINS.

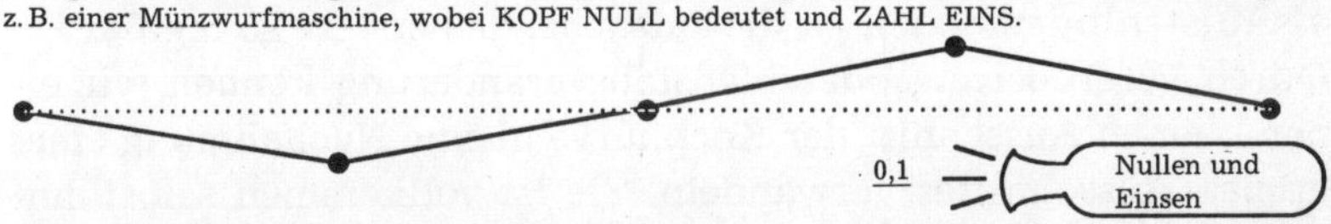

2. Man ersetze die Strecke wie in der Zeichnung angedeutet, je nachdem ob der Zufallsgenerator NULL oder EINS ausgibt. Null bedeutet »nach unten«; Eins bedeutet »nach oben«. Anschließend teilt man die Zacken, indem man ihre Mittelpunkte markiert.

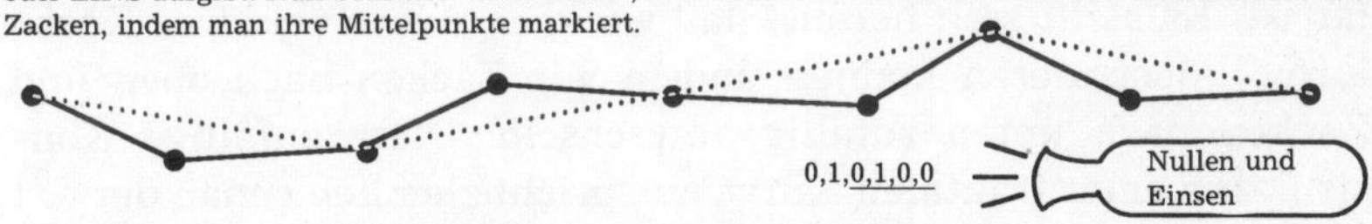

3. Nun wende man dieselbe Konstruktion auf jede der vier Teilstrecken wieder in Abhängigkeit davon an, ob der Zufallsgenerator Nullen oder Einsen ausgibt. Markiert man dann die Mittelpunkte, so erhält man 8 Teilstrecken.

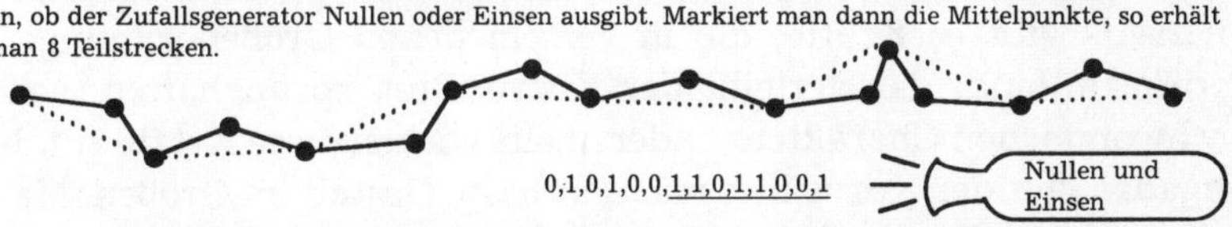

4. Man verwende den Zufallsgenerator, um auch für alle zukünftigen Schritte die Richtung der Abänderung zu entscheiden. Durch Markieren des Mittelpunktes teile man jede Zacke in zwei gleiche Teile.

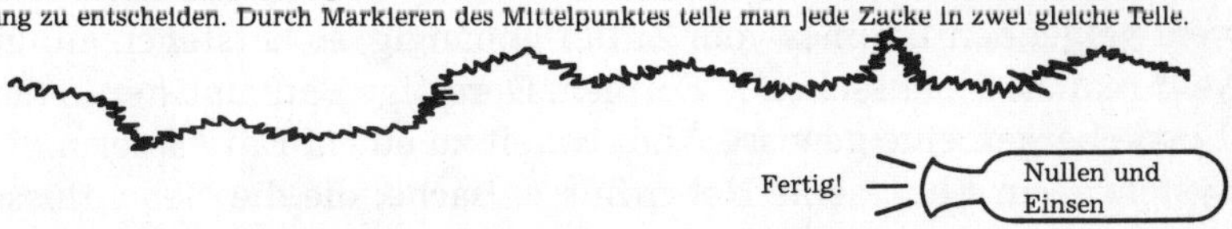

5. (ad infinitum) Man wiederhole Schritt 4 unbeschränkt oft! Die schließlich entstehende, küstenlinienförmige Kurve ist die Linie, der sich der Prozeß im Grenzwert annähert.

Abbildung 101: Ein Zufallsfraktum

che genau in die Zwischenräume des Mengerwürfels. Man kann sich den Mengerschwamm als großen Supermarkt vorstellen und die Hydrantflächen als Käufermasse!

Im Unterschied zu einer wirklichen Küstenlinie ist die *Kochkurve* eine idealisierte mathematische Form, die Strukturen auf *unendlichvielen* Niveaus aufweist. Ebensowenig wie wir meinen, daß ein Baum der Natur unendlich viele Äste habe, nehmen wir an, daß eine physische Küstenlinie unendlich komplex sei. Dennoch liefert ein Fraktum für viele Zwecke ein besseres Modell als eine endliche Überlagerung glatter Kurven. Nachteilig an der Verwendung von Frakta als Küstenlinien ist, daß das Fraktum zuviele Einzelheiten besitzt; verwendet man eine endliche Überlagerung als Modell für die Küstenlinie, so muß man feststellen, daß es sehr viel schwieriger ist, diese endliche Zusammenfassung zu beschreiben. Ein anderes Argument gegen die Verwendung der Kochkurve als Küstenlinienmodell ist die Tatsache, daß erstere so regulär ist. Durch Vergrößerung oder Maßstabsveränderung können wir einen kleinen Ausschnitt der Kochkurve in eine Nachahmung eines großen Ausschnittes verwandeln. Sie ist vollkommen selbstähnlich. Wir nehmen nicht an, daß eine wirkliche Küstenlinie so regulär ist. Es stellt sich heraus, daß wir eine Art irregulärer Kochkurve konstruieren können, indem wir Zacken nach oben und Zacken nach unten zufällig abwechseln. Diese zufällige Konstruktion einer fraktalen Kurve entspricht ziemlich genau der Art und Weise, wie Küstenlinien in Wirklichkeit aufgebaut sind. Einerseits gibt es Kräfte, die in verschiedenen Größenordnungen wirksam sind; das verleiht der Kurve ihren sprunghaften, verschwommenen Charakter. Andererseits wirken diese Kräfte zufällig; das gibt der Kurve ihre mäanderhafte Gestalt im Großen. Machen wir die Konstruktion eines Fraktums nach der Art eines sich verzweigenden Baumes vom Zufall abhängig, so entstehen einige sehr realistisch aussehende Formen. Derartige Baummuster in der Ebene bergen eine gewisse Ähnlichkeit zu einem Entwässerungssystem – ein Fluß, seine Nebenflüsse, Bäche, die die Nebenflüsse speisen, Rinnsale, die in die Bäche münden und so weiter. Andere Objekte, die in der Natur vorkommen und den fraktalen Bäumen ähnliche Formen haben, sind die Bronchien der Lunge und das

Netz der Blutgefäße. Der Prozeß, mit dem wir verallgemeinerte zufällige fraktale Kurven gewonnen haben, kann auch dazu verwandt werden, fraktale Flächen zu erzeugen. Man unterteilt ein gegebenes Gebiet in immer kleiner werdende Teile und beult diese zufällig nach oben oder nach unten aus. Eine der eindrücklichsten Errungenschaften von Mandelbrots Forschungen über fraktale Formen sind die Computergraphiken, die er produzieren konnte und die wirklichen Landkarten sehr ähnlich sehen. Diese Formen beginnt man in Science-fiction-Filmen als fremde Landschaften zu benützen. Mandelbrots These, daß Frakta fundamental für die physische Realität sind, wird von der Tatsache bestärkt, daß diese Muster tatsächlich natürlich aussehen.

Wir haben bisher über fraktale Kurven und Oberflächen gesprochen. Einen Typ fraktaler Vollkörper erhält man, indem man mit einem soliden Block aus irgendeinem Material startet, den man in eine Anzahl kleinerer Blöcke unterteilt, um dann zufällig einige der kleineren Blöcke wegzunehmen. Anschließend unterteilt man die kleineren Blöcke in wieder kleinere und wiederholt den geschilderten Vorgang. Das ergibt eine besondere Materieverteilung, die als »fraktaler Nebel« bekannt ist. Die Wassertropfen in einer Wolke ähneln einem fraktalen Nebel ebenso wie die Sterne und Galaxien am Rande des Weltalls.

Man kann sich auch Situationen vorstellen, in denen Frakta verschiedener Arten sich überlagern. Als Beispiel nehme man eine Ulme. Betrachtet man diese als physikalischen Gegenstand, so ist er mehr als ein fraktales Gewirr von Linien. Auf ungefähr sieben Niveaus beruht sie auf Linien, doch dann kommt die Oberfläche ins Spiel. Die Rinde ist ein Fraktum, das aus 2-D-Teilen besteht. Schaut man genauer hin, so sieht ein Stück Rinde wie eine Ebene mit Canyons darin aus – die Wände der Canyons sind zwar glatt, enthalten aber Vorsprünge, und die Vorsprünge haben Risse in ihren Wänden. So geht das ungefähr auf sieben Niveaus weiter. Dann gelangen wir in den Größenbereich der Zellen und unser Fraktum beginnt, auf 3-D-Stücken zu beruhen. Jedes starke Mikroskop zeigt, daß Zellen fraktale Strukturen enthalten: Nebel, Bäume und Flächen. Vermutlich würde man bei tieferem Eindringen noch mehrere fraktale Strukturen entdecken.

Abbildung 102: Eine vom Computer erzeugte fraktale Fläche. Aus: Benoit Mandelbrot. *The Fractal Geometry of Nature*; W. H. Freeman, San Francisco, 1982

Die Mathematiker waren während Jahrtausenden unfähig, mit dieser Art von Formen, die die Wirklichkeit bevölkert, zurechtzukommen. Wir haben tatsächlich keine präzisen Termini für Formen wie diejenige des Seetangs. Die Griechen nannten unbegrenzt komplexe Gestalten »amorph«, was formlos bedeutet. Das kann man wörtlich nehmen, denn wenn wir ein wirklich klares Bild von einer Form haben, können wir diese auch in mathematischen Termini ausdrücken. Bin ich nicht in der Lage, meine Vorstellungen von einem in der Wirklichkeit auftretenden Informationsmuster in einem präzisen mathematischen Rahmen zu formulieren, so kann von mir nicht behauptet werden, daß ich ein klares Verständnis von der fraglichen Information habe. In diesem Sinne hat das Muster dann keine Form. Eine mathematische Beschreibung eines realen Objekts ist so etwas wie eine knappe Verschlüsselung eines komplizierten Musters.

Ich habe eine Gestalt »fraktal« genannt, wenn sie auf sieben Größenordnungsniveaus ähnlich aussehende Strukturen aufweist – eine Linie, die sich in Linien verzweigt, die sich in Linien verzweigen, ein Hügel bedeckt mit Hügeln, die mit von Hügeln bedeckten Hügeln bedeckt sind; eine Kugel, die aus Kugeln besteht, die aus Kugeln bestehen usw. Je mehr Niveaus es gibt und je ähnlicher sie aussehen, um so perfekter ist das vorliegende Fraktum. Ein anderer charakteristischer Zug der Frakta ist, daß sie *mehr* Details aufweisen, als man erwartet. Betrachtet man ein Fraktum doppelt so genau, so zeigen sich typischerweise mehr als doppelt soviel Informationen. Im nächsten Abschnitt möchte ich dafür argumentieren, daß mein Wissen von der Welt ein fraktales Muster besitzt.

Das Leben als Fraktum im Hilbertraum

Angenommen ich möchte eine vollständige Beschreibung eines Teils meines Lebens aufschreiben. Ich werde im Folgenden klarzumachen versuchen, daß eine derartige Beschreibung die Form eines Fraktums in einem vieldimensionalen Raum annehmen muß.

Nehmen wir ein einfaches Beispiel. Während ich über die Frakta nachdenke, greife ich zu einer Zigarette, zünde diese an, inhaliere den Rauch und blase ihn raus. Wir sprechen von einer Zeitspanne, die dreißig Sekunden dauert – von 4:08:30 bis 4:09:00.

Sagt man einfach »Ich habe mir eine Zigarette genommen und gepafft«, so stellt das in keiner Hinsicht eine erschöpfende Beschreibung dieser dreißig Sekunden dar. Lebendigsein ist wirklich kein linearer Vorgang. Leben und Denken sind multidimensional. Wie soll man so etwas aufzeichnen?

Die Vorstellung eines Computers, der über ein Programmenü verfügt, kann uns weiterhelfen. Ich denke an eine neue Sorte Text. Angenommen, ich erfinde eine neue Art von Software, die Folgendes leistet:

1. Zu einem bestimmten Zeitpunkt gibt sie auf dem Schirm einen Text aus. Der »Leser« kann sich aus dem Schirm auf verschiedene Arten herausbewegen. Um eine konkrete Vorstellung zu haben, wollen wir annehmen, daß der Schirm bei Beginn folgendermaßen aussieht:

Es war Dienstag, der 3. Juli, 14 Uhr 08. Ich saß vor meinem Computerschirm und arbeitete gerade an einem Buch. Ich hatte soeben etwas über Frakta geschrieben und hatte nun die Idee, zu versuchen, einen fraktalen Text zu schreiben. Ich nahm eine brennende Zigarette vom Aschenbecher, der rechts von der Tastatur stand und nahm einen Zug.

»DRÜCKE ›NÄCHSTER SCHIRM‹ FÜR MEHR INFORMATION ODER BEWEGE DEN CURSOR AUF EIN WORT UND DRÜCKE MENÜ.«

2. Eine Möglichkeit, einen konkreten Schirm zu verlassen, ist es, den nächsten Schirm zu verlangen. Dem entspricht die Vorwärtsbewegung entlang des natürlichen Gedankenganges, der Zeit oder der Assoziationskette, gemäß der der Text abgefaßt wurde.
3. Eine andere Möglichkeit, einen konkreten Inhalt des Schirmes zu verlassen, besteht darin, den Cursor auf eines der abgebildeten Wörter zu bewegen und den MENÜ-Knopf zu drücken (Für alle, die mit dem Computer nicht so vertraut sind: Der Cursor ist ein blinkender Punkt, den man auf dem Bildschirm herumbewegen kann, indem man die Pfeiltasten drückt).
4. Drückt man die MENÜ-Taste für ein spezielles Wort, so bietet einem der Schirm verschiedene Möglichkeiten an. Jede dieser Möglichkeiten entspricht gewissermaßen einer Dimension des Wissens. Bewegt man zum Beispiel den Cursor auf »Zigarette« und drückt MENÜ, so könnte man den folgenden Schirm erhalten:

( ) Die ZIGARETTENMARKE, die ich rauche.
( ) Meine ERSTEN Erfahrungen mit dem Rauchen.
( ) Tatsachen über TABAK.
( ) Meine Gefühle über KREBS.
( ) ANDERE RAUCHER, die ich kenne.
WÄHLE EINE MÖGLICHKEIT, INDEM DU DEN CURSOR DORTHIN BEWEGST UND »RETRIEVE« DRÜCKST ODER DRÜCKE »NÄCHSTE SEITE« FÜR DETAILLIERTE WAHLMÖGLICHKEITEN.

5. Hat man sich für eine Möglichkeit entschieden, so erhält man einen Schirm. Angenommen, wir haben den Cursor auf »Meine ERSTEN Erfahrungen mit dem Rauchen« eingestellt. Drücken wir auf RETRIEVE, so erhalten wir den folgenden Schirm:

Eines der ersten Raucherlebnisse, an das ich mich erinnern kann, hatte ich bei einem Baseballspiel in Louisville. Mein Freund Mike Dorris und ich hatten ein Päckchen Winston. Wir setzten uns in einen abgelegenen

Teil der Tribüne, so daß uns kein Erwachsener anmotzen konnte. Wir waren ungefähr vierzehn. Keiner von uns interessierte sich für Baseball. Mike zeigte mir, wie man »französisch inhaliert«. Das bedeutet, daß man den Rauch aus dem Mund herausbläst und ihn durch die Nase wieder einatmet. Der Zigarettenrauch machte uns duselig und high... DRÜCKE »NÄCHSTER SCHIRM« FÜR MEHR INFORMATION ODER KEHRE ZUM LETZTEN SCHIRM ZURÜCK, INDEM DU »UNDO« DRÜCKST ODER BEWEGE DEN CURSOR AUF EIN WORT UND DRÜCKE »MENÜ«.

6. Im allgemeinen gibt es drei Wege, einen Schirminhalt zu verlassen: a) man kann NÄCHSTER SCHRITT drücken und damit mehr Material zu dem Gedankengang bekommen, den man gerade verfolgt, b) man kann den Cursor auf ein interessantes Wort bewegen und MENÜ drücken oder man kann c) UNDO drücken und damit zu einem der vorangegangenen Schirme zurückgehen.

Der Text, der durch diesen Prozeß beschrieben wird, hat eine den Frakta ähnliche Struktur. Wie könnte man ihn nennen? »Die Geschichte meines Lebens« wäre nicht ganz zutreffend, denn dieser Text ist nicht linear, wie man das von einer Geschichte erwartet. Ich denke, man sollte ihn lieber »Das Fraktum meines Lebens« nennen. Wir können uns die ursprünglich erzählte Geschichte als eine Kette von Wörtern denken. Indem man einfach NÄCHSTER SCHRITT drückt, kann man einen Gedankengang, solange man will, verfolgen. Es gibt bei allen wichtigen Substantiven, Verben und Satzeinheiten Verzweigungen. Mit Hilfe der von MENÜ dargebotenen Schirme wählt man die Zweige aus.

Jeder Zweig führt seinerseits zu einer neuen Kette von Wörtern. Es gibt weitere Unterzweige, die von jedem Schlüsselwort in der neuen Kette ausgehen. Idealiter geht der Verzweigungsprozeß endlos weiter.

Will man zu irgendeinem Zeitpunkt zu einem bereits passierten Verzweigungspunkt zurückgehen, so drückt man die UNDO-Taste, bis man an der gewünschten Stelle ankommt. Der Weg durch eine solche Erzählung bildet keine gerade Linie, er ähnelt eher dem Gebilde in Abbildung 104.

Man erinnere sich daran, daß es ein charakteristischer Zug der

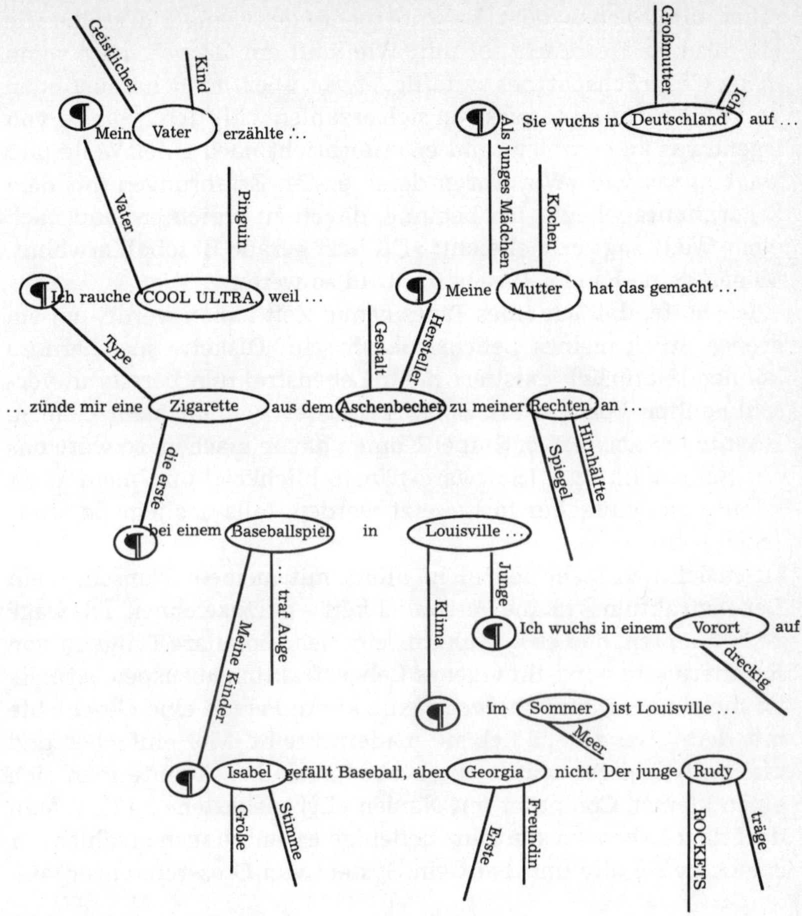

Abbildung 103: Ein Teil meines Lebensfraktums

Frakta war, bei näherem Hinsehen eine unerwartete Menge von Information preiszugeben. Eine Software, die mein Leben in vollkommener Weise beschreiben würde, hätte diese Eigenschaft: Je genauer man einen Begriff betrachtet, um so mehr Verzweigungen kommen zum Vorschein.

Hätte der Computer von jemand anderem Zugang zu meinem Lebensfraktum, so wäre das so ähnlich, wie wenn man über Fernseher miteinander redet. Es wäre mehr oder weniger dasselbe wie ein direktes Gespräch mit mir: Wie läuft ein Gespräch ab, wenn mein Gesprächspartner zufällig etwas über mich herausfinden will (und nicht mir etwas von sich erzählen will)? Ich beginne, von irgendwas zu erzählen, und er unterbricht nach einer Weile und fragt etwas wie »Wie waren deine ersten Erfahrungen mit dem Zigarettenrauchen?« Ich beginne, davon zu berichten, und nach einer Weile sagt er vielleicht: »Du hast gerade Baseball erwähnt. Mögen deine Kinder Baseball?« Und so weiter.

Ich hoffe, daß ich eines Tages genug Zeit haben werde, um ein großes Stück meines Lebensfraktums auf Diskette speichern zu können. Natürlich existiert mein Lebensfraktum bereits in verschlüsselter Form – als Softwaremuster – in meinem Gehirn. Könnte ich aber einen Stapel Kopien davon machen, so wäre das ein Schritt hin zur (Software-)Unsterblichkeit, und mein Werk könnte viel einfacher fortgesetzt werden, falls das jemand wünschen sollte.

Offensichtlich stehe ich nicht allein mit meinem Wunsch, mein Lebensfraktum – meine Persönlichkeit – aufzuzeichnen. Ich wage zu behaupten, daß es in Zukunft eine sehr populäre Tätigkeit von Rentnern sein wird, ihr eigenes Lebensfraktum abzuspeichern. Es ist nicht ungewöhnlich, wenn eine ältere Person eine Geschichte mit dem Titel »Mein Leben« niederschreibt. Viel einfacher und viel vollständiger würde diese aber ausfallen, könnte man sich einen kleinen Computer mit Namen »Lebenskasten« kaufen. Man darf dem Lebenskasten ganz beliebige Erinnerungen erzählen. Er speichert sie alle und baut ein System von Crossreferenzen auf.

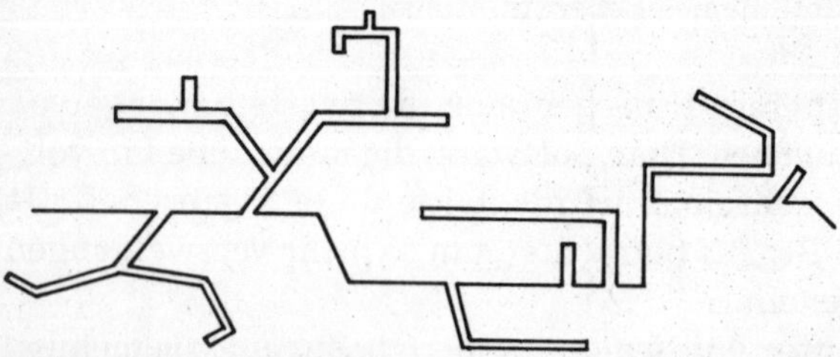

Abbildung 104: Eine Trajektorie in meinem Lebensfraktum

Gelegentlich könnte der Lebenskasten eine Frage stellen, um bestimmte unklare Verbindungslinien zu klären. Nach einigen Monaten wäre man so bei den Details angelangt, man könnte den Kasten an die eigenen Kinder weiterreichen. Schließlich könnten die Enkelkinder sich anhören, »wie Großvater gewesen ist«. Wer wollte sich nicht auf diese Art und Weise unsterblich machen? Der erste, dem es gelingt, einen wirklich guten Lebenskasten zu bauen, wird Millionär werden. Warum ich gerade diese Softwarekonstruktion als Fraktum beschrieben habe? Weil in etwa alle Worte in diesem Muster gleichviel Bedeutung haben. An jeder Stelle gibt es eine ganze Menge von Verzweigungen, die wegführen. Und genau das empfindet man auch – oder nicht? Wenn jemand mit mir über mich sprechen will, kann ich an einer x-beliebigen Stelle beginnen. Genauso gut, wie wir das Programm mit dem Anzünden der Zigarette um 4 Uhr 08 beginnen ließen, könnten wir es in einer zufällig gewählten Position starten oder mit den Verzweigungen, die von einem vom Leser sorgfältig ausgesuchten Wort wegführen.

Wie viele Verzweigungen gibt es in einem Schlüsselwort? Sehr viele. Betrachtet man immer raffiniertere Varianten, so gibt es keine Beschränkung der Fragen, die man zu einem so einfachen Begriff wie »ZIGARETTE« formulieren kann. Jeder vorgegebene Begriff aus meiner Welt steht in Beziehung zu ungemein vielen anderen Begriffen. Etwas überspitzt kann man sogar sagen, daß es an jedem Punkt unendlich viele Verzweigungen gibt. Wie ich im nächsten Abschnitt genauer erklären werde, verwenden die Mathematiker den Ausdruck »Hilbertraum« für den üblichen, unendlich dimensionalen Raum. Deshalb macht es Sinn – stellen wir uns jeden Gedankengang (jede Verzweigungsrichtung) als so etwas wie eine Dimension vor –, mein Lebensfraktum als ein Fraktum im Hilbertraum zu bezeichnen.

Rein äußerlich betrachtet, bin ich identisch mit meinem vollständigen Lebensfraktum. In meinem Leben empfinde ich das Vergehen der Zeit, meine Lebendigkeit, meinen freien Willen und so weiter. Was aber die Ausdrücke anbelangt, mit denen ich über mein Leben tatsächlich reden kann, so bin ich nichts als meine Software, als mein Lebensfraktum.

Der Hilbertraum mit all seinen Dimensionen hat Raum für eine ganze Menge Dinge. Er hat Raum für andere Lebensfrakta als das meine; er hat Raum für *alle* Lebensfrakta. Es ist offensichtlich, daß diese Frakta an manchen Stellen zusammenhängen, da zum Beispiel, wo die Leute miteinander zu tun haben oder wo sie dieselben Gefühle haben. Alles fügt sich zu einem riesigen, allumfassenden Lebensfraktum zusammen!

Der Hilbertraum

Etwas wird digital genannt, wenn es in diskreten, getrennten Einheiten auftritt. Singen ist analog, Morsen ist digital. Dimmer sind analog, Lichtschalter sind digital. Uhren mit Zeigern sind analog, Uhren mit Ziffernanzeige sind digital. In den 70er Jahren wollte jeder eine Digitaluhr; heute sind wir eine halbe Umdrehung weiter auf der Modeschraube, und Uhren mit Zeigern sind wieder gefragt. Oberflächlich betrachtet, erscheint die Trennung zwischen digital und analog ziemlich scharf, aber in Wirklichkeit ist das eine Täuschung. So gibt es zum Beispiel Digitaluhren, deren Ziffernblätter tatsächlich Zeiger aufweisen. Die Wissenschaftler sind derzeit der Auffassung, die linke Hirnhälfte arbeite digital, die rechte hingegen analog. Als Metapher ist das gut, aber es ist wichtig, sich daran zu erinnern, daß die beiden Hirnhälften aus haargenau denselben Komponenten bestehen. Im allgemeinen läßt sich jeder digitale Vorgang in Analogform darstellen und umgekehrt.

Wollen wir in der Praxis möglichst exakt über Information reden, so ist es vorteilhafter, als Grundlage digitale Begriffe zu wählen. Tatsächlich ist der Unterschied zwischen digital und analog ein gradueller. Die kleinsten wahrnehmbaren Einheiten einer digitalen Verständigung benötigen, treten sie nicht isoliert, sondern im Zusammenhang auf, nur einige wenige Bits codierter Information, wohingegen die kleinsten bedeutsamen Einheiten einer analogen Kommunikation stets einige Bits pro Einheit brauchen. Ein Buchstabe des Alphabets ist ein Beispiel dafür, was ich ein Stück digitaler Information nennen möchte – im Zusammenhang braucht man nur zwei oder drei Bits, um den richtigen Buchstaben zu raten. Eine Stelle auf einer Strecke ist ein Beispiel für das, was ich ein Stück analoger Information nennen möchte – eine Genauigkeit von eins zu tausend braucht zehn Bits Information.

Hat man sich einmal klargemacht, daß der Unterschied zwischen digitaler und analoger Verständigung bloß ein gradueller ist, so können wir über analog erscheinende Kommunikation sprechen, ohne Mißverständnisse fürchten zu müssen.

Auch auf einem intellektuellen Niveau weckt ein Text analoge Empfindungen: Man entschlüsselt nicht eine Seite Buchstabe für Buchstabe. Der Sprachfluß induziert, wenn man so sagen will, sympathetische Schwingungen im Gehirn des Lesers, und diese Empfindungen sind analoge Vorgänge. Digital betrachtet bedeutet das, die Information wird so schnell und so effizient übermittelt, daß keine Zeit bleibt, die einzelnen Bits wahrzunehmen.

Der analoge Aspekt an der gesprochenen Sprache ist besonders offensichtlich. Die Rede einer Person hat keine Ähnlichkeit mit dem Piepsen eines Morsegerätes. Klang und Betonung sind wichtig wie Wortlängen und Pausen. Man betrachte einmal die Veränderungen, die Betonung und Pause in einem einfachen Satz wie »Ich freue mich, dich zu sehen« hervorrufen können:

Ich freue mich, dich zu sehen (selbst wenn es kein anderer tut)
Ich *freue* mich, dich zu sehen (Wie konntest du glauben, ich täte das nicht?)
Ich freue mich, dich zu *sehen* (Anstatt nur mit dir zu telefonieren)
Ich freue mich, *dich* zu sehen (Aber nicht den Typ, mit dem du gekommen bist)
Ich freue mich, dich zu sehen (Also hör auf, mich danach zu fragen)
Ich ... freue mich, dich zu sehen (Freust du dich auch, mich zu sehen?)
Ich ... freue ... mich, dich ... zu ... sehen (Ich bin betrunken)
Ich ... freue mich, ... *dich* ... zu sehen (Ich bin Tarzan und du bist Jane)

Indem man den Tonfall ändert – also die Stimme hebt oder senkt –, kann man aus einer Aussage eine Frage machen, eine Beleidigung oder eine Zurückweisung. Man kann den fraglichen Satz singen und auf diese Weise feierlich oder bedrohlich wirken, je nachdem welchen Ton man nun erwischt. Mit mehr Raffinesse kann man einen Satz durch einen bestimmten Akzent mit einer anderen Bedeutung versehen. Man stelle sich den Satz »Ich freue mich, dich zu sehen« mit dem Akzent von E. T., Kermit, Santa, Hitler, Jagger, Reagon oder Gomer Pyle vor...

Unsere persönliche Ausdrucksweise wird durch Körpersprache, Gesichtsausdruck, Gestik, Blick und Mimik differenziert und bereichert.

Die analogen Möglichkeiten der Sprache sind so vielfältig, daß man zur Not eine informative Unterhaltung führen könnte, in deren Verlauf man einfach ein oder zwei Wörter unterschiedlich ausspricht. Man erinnere sich an den klassischen Sketch »John und Martha« von Mike Nicholl und Elaine Max, in dem ein Mann und eine Frau einfach den Namen des jeweils anderen sagen und dabei ein raffiniertes Spiel von Wiederentdeckung, Wiederversöhnung und Verführung andeuten. Nun ist es aber so, daß sich alle diese Feinheiten in Form von digitalen Bits an Information über die Lautstärke der Stimme, die Stimmhöhe und die Stellung der Hände kodieren lassen. Jede dieser Quantitäten läßt sich mit Hilfe einer Zahl ausdrücken, die sich auf soviel Stellen angeben läßt, wie das sinnvoll ist. Für die Praxis ist das bedeutungslos – man sagt nicht zu jemand »Hallo«, indem man ihm ein mit Nullen und Einsen übersätes Blatt in die Hand drückt –, aber für die Theorie ist es wichtig. Man kann sich unsere tatsächliche Kommunikation immer als aus Bits aufgebaut vorstellen. Ich möchte noch ein letztes Mal betonen, daß die Interpretation der Kommunikation als Informationsaustausch nicht notwendigerweise bedeutet, daß die Bits das einzige seien, was es überhaupt gibt. Es geht einfach darum, daß sich dies einfach als eine nützliche Sichtweise der Welt erweisen wird. Bohrs Philosophie der Komplementarität versichert uns, daß die entgegengesetzte Sichtweise der Welt genauso nützlich sein muß. Diese beiden konträren Betrachtungsweisen könnte man Atomismus und Phänomenalismus nennen. Die digitale, atomistische Zugangsweise zerlegt die Welt in Bits. Die analoge, phänomenalistisch orientierte Auffassung geht davon aus, daß unser Wissen von der Welt auf sich stetig verändernden Wahrnehmungen beruht. Diese beiden Sichtweisen der Welt sind komplementär, und beide sind zutreffend. Aber hier, wo es darum geht, das Wesen der Information besser zu verstehen, wollen wir wie digitale Atomisten denken.

Ich möchte jetzt zeigen, daß die Information, die ich über einen Gegenstand der Welt – zum Beispiel über den Leser – bekomme, eine endlose Kette von Nullen und Einsen ist. Betrachten wir einige »ditigale« und »analoge« Fragen, die ich zur Person des Lesers stellen könnte:

»Digitale« Fragen	»Analoge« Fragen
Sind Sie aus New York?	Wo wurden Sie geboren?
Sind Sie glücklich?	In welcher Stimmung sind Sie?
Sind Sie älter als 21 Jahre?	Wie alt sind Sie?

Nun ist jede Antwort, die man wirklich geben kann, im Grunde genommen digital: Jede endlich lange Kette von Informationen, die ich empfange, läßt sich durch so und so viele digitale Bits kodieren. So wird die Frage »Wo wurden Sie geboren?« üblicherweise dadurch beantwortet, daß man den Namen der dem Geburtsort am nächsten gelegenen Stadt angibt. Nimmt man an, es gäbe tausend große Städte in der Welt, so erfordert die Beantwortung der Frage zehn Bits Information. Will ich wissen, welche die nächstgelegene Millionenstadt ist, so stelle ich eine Zwanzig-Bit-Frage. Je mehr Genauigkeit ich verlange, desto mehr Bits werden benötigt. Üblicherweise wollen wir in Unterhaltungen gar nicht viele Bits. Wenn ich frage »In welcher Stimmung sind Sie?«, so erwarte ich nur ein Bit Information: gut-schlecht. Es könnte auch sein, daß ich zwei Bits erwarte. Dann müßte die Stimmung des Lesers auf einer Viererskala A-B-C-D eingeordnet werden. Wenn ich frage »Wie groß sind Sie?«, so rechne ich nicht mit dem unendlichen Dezimalbruch einer reellen Zahl als Antwort. Ich will vielmehr eine Vier-Bit-Antwort, die mir die Größe in Dreizentimeterschritten zwischen 1,55 m und 2,00 m angibt.

Erhalte ich mehr Informationen über eine Person X, so verfeinere ich mein Bild von dieser Person auf zwei verschiedene Weisen: Ich füge den Antworten auf Fragen, die ich bereits bekommen habe, neue Details hinzu und ergänze mein Bild von X um eine neue Dimension. Frage ich »In welchem Monat wurde X geboren?«, so wird mein Wissen über das Alter von X detaillierter. Die Frage aber »Was ist die Lieblingsspeise von X?« eröffnet eine völlig neue Untersuchungsebene. Wenn ich erfahre, daß # 23 (Shrimps) die Lieblingsspeise von X ist, so kann ich dem durch die Frage nach der Größe der Shrimps, die X bevorzugt, neue Details hinzufügen. Die meisten Leser werden schon etwas vom vierdimensionalen Raum gehört haben. Die Physiker betrachten oft die Zeit als die vierte Dimension, und entsprechend stellen sie sich die Welt als eine vierdimensionale Raum-Zeit-Form vor. Spiritualisten behaupten gelegentlich, daß Geister die vierte räumliche Dimension bewohnen und daß eine okkulte Richtung aus unserem Raum herausführt. Ebenso, wie man die Ebene sich als die Menge aller geordneten Zahlenpaare (x, y) vorstellen kann, läßt sich nach Meinung der Mathematiker der vierdimensionale Raum als die Menge aller geordneten Quadrupel (x, y, z, w) beschreiben. Dabei sind wir frei, uns unter der Variablen w die Zeit, eine neue Richtung oder irgend etwas ganz anderes vorzustellen.

Für einen Mathematiker stellt es keine größere Schwierigkeit dar, über Räume von vier, zehn oder hundert Dimensionen zu sprechen. Die Physiker verwenden diese höher-dimensionalen Räume als »Phasenräume«. Hat ein individuelles Objekt P sieben verschiedene Eigenschaften, die uns interessieren, so können wir unser Wissen über P als ein Gebiet in einem siebendimensionalen Phasenraum darstellen. Verfährt man auf die gleiche Art, so gibt es auch keine technische Schwierigkeit, über einen Raum mit unendlich vielen Dimensionen zu sprechen. Das ist der Raum, den ich mit »Hilbertraum« meine. (Ich muß den Leser vor Verwechslungen warnen: Bücher über Quantenmechanik verwenden die Bezeichnung »Hilbertraum« nur für eine ganz spezielle Sorte unendlicher Räume, deren Skalare *komplexe* Zahlen sind.)

Man kann einwenden, daß die ganze Frage nach der Dimensionalität eines Raumes Unsinn sei. Was wir in Wirklichkeit haben, ist ein Zufluß von Information, den wir in bestimmter Weise anordnen. Einige Anordnungen lassen sich am besten mit räumlichen Begriffen beschreiben. Was aber tatsächlich existiert, ist bloß ein Haufen Bits und ein mnemotechnisches System, das uns daran erinnert, welches Bit wofür steht. Mathematisch betrachtet ist eine reelle Zahl x ein Dezimalbruch mit unendlich vielen Stellen hinterm Komma. Demnach ist eine eindimensionale reelle

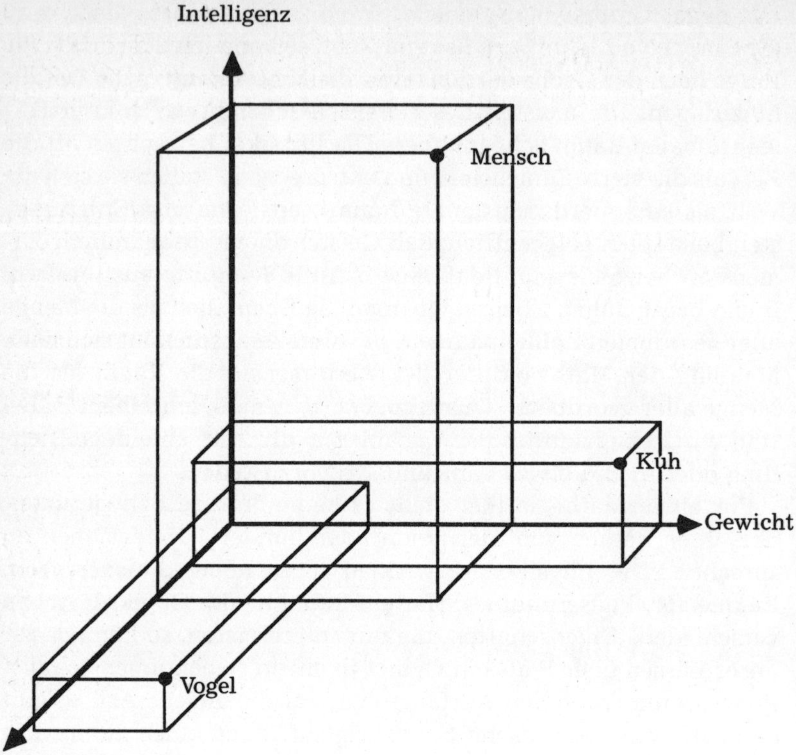

Abbildung 105: Ein dreidimensionaler Phasenraum

Zahl x genauso unendlich wie die Stellen im Hilbertraum. Wir sollen nicht davor zurückschrecken, uns die Information als einer hochdimensionalen Form angehörig vorzustellen.

Ich möchte im Folgenden etwas näher auf den Zusammenhang zwischen größerer Genauigkeit und vermehrter Anzahl an Dimensionen eingehen. Zu Beginn wollen wir uns auf den eindimensionalen Fall konzentrieren. In Reinkultur kann man sich einen Informationsfluß als einen hereindrängenden Strom von Nullen und Einsen vorstellen. Eine Kette von Nullen und Einsen nennt man üblicherweise eine »Bit-Kette«. Eine Bit-Kette kann als der Name einer natürlichen Zahl im Dualsystem betrachtet werden. Aber diese Auffassung hat Nachteile. Das Problem dabei ist, daß wir eine Kette von Ziffern nicht eher als Zahl interpretieren, als daß wir die ganze Kette vor uns haben. Betrachten wir gewöhnliche Dezimalzahlen. Die Aussage, daß eine solche Zahl mit 3 beginnt, sagt noch gar nichts darüber, ob sie in den Dreißigern, in den Dreihundertern, in den Dreitausendern oder wo auch immer liegt.

Es ist wesentlich günstiger, den ankommenden Strom von Nullen und Einsen als Dualbruchentwicklung einer Zahl zu interpretieren. Mehr Stellen einer solchen Entwicklung bestimmen einen Punkt x im Einheitsintervall mit wachsender Genauigkeit. Habe ich erst einmal herausgefunden, für welches Intervall S von Größen ich mich wirklich interessiere, so kann meine Bit-Kette als Name der Zahl S,x aus diesem Gebiet aufgefaßt werden. Der Vorteil dieser Zugangsweise besteht darin, daß man die Bits, so wie sie kommen, in Ortsbestimmungen verwandeln kann. In Tabelle 2 findet man die Bedeutung verschiedener vier-Bit-Anfänge, wobei diese vom gewählten Größenbereich abhängen.

Tabelle 2

Dual-	Wertebereich				
code	0–1000	0–16	3–11	0–1	19–19.86
	0	0	3	.0	19
0000					
	62.5	1	.5	.0625	19.05375
0001					
	125	2	4	.125	19.1075
0010					
	187.5	3	4.5	.1875	19.16125
0011					
	250	4	5	.25	19.215
0100					
	312.5	5	5.5	.3125	19.26875
0101					
	375	6	6	.375	19.3225
0110					
	437.5	7	6.5	.4375	19.37625
0111					

Dual-			Wertebereich		
code	0–1000	0–16	3–11	0–1	19–19.86
	500	8	7	.5	19.43
1000					
	562.5	9	7.5	.5625	19.48375
1001					
	625	10	8	.625	19.5375
1010					
	687.5	11	8.5	.6875	19.59125
1011					
	750	12	9	.75	19.645
1100					
	812.5	13	9.5	.8125	19.69875
1101					
	875	14	10	.875	19.7525
1110					
	937.5	15	10.5	.9375	19.80625
1111					
	1000	16	11	1	19.86

Anschaulich gesprochen, halbiert jedes zusätzliche Bit an Präzision die Größe des Genauigkeitsintervalles. In der Praxis kann ich auf dem Papier nicht mit mehr als sechs oder sieben Bit Genauigkeit zeichnen. Aber es gibt ja Mikroskope. Oder ich betrachte ein Einheitsintervall, das so lang wie tausend Blatt Papier ist. Dann kann ich mich für Dutzende von Bits an Präzision interessieren. Für unsere Zwecke ist es unerheblich, ob das untere Ende des Intervalles, das wir betrachten, 0,3 oder 19 ist.

Angenommen, wir wollten eine Bit-Kette als Namen einer Stelle im Zweidimensionalen interpretieren. Im eindimensionalen Fall gibt es, wie wir gerade gesehen haben, eine Zweideutigkeit hinsichtlich des Intervalles, in das wir unsere Bit-Kette hineinverlegen. Die Umwandlung einer Bit-Kette in den Namen einer Stelle auf dem Zahlenstrahl ist ein Prozeß der Decodierung. Jede spezielle Wahl des Intervalles und Anfangspunktes decodiert die Kette auf eine andere Weise. Aber der zugrunde liegende Vorgang – ein Intervall auswählen und dieses sukzessive halbieren – scheint hinsichtlich seiner Effektivität einmalig zu sein.

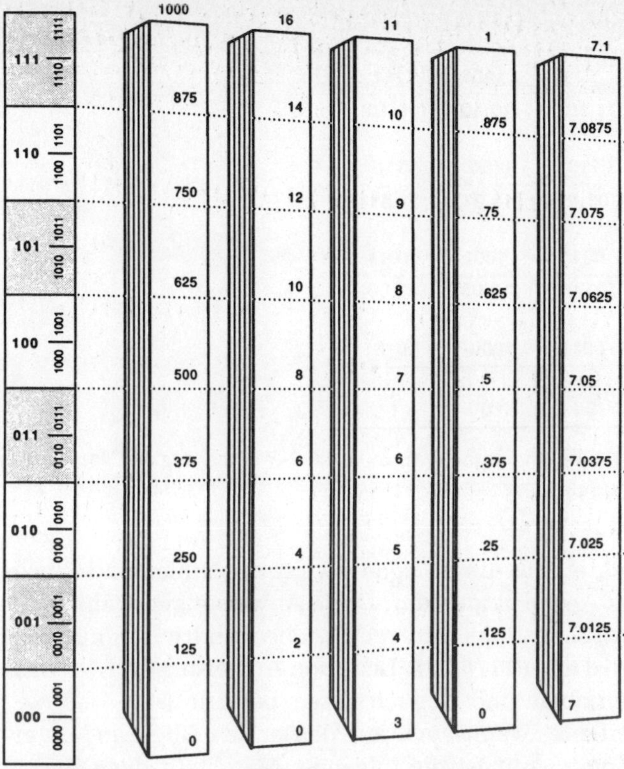

Abbildung 106: Binäre Bits haben in verschiedenen Intervallen verschiedene Bedeutungen

Die beste Art und Weise, eine Bit-Kette in die Angabe eines zweidimensionalen Ortes umzuwandeln, hängt ebenfalls mit der Möglichkeit fortgesetzter Halbierung der Möglichkeiten zusammen. Eine gute Idee ist es, sich die Bit-Kette als Kombination zweier kürzerer Bit-Ketten vorzustellen. Eine dieser Ketten gibt den Ort bezüglich der x-Achse an, die andere den der y-Achse. So würden wir die Bit-Kette *011100* unter Bezug auf ein Einheitsquadrat interpretieren als Ortsbeschreibung mit dem x-Wert *010* und dem y-Wert 110.

11	(00,11) 0101	(01,11) 0111	(10,11) 1101	(11,11) 1111
10	(00,10) 0100	(01,10) 0110	(10,10) 1100	(11,10) 1110
01	(00,01) 0001	(01,01) 0011	(10,01) 1001	(11,01) 1011
00	(00,00) 0000	(01,00) 0010	(10,00) 1000	(11,00) 1010
	00	01	10	11

Abbildung 107: Die Mischung von x- und y-Werten ergibt Namen für Zweidimensionales

Anders betrachtet faßt diese Zugangsweise die Nullen und Einsen einer Liste als Anweisungen auf. Diese Anweisungen wählen abwechselnd zwischen links und rechts, oben und unten aus. Auf diese Weise wird aus *011100* die Liste von Anweisungen LURULD (wobei U ›nach oben‹ und D ›nach unten‹ bedeutet).

Eine äquivalente, wenn auch auf den ersten Blick anders erscheinende Möglichkeit ist die folgende: Man stellt das Quadrat auf seine Spitze. Die Paare 00, 10, 01 und 11 nimmt man als Grundsymbole mit der Bedeutung »links, unten, oben bzw. rechts«. Dann stellt man sich vor, daß das Ausgangsquadrat in immer kleinere Quadranten unterteilt wird. 1011 bedeutet: »Gehe zu dem unteren Quadranten und dann zu dessen rechten Unterquadranten.«

Etwas Ähnliches kann man für drei-, vier-, sieben- und höherdimensionale Räume durchführen. Dabei hängt die Methode, mit der man die Ketten übersetzt, vom Genauigkeitsgrad ab, den man in jeder Dimension erreichen möchte: Im allgemeinen kostet jeder zusätzliche Genauigkeitsgrad pro Dimension ein Bit. Sind sechs Bit gegeben, so kann ich diese Form von *XXXXXX* als eine eindimensionale, auf sechs Stellen genaue Ortsangabe auffassen. Ich kann diese sechs Bits aber auch als *XYXYXY* als zweidimensionale, jeweils auf drei Bit genaue Ortsangabe betrachten. Oder ich fasse sie als dreidimensionale, auf zwei Bit pro Richtung genaue Ortsangabe auf. Verwenden wir eine ganz andere Übersetzung, so können wir uns vorstellen, daß unsere sechs Bit die Form *XXY-XYZ* hätten, die Position bezüglich der x-Achse auf drei Bit (ent-

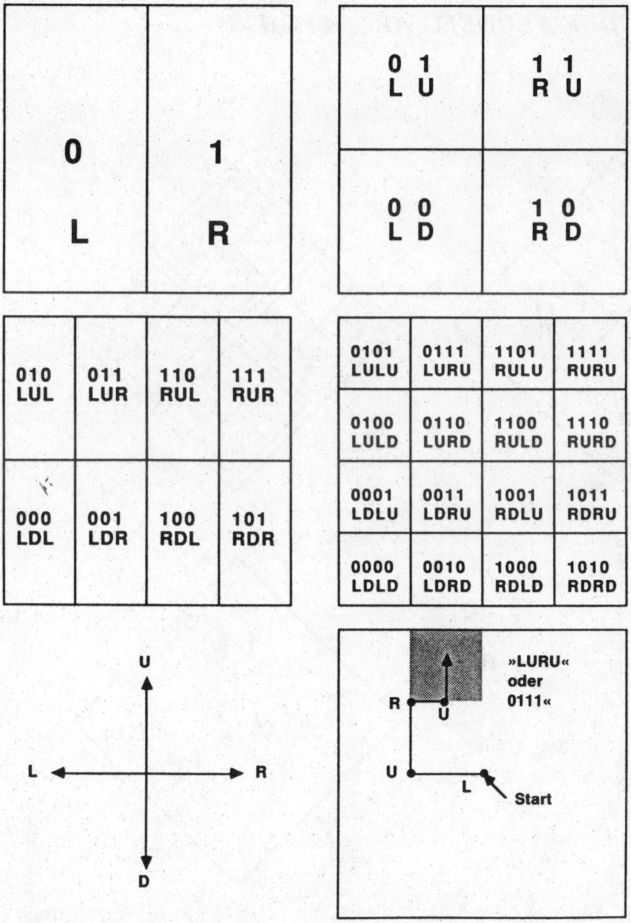

Abbildung 108: Ein anderer Weg zur gleichen Übersetzung

sprechend den drei »X«), bezüglich der y-Achse auf zwei Bit (entsprechend den beiden »Y«) und bezüglich der z-Achse auf ein Bit (entsprechend dem »Z«) genau angebend.

Haben wir es mit einer unendlich langen Bit-Kette von eingehenden Informationen zu tun, so kann man diese als eine Ortsbeschreibung betrachten, die beliebig genau ist hinsichtlich unendlich vieler Achsen *A, B, C, D, E,* ... Dabei muß man sich die Ketten als immer länger werdende Codes vorstellen: *A AB ABC ABCD ABCDE ABCDEF ABCDEFG ABCDEFGH* ...

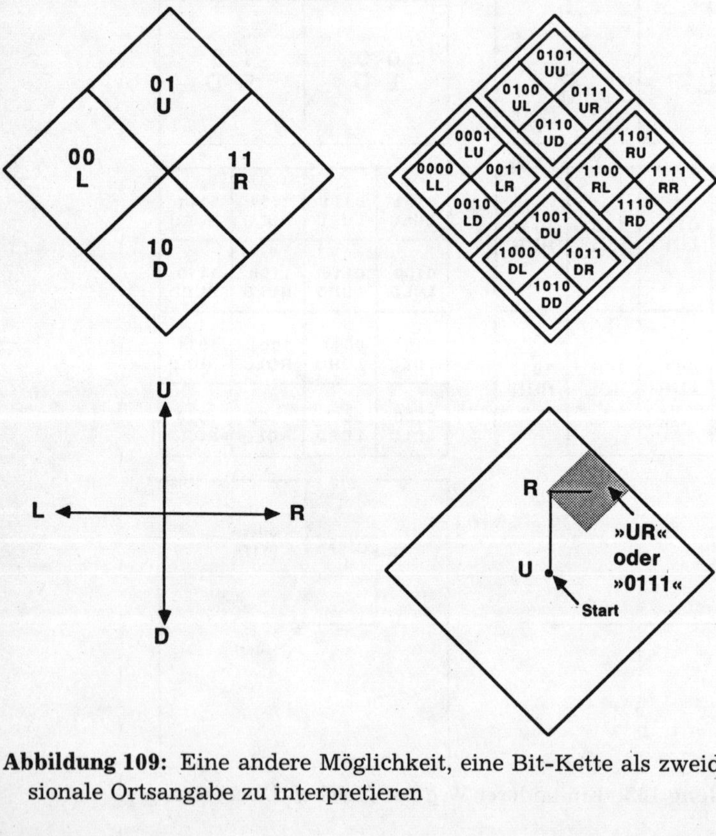

Abbildung 109: Eine andere Möglichkeit, eine Bit-Kette als zweidimensionale Ortsangabe zu interpretieren

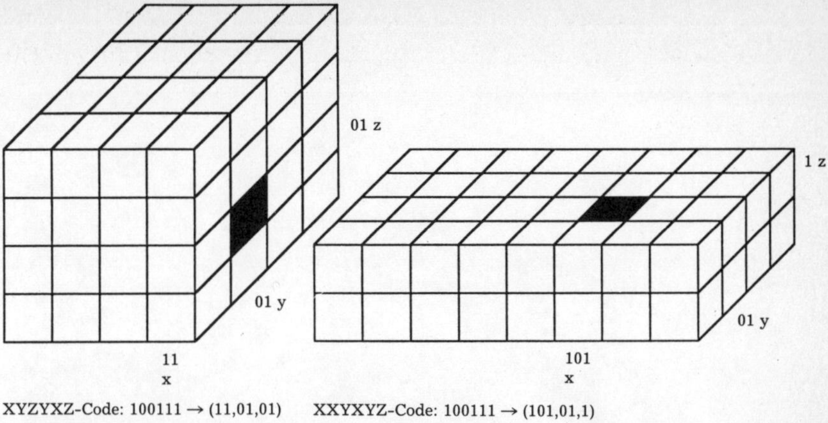

Abbildung 110: Bit-Ketten als dreidimensionale Ortsangaben

Im Grenzfall erhält man unendlich viele Bit für jede Position *A, B, C, D,*... Diese Interpretation beschreibt eine Stelle im Hilbertraum, wobei jede Achse eine analoge Entscheidung bezüglich eines Ortes auf einem Geradenstück bedeutet.

Eine andere Möglichkeit, Stellen im unendlich-dimensionalen Raum zu bekommen, besteht darin, sich mit einem Bit Genauigkeit in jeder »Achse« zufriedenzugeben. Dann verwenden wir den Code in der Form *ABCDEFGH*... Diese Interpretation legt eine Stelle in dem Hilbertraum fest, dessen Achsen eine digitale Entscheidung zwischen Eins und Null darstellen.

Die Logik

Die Gesetze des Denkens

In einem der Marx-Brothers-Filme geraten Chico und Zeppo in eine äußerst mißliche Lage: Sie sind in einem Zimmer eingesperrt. Sie gehen verzweifelt auf und ab. »Wir müssen nachdenken!« ruft Zeppo mit seiner näselnden Stimme. Chico macht eine wegwerfende Handbewegung: »Ach was. Das haben wir schon versucht!«

Man erwartet von den Anwendungen der formalen Logik, alle Arten von Meinungsverschiedenheiten beseitigen zu können. Allerdings stellt sich heraus, daß wir viel zu wenig Gesetze der Logik kennen, als daß sie uns von großem Nutzen wäre. Gelegentlich wird behauptet, die Geschichte der Logik zerfalle in drei historische Abschnitte: in die *klassische Periode,* die beinahe zweitausend Jahre lang währte und von Aristoteles' Denken beherrscht wurde, in die algebraische oder *symbolische Periode,* die sich von Boole bis Hilbert erstreckte, und in die moderne oder *metamathematische Periode,* die von Gödel bis in die Gegenwart reicht. In den folgenden drei Abschnitten dieses Kapitels werden wir diese drei Zeitabschnitte aus der Geschichte der Logik diskutieren. Im vierten Abschnitt sehen wir, wie sich heute die Logik auf ein fremdartiges viertes Gebiet zubewegt. In diesem einleitenden Abschnitt möchte ich einfach bei dem Zwiespalt verweilen, der sich zwischen den menschlichen Hoffnungen und den menschlichen Errungenschaften auf dem Gebiet der Logik auftut.

Gottfried Wilhelm Leibniz, ein Philosoph des siebzehnten Jahrhunderts, war einer der größten Träumer auf dem Gebiet der Logik. Er dachte nach über die Schöpfung einer universellen Sprache, die er »characteristica universalis« nannte, und einer Wissenschaft vom Denken, den »calculus ratiocinator«. Gemäß den Vorstellungen von Leibniz sollte der Tag kommen, wo zerstrittene

Parteien sich zusammensetzen, Bleistift und Papier herausnehmen und sagen: »Laßt uns rechnen!«

Und wie ist es Leibniz mit seinem grandiosen Projekt wirklich ergangen? Es gelang ihm, das Prinzip des verbotenen Widerspruchs zu formulieren, das uns erklärt, daß kein Satz zugleich wahr und falsch sein kann und das Prinzip von der Identität des Ununterscheidbaren aufzustellen, das besagt, daß zwei Dinge genau dann gleich sind, wenn sie in allen ihren Eigenschaften übereinstimmen. Man versuche einmal, auf dieser Basis alle Wahrheiten zu berechnen!

1854 versuchte der irische Mathematiker George Boole in kongenialer Weise, das Leibnizsche Programm in Richtung auf verwertbare Schlußfolgerungen weiterzuführen. In seinem klassischen Werk »Eine Untersuchung über die Gesetze des Denkens« versuchte Boole, die Logik als einen einfachen, mechanischen Prozeß ähnlich der Algebra zu behandeln.

Das Buch Booles beginnt optimistisch: »Das Ziel der nachfolgenden Abhandlung ist es, die fundamentalen Gesetzmäßigkeiten jener Operationen des Geistes zu untersuchen, auf denen das Denken beruht; diese sollen in der symbolischen Sprache eines Kalküls ausgedrückt werden. Auf dieser Grundlage soll die Wissenschaft der Logik aufgebaut und deren Methode konstruiert werden.« Boole beschreibt die Grundgesetze der Logik und wendet diese dann auf die vermutlich wichtigsten Argumentationsfiguren überhaupt an: die Gottesbeweise von Clark und Spinoza. Diese Analysen Booles sind wenig überzeugend, und gegen Ende seines Buches finden wir Boole fast in einem Zustand der Verzweiflung: »Auch hierin erfährt man die Machtlosigkeit der bloßen Logik, das Ungenügen selbst der profunden Kenntnis der Gesetze des Denkens jenen Fragen gegenüber, die unseren Herzen näher rükken, wenn das Alter unser Leben der Illusionen seines goldenen Morgens beraubt.«

Wir werden sehen, daß es bedauerlich wenige Gesetze der Logik gibt. Es stellt sich heraus, daß das wirklich Wichtige die Komplexität der ursprünglichen Aussagen ist, aus denen logische Schlußfolgerungen abgeleitet werden, sowie die Länge der logischen Ableitung, die man auszuführen gedenkt.

Die meisten Computer verfügen über »Zufallsgeneratoren«, aber die Zahlen, die diese erzeugen, sind nicht wirklich zufällig. Sie entspringen vielmehr geheimen Berechnungen, die komplex genug sind, um nicht einfach vorhersagbar zu sein. Genausowenig besagt die Tatsache, daß Menschen oft zufällig zu handeln scheinen, nicht, daß das menschliche Wesen in seinem Kern unlogisch ist. Es ist einfach so, daß die logischen Grundlagen menschlichen Handelns für einfache Vorhersagen zu kompliziert sind. Die Untersuchungen der modernen Logik zeigen, daß die Erwartung falsch ist, ein komplexes, über längere Zeit arbeitendes System könne durch irgendwelche schnellen und einfachen Regeln simuliert werden. Leute, die sich selbst als vollkommen logisch betrachten, sind manchmal ziemlich konsterniert über die Unmöglichkeit, die Regeln ihrer Funktionsweise verstehen zu können. Ein Paradebeispiel für eine Person, die unter dem Ungleichgewicht zwischen innerer Komplexität und ihrem Traum von der Logik gelitten hat, ist Rev. Charles Lutwidge Dodgson (1832–1898), der unter dem Namen Lewis Carroll berühmt geworden ist.

Carroll hat neben dem Klassiker der phantastischen Literatur »Alice im Wunderland« auch mehrere ernsthafte wissenschaftliche Werke geschrieben. Gegen Ende seines Lebens widmete er den Großteil seiner Anstrengungen einem zweibändigen Werk über »Symbolische Logik«. Nur der erste Teil davon ist zu seinen Lebzeiten erschienen. Er ist angebrachterweise dem Gedenken Aristoteles' gewidmet.

Obwohl die ganze Welt seine »Alice« schätzt, betrachtete Carroll dennoch seine »Symbolische Logik« als sein wichtigstes Werk. Edith Olivier, die oft mit ihm in Oxford dinierte, berichtet: »Dodgson sprach nie über ›Alice im Wunderland‹. Es gab aber drei Dinge in seinem Leben, auf die er wirklich stolz war. Er sprach von ihnen jedesmal, wenn wir zusammen aßen. Diese Dinge waren seine Kochtöpfe, seine Logik und seine Photographien.«

Auf diesem Hintergrund ist es interessant zu sehen, welches Selbstverständnis Carroll in dem Jahr hatte, in dem er die unsterbliche »Alice« schrieb. Die Geschichte entstand mehr oder weniger spontan aus einer langen Erzählung Carrolls am 4. Juli 1862 auf einer ausgedehnten Bootsfahrt mit den drei kleinen Liddelltöchtern: Ina, Alice und Edith. Auf Alices wiederholte Bitten hin begann Carroll spät im Jahre 1862 mit der Niederschrift der Geschichte. Die erste Fassung vollendete er im Laufe des Jahres 1863. Es folgen zwei Eintragungen aus »The Diaries of Lewis Carroll« (Die Tagebücher des Lewis Carroll). Sie sind zu Beginn, beziehungsweise am Ende des Jahres 1863 geschrieben worden – jenem Jahr, in dem Carroll mit »Alice im Wunderland« sein größtes Werk beendete:

»6. Februar 1863. Ich möchte, bevor ich schlafen gehe, einige Pläne für mein zukünftiges Leben notieren. Dieses Jahr verspricht nicht besser zu werden als seine Vorgänger: Ich muß meine Lebensgewohnheiten sehr verbessern – und ich vernachlässige sträflich die Mittel der Gnade. Mit Gottes Hilfe hoffe ich damit anzufangen, 1) täglich die Bibel zu lesen und über sie zu meditieren 2)...

31. Dezember 1863. Wieviel Nachlässigkeit, Sorglosigkeit und Sünde muß ich mir jetzt unmittelbar vor Beginn eines neuen Jahres ins Gedächtnis rufen! Ich hatte gehofft, im Verlaufe dieses Jahres mit meiner Gemeindearbeit zu beginnen, meine schlechten Gewohnheiten abzulegen und meine Arbeit in der Christ Church voranzutreiben. Wie wenig, beinahe gar nichts habe ich davon vollbracht. Nun habe ich ein neues Jahr vor mir; noch einmal will ich mir vornehmen, etwas Wertvolles aus meinem Leben zu machen.«

1863 schuf Carroll die reichhaltigste Information seines Lebens. Gerade weil »Alice« so komplex ist, können die geistigen Vorgänge bei seiner Schöpfung nicht auf einfache Weise logisch analysiert werden. Carroll, der unfähig war, die Quellen seiner Inspiration zu erkennen, meinte, er handele ineffektiv und sei ein Spielball des Zufalls.

Tatsächlich gibt es weniger Maschinerie in der Logik, als man vermuten könnte. Die Gesetze der Logik sind die gleichen wie diejenigen, welche die einzelnen Umschaltungen in einem Computer bestimmen. Beispiele hierfür sind: »Gibt man zwei ON-Signale auf ein AND-Gatter, so lautet das Ergebnis ON.« Damit der Computer etwas Interessantes hervorbringen kann, braucht er ein reichhaltiges Informationsmuster als Eingabe und genügend

Laufzeit. Genauso wird ein formalisiertes logisches System überraschende Resultate nur dann liefern, wenn man mit einer Menge interessanter Annahmen beginnt und sehr lange Ableitungen durchführt.

Wir wollen nun die geläufige Logik etwas näher kennenlernen und sehen, wie man die Logik dazu verwenden kann, formale Systeme zu codieren. Schließlich wollen wir herausfinden, wie reich ein System sein muß, damit es etwas so Gutes wie »Alice« schreiben kann.

Der Syllogismus

Platon ist der Denker, mit dem die Vorstellung von logischen Beweisführungen in Zusammenhang gebracht wird. Seine Dialoge wimmeln von Gestalten, die dieses oder jenes zu beweisen behaupten. Platon selbst traute logischen Argumenten nicht so ganz; er führte gelegentlich Charaktere ein, die als »Sophisten« bekannt sind. Diese fanden ihre perverse Freude darin, alles unter der Sonne mit Wortspielen zu beweisen. Ein sehr bekanntes Beispiel findet sich im Dialog »Euthydemos«. Dort streiten Sokrates und sein Freund Ktesippos mit den beiden Sophisten Euthydemos und Dionysodorus:

Dionysodorus: Du sagst, du hast einen Hund?
Ktesippos: Und zwar einen recht bösartigen.
D: Hat er auch Junge?
K: Ja, und die sind ebenso bösartig.
D: Und deren Vater ist dein Hund?
K: Ja, ich habe selbst gesehen, wie er die Hündin bestieg.
D: Wie nun, ist der Hund nicht dein?
K: Aber natürlich ist er mein.
D: Also er ist ein Vater, und er ist dein; ergo ist er dein Vater, und seine Kinder sind deine Brüder.

Dieses Beispiel sophistischer Argumentation beruht auf der bewußten Vermischung der unterschiedlichen Bedeutung der Prädikate »etwas ist dein« und »Vater sein« im Gebrauch. Das Argument basiert auf der Abweichung vom korrekten und akzeptierten Gebrauch des Wortes »dein«. Als Sokrates versucht, dies Dionysodorus klarzumachen, antwortet Dionysodorus: »Du schwätzt, und du bist nicht auf der Höhe der Zeit.« Platons Dialoge werden leichter zugänglich, wenn man realisiert, daß Sokrates' Gesprächspartner diese Argumentationsformen häufig verwenden.

Tatsächlich scheinen weder Platon noch sein Alter ego Sokrates immer sicher zu sein, daß sie im Recht sind. Die Schwierigkeit liegt darin, daß wir nicht *alle* Regeln des korrekten Sprachgebrauchs formulieren können. Die von den Menschen entwickelte formale Logik beschäftigt sich nur mit dem korrekten Gebrauch einiger, sehr spezieller Arten von Aussagen.

Heutzutage beginnt der Mathematikunterricht der Oberstufe mit einigen Stunden Logik. Diese Stunden sind bei weitem keine vollständige Einführung in dieses Gebiet. Sie betreffen lediglich den korrekten Gebrauch der sogenannten logischen Junktoren: nicht, oder, und, wenn... dann sowie genau dann... wenn. Man lernt Tatsachen wie die folgende: Ist A wahr und B falsch, so ist ›wenn A, dann B‹ falsch. Dieses Gebiet ist als Aussagenlogik bekannt. Seit den Arbeiten von Boole und anderen Logikern aus der Mitte des neunzehnten Jahrhunderts versteht man dieses Teil der Logik sehr gut.

Es kommt sehr oft vor, daß eine Wissenschaft historisch gesehen nicht mit der Untersuchung der denkbar einfachsten Begriffe beginnt. Die Begründer einer Wissenschaft sind in den meisten Fällen begierig darauf, die schwierigsten Rätsel ihres Gebietes zu lösen: »Vergiß die Weisheit ›Man muß zuerst krabbeln, bevor man laufen kann‹. Ich will gleich fliegen!« Deshalb ist es vielleicht nicht überraschend, daß Aristoteles, der erste richtige Logiker, sich nicht viel um die Regeln der Aussagenlogik gekümmert hat.

Anstatt Regeln über die elementaren Kombinationen von Wahr/falsch-Aussagen zu formulieren, verbrachte Aristoteles die meiste Zeit mit dem, was wir heute den »Kalkül der monadischen Prädikate« nennen könnten. Das heißt, er interessierte sich für Sätze über Eigenschaften, die einzelnen Dingen zukommen können.

Die einfachsten Sätze dieser Art sagen etwas über zwei verschiedene Eigenschaften aus. Dabei denke ich an Sätze wie »Jeder Hund ist haarig«. Formuliert man diesen Satz etwas geschraubter, so lautet er: »Jedes Ding, das die Eigenschaft hat, *ein Hund zu sein,* hat auch die Eigenschaft, *Haare zu haben.*« Nehmen wir die Eigenschaft S (für Subjekt) als »Hundsein« und die Eigenschaft P (für Prädikat) als »behaart«, so erkennen wir, daß unser Satz die Form »Jedes S ist P« hat.

Abhängig davon, ob wir über alle S oder nur über einige S sprechen und abhängig davon, ob wir davon reden, daß alle Dinge P sind oder nicht-P, ergeben sich vier Arten von Aussagen über zwei Eigenschaften:

Typ	Beispiel	allgemeine Form	Name der Form
A	Alle Hunde sind haarig	Alle S sind P	Universelle Affirmation
I	Einige Hunde sind haarig	Einige S sind P	Partikuläre Affirmation
E	Kein Hund ist haarig	Kein S ist P	Universelle Negation
O	Einige Hunde sind nicht-haarig	Einige S sind nicht-P	Partikuläre Negation

Die mittelalterlichen Logiker, die ihren Aristoteles gut kannten, haben diese Typen mit den Buchstaben A, I, E und O bezeichnet – vermutlich in Anlehnung an das lateinische *A*ff*I*rmo (ich bejahe) und n*E*g*O* (ich verneine).

Aristoteles interessierte sich dafür, wie man zwei dieser Aussagen zusammensetzen kann, um eine Schlußfolgerung zu erhalten. Ein Schluß mit zwei Prämissen und einer Cunclusio heißt »Syllogismus«. Der bekannteste Syllogismus ist wahrscheinlich die olle Kamelle:

Alle Menschen sind sterblich	Alle M sind P
Sokrates ist ein Mensch	Alle S sind M
Sokrates ist sterblich	Alle S sind M 1: AAA

In der Analyse solcher Syllogismen nennt man die beiden oberen Zeilen »Prämissen«, die dritte »Conclusio«. Die erste Eigenschaft, die in der Conclusio auftritt, wird mit S (für Subjekt) bezeichnet, die zweite wird durch P (für Prädikat) symbolisiert. In jedem gültigen Syllogismus gibt es noch eine dritte Eigenschaft, die M (für Mittelbegriff) genannt und in beiden Prämissen erwähnt wird. Im obigen Syllogismus ist »Sokrates sein« die Eigenschaft S, »sterblich sein« die Eigenschaft P und »Mensch sein« die Eigenschaft M.

Es gibt zwei Arten, einen Syllogismus zu kennzeichnen. Die eine Kennzeichnung bezieht sich auf die Art der Sätze, mit denen man ihn bildet. Im Sokrates-Syllogismus von oben sind alle drei Sätze vom universell affirmativen Typ A. Man sagt deshalb, der Syllogismus sei im »Modus« AAA. Andere Modi sind EIO, AOO und so weiter. Alles in allem gibt es 4 mal 4 mal 4, also 64 Modi.

Der AAA-Modus wird manchmal auch Barbara genannt, bArbArA. Hierbei ist »Barbara« kein Mädchenname, sondern der Plural des lateinischen Wortes »barbarus« (= Barbar). Sogar Barbaren können einfache Syllogismen im Modus AAA zusammensetzen.

Die andere Möglichkeit, einen Syllogismus zu kennzeichnen, hängt mit der Anordnung der Eigenschaften P, M und S in den beiden Prämissen zusammen. Es gibt hierfür vier Möglichkeiten, die man auch »Grundfiguren« nennt.

	erste Grundfigur	zweite Grundfigur	dritte Grundfigur	vierte Grundfigur
Erste Prämisse	M-P	P-M	M-P	P-M
Zweite Prämisse	S-M	S-M	M-S	M-S
Conclusio	S-P	S-P	S-P	S-P

Insgesamt gibt es vier Grundfiguren und vierundsechzig mögliche Modi. Das macht 4 mal 64 gleich 256 mögliche Syllogismen. Davon sind neunzehn korrekt.

Beispiele für jeden der neunzehn korrekten Syllogismen Beim Durchlesen sollte man daran denken, daß die Gesetze der Syllogistik dem Denken garantieren, daß – obwohl die Prämissen wahr oder falsch sein können – die conclusio immer wahr ist, wenn die Prämissen wahr sind.

Schlaue Köpfe tragen Brillen.	Alle M sind P	
Wissenschaftler sind schlaue Köpfe.	*Alle S sind M*	
Wissenschaftler tragen Brillen.	Alle S sind M	1:AAA

Kein Bettler ist aufrichtig.	Kein M ist P	
Alle Wanderprediger sind Bettler.	*Alle S sind M*	
Kein Wanderprediger ist aufrichtig.	Kein S ist P	1:EAE
Alle Männer sind Bestien.	Kein M ist P	
Einige Heilige sind Männer.	*Einige S sind M*	
Einige Heilige sind Bestien.	Einige S sind P	1:AII
Der einzige gute Schriftsteller ist ein toter Schriftsteller.	Kein M ist P	
Einige Amerikaner sind gute Schriftsteller.	*Einige S sind M*	
Einige Amerikaner sind tot.	Einige S sind nicht-P	1:EIO
Kein Arzt ist enthusiastisch.	Kein P ist M	
Du bist enthusiastisch.	*Alle S sind M*	
Du bist kein Arzt.	Kein S ist P	2:EAE
Alle Hunde haben ihren guten Tag.	Alle P sind M	
Kein Geizhals hat einen guten Tag.	*Kein S ist M*	
Kein Hund ist ein Geizhals.	Kein S ist P	2:AEE
Kein Präsident ist schwachsinnig.	Kein P ist M	
Einige Ungebildete sind schwachsinnig.	*Einige S sind M*	
Einige Ungebildete sind keine Präsidenten.	Einige S sind nicht-P	2:EIO
Alle guten Bücher sind lesenswert.	Alle P sind M	
Einige gute Klassiker sind nicht lesenswert.	*Einige S sind nicht-M*	
Einige Klassiker sind keine guten Bücher.	Einige S sind nicht-P	2:AOO
Alle Wochenenden spiele ich Golf.	Alle M sind P	
Einige Wochenenden verbringe ich mit meinem Vater.	*Einige M sind S*	
Manchmal spiele ich Golf mit meinem Vater.	Einige S sind P	3:AII

Kein Mensch ist eine Insel. *Einige Menschen schwimmen.* Einige schwimmenden Dinge sind keine Inseln.	Kein M ist P *Einige M sind S* Einige S sind nicht-P	 3:EIO
An einigen Tagen bin ich glücklich. *Jeden Tag bin ich traurig.* An einigen Tagen bin ich glücklich, wenn ich traurig bin.	Einige M sind P *Alle M sind S* Einige S sind P	 3:IAI
Einige Frauen sind nicht hübsch. *Alle Frauen sind liebenswert.* Einige liebenswerte Frauen sind nicht hübsch.	Einige M sind nicht P *Alle M sind S* Einige S sind nicht-P	 3:OAO
Sexualität ist schmutzig. *Sexualität ist heilig.* Einige heiligen Dinge sind schmutzig.	Alle M sind P *Alle M sind S* Einige S sind P	 3:AAI
Keine Frage ist dumm. *Alle Fragen sind nützlich.* Einiges, was von Nutzen ist, ist nicht dumm.	Kein M ist P *Alle M sind S* Einige S sind nicht-P	 3:EAO
Alles, was er liebt, ist esoterisch. *Keine esoterischen Dinge kommen im Fernsehen vor.* Nichts, was im Fernsehen vorkommt, liebt er.	Alle P sind M *Kein M ist S* Kein S ist P	 4:AEE
Kein Krimineller ist freundlich. *Einige freundliche Leute sind arm.* Einige arme Leute sind keine Kriminellen.	Kein P ist M *Einige M sind S* Einige S sind nicht-P	 4:EIO
Einige wichtige Wahrheiten sind offensichtlich. *Alles Offensichtliche ist stumpfsinnig.* Einige stumpfsinnige Dinge sind wichtige Wahrheiten.	Einige P sind M *Alle M sind S; P* Einige S sind P	 4:IAI

Alle Personen sind Objekte.	Alle P sind M	
Alle Objekte sind Formen im Hilbertraum.	*Alle M sind S*	
Einige Objekte im Hilbertraum sind Personen.	Einige S sind P	4:AAI

Keine meiner Erklärungen benötigt langes Lesen.	Kein P ist M	
Dinge, die langes Lesen benötigen, sind tiefsinnig.	*Alle M sind S*	
Einige tiefsinnige Dinge werden von mir nicht erklärt.	Einige S sind nicht-P	4:EAO

Die Zahlen und Buchstaben rechts von jedem Syllogismus beziehen sich auf das oben erwähnte Klassifikationssystem. Die drei Buchstaben geben jedesmal den Typ der Sätze an, und zwar in der Reihenfolge von oben nach unten. Das ist der »Modus« des Syllogismus. Die Zahlen bezeichnen die Grundfigur des Syllogismus. (Anmerkung: Tatsächlich gibt es noch weitere fünf gültige Formen des Syllogismus. Das sind die Formen 1:AAI, 1:EAO, 2:AEO, 2:EAO und 4:AEO. Jede dieser Formen ist eine Abwandlung einer der grundlegenden neunzehn gültigen Formen.)

Nach seinem Tode im Jahre 322 v. Chr. wurden die logischen Schriften von Aristoteles in einem Buch gesammelt, das unter dem Titel »Organon« bekannt geworden ist. »Organon« bedeutet soviel wie »Instrument der Wissenschaft«. Tausende und abertausende von jungen Männern haben die aristotelische Logik an den Universitäten des Mittelalters studiert. Ein recht weit verbreiteter Text waren die »Introductiones in Logicam« von William of Shyreswood, in Paris in der ersten Hälfte des dreizehnten Jahrhunderts erschienen. Interessant an diesem Buch ist unter anderem ein mnemotechnisches Nonsensgedicht, das den Studenten helfen sollte, sich die Modi der korrekten Syllogismen in jeder Grundfigur zu merken:

Barbara celarent darii ferio baralipton
Celantes dabitis fapesmo frisesomorum;
Cesare campestres festion baroco; darapti
Felapton disamis datisi bocardo ferison.

Beachtet man nur die Vokale in diesen lateinischen Wörtern, so erkennt man in den Wörtern der ersten Zeile »Barbara celarent darii ferio« eine verschlüsselte Form der vier korrekten Modi des Syllogismus in erster Grundfigur: AAA, EAE, AII und EIO. Wegen einiger Einschränkungen entsprechen die restlichen drei Zeilen nicht genau den Syllogismen in den anderen drei Grundfiguren. Eine Einschränkung rührt daher, daß auch die Konsonanten im Gedicht des William of Shyreswood eine mnemotechnische Bedeutung haben. Eine andere Einschränkung hängt damit zusammen, daß das Mittelalter eine etwas andere Ansicht darüber hatte, was ein korrekter aristotelischer Syllogismus sei.

Der hinreißende mittelalterliche Geist, der in all dem steckt, hat mich dazu verleitet, ein mnemotechnisches Gedicht auf Englisch zu verfassen, das den Titel »Four Hours in a Pub« (Vier Stunden in einer Kneipe) trägt. Jede Zeile besteht aus zwei Teilen. Der erste Teil jeder Zeile gibt durch die Anordnung der Buchstaben P, M und S die *Grundfigur* an. Der zweite Teil jeder Zeile stellt die gültigen *Modi* der Grundfigur dar durch eine Reihe von Wörtern mit drei Vokalen; die Wörter mit weniger als drei Vokalen sind nur dazu da, dem Ganzen einen Sinn zu geben.

Four Hours in a Pub

The lamp smiles...	My newspaper mentions raising bananas.
PM smites:	The bleared barroom section agrees.
Map the mess:	Roadhog detractors mistaking dadaist paintings for venison!
Drink Pimms...	Inhaling the Creator's tension, careen to no avail.

Beachten Sie die Struktur des Gedichtes:

MP-SM	EAE EIO AII AAA
PM-SM	EAE AOO EIO AEE
MP-MS	OAO EAO IAI AAI AII EIO
PM-MS	IAI EAO EIO AEE AAI

Eine mögliche Verwendung von Syllogismen besteht darin, sie zu langen Ketten von Argumenten zusammenzufügen. Solche Ketten von Syllogismen sind als *Sorites* bekannt – was sich von dem griechischen Wort für »Haufen« oder »Stapel« ableitet. Die Tabelle 3 zeigt ein Beispiel eines Sorites, der fünf Prämissen benützt und beweist, daß der menschliche Geist unsterblich ist:

Tabelle 3

Prämissen	*Form*
1. Abstrakte Begriffe sind unabhängig von der materiellen Welt.	Alle *A* sind *B*.
2. Alle Informationen sind abstrakte Begriffe.	Alle *C* sind *A*.
3. Nichts, was von der materiellen Welt unabhängig ist, ist sterblich.	Kein *B* ist *C*.
4. Die Ausformung des Gehirns ist eine Art abstrakter Information.	Alle *E* sind *C*.
5. Der menschliche Geist ist eine Ausformung des Gehirns.	Alle *F* sind *E*.
Konklusion:	
Der menschliche Geist ist unsterblich.	Kein *F* ist *D*.

Beweisschritte	*Begründung*
Alle A sind B.	Prämisse 1
Alle C sind A.	Prämisse 2
Alle C sind B.	Syllogismus 1: AAA
Kein B ist D.	Prämisse 3
Kein D ist C.	Syllogismus 4: AEE
Alle E sind C.	Prämisse 4
Kein E ist D.	Syllogismus 2: EAE
Alle F sind E.	Prämisse 5
Kein F ist D.	Syllogismus 1: EAE

Da der syllogistische Aufbau korrekt ist, garantiert die aristotelische Logik, daß die Conclusio wahr sein muß, wenn die Prämissen dies sind. Verwirft man eine der Prämissen, so ist man selbstverständlich nicht verpflichtet, meine Schlußfolgerung zu akzeptieren.

Symbolische Logik

Obwohl die Methode der Syllogismen von Aristoteles zweifellos korrekt ist, waren doch viele Denker der Meinung, daß die Logik weitergehen können sollte als die einfachen Wahrheiten von Aristoteles. Schon im zweiten nachchristlichen Jahrhundert wies der Naturforscher Galen darauf hin, daß reine Syllogismen nicht ausreichen, um Argumente zu behandeln, die Relationen zwischen Paaren von Dingen beinhalten. Zwei von Galens Beispielen sind die folgenden:

Mark hat doppelt soviel wie Peter.	M ist K zu P
Sarah hat doppelt soviel wie Mark.	*S ist K zu M*
Sarah hat viermal soviel wie Peter.	S ist KK zu P

Platon ist ein Schüler von Sokrates.	*P ist J zu S*
Sokrates ist Lehrer von Platon.	S ist J* zu P

Viele Denker gelangten zu der Ansicht, daß die Eigenschaften, die im syllogistischen Schließen diskutiert werden, zu eingeschränkt seien. Der Verdacht kam auf, daß es Methoden des korrekten Denkens geben könnte, die Aristoteles übersehen hatte. Als die Verwendung von algebraischen Symbolen und Gleichungen in der Mathematik geläufig geworden war, begannen die Leute von einer »Algebra der Logik« zu träumen, die dem menschlichen Denken neue Macht und Einfachheit bringen sollte.

Der letzte große Fortschritt im Verständnis der Logik fand um die Jahrhundertwende statt. Die Logiker ließen davon ab, Aristoteles umzuformulieren und begannen, das Gebiet neu zu studieren. Einige der wichtigsten Forscher auf dem Gebiet der Logik findet man zusammen mit ihrem wichtigsten Werk und dessen Erscheinungsjahr in der folgenden Liste:

George Boole	*An Investigation of the Laws of Thought*	1854
Gottlob Frege	*Begriffsschrift*	1879
Giuseppe Peano	*Notations de logique*	1894
Bertrand Russell	*Principia Mathematica*	1910–13
David Hilbert	*Über das Unendliche*	1926

Boole gelang es in der Hauptsache, die logischen Junktoren *oder, und* sowie *nicht* in den Griff zu bekommen; Frege meisterte die *Implikation* und die Quantifikation *für alle;* Peano steuerte einen flexiblen Symbolismus bei; Russell zeigte, wie man die gesamte Mathematik in logischer Form standardisieren und Hilbert, wie man viele verschiedene logische Systeme aufbauen kann. Diesen Männern gelang es, breite Wege vom Zentrum der selbstevidenten Wahrheiten aus zu bahnen. Aber sie halfen der Saat der Wahrheit auch, zu wildwuchernden fraktalen Kletterpflanzen zu keimen.

Boole dachte sich die Logik mit algebraischen Begriffen. Er setzte den Wahrheitswert einer Aussage gleich eins, wenn dieser wahr war und gleich null, wenn er falsch war. Für seine Arithmetik der Wahrheitswerte machte er die spezielle Annahme, daß 1 + 1 dasselbe wie eins ist. Die Rechtfertigung hierfür liegt in Booles Vorstellung, daß null gleich nichts und eins gleich dem Universum sei. Die algebraische Analogie weiterführend, setzte Boole *»A* und *B«* gleich *»A* mal *B«;* »nicht-*A*« identifizierte er mit 1-*A*.

Gemäß der Booleschen Sichtweise wurden aus manchen metaphysischen Prinzipien algebraische Wahrheiten. Zum Beispiel nehme man Leibniz' Satz vom verbotenen Widerspruch, der besagt, daß keine Aussage sowohl wahr als auch falsch sein könne. Anders formuliert besagt das Prinzip »*(A* und nicht-*A)* ist falsch«. Boole leitete das Prinzip aus einer einfacheren Aussage folgendermaßen algebraisch ab:

Als Ausgangspunkt nahm er die Annahme $A = A^2$, die er als »fundamentales Gesetz des Denkens« betrachtete. Dann argumentierte er so:

$A = A^2$
$A\text{-}A^2 = 0$
$A \times (1\text{-}A) = 0$
((A und (nicht-A)) ist falsch

Indem er der Logik das Aussehen der Algebra gab, hoffte Boole, der Logik die Strenge und Zwangsläufigkeit geben zu können, die der Algebra eigen ist. Dennoch setzt die Algebra eine gewisse Menge Logik voraus. Das haben Frege und Russell später gezeigt. Aus diesem Grunde ist es besser, *zuerst* die Logik aufzubauen und *dann* mit der Algebra zu beginnen. Eine andere Schwierigkeit bei Booles Vorgehen lag darin, daß die allzu enge Anlehnung an die Algebra die Notation schwer lesbar machte. Peano gab der Logik ein wesentlich ansprechenderes Äußeres, indem er alle logischen Aussagen mit Hilfe der folgenden sieben Grundsymbole formulierte:

nicht	~	
oder	∨	
und	&	Junktoren
wenn ... dann	→	
genau dann ... wenn	↔	
alle	∀	Quantoren
einige (es gibt ein)	∃	

Wie bereits bemerkt, heißen die ersten fünf dieser logischen Symbole »Junktoren«; die beiden letzten werden »Quantoren« genannt. Beschäftigen wir uns mit Aussagen, die alle sieben logischen Grundsymbole enthalten, so studieren wir die sogenannte Prädikatenlogik. Die aristotelische Logik ist ein Teil der Prädikatenlogik. Wir können die logischen Symbole A, I, E und O dazu verwenden, Beispiele für die vier fundamentalen Aussagetypen zu bilden:

Es sei x irgendein Objekt, $D(x)$ bedeute »x ist ein Hund« und $H(x)$ besage »x ist behaart«.

Typ	Deutsche Form	Symbolische Form
A	Alle Hunde sind behaart	$(\forall\ x)\ [D(x) \rightarrow H(x)]$
I	Einige Hunde sind behaart	$(\exists\ x)\ [D(x)\ \&\ H(x)]$
E	Kein Hund ist behaart	$(\forall\ x)\ [D(x) \rightarrow \sim H(x)]$
O	Einige Hunde sind nicht behaart	$(\exists\ x)\ [D(x)\ \&\ \sim H(x)]$

Auch kompliziertere Sätze lassen sich mit dem logischen Symbolismus aufschreiben. Wir wollen für den Augenblick annehmen, daß x und y Zahlen seien und daß K(x, y) bedeutet: »x ist kleiner als y.« Die Aussage »es gibt keine größte Zahl« läßt sich dann umformulieren zu »Für alle Zahlen x gilt: es gibt eine Zahl y und x ist kleiner als y«. Dies ergibt die symbolische Form $(\forall\ x)\ (\exists\ y)$ [G(x, y)]. Die Prädikatenlogik erweist sich als ausreichend reich und komplex. Bevor ich mit ihr fortfahre, möchte ich zuerst einen Schritt zurück tun und logische Aussagen betrachten, die nur Junktoren und keine Quantoren enthalten. Das Studium dieser einfacheren Sorte von Aussagen wird »Aussagenlogik« genannt. Die Aussagenlogik ist ein elementarer Teil der vollen Prädikatenlogik, der sehr gut erforscht ist.

A	B	Nicht-A $\sim$A	A oder B A v B	A und B A & B	Wenn A, dann B A→B	Genau dann A, wenn B A↔B
W	W	F	W	W	W	W
W	F	F	W	F	F	F
F	W	W	W	F	W	F
F	F	W	F	F	W	W

Abbildung 111: Wahrheitstafel für die Aussagenlogik

Die Standardbedeutungen der Grundsymbole der Aussagenlogik lassen sich am besten durch Wahrheitstafeln bestimmen, wie sie die Abbildung 111 zeigt. Um die Wahrheitstafeln verstehen zu können, nimmt man an, daß A und B zwei Aussagen seien, von denen jede entweder wahr oder falsch ist. Es ist nicht schwierig einzusehen, daß es alles in allem vier Möglichkeiten gibt, Wahrheit und Falschheit der beiden Aussagen miteinander zu kombinieren. Die Wahrheitstafel besagt nun, daß im Sinne der Aussagenlogik (~ *A*) nur dann wahr ist, wenn *A* falsch ist. Der Junktor »oder« ist nichtausschließend aufzufassen, das heißt, (*A* ∨ *B*) ist wahr, wenn *A* wahr oder *B* wahr oder *A* und *B* beide wahr sind. Andererseits ist (*A* & *B*) nur dann wahr, wenn *A* und *B* beide wahr sind. Die Aussage (*A* → *B*) gilt, wenn *B* mindestens so wahr wie *A* ist, was bedeutet, daß (*A* → *B*) nur dann falsch ist, wenn *A* wahr und *B* nicht wahr ist. Schließlich bedeutet »(*A* ↔ *B*) ist wahr«, daß entweder *A* und *B* beide wahr oder beide falsch sind.

Zwei Bemerkungen noch zur Sprechweise: »*A* → *B*« kann als »*A* impliziert *B*« oder als »wenn *A* dann *B*« gelesen werden; »*A* ↔ *B*« kann sowohl »genau dann *A*, wenn *B*« heißen oder auch »*A* und *B* sind logisch äquivalent«.

Ein Mangel der Logik ist, daß das Implikationszeichen → keinen Aspekt des Verhältnisses von Ursache und Wirkung wiedergibt: (*A* → *B*) besagt tatsächlich nichts anderes als (~ *A* ∨ *B*). Deshalb sind der Logik zufolge solch häßliche Sätze wie »Wenn Schnee schwarz ist, kann ich fliegen« wahr. Unglücklicherweise ist es nicht gelungen, eine bessere und zugleich einfache Definition der Implikation als die soeben geschilderte zu finden. Jedenfalls hat

A	B	(A→B)	↔	(~B	→	~A)
W	W	(W)	W	W	(W)	F
W	F	(F)	W	W	(F)	F
F	W	(W)	W	F	(W)	W
F	F	(W)	W	W	(W)	W

Abbildung 112: Beweis des Gesetzes der Kontraposition mit Hilfe einer Wahrheitstafel

sich der rudimentäre Begriff der Logik von einer Implikation in vielerlei Hinsicht bewährt.

Eine logische Kombination von Aussagen, die immer wahr ist – gleichgültig, ob die sie konstituierenden Aussagen wahr oder falsch sind –, ist als »Tautologie« bekannt. Die Entscheidung, ob etwas eine Tautologie ist, läßt sich ganz allgemein mit Hilfe sogenannter Wahrheitstafeln treffen. Untenstehend findet der Leser einige wohlbekannte Tautologien – zusammengesetzte Aussagen, die wahr sind für beliebige Teilaussagen A, B und C. Diese Behauptung läßt sich in jedem einzelnen Fall mit Hilfe einer Wahrheitstafel verifizieren:

Prinzip vom verbotenen Widerspruch	$\sim (A \,\&\, \sim A)$
Prinzip vom ausgeschlossenen Dritten (tertium non datur)	$A \vee \sim A$
Prinzip der doppelten Negation	$\sim (\sim A) \leftrightarrow A$
Gesetze von de Morgan	$\sim (A \vee B) \leftrightarrow (\sim A \,\&\, \sim B)$ $\sim (A \,\&\, B) \leftrightarrow (\sim A \vee \sim B)$
Gesetz der Kontraposition	$(A \rightarrow B) \leftrightarrow (\sim B \rightarrow \sim A)$ (Beweis siehe Abbildung 112)
Modus tollens	$(\sim B \,\&\, (A \rightarrow B)) \rightarrow \sim A$
Consequentia mirabilis	$(\sim A \rightarrow A) \rightarrow A$
Reductio ad absurdum	$(\sim A \rightarrow (B \,\&\, \sim B)) \rightarrow A$

Betrachten wir einige alltagssprachliche Beispiele für diese grundlegenden Tautologien:

Prinzip vom verbotenen Widerspruch:	Man kann nicht zugleich glücklich und traurig sein.
Prinzip vom ausgeschlossenen Dritten:	Entweder glaubt man an die Logik oder nicht.
Prinzip der doppelten Negation:	Nicht nichts bekommen bedeutet, etwas zu bekommen.
Gesetze von de Morgan:	Wenn ein Satz weder wahr noch falsch ist, dann ist er sowohl falsch als auch wahr. Wenn niemand sowohl männlich als auch weiblich ist,

	dann sind alle entweder männlich oder weiblich.
Gesetz der Kontraposition:	Wenn Reinlichkeit zu Gottähnlichkeit führt, dann führt das Teuflische zum Schmutz.
Modus tollens:	Wäre die Welt logisch aufgebaut, so wäre sie sinnvoll. Aber die Welt ist nicht sinnvoll, also kann sie nicht logisch aufgebaut sein.
Consequentia mirabilis:	Selbst wenn wir nicht nachdenken sollten, müßten wir doch immerhin darüber nachdenken, warum wir nicht nachdenken sollen, also würden wir in jedem Falle nachdenken müssen.
Reductio ad absurdum:	Würde die Welt nicht existieren, gälte dies auch für diesen Satz. Offensichtlich existiert aber dieser Satz, also gilt dies auch für die Welt.

Erstaunlich an diesen Argumentationen ist, daß keineswegs alle vollkommen wahr und vernünftig erscheinen. Das hängt mit der fundamentalen Eigenschaft menschlicher Sprache zusammen, nicht auf unverrückbar wahren oder falschen Aussagen A, B, C... aufzubauen. Wir dürfen aber dennoch hoffen, daß unsere Realität auf einigen zugrunde liegenden »atomaren« Eigenschaften beruht, welche den logischen Prinzipien – wie beispielsweise dem Satz vom verbotenen Widerspruch – genügen.

Jedenfalls können wir, nachdem wir den Begriff der Tautologie präzisiert haben, auch den der »logischen Folgerung« formulieren: Die Aussage Z ist eine logische Folgerung aus den Aussagen A, B, C,..., X, Y vorausgesetzt, daß die Formel

$$((A \,\&\, B \,\&\, C \,\&\ldots\&\, X \,\&\, Y) \rightarrow Z)$$

eine Tautologie ist. Sagt man, Z sei eine logische Folgerung der Aussagen A bis Y, so bedeutet das, daß Z wahr sein muß, wenn alle Aussagen A bis Y wahr sind.

Eine Aussage, deren Wahrheit voraussetzend geglaubt wird, nennt man üblicherweise ein »Axiom«. Versammelt man einige seiner Lieblingsaxiome, so enthält diese Sammlung von Aussagen eine »Theorie«. Bezeichnet T eine derartige Sammlung von axiomatischen Aussagen, so sagen wir, daß eine Aussage Z durch T »bewiesen« werde, falls Z eine logische Folgerung von einigen (oder allen) Aussagen in T darstellt. Z wird dann »Theorem« der Theorie T genannt. Die symbolische Logik erlaubt uns die Vorstellung, eine Theorie T fasse in kompakter Weise die Menge aller aus ihr beweisbaren Aussagen zusammen. Im Sinne der Information läßt sich das so formulieren: Die verschiedenen Folgerungen einer Theorie liegen in verschlüsselter Form in den Axiomen bereits vor.

Expeditionen im logischen Raum

Ich stelle mir den »logischen Raum« als einen großen, vieldimensionalen Raum vor, in dem jedes Gebiet einer irgendwie gestalteten Behauptung entspricht. Von einigen Behauptungen weiß ich, daß sie wahr sind. Deren Gebiete sind – so wollen wir annehmen – hell ausgeleuchtet. Die Behauptungen, die mir als falsch bekannt sind, liegen im tiefen Schatten. Alle anderen Gebiete sind mehr oder minder hell, je nachdem für wie wahrscheinlich ich sie erachte.

Nimmt man diese Raumanalogie ernst, so kann ich meinen Heimatplaneten gleichsetzen mit den vielen Dingen, die ich definitiv weiß: »Ich lebe«, »Gras ist grün«, »Meine Ehefrau ist weiblich«, »Meine Hand ist behaart«, »Wasser ist naß«, »Zehn ist eine Dreieckszahl« – all das sind Behauptungen, von denen ich weiß, daß sie wahr sind. Ich lebe inmitten vieler hellerleuchteter Wahrheiten. Weit weg wie Sterne im Himmel glänzen andere Gruppen von Wahrheiten. Das, was ich über New York City weiß, bildet eine Gruppe; mein Wissen über die Relativitätstheorie eine andere, und meine Kenntnisse über das System der natürlichen Zahlen konzentrieren sich zu einem weiteren Schimmer von Wahrheit in der Ferne.

Die Logik erlaubt es uns, ausgehend von den uns bekannten Fakten unsere Suchscheinwerfer in die Finsternis zu bohren. Sehe ich, daß die Kunsthandlung meines Freundes Rick geschlossen ist, so schließe ich daraus, daß er seine dringend benötigten Ferien in der Karibik angetreten hat. Sehe ich Mülleimer am Straßenrand, so folgere ich, daß die Müllabfuhr kommen wird. Höre ich Lärm im Obergeschoß, so leite ich daraus ab, daß meine Kinder miteinander streiten. Diese Folgerungen sind einfache Syllogismen. Wir verwenden sie viel öfter, als uns das bewußt ist. Sorites, das sind Ketten von Syllogismen, finden sich in allen Aspekten unseres Denkens. Hier ist ein Sorites aus Lewis Carrolls »Symbolic Logic«:

Der einzige Ort, wo man richtigen Plunder kaufen kann, ist die Straße.	Alle R sind S
Nichts außer Plunder kann man für ein Lied bekommen.	Alle H sind R
Dinge, die auf der Straße verkauft werden, haben keinen großen Wert.	Kein S ist W
Eier des Großen Alk sind sehr wertvoll.	Alle E sind W
Ein Ei des Großen Alk kriegt man nicht für ein Lied.	Kein E ist H

Das ist ein ziemlich einfacher Sorites (vom Typ 1:AAA; 4:AEE; 1:EAE) mit einer ziemlich merkwürdigen Schlußfolgerung. Betrachten wir aber mathematische Deduktionen – zum Beispiel den Beweis des Satzes von Pythagoras oder den der Irrationalität von Wurzel zwei –, so gelangen wir zu dem Eindruck, daß eine hinreichend komplexe Logik sehr viel mehr aus dem Evidenten herauszuholen vermag, als man erwartet hätte.

Leibniz träumte davon, auf den Fundamenten der richtigen Sprache und Denkgesetze, von einigen selbstevidenten Wahrheiten ausgehend, alle anderen Wahrheiten erhellen zu können: Fiat lux!

Heutzutage berührt uns diese Vision merkwürdig. Die Moderne hat den Zusammenbruch aller zentralen Autoritäten mit sich gebracht: Kirche, Staat, traditionelle Wissenschaft, überkommene Begriffe von Schönheit. Im zwanzigsten Jahrhundert erscheint die Vorstellung, alle Wahrheiten gewissermaßen anstrengungslos zu bekommen, ähnlich lächerlich wie die Suche nach dem Großen Gral. Was sagte der große Steuermann Mao in den guten alten revolutionären Zeiten? *Laßt tausend Blumen blühen.* Laßt unzählige logische Sterne ihre Strahlen aussenden!

Aber dennoch... es *wäre* schön, wenn alles in der Welt einen Grund hätte, sinnvoll wäre, wenn es tatsächlich ein Geheimnis des Lebens, einen Gral und einen Archimedischen Punkt gäbe. Es stellt sich heraus, daß die Komplexität an Information, die ein gegebenes System erzeugen kann, nach oben beschränkt ist.

Betrachten wir den logischen Raum näher, so ist die Frage natürlich, ob sich alles Wissen tatsächlich aus einfachen Wahr/falsch-Aussagen aufbauen läßt. Obwohl zahllose gewöhnliche Sätze (wie beispielsweise: »Ich bin glücklich«) viele Schattierungen von Wahrheit zeigen können, ist es möglich, daß diese komplexeren Wahrheiten aus kleinen, wohlbestimmten »atomaren« Wahrheiten bestehen. In der Hell-Dunkel-Metapher bedeutet dies die Frage, ob die unterschiedlich hellen Gebiete des logischen Raumes alle aus kleinen schwarzen und weißen Flecken bestehen oder nicht.

Die Auffassung, die Welt sei eine Ansammlung einfacher Wahr/falsch-Sätze, ist als »logischer Atomismus« bekannt. Die eleganteste Darlegung des logischen Atomismus findet sich in den ersten Zeilen des mittlerweile klassisch gewordenen »Tractatus logico-philosophicus« von Ludwig Wittgenstein aus dem Jahre 1921:

»1. Die Welt ist alles was der Fall ist.
1.1 Die Welt ist die Gesamtheit der Tatsachen, nicht der Dinge.
1.1.1 Die Welt ist durch die Tatsachen bestimmt und dadurch, daß es *alle* Tatsachen sind.
1.1.2 Denn, die Gesamtheit der Tatsachen bestimmt, was der Fall ist und auch, was alles nicht der Fall ist.
1.1.3 Die Tatsachen im logischen Raum sind die Welt.
1.2 Die Welt zerfällt in Tatsachen.
1.2.1 Eines kann der Fall sein oder nicht der Fall sein und alles übrige gleich bleiben.«

Wittgenstein hatte ein sehr genaues Bild von der Realität im Kopf. Er sprach mit den gleichen Begriffen über den logischen Raum, die auch wir verwendet haben, um den imaginären Raum (der mit möglichen Behauptungen ausgefüllt ist) zu diskutieren. Letztlich besteht die Welt nicht aus Dingen, sondern aus Tatsachen. Sind alle Tatsachen hell angestrahlt und alles andere dunkel, so ist die Struktur des logischen Raumes vollständig bekannt. Die Welt erschöpft sich darin, ein Muster im logischen Raum zu sein.

Einige Forscher halten Wittgensteins Thesen 1.2 und 1.2.1 für fragwürdig. Die These 1.2 besagt, daß Tatsachen sich wie Atome verhalten. Man gewinnt den Eindruck, daß die Analyse bei den Tatsachen an ihrem Ende angelangt sei. Man erinnere sich daran, daß »Atom« von *a* + *tom* herkommt, was »unteilbar« bedeutet. Ein Atom ist etwas, das sich nicht weiter zerlegen läßt. Eine Tatsache ist für Wittgenstein etwas viel Einfacheres als eine komplexe Aussage wie »Ich bin glücklich«.

Vielleicht hat sich Wittgenstein unter einer Tatsache so etwas wie »dieses Atom ist der unmittelbare Nachbar von jenem« oder »zum Zeitpunkt t hat dieses Teilchen die Koordinaten (x, y, z)« vorgestellt. So weit ich weiß, hat er niemals ein eindeutiges Beispiel dafür gegeben, welche Art von Aussagen einfach genug sind, daß sie als ursprüngliche Tatsachen dienen könnten. Die These 1.2.1 scheint die Vorstellung zu bekräftigen, daß Wittgenstein meinte, eine Tatsache sei einfach im Sinne von unzerlegbar. Wäre ein fundamentaler »Gegenstand« aus Teilen zusammengesetzt (wie der Begriff meines »Glückes«), so würde eine Änderung des Wahrheitswertes dieses Gegenstandes auch die Wahrheitswerte seiner Bestandteile ändern.

Das Bild, das zu entstehen scheint, ist das folgende: Für Wittgenstein ist der logische Raum so etwas wie eine Graphik auf dem Bildschirm eines Computers. Es gibt ein unveränderliches Gitter von minimalen »Gegenständen« (oder einfachsten Behauptungen). Jeder dieser Gitterpunkte ist entweder erleuchtet (das bedeutet wahr) oder dunkel (das besagt falsch). Diese Art und Weise, die Realität zu betrachten, ist am Zahlbegriff orientiert.

Auf der Ebene der gewöhnlichen Unterhaltung sind die Dinge verschwommen und vage. Der logische Atomismus aber hält die Hoffnung hoch, daß es ein letztes Niveau gibt, auf dem sich die Wirklichkeit in harten Tatsachen erfassen läßt. Zum gegenwärtigen Zeitpunkt sind wir ebensowenig in der Lage, die Korrektheit des logischen Atomismus zu bewerten, wie wir darüber urteilen können, ob die Materie in letzte unteilbare Partikel zerlegt werden kann. Es kann sein, daß es für diese Fragen keine richtigen Antworten gibt. Jedenfalls wissen wir, daß der Bereich der Arithmetik mit Hilfe einfacher, atomarer Tatsachen aufgebaut werden kann. Zwei Zahlen sind einander gleich oder nicht – da gibt es keinen

Raum für Vagheiten. In Zusammenarbeit mit Alfred North Whitehead unternahm Bertrand Russell den ersten ernsthaften Versuch, den logischen Raum der Mathematik auszufüllen. Das Mammutprojekt von Russell und Whitehead waren die dreibändigen »Principia mathematica« aus den Jahren 1910–1913. Die »Principia« versuchen, ausgehend von den Grundgesetzen der Prädikatenlogik, die gesamte Mathematik – gewissermaßen aus dem Nichts – aufzubauen. Ein durchaus praktischer Grund hierfür war der Wunsch, die Mathematik auf die sichere Basis der Logik zu gründen. Ein eher utopisches Motiv für dieses Projekt war, daß es als eine Art praktisches Beispiel für das Leibnizsche Programm – versuche, alle Wahrheiten aus einigen wenigen grundlegenden Prinzipien abzuleiten – fungieren konnte. Die »Principia« waren nicht in allen Punkten erfolgreich, erwiesen aber die große Kraft langer, formalisierter Argumentationen. Kurz nach dem Erscheinen der »Principia« verbesserte David Hilbert die Techniken von Russell und Whitehead, um mit ihrer Hilfe seine Idee des »formalen Systems« auszuarbeiten. Hilbert war vielleicht der letzte große Universalmathematiker. Im Laufe seiner Karriere lieferte er wichtige Beiträge zu allen Gebieten der Mathematik: Zahlentheorie, Geometrie, Logik, höhere Analysis und Angewandte Mathematik. Den größten Teil seiner Laufbahn verlebte er in Göttingen; um Hilbert sammelten sich dort Mathematiker und Physiker aus aller Welt. Hilbert wollte die Mathematik als einen Vorgang auffassen, bei dem logische Folgerungen aus gewissen einfachen Annahmen abgeleitet werden. Die grundlegenden Regeln der Aussagen- und Prädikatenlogik sind heute – nicht zuletzt dank Hilberts Werk – bekannt.

Die Mathematiker wissen heute um die korrekten Regeln der Argumentverbindung, lediglich mit den Bedeutungen der logischen Symbole $\sim$, $\vee$, &, $\rightarrow$, $\leftrightarrow$, $\forall$ und $\exists$.

Hilberts Konzeption der Mathematik als formales System beruhte auf der Idee, alle geläufigen mathematischen Relationen – wie $(x = y)$, $(x = 0)$ und $(z = x + y)$ – als spezielle Prädikate in der Prädikatenlogik aufzufassen: $G(x,y)$, $N(x)$ und $S(x,y,z)$. Das vorausgesetzt, können die Axiome der Mathematik als Formeln der Prädikatenlogik betrachtet werden, und der Beweisvorgang wird zur einfachen Anwendung der bekannten Regeln der Logik auf die verschiedenen Axiome.

Wir wollen uns nun ein formales System im Stile Hilberts als Theorem – Beweis – Maschine vorstellen. Die Axiome eines formalen Systems entsprechen dem ursprünglichen Programm der Maschine, und die Regeln der Logik korrespondieren mit ihren zulässigen Operationen. Ist das Ausgangsprogramm erst einmal gewählt, so beginnt die Maschine ganz automatisch, Theoreme zu beweisen. Es besteht die Hoffnung, ein Programm zu finden, machtvoll genug, alle den Mathematiker interessierenden Regionen des logischen Raumes auszufüllen.

Hilberts Arbeit stellte die Wichtigkeit eines brauchbaren Systems von Axiomen für unsere Mathematik klar. Angenommen, *M* stehe für die Menge von fundamentalen mathematischen Aussagen, mit denen wir beginnen. Diese Auswahl könnte beispielsweise alle die Tatsachen aus der Mathematik enthalten, die man im Gymnasium lernt: $1 + 1 = 2$; $x + y = y + x$; zwei Punkte legen eine Gerade fest; das Quadrat über der Hypotenuse ist gleich der Summe der Quadrate über den Katheten; die Wurzeln einer quadratischen Gleichung lassen sich durch die entsprechende Formel ausrechnen; die Ableitung von x Quadrat ist $2x$; etc. Diese Zugangsweise ist, da man *M* noch viel kleiner wählen kann, sehr ineffizient. Die grundlegende Idee ist dennoch verwirklicht: *M* soll so reich beschaffen sein, daß alles, was wir über Mathematik wissen, aus ihr ableitbar ist. So weit, so gut.

Hilbert hat darauf hingewiesen, daß ein gutes Axiomensystem der Mathematik widerspruchsfrei sein sollte. Dabei heißt *M* widerspruchsfrei, wenn man niemals auf einen Widerspruch geführt wird, geht man von den Axiomen aus *M* aus und nimmt man nur entsprechend den Regeln der Logik Ableitungen vor. *M* wird uns also niemals dazu zwingen, ein Teilgebiet des logischen Raums zugleich schwarz und weiß zu färben.

Ein anderer wünschenswerter Aspekt von *M*, den Hilbert selbst nicht sofort realisierte, ist die *Vollständigkeit*. Dabei heißt *M* vollständig, wenn man, ausgehend von einer mathematischen Hypothese H, mit Hilfe der Axiome von *M* H entweder beweisen oder widerlegen kann. Als Konsequenz einer solchen *M* ergibt sich, daß jedes Gebiet des logischen Raumes entweder definitiv weiß oder definitiv schwarz ist.

Gehen wir für einen Augenblick zu Wittgenstein zurück. Wir bemerken nun, daß dieser die Menge *F* aller Sachverhalte, »die der Fall sind«, als eine vollständige und widerspruchsfreie Beschreibung des gesamten logischen Raumes und damit der Welt betrachtete. Natürlich wäre die ganze Menge *F* unvorstellbar groß, so daß man mit ihr gewiß nicht umgehen könnte. Hilbert hoffte aber, zumindest für das Gebiet der Mathematik ein hinreichend kompaktes System *M* finden zu können, das sowohl widerspruchsfrei als auch vollständig sein würde.

Wie wir im nächsten Abschnitt sehen werden, war Hilberts Vorhaben zum Scheitern verurteilt.

Gödels Satz

Betrachtet man die Angelegenheit objektiv, so ist die Welt sehr viel komplizierter als eine Person. Dennoch haben wir beständig das Bedürfnis, die Welt zu *verstehen* und ihr Wesen auf eine einfache Art und Weise zusammenzufassen. Eine gute naturwissenschaftliche Theorie kondensiert eine große Anzahl von Fakten in einigen wenigen Grundprinzipien. So können wir beispielsweise mit den drei Axiomen Newtons und seinem Gravitationsgesetz beginnen und damit die Zeitpunkte aller Sonneneklipsen der nächsten hundert Jahre voraussagen. Auf der Grundlage des Bohrschen Atommodells kann man feststellen, welche chemischen Verbindungen leicht herzustellen sind. Ist ein gutes mathematisches Axiomensystem gegeben, so können wir viele Tatsachen über Zahlen damit beweisen. Es ist immer der große Traum des Rationalismus gewesen, eine letzte Theorie zu finden, die einfach *alles* erklärt. In einer Art Wiederaufnahme dieses Anschlages auf die Wahrheit hofften Logiker wie David Hilbert, eine Theorie *M* zu finden, die in kompakter Weise die gesamte Mathematik enthielte. Die Mathematik dient hier als eine Art »Spielwiese«: Wenn wir eine endgültige Theorie der Mathematik fänden, wären wir der endgültigen Theorie der Welt einen kleinen, aber entscheidenden Schritt nähergekommen.

Eine ideale, mathematische Theorie *M* muß drei Eigenschaften haben: *M* sollte endlich beschreibbar, sowohl widerspruchsfrei als auch vollständig sein. »*M* ist endlich beschreibbar« bedeutet, daß es möglich sein soll, ein Buch endlicher Dicke über *M* zu schreiben, das genau erklärt, was der Satz »*S* ist in *M* beweisbar« bedeutet. Ist ein angeblicher Beweis des Satzes *S* gegeben, so soll es in endlich langer Zeit möglich sein, mit Hilfe der Beschreibung von

M zu entscheiden, ob der Beweis den Regeln von *M* genügt oder nicht. Der Grund dieser Forderung liegt darin, daß man in Wirklichkeit über keine Theorie verfügt, solange man nicht in der Lage ist, den anderen Leuten ganz klarzumachen, um was für eine Theorie es sich handelt. Gäbe es diese Einschränkung nicht, so könnte man einfach sagen: »Es sei *W* die Menge aller wahren Sätze über die Mathematik.« Das Problem mit *W* ist das Folgende: versuche ich zu erklären, was *W* ist, indem ich alle wahren Sätze aufliste, so brauche ich dazu unendlich viel Zeit. Obwohl *W* widerspruchsfrei und vollständig ist, ist es in keiner offensichtlichen Weise endlich beschreibbar. Ein ähnliches Problem ergibt die folgende Festsetzung: »Es sei *Hu* die Menge aller mathematischen Sätze, welche die Menschheit jemals beweisen wird.« Da wir keine Ahnung haben, welche Beweisverfahren in Zukunft verwandt werden, können wir nicht an Hand einer endlichen Beschreibung entscheiden, ob ein Satz *S* aus *Hu* folgt oder nicht.

Ganz formal gesprochen bedeutet die Aussage, daß eine Theorie *M* endlich beschreibbar ist, daß man einen digitalen Computer so programmieren kann, daß er nacheinander alle Sätze ausdruckt, die *M* beweisen kann: Man hofft (wenn man das Programm für *M* mit immer mehr Laufzeit verbindet), eines Tages jeden wahren Satz produzieren zu können. Der Anteil, den der Mensch beisteuern muß, ist die Entdeckung von *M* – die Ausarbeitung aller Konsequenzen ist dann eine Sache der Mechanik. Je mehr Zeit vergehen wird, desto überraschendere Ergebnisse wird man erhalten: In einem gewissen Sinne erzeugt die Laufzeit selbst Information. Ist eine Theorie widerspruchsvoll, so wird sie alles Mögliche beweisen und widerlegen, ohne uns jemals sagen zu können, was wirklich wahr ist.

Ist eine Theorie *M* unvollständig, so gibt es mindestens einen Satz *S*, den die Theorie nicht entscheidet. In Anbetracht der perversen Natur der Welt ist es durchaus wahrscheinlich, daß einige dieser in *M* unentscheidbaren Sätze gerade diejenigen sind, für die ich mich wirklich interessiere. Definiere ich »Es sei *Gr* die Menge aller mathematischen Sätze, die man in der Grundschule lernt«, so ist *Gr* endlich beschreibbar (durch die Lehrbücher, die in der Grundschule verwandt werden). *Gr* ist auch widerspruchsfrei, aber sehr wahrscheinlich nicht vollständig: *Gr* wird nichts beweisen, wozu man die Analysis oder die komplexen Zahlen benötigt.

Die Mathematik scheint ganz kristallklar und einfach zu sein. Die Logik erweckt den Eindruck, sehr mächtig zu sein. In den zwanziger Jahren unseres Jahrhunderts dachten Leute wie Hilbert tatsächlich, daß es eine endgültige Theorie *M* der Mathematik gäbe, die endlich beschreibbar, widerspruchsfrei und vollständig sei. Im Sommer 1930 zeigte jedoch ein vierundzwanzigjähriger Doktorand namens Kurt Gödel, daß es eine solche Theorie nicht geben kann:

Gödels Unvollständigkeitssatz

Keine Theorie, die die gesamte Mathematik umfaßt, ist
a) endlich beschreibbar,
b) widerspruchsfrei und
c) vollständig.

Wir wollen Gödels Satz auf fünf verschiedene Weisen betrachten. Dabei wollen wir nacheinander den Standpunkt der Zahl, des Raumes, der Logik, der Unendlichkeit und der Information einnehmen.

Gödels Satz vom Standpunkt der Zahl

Es sei *M* eine widerspruchsfreie Theorie der Mathematik. Wir wollen annehmen, *M* sei endlich beschreibbar: Vielleicht gibt es ein dickes Buch, das alle Axiome und alle in *M* verwandten Schlußregeln beschreibt. Wie wir im ersten Kapitel gesehen haben, läßt sich dieses Buch als eine »B 27-Kette« betrachten, die eine bestimmte natürliche Zahl verschlüsselt. Diese können wir mit $\#M$ bezeichnen.

Der Beweis von Gödels Satz zeigt nun konkret, daß es einen zahlentheoretischen Satz $P(\#M)$ über die Zahl $\#M$ gibt, so daß $P(\#M)$ tatsächlich wahr ist, aber die Theorie *M* nicht imstande ist, den Satz $P(\#M)$ zu beweisen.

P(#*M*) besagt in etwa »Es gibt keine ganze Zahl, die die folgende #*M* enthaltende Gleichung erfüllt«. Tatsächlich gibt es keine derartige Zahl, aber *M* kann dies nicht beweisen.

Gödels Satz zeigt also eine konkrete Tatsache über ganze Zahlen auf, die *M* nicht beweisen kann. Daraus folgt, daß *M* keine vollständige Beschreibung des mathematischen Universums ist.

Gödels Satz vom Standpunkt des Raumes

Noch einmal sei *M* eine widerspruchsfreie Theorie der Mathematik mit endlicher Beschreibung. Unter Verwendung unserer Vorstellung eines logischen Raumes können wir uns *M* als eine Art von Saat im logischen Raum vorstellen. Man stelle sich *M* weiß

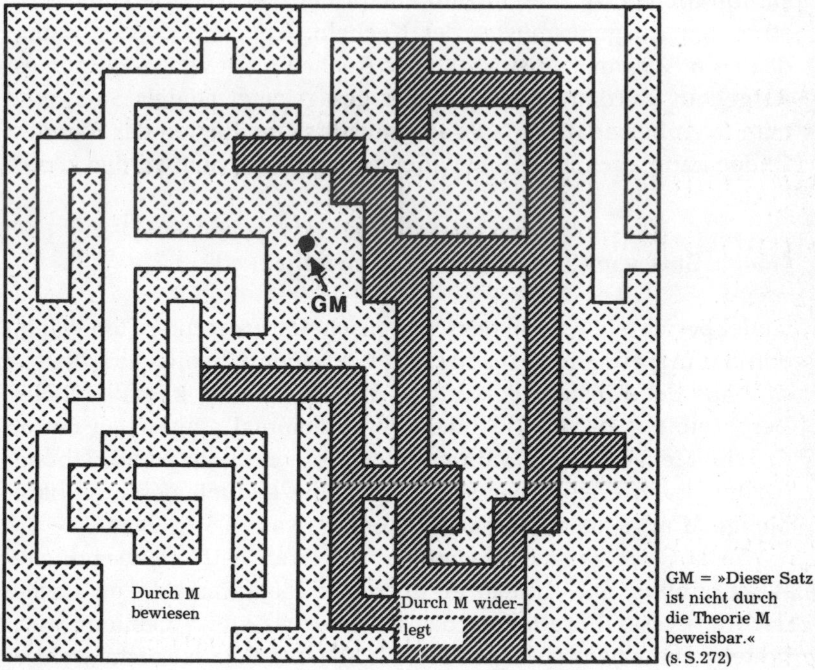

Abbildung 113: Gödels Satz: Es gibt immer ein graues Gebiet

vor, die unbestimmten Regionen des logischen Raumes grau. Nun beweist *M* manche Sachverhalte und widerlegt gewisse andere. Die von *M* bewiesenen Sachverhalte liegen auf weißen Trieben, die aus der Saat herauswachsen. Die von *M* widerlegten Dinge liegen auf schwarzen Trieben der Saat.

Gödels Satz besagt nun, daß – wie trickreich auch immer man *M* wählt – es immer graue Gebiete geben wird, die niemals schwarz oder weiß gefärbt werden. Der Beweis benützt seinerseits unsere endliche Beschreibung von *M*, um eine Menge von Anweisungen aufzubauen, mit deren Hilfe man einen speziellen Ort im logischen Raum finden kann, der grau bleibt.
Betrachtet man die Sache etwas anders, so kann man Gödels Satz als eine Aussage über Kachelungen betrachten. Ich stelle mir einen (möglicherweise höherdimensionalen) Raum und eine Ansammlung von Figuren vor, die den Begriff der Beweisbarkeit versinnbildlichen. In diesem Bild entspricht eine Theorie einem bestimmten Ausgangsmuster der Kacheln. Gödels Satz sagt dann, daß kein Ausgangsmuster zu einer Kachelung des ganzen Raumes ausgebaut werden kann. Genauer gesagt zeigt Gödels Satz, wie man in Anbetracht des Ausgangsmusters eine Region des Raumes finden kann, die nicht ohne Widersprüche gekachelt werden kann.

Gödels Satz vom Standpunkt der Unendlichkeit

Gödel berichtete einmal dem Wissenschaftstheoretiker Hao Wang, daß die ursprüngliche Inspiration für seinen Unvollständigkeitssatz aus der Einsicht entsprang, daß »Wahrheit« keine endliche Beschreibung zuläßt. Nachdem er erst einmal eingesehen hatte, daß die Menge *W* aller wahren Sätze keine endliche Beschreibung besitzt, konnte er sicher sein, daß keine endlich beschreibbare Menge *M* alles zusammenfassen könnte, was zu *W* gehört.

Wie ist Gödel darauf gekommen, daß »Wahrheit« keine endliche Beschreibung hat? Indem er über das Lügnerparadoxon nachdachte. Dieses Paradoxon, das bereits Aristoteles bekannt war, besteht aus einem einzigen Satz *L*: »Dieser Satz ist nicht wahr.« Ist *L* wahr, so ist *L* nicht wahr; und wenn *L* nicht wahr ist, so ist *L* wahr. Also ist L sowohl wahr als auch nicht wahr. Dieser Zustand widerspricht einer ganz fundamentalen Annahme der Logik, nämlich dem Prinzip vom verbotenen Widerspruch (eine Aussage kann nicht zugleich wahr und nicht wahr sein). Wir weigern uns, das Prinzip vom verbotenen Widerspruch aufzugeben. Also darf L in irgendeinem Sinne keine wirkliche Aussage darstellen.

Es gibt zwei Merkwürdigkeiten an L. Die erste Merkwürdigkeit ist, daß L ein Satz ist, der sich auf sich selbst bezieht: L besagt ja: »›L‹ ist nicht wahr.« Das zweite, was an L merkwürdig ist, ist daß L über den Begriff »Wahrheit« eine Aussage macht. Nun war Gödel in der Lage, zu zeigen, daß die Selbstbezüglichkeit nichts Aufregendes ist. Indem wir Sätze als B 27-Verschlüsselungen betrachten, können wir uns diese als bestimmte Arten von Zahlen vorstellen und so einen mathematischen Weg finden zur Darstellung der Selbstbezüglichkeit. Es bezeichne Q eine Eigenschaft der Codezahlen von Sätzen. Dann stellt sich heraus, daß sich auf trickreiche Weise ein mathematischer Satz konstruieren läßt, der besagt: »Die von diesem Satz kodierte Zahl hat nicht die Eigenschaft Q.« Im nächsten Abschnitt werde ich diesen Trick beschreiben.

Also rief die zweite Merkwürdigkeit an L die Schwierigkeiten hervor. Anscheinend gab es keinen endlichen mathematischen Weg, die Eigenschaft »wahr« auszudrücken – oder den Satz »x ist die Codezahl eines wahren Satzes«. Auf diesem Wege gelangte Gödel zu der Einsicht, daß »wahr« keine endliche mathematische Beschreibung hat.

Es ist sonderbar festzustellen, daß wir über einen Begriff – Wahrheit – sprechen können, der unendlich komplex ist. Aber vielleicht ist das auch gar nicht sonderbar ... wir sprechen auch vom »Universum«, ohne daß wir über eine einfache Möglichkeit verfügen würden, dieses insgesamt zu überschauen. Was ist das Universum? Es ist ... dieses hier.

Die Fähigkeit des Lesers zu verstehen, was mit »dieses hier« gemeint ist, beruht auf der Tatsache, daß wir beide ähnliche Geschöpfe sind und wunderbarerweise existieren.

Es ist nicht überraschend, daß die frühen Logiker hofften, sie könnten solche mysteriösen Überreste aus dem mathematischen

Denken verbannen. Das rationale Denken beherrschten sie, und so hätten sie gerne die ganze Welt in reine Vernunft verwandelt. Aber Gödel hat gezeigt, daß der Grundbegriff »wahr« der Logik keine rationale Definition zuläßt.

Was ist Wahrheit? Dieses hier.

Gödels Satz vom Standpunkt der Logik

Gödels Unvollständigkeitssatz leistet mehr als den Nachweis, daß »Wahrheit« keine endliche Beschreibung zuläßt. Der Beweis des Satzes zeigt, wie man, ausgehend von einer widerspruchsfreien und endlich beschreibbaren Theorie *M*, einen speziellen Satz *GM* konstruieren kann, so daß *GM* wahr – aber von *M* unbeweisbar ist. *GM* ist ein Satz, der besagt: »Dieser Satz ist nicht durch die Theorie *M* beweisbar.« Obwohl es auf den ersten Blick anders aussieht, ist *GM* tatsächlich ein mathematischer Satz. Er ist dem weiter oben diskutierten zahlentheoretischen Satz *P*(#*M*) äquivalent. Wie läßt sich der Satz *GM* tatsächlich konstruieren? Die Konstruktion verläuft in mehreren Schritten.

Schritt 1: Wir benützen einen Verschlüsselungsprozeß – ähnlich dem B 27-Kode – der jede Kette mathematischer Symbole durch eine Codezahl #*S* repräsentiert. Das geht ziemlich umstandslos.

Schritt 2: Da *M* endlich beschreibbar ist, kann man eine endliche mathematische Eigenschaft *Pf*(*x*) – mit einer Variablen *x* finden –, die besagt: »*x* ist nicht die Codezahl eines Satzes, der in der Theorie *M* beweisbar ist.« Diese Eigenschaft hat beispielsweise ein Satz *Pf*(*x*) wie »Es gibt eine große Zahl, die einen korrekten Beweis des Satzes mit der Codezahl *x* aus den Axiomen des Systems *M* codiert«. Der Trick dabei ist, daß für jeden Satz *S* *Pf*(#*S*) bedeutet »*S* ist in *M* beweisbar«.

Schritt 3: Das ist der technische Trick, mit Hilfe dessen es möglich wird, selbstbezügliche mathematische Formeln aufzustellen. Wir definieren, ausgehend von einer Codezahl *k*, eine Abbildung, die eine andere Zahl Sub (*k*) liefert. Wir wollen annehmen, daß *k* die

Codezahl einer Formel $K(x)$ ist, die eine mathematische Eigenschaft einer Variablen x ausdrückt. Beispiele für $K(x)$ sind »x ist gerade«, »x ist eine Primzahl« und »x ist größer als 10 000«. Indem wir konkrete Zahlen für x nehmen, wie beispielsweise 17, erhalten wir konkrete Aussagen, die wir mit $K(17)$ bezeichnen wollen. $K(17)$ kann sein: »17 ist gerade«, »17 ist eine Primzahl« und »17 ist größer als 10 000«. Schön. Nun erinnern wir uns daran, daß wir mit einem k begonnen haben, das die Codezahl von $K(x)$ gewesen ist. Anders ausgedrückt sind wir mit einer Zahl k gestartet, die gleich $\#K(x)$ ist. Nun können wir die Zahl k in $K(x)$ einsetzen und so einen leicht selbstbezüglichen Satz $K(k)$ bekommen. Dieser Satz hat wiederum seine eigene Codezahl $\#K(k)$. Diese Zahl wollen wir Sub(k) nennen. Ist k die Codezahl von $K(x)$, so ist ganz allgemein Sub(k) $\#K(k)$, also gleich der Codezahl von $K(k)$.

Schritt 4: Aus Schritt 2 wissen wir, daß $Pf(x)$ eine mathematische Formel ist, die besagt, »x ist nicht die Codezahl eines in M beweisbaren Satzes«. Nun sei $E(x)$ die Eigenschaft »Pf(Sub(x))«. Weiter sei e die Codezahl von $E(x)$. Zum guten Schluß sei GM gleich $E(e)$.

GM $\leftrightarrow$ $E(e)$ (nach Definition von GM)
$\leftrightarrow$ $\sim Pf$(Sub(e)) (da $E(x)$ gleich der Eigenschaft $\sim Pf$(Sub(x)) ist)
$\leftrightarrow$ $Pf(\#E(e))$ (nach der Definition von Sub)
$\leftrightarrow$ $\#E(e)$ ist nicht die Codezahl eines in der Theorie M beweisbaren Satzes (nach Definition von Pf)
$\leftrightarrow$ $\#GM$ ist nicht die Codezahl eines in der Theorie M beweisbaren Satzes (nach Definition von GM)
$\leftrightarrow$ GM ist nicht in der Theorie M beweisbar.

Der Punkt, auf den es nun ankommt, ist der folgende: GM ist so konstruiert, daß es genau dann wahr ist, wenn es nicht in M beweisbar ist – und daß es genau dann falsch ist, wenn es in M beweisbar ist. Da M als ordentliche Theorie der Mathematik vorausgesetzt worden ist, wollen wir nicht, daß M etwas beweist, was falsch ist. Deshalb kann die Möglichkeit, daß GM falsch und in M beweisbar ist, ausgeschlossen werden. Also muß GM sowohl wahr als auch unbeweisbar sein. »Dieser Satz ist nicht durch M beweisbar« ist ein wahrer Satz, den M nicht beweisen kann.

Man beachte: gibt es eine Formel $W(x)$, die die Eigenschaft »x ist die Codezahl eines wahren Satzes« ausdrückt, so können wir die gleichen vier Schritte durchführen, um einen Satz L zu erhalten: »Dieser Satz ist nicht wahr.« Da L sich selbst widerspricht, erkennen wir, wie bereits im letzten Abschnitt diskutiert, daß »Wahrheit« nicht endlich beschreibbar ist.

Gödels Satz vom Standpunkt der Information

Gregory Chaitin, ein Informationstheoretiker von IBM, hat im »International Journal of Theoretical Physics« den Gehalt des Gödelschen Satzes treffend formuliert: »Man kann nicht ein Zwanzig-Pfund-Theorem mit einer Zehn-Pfund-Theorie beweisen.« Die grundlegende Einsicht ist, daß jede mathematische Theorie M eine wohlbestimmte Menge von Information $I(M)$ enthält. Im Falle einer interessanten Theorie M ist deren Informationsgehalt $I(M)$ ungefähr gleich der Anzahl von Symbolen, die man benötigt, um eine genaue Beschreibung von M zu geben. Eine komplizierte Theorie enthält mehr Information, aber jede Theorie enthält nur eine beschränkte Menge an Information, und es gibt Zahlen, die viel größere Informationsmengen verschlüsseln. Die informationstheoretische Version von Gödels Satz besagt, daß M nichts über die Zahlen aussagen kann, deren informationstheoretische Komplexität viel größer als $I(M)$ ist. Die zentrale Einsicht »Unsere Theorien sind endlich, aber die Wahrheit ist unendlich« wird durch dieses Ergebnis verschärft zu »Für jede unserer Theorien M gibt es eine Obergrenze, welche die Komplexität der durch M beweisbaren Wahrheiten beschränkt«. Jegliche Vorstellung einer Theorie, die alle Fragen beantwortet, wird hiermit aufgegeben; Theorien werden als endliche Artefakte betrachtet, deren Macht sich exakt messen läßt. Ich werde über diese Version von Gödels Satz im nächsten Kapitel mehr sagen.

Der Satz von Gödel ist von der gleichen monumentalen Kniffligkeit wie ein Bild von Brueghel. Es gibt verschiedene Aspekte, unter denen man ihn betrachten kann. In den dreißiger Jahren unseres Jahrhunderts benützten die Logiker die Techniken von Gödel, um eine verwirrende Vielfalt von verwandten Ergebnissen abzuleiten. Unterstützt von J. Barkley Rosser bewies Gödel selbst die Folgerung aus seinem Satz, daß keine gute mathematische Theorie ihre eigene Widerspruchsfreiheit beweisen kann. Alonzo Church verwandte Gödels Methoden für den Nachweis, daß es keine effektiven Entscheidungsverfahren der Frage gibt, welche Sätze aus einer gegebenen Theorie folgen. Alfred Tarski benützte Gödels Beweis, um die Undefinierbarkeit von »Wahrheit« zu beweisen. Alan Turing legte einen Beweis dafür vor, daß niemand vorhersagen kann, ob ein gegebenes Computerprogramm arbeiten wird oder nicht. Emil Post untersuchte, inwieweit Gödels Satz zeigt, daß die Mathematik ihrem Wesen nach schöpferisch und nichttechnisch ist. Stephen Kleene brachte Gödels Beweis mit der Unmöglichkeit in Verbindung, für jedes Niveau der Unendlichkeit Namen zu finden.

Vor allem zeigt Gödels Satz, daß das menschliche Denken viel komplexer und weniger mechanisch ist, als irgend jemand zuvor geglaubt hatte. Nach einem kurzen Aufflackern des Interesses in den dreißiger Jahren versteinerte das Ergebnis zu einem Stück technischer Mathematik. Gödel wurde zum Privateigentum der etablierten mathematischen Logiker, und viele dieser akademischen Würdenträger reagierten mit Verachtung auf jeden Hinweis, daß der Satz etwas mit der wirklichen Welt zu tun haben könnte. Während der materialistischen, technikgläubigen vierziger und fünfziger Jahre wurden die philosophischen Folgerungen aus Gödels Satz vollkommen ignoriert. Das Interesse an diesem Satz nahm erst wieder zu, als 1961 der Philosoph J. Anthony Lucas aus Oxford eine inkorrekte, aber sehr wichtige Arbeit veröffentlichte, in der er argumentierte, daß Gödels Satz beweise, daß Maschinen nicht denken könnten. In den letzten Jahren haben die populärwissenschaftlichen Bücher von Douglas Hofstädter viel dazu beigetragen, die öffentliche Beachtung des Gödelschen Theorems zu vergrößern.

Buckminster Fuller hat einst bemerkt, wirklich wichtige Ideen erkenne man daran, daß man mit ihrer Hilfe neue Maschinen zu bauen vermöge. In den folgenden beiden Abschnitten wollen wir sehen, wie die mit Gödels Satz verbundenen Techniken unsere modernen Vorstellungen über Computer beeinflußt haben.

Turingmaschinen

Was macht ein digitaler Computer in Wirklichkeit? Ein Computer hat vier wichtige Komponenten: Eingabe, Speicher, Prozessor und Ausgabe. Bei einem typischen Heimcomputer besteht die Eingabe aus einer Schreibmaschinentastatur und einem Diskettenlaufwerk, der Speicher besteht aus einem Gitter von elektronischen Speicherelementen, der Prozessor ist ein Chip mit integrierten Schaltkreisen, und die Ausgabe besteht aus einem Diskettenlaufwerk, einem Bildschirm und einem Drucker. Die eingegebenen Daten werden im Speicher codiert; der Prozessor verändert das Gespeicherte. Anschließend decodiert die Ausgabe den neuen Speicherinhalt und gibt ihn aus.

Die wirkliche Rechnung geschieht durch die Wirkung des Prozessors auf den Speicher. Die Prozessoren von Heimcomputern sind flache, wanzengroße Rechtecke mit unzähligen Drähten, die wie Fühler herausragen. Wir können uns die Wirkungsweise eines Computers wie folgt vorstellen: Erster Schritt ist die Eingabe. Man legt Programm- und Datendisketten in das Laufwerk ein. Dann tippt man etwas auf der Tastatur ein. Ein Standardübersetzungssystem verwandelt alle Informationen in ein Muster von Nullen und Einsen im Speicher. Zweiter Schritt: Berechnung. Wie eine kleine Wanze »krabbelt« der Chip im Speicher herum und verändert nach und nach die Symbole. Dritter Schritt: Ausgabe. Das Muster im Speicher wird decodiert und zu Zeichen auf der Diskette, dem Bildschirm und dem Papier des Druckers. Was hat der Prozessor genau gemacht?

1. Der Prozessor ist in der Lage, die Symbole zu lesen, wo auch immer diese abgespeichert sind; das heißt, er kann erkennen, ob der Zustand des Speicherelementes Ein oder Aus ist.

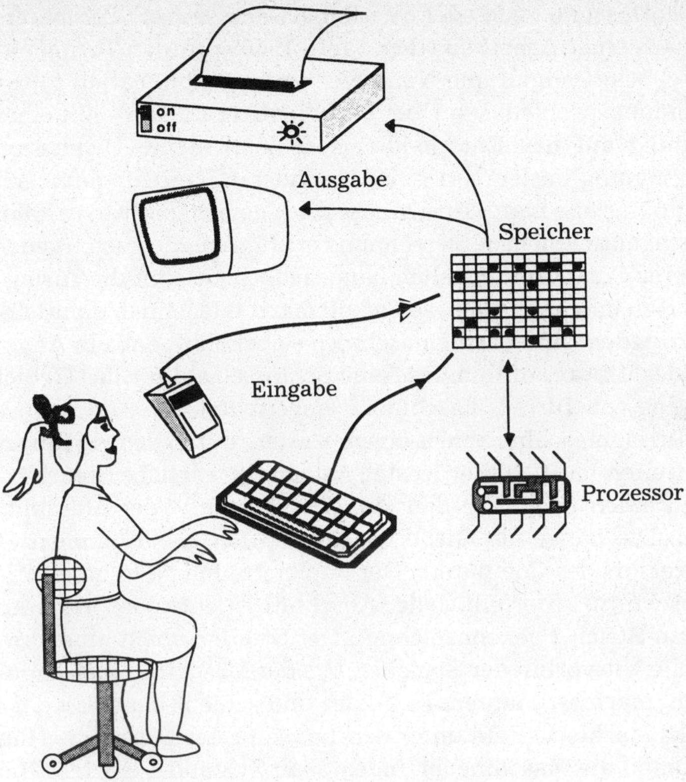

Eingabe → Speicher → Ausgabe

↕

Prozessor

Abbildung 114: Ein Computer

2. Der Prozessor kann die Inhalte des Speichers, während er diese abtastet, ändern; das heißt, er kann den Zustand des betrachteten Speicherelementes verändern.
3. Der Prozessor kann zu jedem anderen Speicherplatz weitergehen.
4. Der Prozessor kann seinen inneren Zustand verändern; das heißt, er kann seine Pläne »den Umständen anpassen«.

Diese Auffassung von der Wirkungsweise eines Computers stammt aus einer Arbeit aus dem Jahre 1936 von Alan Turing mit dem Titel »On Computable Numbers, with an Application to the Entscheidungsproblem« (= Über berechenbare Zahlen – mit einer Anwendung auf das Entscheidungsproblem). Seine Diskussion der Berechnung basiert auf einer besonderen, vereinfachten Art von Computer, die man »Turingmaschine« nennt. Im Prinzip kann eine Turingmaschine jede Berechnung ausführen, die auch irgendein anderer Computer anstellen kann. Jedoch arbeitet die Turingmaschine ziemlich langsam, so daß niemand tatsächlich damit arbeitet. Trotzdem sind Turingmaschinen so bekannt, daß ein Angestellter der Library of Congress eine Schlüsselzahl für das Gebiet »Marketing von Turing-Maschinen« eingerichtet hat.

Eine Turingmaschine ähnelt einem Kasten, durch den ein langer Papierstreifen läuft. Dieser Kasten hat eine bewegliche Steuerleiste, die Zahlen trägt, die den »inneren Zustand« der Maschine angeben. Die Länge der Steuerleiste entspricht der Komplexität des Prozessors des Computers. Der Papierstreifen ist in quadratische Abschnitte unterteilt. Jeder Abschnitt ist entweder leer oder mit einem Strich / gekennzeichnet. Der Streifen spielt eine ähnliche Rolle wie vorhin der Speicher. Um der Maschine einen Input zu geben, markiert man einige Felder und schiebt das am weitesten links markierte Feld unter den Lesekopf der Maschine. Nun schaltet man die Maschine an, indem man Zustand 1 einstellt. Im Laufe der Zeit bewegt sich die Maschine vorwärts an dem Band entlang. Sie geht dabei Feld für Feld vor und markiert gelegentlich einen / oder löscht einen / aus. Die Steuerleiste rückt vor und zurück. Ist die Maschine mit ihren Berechnungen fertig, bleibt sie stehen und schaltet sich selbst aus. Die Ausgabe ist das auf dem Band verbleibende Strichmuster.

Wie entscheidet die Maschine, in welche Richtung der Schreib-Lese-Kopf zu bewegen ist, in welcher Weise sie ihren Zustand ändern und ob sie eine Markierung auslöschen oder neu setzen soll? Das geschieht mit Hilfe des Programms. Das Programm einer Turingmaschine ist sehr einfach – es besteht aus einer endlichen Liste von Befehlen, die aus vier Symbolen bestehen. Jeder Befehl enthält die folgenden Komponenten:

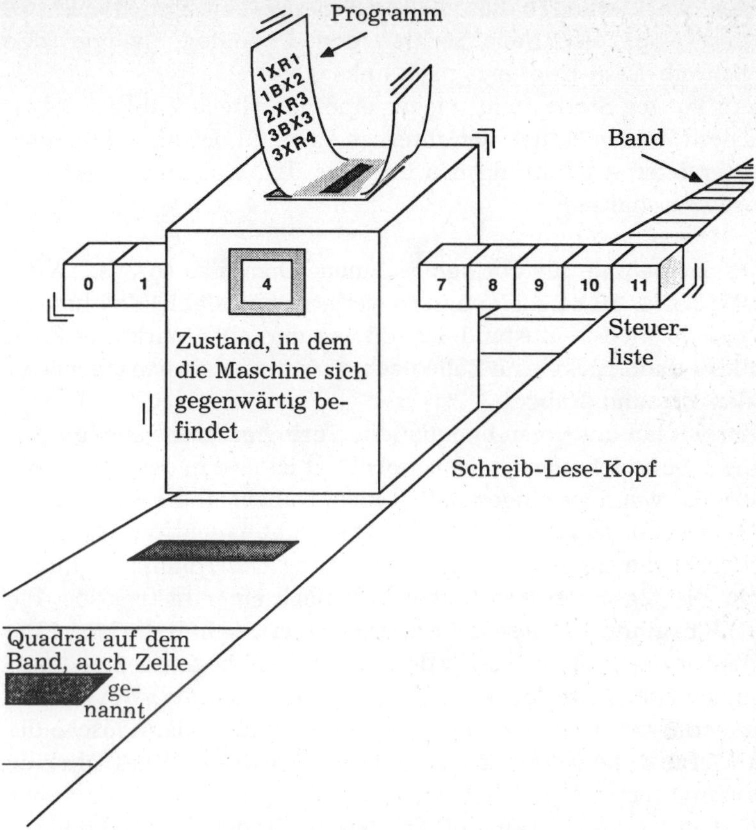

Abbildung 115: Eine Turingmaschine mit zwölf Zuständen

a) An der ersten Stelle steht eine natürliche Zahl 1,2,3,... Diese Zahlen repräsentieren die möglichen inneren Zustände der Maschine im Moment ihrer »Befehlsentgegennahme«.
b) An der zweiten Stelle steht einer der beiden Buchstaben *B* und *X*. Dieser ist eine Beschreibung des Zustandes der gerade eingelesenen Zelle. *B* bedeutet blank, *X* heißt markiert.
c) An dritter Stelle folgt einer der Buchstaben *B*, *X*, *R* oder *L*. Diese stellen die möglichen Reaktionen der Maschine dar. *B* heißt »lösche die Markierung in dieser Zelle«, *X* bedeutet »setze

eine Markierung in diese Zelle«, *R* meint »bewege den Schreib-Lese-Kopf eins nach rechts« und *L* analog »bewege den Schreib-Lese-Kopf eins nach links«.

d) An vierter Stelle steht wieder eine natürliche Zahl 0,1,2,3,... Diese Zahlen stellen den internen Zustand der Maschine nach beendeter Ausführung des Befehles dar. Zustand 0 bedeutet »ausgeschaltet«.

Typische Befehle für Turingmaschinen sehen also so aus: 1*XB*2, 2*BR*3, 3*BR*4, 4*BX*4, 4*XR*5 und so weiter. Der Befehl 4*XR*5 besagt: »Wenn du dich in Zustand 4 befindest und eine markierte Zelle einliest, dann rücke eine Zelle nach rechts und gehe anschließend in den Zustand 5 über.«

Wir wollen uns vorstellen, daß die Turingmaschine sich im Zustand 0 befindet, wenn sie ausgeschaltet ist und in den Zustand 1 übergeht, wenn sie eingeschaltet wird. Dabei soll die Steuerleiste von 0 nach 1 vorgerückt werden. Dann untersucht die Maschine die Zelle, die sie gerade einliest. Ist diese Zelle blank, so durchsucht die Maschine ihre Befehlsliste nach einer Instruktion, die mit 1*B* beginnt. Ist diese Zelle aber markiert, so hält die Maschine Ausschau nach einer Instruktion, die mit 1*X* beginnt. Angenommen, sie findet die Anweisung 1*XB*2. Diese besagt: »Wenn du in Zustand 1 bist und eine markierte Zelle einliest, dann lösche die Markierung und gehe in Zustand 2 über.« In dieser Weise fährt die Maschine fort.

Falls die Maschine einen Befehl erhält, in den Zustand 0 überzugehen, schaltet sie sich selber aus. Nicht jede Maschine gelangt zu einem Befehl mit einer 0 an der letzten Stelle. Deshalb verharren manche Maschinen in Endlosschleifen. Es ist keineswegs ungewöhnlich, daß Maschinen unbegrenzt weiterlaufen. Nach Turings Satz gibt es keine allgemeingültige Methode, Maschinen, die ewig laufen, von solchen zu unterscheiden, die ein Resultat erreichen und sich dann selbst ausschalten.

Man muß dabei beachten, daß eine konkrete Turingmaschine nur endlich viele Zustände annehmen kann. Aus diesem Grunde ist die Vorstellung nützlich, daß die Maschine eine mit Zahlen versehene Steuerleiste enthält, die sich vor- und zurückbewegt und damit dokumentiert, in welchem Zustand sie sich befindet. Man muß berücksichtigen, daß die Leiste eine endliche Länge hat. Als Faustregel gilt: Je mehr Zustände eine Turingmaschine besitzt, desto komplizierter kann ihr Verhalten sein.

An dieser Stelle sollte man bemerken, daß das Programm einer Maschine mit K Zuständen (unter Ausschluß des Zustandes 0) höchstens $2K$ Instruktionen enthält. Davon beginnt jede mit einem der $2K$ möglichen Anfänge $1B$--, $1X$--, $2B$--, $2X$--, ..., KB--, KX--. Das ergibt sich aus der Tatsache, daß im Zustand des Angeschaltetseins der Zustand der Maschine einer zwischen 1 und K ist und das Quadrat, das gerade untersucht wird, entweder markiert oder blank ist. Die beiden Leerstellen ».·« können auf $4(K+1)$ Weisen aufgefüllt werden – nämlich durch einen der Buchstaben L, R, B oder X, gefolgt von einer Zahl zwischen 0 und K. Das ergibt insgesamt $(4(K+1))^{2K}$ Programme. Selbst für kleine K ist das schon eine ganz ansehnliche Zahl – für $K = 2$ erhält man einen Wert von ungefähr zwanzigtausend – aber dennoch *ist* die Anzahl der möglichen Turing-Maschinen mit K Zuständen endlich. Für große K liegt diese Anzahl ungefähr in der Größenordnung von K^{2K}.

Wofür kann man Turingmaschinen verwenden? Einfach für alles! Die Markierungen auf dem Streifen einer Turingmaschine können alle möglichen Dinge darstellen – ganz davon abhängig, wozu man die Maschine benutzt. Analog ist die Situation bei den Speicherelementen eines Computerspeichers, deren Zustände unterschiedliche Informationsarten codieren können – ganz abhängig davon, welche Ein- und Ausgabegeräte man benützt. Die Speicherelemente können Zahlen, Buchstaben, Pixel auf einem Bildschirm oder Steuerbefehle für eine Rakete darstellen. Für unsere Zwecke genügt es, eine Turingmaschine zu betrachten, die ganze Zahlen in ebensolche überführt. Um uns das Leben zu vereinfachen, wollen wir nur Zahlen betrachten, die größer als Null sind – also 1,2,3,4,... Angenommen, wir geben die Zahl K ein, indem wir K unmittelbar aufeinander folgende Quadrate markieren und stellen dann die Turingmaschine auf das markierte Quadrat ein, das sich am weitesten links befindet. Anschließend lassen wir die Maschine laufen. Sollte die Maschine halten und eine Kette von L

markierten Quadraten hinterlassen, so wollen wir sagen, daß die Maschine die Zahl *K* als Eingabe in die Zahl *L* als Ausgabe umgewandelt habe. Die Maschine *T* berechnet gemäß dieser Auffassung eine numerische Funktion $T(K) = L$. Im Folgenden wollen wir die Befehlsmengen beschreiben, die zur Berechnung einiger einfacher numerischer Funktionen gehören.

T(K) = K + 1 Die Idee hierbei ist, eine Markierung zu den Markierungen auf dem Band hinzuzufügen und dann anzuhalten. Es gibt verschiedene Mengen von Befehlen für Turing-Maschinen, die das leisten. Betrachten wir eine Zwei-Zustands-Maschine mit der Befehlsmenge [1*XR*1, 1*BX*0]. Die erste Instruktion besagt: »Wenn du dich in Zustand 1 befindest und eine markierte Zelle einliest, dann gehe um eine Zelle nach rechts und bleibe im Zustand 1.« Die zweite Anweisung lautet: »Wenn du in Zustand 1 bist und dein Schreib-Lese-Kopf über einer leeren Zahl steht, dann bringe eine Markierung in dieser Zelle an und gehe in den Zustand 0 über.« Zur Erinnerung: »in den Zustand 0 übergehen« bedeutet »sich selbst ausschalten«. Startet man eine Maschine mit diesen Befehlen am linken Ende einer Kette von Markierungen, so wird die Maschine so lange nach rechts laufen, bis sie auf ein blankes Quadrat trifft. Liest sie diese blanke Zelle ein, so markiert sie diese anschließend und hält an. Wird die Maschine mit *N* aufeinander folgenden markierten Zellen konfrontiert, so wird sie etwa eine Minute laufen, dann anhalten und $N + 1$ markierte Zellen als Ergebnis zurücklassen. Wir wollen in diesem Falle sagen, daß die Maschine die Funktion $T(N) = N + 1$ berechnet. Eine Berechnungsregel, die schneller läuft, ist die folgende: [1*XL*1, 1*BX*0]. Eine Maschine mit diesen Instruktionen fügt kurzerhand eine Markierung am linken Ende der Kette hinzu, anstatt den ganzen Weg bis zum rechten Ende zu machen.

T(K) = K + 3 Eine Fünf-Zustands-Maschine, die am rechten Ende der ursprünglichen Kette drei Markierungen hinzufügt, läßt sich so beschreiben:

1*XR*1,	Gehe nach rechts, bis die Markierungen aufhören.
1*BX*2, 2*XB*3,	Setze eine Markierung und gehe eine Zelle nach rechts.

3*BX*3, 3*XR*4,	Setze eine weitere Markierung und gehe wieder eine Zelle nach rechts.
4*BX*0	Setze eine letzte Markierung und halte an.

T(K) = K + K Im vorhergehenden Beispiel haben wir die Zustände 2,3 und 4 dazu verwendet, das dreifache Markieren »abzuzählen«. In dem Beispiel, das wir jetzt betrachten, hängt die Anzahl der zusätzlich anzubringenden Markierungen vom speziellen Wert für *K* ab. Der Trick hierbei ist, das ursprüngliche *K* als Zähler zu verwenden und auf diese Weise jede Markierung der ursprünglich *K* Zeichen langen Kette zu verdoppeln. Genauer gesagt, löschen wir die Markierungen in der gegebenen Kette eine nach der anderen und setzen für jede gelöschte Markierung zwei neue. Dazu sind acht Zustände erforderlich.

1*XB*1,	Lösche die Markierung, die am weitesten links steht.
1*BR*2, 2*XR*2,	Gehe zur ersten blanken Zelle rechts der *K*-langen Ausgangskette.
2*BR*3,	Rücke eins nach rechts.
3*XR*3,	Überspringe alle vorhandenen zusätzlichen Markierungen.
3*XB*4, 4*XR*4, 4*BX*5,	Wenn du eine leere Zelle vorfindest, setze zwei weitere Markierungen.
5*XL*5, 5*BL*6,	Gehe nach links bis hinter die leere Zelle.
6*BB*0,	Halte an, falls alle *K* Markierungen aufgebraucht sind.
6*XL*7, 7*XL*7,	Wenn nicht, durchlaufe alle markierten Zellen bis zum linken Ende.
7*BR*1	Gelangst du zu einem blanken Quadrat, so beginne von neuem.

T(K) ist undefiniert. Es ist immer möglich, daß eine Turingmaschine endlos weiterrechnet, ohne jemals eine Antwort auszugeben. Im Folgenden gebe ich ein Beispiel für eine Turingmaschine, die in eine Schleife eintritt und niemals irgendeine Ausgabe liefert. *T* hat zwei Befehle: [1*XL*2, 2*BR*1]. *T* beachtet die erste Markierung der Eingabe *K*, geht dann ein Quadrat nach links, um

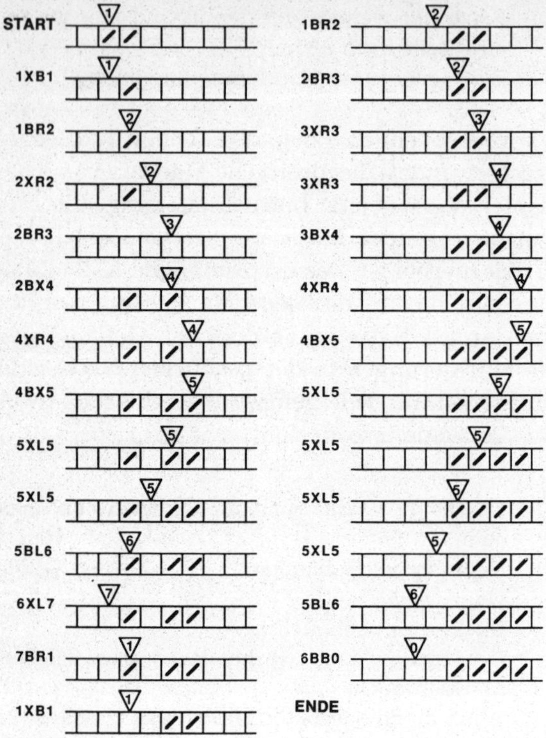

Abbildung 116: Die *K* + *K*-Turingmaschine macht aus zwei Markierungen vier

anschließend wieder ein Quadrat nach rechts zu gehen und anschließend wieder von neuem zu beginnen. Da *T* niemals anhält, sagen wir, daß *T* keine Ausgabe definiert. Im allgemeinen ist es ziemlich schwierig, für ein vorgelegtes Programm vorauszusagen, ob dieses in eine Endlosschleife endet oder nicht.

Turingmaschinen sind sehr einfach. Dennoch kann man beweisen, daß jeder digitale Computer einer Turingmaschine äquivalent ist. Das Wesentliche eines Computers besteht darin, daß er einzelne Symbole nacheinander austauscht gemäß gewisser einfacher Regeln. Digitale Computer führen niemals etwas Komplexeres aus als die grundlegenden Operationen der Turingmaschine. Diese sind: (a) Speicher lesen, (b) Eintragungen in den Speicher vornehmen, (c) den eingelesenen Speicherinhalt ändern und (d) den internen Zustand der Maschine ändern. Ganz allgemein gilt: Läßt sich ein Problem mit Hilfe einer Turingmaschine nicht lösen, so kann es auch von keinem digitalen Computer bewältigt werden.

Die Turingmaschinen, die ich beschrieben habe, besitzen in Wirklichkeit drei Eingaben: Die Zustandsnummern auf der Steuerleiste, die angeben, in welchem Zustand sich die Maschine gerade befindet, das eingegebene Programm mit den Befehlsquadrupeln und die auf dem Arbeitsband in Form von Markierungen eingegebenen Daten. Wir dürfen uns vorstellen, daß alle unsere Maschinen denselben inneren Mechanismus besitzen, der aus einem Leser, einer Suchvorrichtung, einem Schreibkopf und einem Vorschub für die Steuerleiste besteht. Dieser Mechanismus funktioniert folgendermaßen: Der Leser registriert den augenblicklichen Zustand auf der Steuerleiste (sagen wir 3) und liest das Quadrat des Arbeitsbandes ein, das sich gerade unter ihm befindet (wir nehmen an, dieses wäre markiert). Anschließend schließt er auf die beiden ersten Symbole der als nächsten anwendbaren Instruktion (in diesem Falle ist das 3*X*). Diese beiden Symbole werden an den Sucher weitergegeben. Der Sucher geht die Liste der Befehlsquadrupel durch, um einen Befehl ausfindig zu machen, der mit den beiden richtigen Symbolen beginnt. Gibt es keine derartige Instruktion oder mehr als eine, so stellt der Sucher die Steuerleiste auf 0 ein und schaltet die Maschine ab. Im anderen Falle findet der Sucher eine eindeutig bestimmte Instruktion (sagen wir, das sei 3*XR*4), die mit den beiden vom Leser mitgeteilten Symbolen beginnt. Das dritte Symbol der korrekten Anweisung wird an den Schreibkopf weitergegeben, das vierte wird dem Vorschub der Steuerleiste mitgeteilt. Der Schreibkopf markiert die vorliegende Zelle, löscht deren Inhalt oder schiebt den Kopf weiter, so daß der Leser das nächste Quadrat zur Rechten oder zur Linken sehen kann. Was der Schreibkopf macht, hängt davon ab, ob der Sucher ein *X*, ein *B*, ein *R* oder ein *L* meldet. (Ist das gemeldete Symbol beispielsweise ein *R*, so schiebt der Schreibkopf das Band eins weiter, so daß der Leser das nächste Quadrat zur Rechten zu sehen bekommt.)

Der Vorschub rückt die Steuerleiste so lange weiter, bis die Zahl auf der Steuerleiste, die der Leser sieht, mit dem Symbol übereinstimmt, das der Sucher eingelesen hat. Gibt es keine Position der Steuerleiste, in der die richtige Zahl zu sehen ist, so schiebt der Vorschub die Steuerleiste auf 0 und stellt damit die Maschine ab. (Ist das fragliche Symbol die 7, so ist die Steuerleiste so einzustellen, daß der Leser eine 7 sieht.)

Diese allgemeine Leser/Sucher/Schreibkopf/Vorschub-Turingmaschine ist eine Art universelles Werkzeug, das eine aus Gesamtzustand/Programmquadrupeln/Banddaten bestehende Eingabe verarbeitet. Da dieses allgemeine Werkzeug nur endlich viele, bestimmte Aufgaben erfüllen kann, wird es nur eine beschränkte Anzahl mechanischer Zustände annehmen können.

Eine Maschine von dieser Art nennt man auch »universelle Turingmaschine«. Als Eingabe akzeptiert eine universelle Turingmaschine auf dem Band sowohl den Programmcode *P* als auch die codierten Daten *D*. Die Berechnung von *U*(*P*,*D*) beginnt, wenn man in *U* ein Band mit den P darstellenden Markierungen eingibt, gefolgt von einem blanken Feld und den die Daten *D* repräsentierenden Markierungen. Bei der Berechnung von *U*(*P*,*D*) simuliert *U* die Berechnung *T*(*D*), wobei *P* das Programm der Maschine *T* ist. Zum Bau einer universellen Turingmaschine genügen weniger als hundert interne Zustände. Werden Programm und Daten auf eine bestimmte Art und Weise codiert, so kann die Anzahl der Zustände einer universellen Turingmaschine auf zehn oder weniger herabgedrückt werden. Wie ist es möglich, daß eine einfache Zehn-Zustands-Maschine das Verhalten von Maschinen mit Tausend oder Millionen von Zuständen simulieren kann? Die Komplexität der zu simulierenden Maschine wird ersetzt durch die Komplexität des auf dem Band codierten Programmes *P*. Ein Teil des codierten Programmes ist eine Kette markierter Zellen, um die Bewegung der Steuerleiste zu simulieren: Eine Leerzelle wird in dieser Kette hin- und hergeschoben. Auf diese Weise wird der Momentanzustand der simulierten Maschine wiedergegeben. *U* ist einfach *U* selbst; *U* macht Gebrauch von der Komplexität von *P*, um die andere Maschine zu simulieren. Bezieht sich *U* nicht auf ein kompliziertes Programm, so macht *U* gar nichts Kompliziertes.

Der Prozessor eines Computers ist eine Art von universeller Turingmaschine; indem wir einen Computer mit Software versehen, geben wir ihm in Wirklichkeit ein Programm. Das Programm wird mit den Daten gespeichert, und der Prozessor verarbeitet sowohl Programm als auch Daten in derselben Weise, wie die universelle Turingmaschine ihr Band bearbeitet. Der Prozessor besitzt ein einfaches, festinstalliertes Programm, während die universelle Turingmaschine auf einfachen, fest eingebauten Befehlsquadrupeln beruht. Beide sind Beispiele für das, was unter der Bezeichnung »universeller Computer« bekannt ist. Ein »universeller Computer« ist dadurch gekennzeichnet, daß er mit Hilfe eines geeigneten Programmes, das ihm eingegeben wird, die Operationen jedes anderen digitalen Computers simulieren kann. Es stellt sich heraus, daß *jeder* digitale Computer ein universeller Computer ist, dessen Macht faktisch nur durch Zeit und Raum begrenzt wird. Die zeitliche Beschränkung eines Computers hat damit zu tun, wie schnell dieser die einzelnen Rechenschritte ausführt und wie lange man auf das Ergebnis zu warten bereit ist. Die räumliche Beschränktheit eines Computers hängt davon ab, wieviel Speicherplätze ihm zur Verfügung stehen. Um Probleme mit der räumlichen Beschränktheit zu umgehen, nehmen wir oft an, daß der Computer fähig ist, ein Bedürfnis nach zusätzlichem Speicherplatz zu signalisieren. Genau dies tun Textverarbeitungsprogramme, wenn sie die Nachricht »DISK NEARLY FULL« (Diskette beinahe voll) geben. Wenn wir annehmen, daß wir für unseren Computer immer genügend viel freien zusätzlichen Speicherplatz herbeischaffen können, so besitzt er einen Speicher, der tatsächlich unbegrenzt ist.

Obwohl der Prozessor jedes konkreten Computers von beschränkter Komplexität ist, kann jeder Computer dennoch beliebig komplexe Berechnungen anstellen, indem er die erforderlichen Schritte einzeln nacheinander ausführt und sie abspeichert – analog der universellen Turingmaschine *U*, die Operationen anderer Maschinen mit mehr Zuständen simulieren kann, indem sie Dinge auf ihrem Speicherband abspeichert.

Wenn es einem nichts ausmacht, Milliarden Jahre auf die Antwort zu warten und wenn man ausreichend viel zusätzlichen Speicherplatz in Form von Disketten oder Bändern zur Verfügung hat, so sind alle digitalen Computer gleich gut. Aus diesem Grunde ist die Frage, ob ein bestimmtes Problem von einem Computer gelöst werden kann, äquivalent zu der Frage, ob das Problem von einer Turingmaschine gelöst werden kann.

Die einigermaßen überraschende Schlußfolgerung aus diesen Betrachtungen lautet, daß der Begriff »berechenbar« ein absoluter und kein relativer ist. Können die Werte einer Funktion $f(K) = N$ überhaupt von einem digitalen Computer berechnet werden, so können sie auch von einer universellen Turingmaschine berechnet werden. Zu jedem beliebigen digitalen Computer mit einer beliebigen Eingabe lassen sich stets ein Programm P und Daten D finden, so daß die Rechnungen der universellen Turingmaschine $U(P,D)$ zum gleichen Ergebnis führen. Läßt sich umgekehrt ein Berechnungsproblem nicht durch die universelle Turingmaschine lösen, so kann es von gar keinem digitalen Computer bewältigt werden.

Unlösbare Probleme

Gödels Satz behauptet, daß zu jedem widerspruchsfreien, endlich beschreibbaren System *M* der Mathematik ein spezieller mathematischer Satz *G(M)* existiert, den *M* weder beweisen noch widerlegen kann. Formalisierte Systeme der Logik sind wichtig, weil sie den vagen Begriff »beweisbar« präzisieren. Wenn ich die Axiome und die Ableitungsregeln eines Systems kenne, kann ich ganz mechanisch alle Sätze auflisten, die das System zu beweisen in der Lage ist. In der Praxis machen Menschen selten wissenschaftliche Entdeckungen, indem sie die Folgerungen aus einer fest vorgegebenen Menge von Axiomen mühsam herausholen. Häufiger verhält es sich so: Jemand beginnt zu vermuten, daß ein bestimmter Satz *S* wahr sei. Dann versucht er die einfachsten Voraussetzungen ausfindig zu machen, die *S* implizieren. Diese Voraussetzungen werden in eine neue Theorie *M* einbezogen. Der wissenschaftliche Bericht über ein solches Forschungsvorhaben kann dann aus drei Teilen bestehen: (1) einer knappen und eleganten Beschreibung der Theorie *M*, (2) einer Erklärung, warum die in *M* einbezogenen Axiome plausibel sind und (3) einem formalen Beweis dafür, daß der interessierende Satz *S* eine logische Folgerung aus *M* ist.

Gödels Satz besagt, daß dieser Vorgang niemals an ein Ende kommen wird, weil niemand jeweils eine endgültige und beste Theorie *M* haben wird, die alles entscheiden kann. Allerdings gibt es noch einen anderen Grund dafür, daß die Wissenschaftler dazu neigen, rückwärts zu arbeiten und ihre Theorien so zu konstruieren, daß sie zu den Resultaten passen, welche sie beweisen wollen. Dieser Grund ist, daß es sehr schwierig ist, bezüglich einer gegebenen Theorie *M* zu entscheiden, ob ein beliebiger Satz durch

M beweisbar ist oder nicht. Eine praktische Schwierigkeit hierbei ist die folgende: Der faktische Beweis für *S* – angenommen, es gibt ihn überhaupt – kann so lang sein, daß ihn keiner versteht. Eine theoretische Schwierigkeit ist, daß wir nicht voraussagen können, wie lang der eventuelle Beweis von *S* sein wird. Es kommt vor, daß sehr einfache Sätze sehr lange Beweise brauchen.

Dennoch könnte man darauf hoffen, eine einfache, mechanische Art und Weise zu finden, mit der man Sätze *S* hinsichtlich ihrer Beweisbarkeit prüfen könnte – vielleicht fallen einem charakteristische Symbolmuster oder dergleichen ein. Das Problem, zu entscheiden, welche Sätze *S* durch eine gegebene Theorie *M* beweisbar sind, ist als das »Entscheidungsproblem« bekannt. Der Logiker Alonzo Church zeigte 1936, daß das Entscheidungsproblem unlösbar ist. Dieses Resultat ist als »Churchs Satz« bekannt. Der Satz von Church besagt also, daß es keinen einfachen Weg gibt, im voraus sagen zu können, ob ein Satz durch *M* bewiesen werden kann oder nicht. Das Beste, was man tun kann, ist damit zu beginnen, etwas durch *M* zu beweisen und dabei darauf zu achten, ob *S* auftaucht. Wenn *S* tatsächlich *nicht* beweisbar ist, so wartet man bis in alle Ewigkeit und denkt »Gleich muß ein Beweis für *S* kommen«.

Der Inhalt von Churchs Satz wird klarer, wenn man sich das formallogische System *M* als eine Theorem-Beweis-Maschine vorstellt. Wenn ich genau genug bin bei der Charakterisierung der Axiome und Ableitungsregeln von *M*, kann ich tatsächlich einen Computer programmieren, so daß er alle einschrittigen, zweischrittigen, dreischrittigen... Beweise ausdruckt. Die Axiome ähneln ein bißchen bestimmten Mustern von Dominosteinen; die Ableitungsregeln sind dann die Regeln, wie man die Dominosteine aneinanderfügen darf. Ein Satz ist durch *M* beweisbar, wenn es ein Ausgangsmuster von Dominosteinen gibt, das schließlich zu diesem Satz führt. Indem unsere Maschine alle möglichen Beweismuster durcharbeitet und die Ergebnisse aller zulässigen Beweise ausdruckt, kann unsere Maschine mechanischerweise alle beweisbaren Sätze von *M* erzeugen. Die Frage, ob *S* durch *M* beweisbar ist, ist somit äquivalent zu der Frage, ob die Theorem-Beweis-Maschine irgendwann einmal den Satz *S* ausdrucken wird.

Wenn es nicht gerade um Churchs Satz ginge, könnten wir davon ausgehen, daß es eine Turingmaschine oder einen Computer *DM* gibt, der für jeden Satz *S* *DM*(*S*) = 1 ausdruckt, wenn *S* durch *M* beweisbar ist und der für *DM(S)* = 0 ausdruckt, wenn *S* nicht durch *M* beweisbar ist. Aber Churchs Satz besagt, daß es keinen digitalen Computer gibt, der in jedem Falle, in dem sich das Entscheidungsproblem stellt, korrekte Antworten gibt.

Halten wir uns vor Augen, daß *M* als eine Art Computer betrachtet werden kann, so bemerken wir, daß Churchs Satz eine überraschende Beschränkung für Computer enthält: Es gibt kein Superprogramm, das von jedem Computerprogramm voraussagen kann, was dieses tun wird. Während Gödels Satz uns sagt, daß kein digitaler Computer *M* so programmiert werden kann, daß er alle wahren Sätze über die natürlichen Zahlen ausdruckt, besagt Churchs Satz, daß es keine Verfahren gibt, für jede vorgegebene Theorie *M* und jeden beliebigen Satz *S* zu entscheiden, ob *S* durch *M* eventuell beweisbar ist.

Fast gleichzeitig mit Church bewies Alan Turing einen nahe verwandten Satz, der als Turings Satz bekannt ist: Es gibt kein allgemeines Verfahren, um für jede gegebene Maschine *M* mit Programm *P* zu entscheiden, ob *P* anhalten wird oder nicht. Turing gibt uns damit die Regel an die Hand, daß die einzige Möglichkeit, die Laufzeit eines Programmes zu ermitteln, darin besteht, dieses laufen zu lassen, sich vor die Maschine zu setzen und zu beobachten. Vielleicht werden wir dort für alle Ewigkeit sitzen und beobachten müssen.

Turings Satz lehrt uns etwas sehr Praktisches. Es kommt oft vor, daß ein Computer eine ganze Weile braucht, um eine Berechnung zu beenden. Damit der Benützer weiß, daß die Maschine arbeitet und nicht etwa gestört ist, füllt die Maschine die Zwischenzeit mit Geräuschen oder zeigt eine Botschaft »Bitte warten. Ich bin beschäftigt«. Beispielsweise zeigt der Apple-Macintosh, solange er mit etwas beschäftigt ist, ein Stundenglas (neuere Modelle zeigen eine Uhr). Als ich zum erstenmal sah, wie ein Apple solch ein Stundenglas zeigte, schaute ich genauer hin, um festzustellen, ob der »Sand« sich bewegte. Ich fragte mich, wie lange ich genau zu warten hätte – zehn Sekunden, zehn Minuten, eine halbe

Stunde? Konnte es sein, daß die Rechnung sich in einer Schleife verfangen hatten und daß ich deshalb, sollte ich die Maschine nicht ausschalten, für immer und ewig warten müßte? Dann erkannte ich, daß das Stundenglas von Apple ein unbewegliches Abbild ist. Es *muß* unbeweglich sein, denn aus Turings Satz folgt, daß es keine allgemeine Methode gibt, mit deren Hilfe ein digitaler Computer im voraus sagen könnte, wie lange eine bestimmte Aufgabe ihn beanspruchen wird.

Betrachten wir Turings Satz etwas genauer. Genauso wie Churchs Satz besagt, daß kein Computer alle Fälle des Entscheidungsproblems bewältigen kann, stellt Turings Satz fest, daß kein Computer alle Fälle des Halteproblems lösen kann. Was ist das Halteproblem? Dieses besteht darin, eine allgemeine Methode zu finden, die entscheidet, ob eine beliebige Turingmaschine endlos laufen wird oder ob sie ein Ergebnis ausdrucken und sich selbst dann abschalten wird.

Eine zentrale Feststellung über Computer ist, daß nicht alle Programme laufen. Beispiele für Turing-Maschinen, die bei der Berechnung in eine Schleife geraten und endlos weiterlaufen, ohne jemals ein Ergebnis zu liefern, lassen sich einfach finden. Ist ein Programm P und eine Menge von Daten D gegeben, so wollen wir $P(D)$ schreiben für die Berechnung der Maschine mit Hilfe von Programm P und den Daten D. Im Halteproblem wird nach einer Supervisionsmaschine C gefragt, die für jedes beliebige Programm P und für beliebige Daten D eine Berechnung $C(P,D)$ anstellt, deren Ergebnisse folgendermaßen aussehen sollen:

$C(P,D) = 0 \leftrightarrow$ die Berechnung $P(D)$ hält niemals an,
und
$C(P,D) = 1 \leftrightarrow$ die Berechnung $P(D)$ hält irgendwann einmal.

Turings Satz besagt, daß es ein solches Prgramm C nicht geben kann. Sein Beweis beruht auf dem Nachweis, daß es zu jeder Supervisionsmaschine C eine Berechnung X gibt, so daß X endlos läuft, wenn C voraussagt, daß X halten wird, und daß X hält, wenn C voraussagt, daß X endlos laufen wird. Also hat C hinsichtlich X

immer unrecht. Das bedeutet aber, daß *C* keine korrekt arbeitende Supervisionsmaschine ist.

Turings Beweis beruht auf einem selbstbezüglichen Trick ähnlich demjenigen von Gödels Satz. In der Hauptsache ist *X* eine Berechnung, die besagt: »Diese Rechnung hält dann und nur dann, wenn *C* voraussagt, daß diese Rechnung nicht anhält.« Wir finden *X* folgendermaßen:

Zuerst verwenden wir *C*, um eine Maschine *C#* zu bauen, die das codierte Programm selbst als eingegebene Daten annimmt und die Rollen von 0 und 1 austauscht.

$C(P,P) = 0 \leftrightarrow C\#(P)$ hält und
$C(P,P) = 1 \leftrightarrow C\#(P)$ läuft endlos.

Anschließend wird *X* als diejenige Berechnung festgelegt, die durchgeführt wird, wenn wir den Code von *C#* in die Maschine *C#* eingeben. Anders gesagt, ist *X* die Berechnung *C#*(*C#*).

Damit ergibt sich folgende Situation:

C sagt voraus, daß *X* niemals hält	$\leftrightarrow C(C\#,C\#) = 0$
	$\leftrightarrow C\#(C\#)$ hält
	$\leftrightarrow X$ hält.
C sagt voraus, daß *X* hält	$\leftrightarrow C(C\#,C\#) = 1$
	$\leftrightarrow C\#(C\#)$ hält niemals
	$\leftrightarrow X$ hält niemals

Aus der Unlösbarkeit des Halteproblems folgt, daß es kein Computerprogramm geben kann, das immer korrekt voraussagt, ob ein Programm wunschgemäß arbeiten wird oder nicht. Eine weitere Folgerung aus diesem Ergebnis ist, daß es keine Möglichkeit gibt vorauszusagen, *wie lange* ein beliebiges Programm laufen wird. Das heißt, es gibt kein Laufzeit-Schätz-Programm *R*, so daß für ein beliebiges Programm *P* und für beliebige Daten *D* *R*(*P*,*D*) definiert wäre. $R(P,D) = N$ soll heißen, daß, falls die Berechnung *P*(*D*) überhaupt hält, sie dies nach *N* Schritten tut.

Der Grund, warum es ein solches Programm *R* nicht gibt, ist der folgende: Angenommen, wir hätten ein solches Programm *R*. Dann

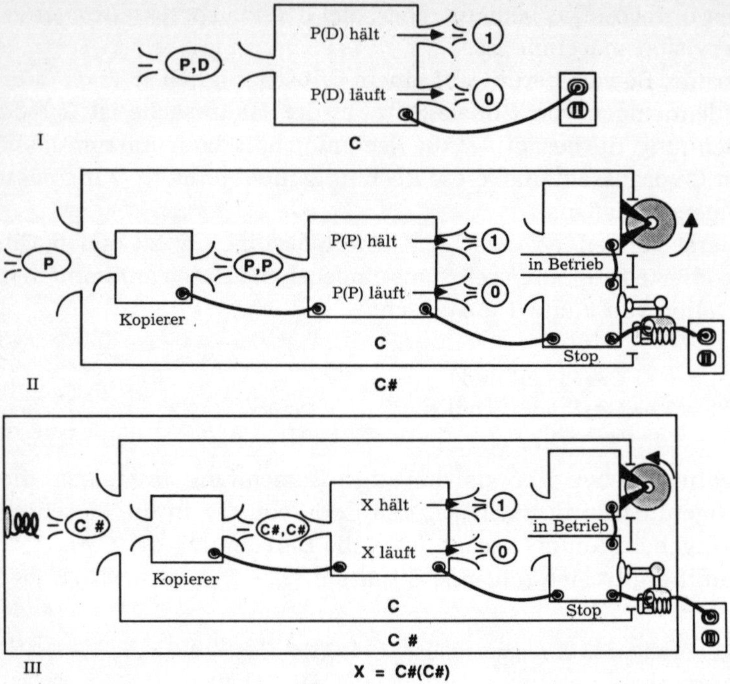

Abbildung 117: Turings Beweis der Unlösbarkeit des Halteproblems (I) »*P(D)* hält« bedeutet, daß die Turingmaschine mit dem Programm P und den eingegebenen Daten D eine Rechnung ausführt und dann von selbst anhält. »*P(D)* läuft« bedeutet, daß die Maschine mit dem Programm und den Eingaben *D* ohne Ende läuft. Wäre das Halteproblem lösbar, so gäbe es eine Maschine *C*, deren Eingabe *(P,D)* wäre und die 1 ausgibt, wenn *(P,D)* hält und 0 ausgibt, wenn *(P,D)* immer weiter läuft. (II) Ist eine Maschine *C* im Sinne von (I) gegeben, so können wir eine Maschine *C#* wie angegeben konstruieren. Der Kopierer nimmt ein Programm *P* und kopiert es. Das liefert ein Programm-Daten-Paar *(P,P)*. Die »In-Betrieb-Maschine« dreht ein Rad, das immer weiter läuft, falls man ihr 1 als Eingabe gibt. Die »Stop-Maschine« ist mit einem Hebel versehen, der den Stecker herauszieht und damit alles abstellt, wenn die Eingabe 0 lautet. *C#* hat die Eigenschaft, daß *C#(P)* immer weiter läuft, wenn *P(P)* hält und daß *C#(P)* hält, wenn *P(P)* endlos läuft. (III) Jetzt bauen wir eine Maschine *X* wie angegeben. *X* führt die Berechnung von *C#(C#)* aus. Wenn *C* vorhersagt, daß *X* hält, so läuft *X* endlos weiter, und wenn *C* voraussagt, daß *X* endlos weiterläuft, so hält *X*. Also liefert *C* keine korrekte Lösung des Halteproblems.

könnten wir eine Supervisionsmaschine *C* wie folgt bauen: Für beliebige *P* und *D* könnten wir *R* verwenden, um $R(P,D) = N$ zu berechnen. Dann würden wir die Berechnung $P(D)$ *N* Schritte laufen lassen. Hielte die Berechnung nach *N* Schritten, so könnten wir $C(P,D)$ gleich 1 setzen. Hielte die Berechnung nicht nach *N* Schritten, so wüßten wir, daß sie niemals hält und würden $C(P,D)$ gleich 0 setzen. Dieses letzte Ergebnis erklärt, warum sich der Sand im »Warte«-Zeichen des Apple nicht bewegt! Es besagt aber auch, daß es keine direkte und saubere Methode gibt, um die Ausgabe eines beliebigen Programmes vorauszusagen. Natürlich sind manche Programme gut vorhersagbar. Zum Beispiel weiß ich, daß mein Textverarbeitungssystem einen eingegebenen Text, gleich wie viele Seiten dieser haben mag, in einigen Sekunden kopiert haben wird. Habe ich es aber mit einem unbekannten und irgendwie unübersichtlichen Programm zu tun, so kann die einzige Möglichkeit herauszufinden, was es tun wird, sehr wohl darin bestehen, dieses tatsächlich *laufen* zu lassen.

Diese Entdeckung hat einige überraschende Rückwirkungen auf die Physik. Ein physikalisches System mit vielen Bestandteilen kann man sich als digitalen Computer mit einem komplexen Programm vorstellen. Physiker versuchen bei der Theorieentwicklung üblicherweise, einfache Wege zu finden, wie sie das Verhalten des sie interessierenden Systems voraussagen können. Ist das physikalische System aber ein universeller Computer, so sagen uns Turings Entdeckungen, daß es keinen einfachen Weg *gibt*, wie man das Verhalten des Systems voraussagen könnte!

Viele gewöhnliche Probleme in der Mathematik können als Sonderfälle des Halteproblemes betrachtet werden. Seit mehreren hundert Jahren zerbricht man sich nun schon den Kopf über die *Goldbachsche Vermutung*, die besagt, daß jede gerade Zahl Summe zweier Primzahlen ist. Die Mathematiker haben daraufhin alle geraden Zahlen bis zu einhundert Millionen untersucht. Bis dorthin läßt sich jede gerade Zahl tatsächlich als Summe zweier Primzahlen schreiben. Aber vielleicht gibt es eine sehr große gerade Zahl, die nicht Summe zweier Primzahlen ist? Die Frage, ob es eine solche Zahl gibt, ist äquivalent zu der Frage, ob die folgende spezielle Turingmaschine jemals anhalten wird: Es sei G eine Maschine, die alle geraden Zahlen eine nach der anderen durchgeht und dabei für jedes N prüft, ob es zwei kleinere Primzahlen gibt, die zusammengezählt N ergeben. Ist N tatsächlich die Summe zweier Primzahlen, so betrachtet G die nächstgrößere Zahl. Ist N nicht Summe zweier Primzahlen, so druckt G die Zahl N aus und hält an. Goldbachs Vermutung ist dann und nur dann wahr, wenn G niemals anhält. Gebe es eine Möglichkeit, das Programm von G zu betrachten und anschließend festzustellen, ob die Maschine anhält, so wäre dies ein Weg, Goldbachs Vermutung zu entscheiden. Jedes Beispiel für das Entscheidungsproblem ist auch eines für das Halteproblem. Beispielsweise angenommen, ich möchte wissen, ob sich irgendeine geheimnisvolle Vermutung aus den bekannten Axiomen der Mathematik beweisen läßt. Ich entwerfe eine Turingmaschine, die immer größere Zahlen N daraufhin untersucht, ob sie die B27-Verschlüsselung eines korrekten Beweises der Vermutung sind. Codiert N tatsächlich einen Beweis, so druckt C eine 1 aus; andernfalls geht C zur nächstgrößeren Zahl N über. Weiß ich, daß C anhält, so weiß ich, daß es einen Beweis für meine Vermutung gibt; weiß ich aber, daß C nicht hält, so brauche ich mich nicht zu sorgen, wie man meine Vermutung aus den gegebenen Axiomen beweisen könnte.

Es gibt einige Klassen von unlösbaren Problemen, die scheinbar viel einfacher sind als das Halteproblem. Ein gutes Beispiel ist das Problem, das als *das zehnte Hilbertsche Problem* bekannt ist. Dieses fragt nach einem Entscheidungsverfahren, ob eine beliebige algebraische Gleichung ganzzahlige Lösungen besitzt oder nicht. $x^3 - x^2 - 18 = 0$ ist ein Beispiel einer algebraischen Gleichung, die eine ganzzahlige Lösung hat (nämlich 3) und $x^2 - 10 = 0$ ist eine, die von keiner ganzen Zahl erfüllt wird. Eine Zeitlang glaubte Hilbert, daß es eine Art von mechanischer Methode geben müsse, mit der man eine algebraische Gleichung angehen könnte und die entscheiden würde, ob diese ganzzahlige Lösungen besitzt. Vor ziemlich kurzer Zeit gelang der Beweis, daß das allgemeine Problem lösbar ist. Dies bedeutet, daß es kein Programm P gibt, das $P(A) = 1$ dann und nur dann ausgibt, wenn die Gleichung A eine ganzzahlige Lösung besitzt.

Der Ozean der Wahrheit

Viele Typen von Problemen lassen sich als Entscheidungsfragen betrachten, welche Zahlen bestimmte Eigenschaften haben. Das Problem der Wahrheit verwandelt sich, codieren wir alle Aussagen durch Zahlen, in die Frage, welche Zahlen Codezahlen wahrer Aussagen sind. Wir sagen, eine Eigenschaft sei »berechenbar«, wenn ein Camputer entscheiden kann, ob eine vorgegebene Zahl diese fragliche Eigenschaft besitzt oder nicht. Wir können diese Frage unter Verwendung des Begriffs einer allgemeinen Turingmaschine mit Programm P präzisieren. Eine zahlentheoretische Eigenschaft R wird berechenbar genannt, wenn es ein Programm P gibt, so daß gilt:

N besitzt die Eigenschaft $R \leftrightarrow P(N) = 1$ und
N besitzt die Eigenschaft nicht $R \leftrightarrow P(N) = 0$.

Im letzten Abschnitt haben wir festgestellt, daß die Eigenschaft »Codezahl einer Turingmaschine sein, die hält« nicht berechenbar ist. Obwohl die Eigenschaft, ein endloses Programm zu sein, nicht berechenbar ist, ist sie dennoch »aufzählbar«. Das bedeutet: Es gibt eine Turingmaschine, die in einer im voraus nicht festgelegten Ordnung alle Programme auflistet, die irgendwann einmal anhalten. Ich möchte dies präzisieren. Eine zahlentheoretische Eigenschaft R heißt aufzählbar, wenn es ein Programm gibt mit

N besitzt die Eigenschaft $R \leftrightarrow P(K) = N$ für eine geeignete Zahl K.

Ich sage, daß die Menge aller endlichen Programme aufzählbar ist, weil ich mir die Konstruktion einer Maschine vorstellen kann, die für eine gegebene Zahl *K* ein Programm nach dem anderen testet, bis sie schließlich – nach immer länger werdenden Laufzeiten – die ersten *K* Programme findet, die halten. Dann druckt sie die Codezahl des *K*-ten Programmes aus.

Interessanterweise ist die Eigenschaft, Codezahl eines wahren, zahlentheoretischen Satzes zu sein, weder aufzählbar noch berechenbar. Man kann weder ein Programm erfinden, das zwischen wahren und falschen Aussagen über Zahlen unterscheidet, noch kann man ein Programm entwerfen, das alle wahren Aussagen ausdruckt, ohne jemals eine falsche zu erwischen.

Ist eine Eigenschaft *E* berechenbar, so gibt es ein mechanisches Programm *P*, das eine eingegebene Zahl *N* betrachtet und die Frage »Hat *N* die Eigenschaft *E*?« mit Ja oder Nein beantwortet. Ein Beispiel einer berechenbaren Eigenschaft ist »eine Primzahl sein«. Ist eine Zahl *N* gegeben, so kann ich versuchen, dieses *N* durch alle Zahlen kleiner als *N* zu teilen. Ist *N* eine Primzahl, so wird die Division bei keiner Zahl außer Eins aufgehen. Ist *N* keine Primzahl, so wird die Division bei einer Zahl (ungleich Eins) aufgehen. Ein weiteres Beispiel einer berechenbaren Eigenschaft ist »Codezahl einer Tautologie sein«. Ist die Codezahl einer zusammengesetzten Aussage *S* gegeben, so kann ich eine Wahrheitstafel aufstellen und nachprüfen, ob *S* immer wahr ist, unabhängig von der Wahrheit oder Falschheit der Teilaussagen, aus denen *S* aufgebaut ist.

Also ist eine Eigenschaft *R* berechenbar, wenn ich eine Turingmaschine konstruieren kann, die zuverlässig feststellt, ob *R* zutrifft oder nicht. Bildlich gesprochen ist die Eigenschaft »eine Person sein, die Metall bei sich trägt« berechenbar – die Metalldedektoren, die man in Flughäfen findet, können von jeder Person feststellen, ob sie Metall mitführt oder nicht: Ist Metall vorhanden, so leuchtet ein rotes Licht an der mit dem Detektor verbundenen Schranke auf; wenn nicht, so gibt der Detektor grünes Licht.

Ist eine Eigenschaft aufzählbar, so bedeutet dies, daß es ein mechanisches Programm *P* gibt, das alle Zahlen mit der fraglichen Eigenschaft auflistet. Ein Beispiel einer aufzählbaren Eigenschaft ist »die Codezahl eines Satzes der Theorie *M* sein«. Ist die Theorie *M* gegeben, so kann ich ganz systematisch damit anfangen, alle

Folgerungen aus *M* abzuleiten. Ist die Zahl *N* die Codezahl eines Satzes von *M*, so werde ich irgendwann einmal diesen Satz erwischen. Dann weiß ich, daß *N* die Eigenschaft hat, einen Satz zu benennen. Einige kurze Sätze haben sehr lange Beweise, so daß ich, falls ich den Satz *N* noch nicht bewiesen habe, immer damit rechnen muß, daß ich ihn später beweisen könnte.

Wir wollen uns eine Situation vorstellen, in der »errettet sein« eine aufzählbare Eigenschaft ist. Angenommen, am Ende der Zeiten steht eine unendliche Menge vor dem Himmelstor. Petrus ist ein wirklich netter Kerl, er sagt niemals zu jemandem: »Du bist verdammt, fahr zur Hölle!« Statt dessen ruft er eine Liste aus, die Verdienste enthält, die eine Erlösung ermöglichen. »Wenn Sie jemals jemandem das Leben gerettet haben, dann sind Sie im Himmel willkommen. Leute, die einem Bettler am Straßenrand zehn Dollar gegeben haben, kommen herein. Jeder, der 1946 geboren worden ist, wird eingelassen – ich mag diesen Jahrgang. Gut. Wenn Sie arm gestorben sind, haben Sie freien Zutritt. Irgendwelche Taucher anwesend? Alle Taucher sind errettet!« Punkt für Punkt geht er seine endlose Liste der Erlösungsgründe durch. Wird man erlöst, so erfährt man das irgendwann einmal. Ist man aber verdammt, so steht man dort und wartet bis in alle Ewigkeit.

Vielleicht erscheint die Unterscheidung zwischen berechenbaren und aufzählbaren Eigenschaften immer noch ein wenig merkwürdig. Warum bringe ich diese Unterscheidung überhaupt in unsere Diskussion ein? Der Grund hierfür ist, daß für die meisten für uns interessanten formalen Systeme der Logik die Menge der Sätze aufzählbar, aber nicht berechenbar ist.

Das bedeutet: für jedes anständige logische System *M* können wir alle Sätze von *M* auflisten. Dennoch gibt es keine endliche mechanische Methode, mit der automatisch herauszufinden wäre, ob ein vorgegebenes *S* ein Satz von *M* ist oder nicht. Daß es kein endliches Programm gibt, wurde, wie ich bereits erwähnt habe, von Alonzo Church 1936 bewiesen und ist seither als Churchs Satz bekannt.

Wenn wir uns die gesamte bekannte Mathematik in einer Theorie *M* festgeschrieben vorstellen, wird die Eigenschaft, ein *Axiom* von *M* zu sein, berechenbar. Die von uns verwendeten Axiome lassen sich in eine endliche Zahl von einfachen Schemata anordnen; der Vergleich eines Kandidaten *S* mit diesen Schemata ist ein mechanischer Vorgang, der schließlich nach endlich langer Zeit ein definitives Ja oder Nein liefert.

Schwieriger ist die Entscheidung, ob eine Behauptung durch *M* beweisbar ist, weil wir keine Möglichkeit haben abzuschätzen, wie lang der Beweis dieser Behauptung sein könnte. Churchs Satz besagt in der Tat, daß die Eigenschaft »ein Satz von *M* sein« aufzählbar, aber nicht berechenbar ist.

Noch schwieriger zu erfassen ist die Eigenschaft »ein wahrer Satz der mathematischen Sprache *M* sein«. Gödels Satz besagt, daß diese Eigenschaft nicht einmal aufzählbar ist.

Somit haben wir gesehen, daß es drei Kategorien von zunehmend komplexeren Arten von Eigenschaften gibt: berechenbare Eigenschaften, aufzählbare Eigenschaften und Eigenschaften, die weder berechenbar noch aufzählbar sind. Angenommen, wir bezeichnen Eigenschaften der dritten Art als *prospektiv*. Dann ist die Menge der Axiome berechenbar, die Menge der Sätze aufzählbar und die Menge der Wahrheiten prospektiv.

Der Begriff *prospektiv* ist einer Abhandlung von John Myhill aus dem Jahre 1952 entnommen, die den Titel trug: »Some Philosophical Implications of Mathematical Logic: Three Classes of Ideas« (Einige philosophische Folgerungen aus der mathematischen Logik: Drei Klassen von Ideen). In seiner Arbeit macht Myhill etwas sehr Ungewöhnliches für die streng formalistischen fünfziger Jahre – er zeigte, daß man die Sätze von Church und Gödel metaphorisch auffassen kann.

Church und Gödel machen uns klar, daß Axiome, Sätze und Wahrheiten auf drei verschiedenen Ebenen der Komplexität liegen. Myhill weist darauf hin, daß man die gleiche Aufspaltung in drei verschiedenen Ebenen an vielen anderen Stellen ebenfalls antrifft. Betrachten wir eine bedruckte Seite *S* wie die vorliegende – eine Seite, die mit Buchstaben, Zwischenräumen und Interpunktionszeichen übersät ist. Die Entscheidung, ob diese Seite ein Stück grammatikalisch richtiges Deutsch ist, ist eine berechenbare Angelegenheit. Man muß lediglich prüfen, ob alle Wörter im Wörterbuch stehen und ob diese Wörter sich zu einem korrekten

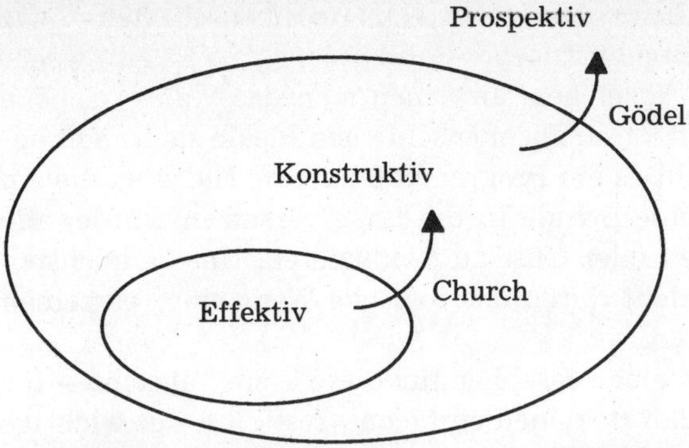

Abbildung 118: Churchs Satz beweist, daß einige konstruktive Eigenschaften nicht effektiv sind. Gödels Satz beweist, daß einige prospektive Eigenschaften nicht konstruktiv sind.

Satz zusammenfügen. Diese Seite *S* kann sehr wohl, obwohl sie grammatikalisch richtiges Deutsch ist, für den Leser sinnlos sein. Dies kann der Fall sein, weil diese Seite dummes Geschwätz enthält oder weil man mit den Vorstellungen, auf die sich diese Seite bezieht, nicht vertraut ist. Der Leser ist der Richter in letzter Instanz darüber, ob *S* für ihn Sinn hat oder nicht. Als Faustregel gilt: je länger man lebt, desto mehr verschiedene Seiten erscheinen einem sinnvoll. Aber es ist nicht vorhersagbar, welche Seiten möglicherweise einmal subjektiven Sinn annehmen werden. Die Eigenschaft, sinnvoll zu sein, ist aufzählbar, aber nicht berechenbar.

In gleicher Weise ist die Eigenschaft, eine Seite *S* zu sein, die man irgendwann einmal *schreiben* möchte, aufzählbar. Das schriftstellerische Werk eines Autors wird auf mehr oder weniger mechanische Art und Weise aus den endlosen Windungen seines oder ihres Geistes geboren. Dennoch gibt es keine Möglichkeit, Jahre im voraus zu prophezeien, ob der fragliche Geist die Seite *S* irgendwann einmal produzieren wird oder nicht. Wie oft habe ich schon als Schriftsteller gedacht: »Ich kann's nicht glauben, daß ich das behaupte.« Das ist in gleicher Weise wahr für mündliche Äußerungen. Das bedeutet, daß die Eigenschaft, eine Wortkette zu sein, die jemand vielleicht einmal als Satz äußern will, aufzählbar, aber gewiß nicht berechenbar ist. Höhere Eigenschaften – wie Wahrheit, Schönheit oder Tugend – sind prospektiv. Es gibt weder feste Regeln noch Anzeichen, an denen man das Wahre, Schöne oder Gute erkennen kann: Die menschlichen Ideale sind nicht berechenbar, noch gibt es ein Programm oder eine Haltung, die ein Individuum oder eine Schule in die Lage versetzen würde, alle Wahrheit, Schönheit oder Güte zu produzieren. Unsere höchsten Ziele lassen sich nicht durch das logische Werk eines einzelnen Systems ausschöpfen.

Churchs Satz ist eine Metapher für diese erste Tatsache – für das Faktum also, daß es keinen einfachen Test gibt, der wichtige Fragen mit Ja oder Nein beantwortet. Und Gödels Satz ist eine Metapher für die zweite Tatsache – für das Faktum also, daß keine Hoffnung besteht, mit einem logischen Programm alle Fragen – selbst im Grenzfall – zu beantworten.

Nach dem Werk von Turing, Church und Gödel ist der alte Traum, alle Wahrheiten in einem endlichen logischen Netz einzufangen, vollkommen zerstört. Die Analyse der Berechnung durch Turing legt den Gedanken nahe, daß jedes konkrete endliche logische System (unter Einschluß menschlicher Wesen) den Sätzen von Gödel und Church unterworfen ist. Gödels Satz sagt uns, daß keine Programmiermethode alle Wahrheiten erzeugen kann; während Churchs Satz aussagt, daß wir sogar unfähig sind, die Konsequenzen der Programme, die wir entwerfen, vorauszusagen. Ist das ein Grund zum Verzweifeln? Nicht ganz. Es ist eher, so würde ich sagen, ein Grund zur Freude.

Eine Welt, in der Gödels Satz nicht gilt, wäre eine Welt, in der jede Eigenschaft aufzählbar wäre – für jede Art von menschlichem Handeln gäbe es eine programmartige Beschreibung, wie diese auszuführen sei. In einer solchen Welt wäre es möglich, eine griffige und kurze Formel für »Wie werde ich ein Künstler« oder »Wie werde ich ein Wissenschaftler« zu erlernen. Das wäre so ähnlich, wie man die Tricks des Marktes lernt.

Eine Welt, in der weder Gödels noch Churchs Satz gilt, wäre eine Welt, in der jede Eigenschaft berechenbar wäre – für jede Art von menschlichem Handeln gäbe es einen festgelegten Code, nach dem zu entscheiden wäre, ob die Ergebnisse gut oder schlecht sind. In einer derartigen Welt könnte eine Akademie darüber entscheiden, was Kunst und was Wissenschaft ist. Kreativität würde an den von der Akademie festgelegten Regeln gemessen, und der Salon der Refusés würde nur Müll enthalten.

Wenn es aber etwas gibt, was uns die Kunstgeschichte lehrt, dann dies: Alle Tricks des Marktes nutzen sich ab, und es ist immer gut, den Salon der Refusés im Auge zu behalten.

Unsere Welt ist unendlich viel komplizierter als ein endliches Programm oder eine endliche Menge von Regeln. Der Mensch ist frei und wirklich lebendig. Es gibt weder eine Vorschrift, was er als nächstes zu denken habe – noch einen Grund, warum man nicht die Spuren verwischen und irgendwann ein neues Leben beginnen sollte.

Unendlichkeit und Information

Wie groß ist die Unendlichkeit?

Unendlichkeit. Dieser Begriff beschwört ermüdende Bilder der Endlosigkeit herauf. Ein toter schwarzer Raum, der sich bis hinter die entferntesten Sterne erstreckt. Eine Alptraumbibliothek mit Büchern über Büchern – alle gefüllt mit Geschwafel, Fieberträume von einer endlosen Wand, an der entlang man fällt und fällt und fällt; eine Gedankenschleife, die den Verstand in eine fruchtlose Verfolgungsjagd seiner selbst lockt.

Aber »Unendlichkeit« ruft auch erfreuliche Bilder hervor: Gott, ewiges Leben, eine Welt ohne Ende.

Der Begriff der Unendlichkeit hat schon immer Philosophen und Mathematiker herausgefordert. Frühe Versuche, eine präzise Theorie des Unendlichen zu entwickeln, wurden von Paradoxien behindert. Betrachten wir beispielsweise zwei konzentrische Kreise, wobei der Umfang des äußeren doppelt so groß sein soll wie der des inneren. Indem wir Radien einzeichnen, können wir jedem Punkt auf der größeren Kreislinie einen Punkt auf der kleineren zuordnen und umgekehrt. Die unendliche Anzahl von Punkten auf dem größeren Kreis muß demnach genauso groß sein wie die unendliche Anzahl von Punkten auf dem kleineren Kreis, obwohl der größere Umfang doppelt so lang ist wie der kürzere.

Aus derartigen Argumenten schlossen mittelalterliche Denker wie Thomas von Aquin, daß unendlich große Zahlen in sich widersprüchlich seien. Thomas glaubte, einzig Gott sei unendlich. Galilei meinte, daß es unendlich große Zahlen geben könne, diese aber ganz anderen Regeln gehorchen als die endlichen.

Erst gegen Ende des neunzehnten Jahrhunderts gelang es, eine schlüssige *Theorie der mathematischen Unendlichkeit* zu entwikkeln. Diese Wissenschaft des Unendlichen, ein höherer Zweig der

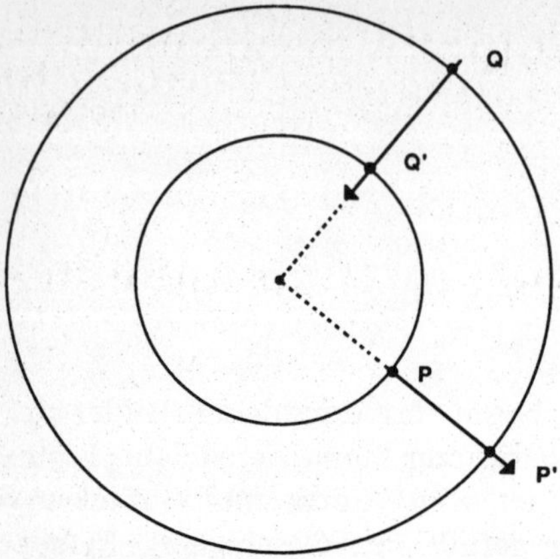

Abbildung 119: Radien ordnen die Punkte auf den beiden Kreislinien einander zu

Mengenlehre, die wir in der Grundschule lernten, wurde von Georg Cantor erfunden. Cantor verbrachte den größten Teil seines Lebens als Mathematikprofessor an der kleinen Universität der Provinzstadt Halle, die heute zur DDR gehört.

Obwohl viele seiner Zeitgenossen Cantors Werk als tiefsinnig und bedeutend anerkannten, hatte er eine Anzahl mächtiger Gegner. Einige Mathematiker und Philosophen bezweifelten, daß man unendliche Mengen als definite Gegenstände behandeln dürfe. Ein paar Theologen waren besorgt darüber, daß eine mathematische Analyse des Unendlichen so etwas wie Gotteslästerung sein könnte. Cantor beantwortete die meisten dieser Einwände in einem Essay aus dem Jahre 1885, der die folgende bemerkenswerte Passage enthält: »Das Aktual-Unendliche entsteht in drei Zusammenhängen: Erstens, wenn es in seiner vollkommensten Form in einem vollkommen unabhängigen, außerweltlichen Wesen, *in Deo*, realisiert ist. Dies nenne ich das Absolute Unendliche oder schlicht das Absolute; zweitens tritt es in der kontingenten, geschaffenen Welt auf und drittens, wenn der Geist es *in abstracto* als mathematische Größe, Zahl oder Ordnungstyp erfaßt.«

Für Cantor gab es drei Typen des Unendlichen. Der erste Typ, das Absolute Unendliche, ist die Unendlichkeit der Theologen. Wenn ein Durchschnittsbürger über die unbegreifliche Unendlichkeit spricht, denkt er in Begriffen von Cantors absolutem Unendlichen. Die zweite Art Unendlichkeit betrifft die physikalische Welt, eine unendliche Zeitachse, eine unendliche Anzahl von Sternen oder Materie, die auf unendlich vielen Ebenen aus immer kleiner werdenden Teilchen besteht. Die dritte Sorte Unendlichkeit wird von den Mathematikern untersucht. Die Menge $\{1,2,3\ldots\}$ aller endlichen Ordinalzahlen wird eine unendliche Menge der Größe ω genannt, und die Menge aller Punkte auf der reellen Achse heißt unendliche Menge der Größe c. Das Symbol ω, das als »omega« ausgesprochen wird, bezeichnet den letzten Buchstaben des griechischen Alphabets; das Symbol c ist gebräuchlich, weil es der erste Buchstabe von »continuum« ist.

Moderne Mengentheoretiker versuchen gelegentlich auch, über Cantors Absolutes Unendliches zu sprechen. Sie verwenden dafür ein großes Omega Ω. Ω bezeichnet ein Größenniveau, das per definitionem jenseits aller Grenzen des Begreiflichen liegt; Ω ist so groß, daß wir keine Möglichkeit haben, es genauer zu bestimmen. Wann immer wir meinen, über Ω zu sprechen, stellt sich heraus, daß wir in Wirklichkeit über ein viel niedrigeres Größenniveau sprechen. Genauer gesagt, heißt das Folgendes: Ist P eine Eigenschaft, so daß $P(\Omega)$ gilt, so gibt es ein A, das kleiner als Ω ist, mit $P(A)$. Das stellt sicher, daß Ω nicht als »das erste Größenniveau mit der Eigenschaft P« definiert werden kann. Diese Eigenart von Ω ist als das »Reflexionsprinzip« bekannt.

Ein Analogon zum Reflexionsprinzip im Rahmen der Physik ist die historische Tatsache, daß die Menschen zu jedem Zeitpunkt glaubten, daß sie über das ganze physische Universum sprächen. Später stellte sich dann heraus, daß sie nur über einen kleinen Teil des Ganzen sprachen. Die Welt der Primitiven ist der Planet Erde. Die griechische Welt stellte sich als das Sonnensystem heraus. Die Welt der Renaissance erwies sich als identisch mit der Milchstraße. Zeitgenössische Spekulationen legen die Vorstellung nahe, daß das Universum der modernen Astronomie eine besondere Raum-Zeit-Blase unter vielen anderen sei.

Schriftsteller des neunzehnten Jahrhunderts sprachen oft vom

»Unendlichen«, um sich auf Gott zu beziehen. Was Größe und Unbegreiflichkeit anbelangt, so ist der theologische Begriff von Gott tatsächlich ein naher Verwandter des mathematischen Begriffes des Absoluten Unendlichen. Das Reflexionsprinzip läßt sich tatsächlich in ein Prinzip der Theologie umwandeln: »Gott ist größer als alles, was wir begreifen können.« Gleichwertig damit ist die Aussage: »Wann immer wir meinen, Gott erreicht zu haben, haben wir immer nur ein Niveau unterhalb Gottes erklommen.«

Das Reflexionsprinzip, das auf den ersten Blick rein negativ zu sein scheint, hat eine überraschend starke positive Konsequenz.

Sicherlich ist das Absolute Unendliche größer als jede endliche Ordinalzahl 1,2,3... Nun wollen wir aber nicht das Absolute Unendliche definieren können als »die einzige Zahl, die größer als alle endlichen Zahlen ist«. Also sagt uns das Reflexionsprinzip, daß es ein begreifbares Niveau geben muß, das größer ist als alle endlichen Zahlen, aber kleiner ist als das Absolute Unendliche. Das einfachste derartige Niveau ist die Zahl ω, die wir weiter oben erwähnt haben – eine begreifliche, kleingärtnerhafte Ebene des Unendlichen. Gehen wir über ω hinaus, so können wir neue Ebenen beliebig aneinanderfügen: $\omega + 1$, $\omega + 2$, $\omega + \omega$ und so weiter.

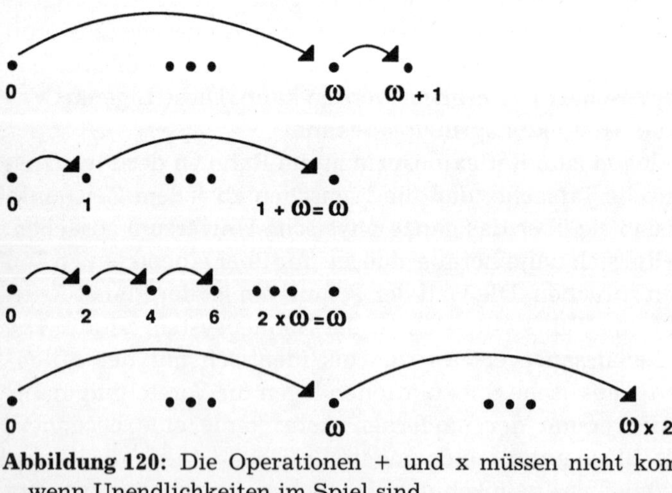

Abbildung 120: Die Operationen + und x müssen nicht kommutieren, wenn Unendlichkeiten im Spiel sind

Diese Zahlen sind als die gewöhnlichen transfiniten Zahlen bekannt.

Das landläufige Kommutativgesetz, das besagt, daß $A + B$ dasselbe ist wie $B + A$, gilt nicht mehr, wenn wir über Zahlen reden, die unendlich sein können. Können einige der Zahlen, mit denen wir es zu tun haben, unendlich sein, so soll $A + B$ bedeuten: »Mach zuerst A Schritte und danach B Schritte.« Wir stellen uns dabei vor, daß positive Zahlen Schritte nach rechts und negative Zahlen Schritte nach links sind.

Der Unterschied zwischen endlichen und unendlichen Zahlen läßt sich ganz einfach formulieren. Ist A unendlich, so erfüllt A die Gleichung $1 + A = A$. Ist K jedoch endlich, so ist stets $1 + K \neq K$. Die Multiplikation ist ebenfalls, sind unendliche Zahlen im Spiel, nicht kommutativ. $A \times B$ bedeutet: »Mache A Schritte B-mal hintereinander.« Also ist $\omega + \omega = \omega \cdot 2$ und $\omega + \omega + \omega = \omega \cdot 3$.

Wann könnte sich die Gelegenheit bieten, über Ordnungen zu sprechen, die bis ins Unendliche reichen? Gibt es Prozesse, die mehr als unendlich viele Schritte brauchen? Ich kann mir mehrere Beispiele vorstellen. Betrachten wir den folgenden Dialog aus einem Kitschfilm, der mit verschiedenen Ebenen von Wissen übereinander zu tun hat:

0: Sue hat ein Geheimnis. Brad will es mit ihr diskutieren.
1: Sue... ich kenne dein Geheimnis.
2: Ja, Brad. Ich weiß, daß du davon weißt.
3: Ich weiß, daß du weißt, daß ich es weiß.
4: Ja, Brad. Ich weiß.
5: Ich kenne dein Geheimnis. Ich weiß, daß du weißt, daß ich es weiß. Und ich weiß, daß du weißt, daß ich weiß, daß du weißt, daß ich es weiß.
6: Ich weiß das, Brad.
ω: Sue, ich weiß und ich weiß, daß du weißt, daß ich es weiß, und ich weiß, daß du weißt, daß ich weiß, daß du weißt, daß ich es weiß. ... Dieser Satz könnte niemals aufhören, Sue.
$\omega + 1$: Ich *weiß*, Brad. Merkst du das nicht? Ich weiß es.
$\omega + 2$: Ich weiß, daß du es weißt, Sue.
O Brad. Küß mich, Liebling. Küß mich ganz wild!
Dich küssen? Ich wußte nicht, daß du willst, daß ich... dich *küssen* soll, Sue.

Ein weniger frivoles Beispiel für die gleiche Art von Vorgang ergibt sich, wenn ein Mensch meditiert, um eine vollkommene Selbsterkenntnis zu erlangen. Bei der Versenkung in sich selbst kann man in einen unendlichen Regreß hineingeraten: Man weiß, daß man weiß, daß man weiß... Aber dann – und das ist der entscheidende intellektuelle Schritt nach vorn – findet man einen Weg, um aus dem ganzen Prozeß herauszuspringen. An diesem Punkt ist eine Art ω-Wissen erreicht. Geht man dann noch einen Schritt weiter, so gelangt man zu $\omega + 1$.

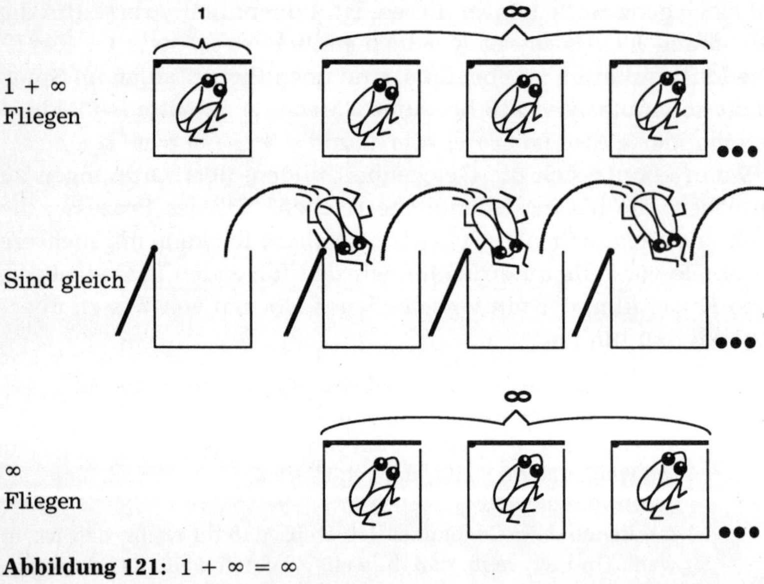

Abbildung 121: $1 + \infty = \infty$

Wünscht man ein physikalisches Beispiel, so stelle man sich eine verteufelte Variante des Golfspiels – Präzisionsgolf genannt – vor, bei der sowohl der Ball als auch die Abschlagstellen und die Löcher mathematische Punkte sind. Man hat ω Schläger zur Verfügung – für jede natürliche Zahl einen Schläger. Der nullte Schläger befördert den Ball einen Meter weit, der erste schafft ein Zehntel Meter, der zweite ein Hundertstel Meter usw. Allgemein bringt es der *N*-te Schläger auf zehn hoch minus *N* Meter. Angenommen, die erste Fahne befinde sich beim Punkt (0,0) und das erste Loch sei in $(\sqrt{2},\pi)$. Dann braucht man mindestens ω Schläge, um den Ball ins Loch zu befördern. Spielt man aber ungeschickt, so werden $\omega + \omega$ oder $\omega \cdot 2$ Schläge erforderllich! Für einen Präzisions-Golf-Parcours mit achtzehn Löchern bräuchte man $\omega \cdot 18$ Schläge.

Ein weiteres Beispiel für einen transfiniten Prozeß erhält man, wenn man sich klarmacht, wie man die Wahrheit einer Aussage über alle natürlichen Zahlen nachprüft. Zur Erinnerung: ∃ und ∀

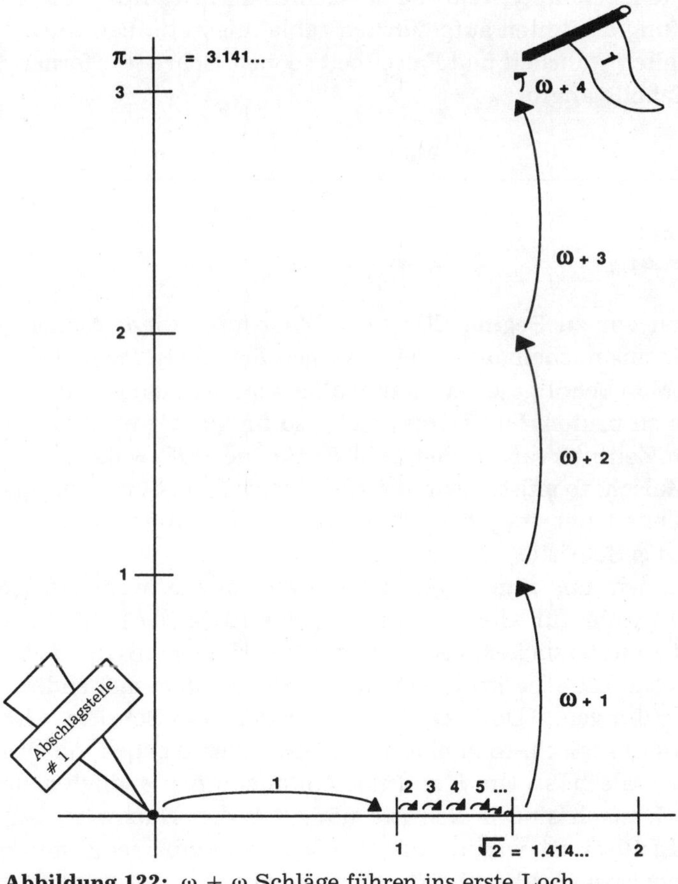

Abbildung 122: $\omega + \omega$ Schläge führen ins erste Loch

heißen Quantoren, wobei $\exists x$ eine Abkürzung für »es gibt eine natürliche Zahl x mit« ist und $\forall y$ eine für »für alle natürlichen Zahlen y gilt«. Jede Aussage über Zahlen läßt sich auf die sogenannte Normalform bringen. Diese besteht aus einer Kette von einander abwechselnden $\exists$- und $\forall$-Quantoren, denen Formeln folgen, die ausschließlich die Symbole $+$, $\cdot$ und $=$ sowie Namen für Zahlen enthalten. Angenommen, wir wären daran interessiert, die Wahrheit oder Falschheit solcher Aussagen herauszufinden, indem wir uns systematisch Zahl für Zahl durch alle Zahlen durcharbeiten würden. Ich behaupte, daß die tatsächliche Ausführung dieser Überprüfung der unten aufgeführten zahlentheoretischen Aussagen bezüglich Wahrheit und Falschheit so viele Schritte erfordert, wie die Tabelle angibt:

	Wahr	Falsch
$(\exists x)\ P(x)$	N	ω
$(\forall y)(\exists x)Q(x,y)$	ω	ω
$(\exists z)(\forall y)(\exists x)R(x,y,z)$	$\omega \cdot N$	$\omega \cdot \omega$

Betrachten wir zu Beginn $(\exists x)\ P(x)$. Wir prüfen diese Aussage, indem wir uns nacheinander die Aussagen $P(1)$, $P(2)$, $P(3)$, ... anschauen. Man benötigt jeweils nur endlich viel Zeit, um jede dieser Aussagen zu prüfen. Ist $(\exists x)P(x)$ wahr, so finden wir nach einem endlichen Zeitintervall N eine Zahl K, für die $P(K)$ wahr ist. Ist $(\exists x)P(x)$ falsch, so müssen wir alle K's untersuchen, bevor wir uns der Falschheit der fraglichen Aussage sicher sein können. Das kostet uns ω Schritte.

Wenden wir uns nun $(\forall y)(\exists x)Q(x,y)$ zu. Ist das wahr, so ist $(\exists x)Q(x,L)$ wahr für alle L. Jedes einzelne $(\exists x)Q(x,L)$ auf seine Wahrheit zu untersuchen, verlangt jeweils endliche viele Schritte. Also benötigt die Überprüfung von $(\forall y)(\exists x)Q(x,y)$ ω-mal endlich lange Prüfungen. Das ergibt insgesamt ω Schritte. Ist $(\forall y)(\exists x)Q(x,y)$ falsch, so muß es irgendein erstes L geben, für das $(\exists x)Q(x,L)$ falsch ist. Um L zu finden, braucht man endlich viele Schritte. Danach sind ω Schritte nötig für den Nachweis, daß $(\exists x)Q(x,L)$ falsch ist, was insgesamt ω Schritte ergibt. Jetzt wollen wir uns noch an $(\exists z)(\forall y)(\exists x)R(x,y,z)$ versuchen.

Zu jedem Wert M von z, den wir prüfen, sind ω Schritte erforderlich, um $(\forall y)(\exists x)R(x,y,z)$ zu untersuchen – gleichgültig, ob diese Aussage wahr oder falsch ist. Finden wir einen endlichen Wert für z, der das Gewünschte leistet, so wissen wir dies nach $\omega \cdot N$ Schritten. Falls es keinen guten Wert von z gibt, so braucht man, um dies herauszufinden, $\omega \cdot \omega$ Schritte.

Dieses Produkt $\omega \cdot \omega$ ist auch als ω^2 bekannt, ω^3 steht abkürzend für $\omega \cdot \omega \cdot \omega$, ω^4 für $\omega \cdot \omega \cdot \omega \cdot \omega$ und so weiter. Wir wollen ω^ω schreiben für die erste Zahl, die größer als alle ω^N ist. Eine Weiterführung des soeben angedeuteten Argumentes zeigt, daß die Wahrheit oder Falschheit jeder zahlentheoretischen Aussage systematisch in weniger als ω^ω Schritten festgestellt werden kann. Wäre es möglich, einen Computer zu bauen, der eine transfinit lange Zeitspanne läuft – etwa ω^ω Sekunden –, so wären wir nach dem Gesagten imstande, einen Computer zu bauen, der die Wahrheit oder Falschheit jeder zahlentheoretischen Aussage entscheiden könnte. Ein solcher transfiniter Computer könnte teilweise die von Gödels Satz formulierten Einschränkungen zum Verschwinden bringen. Das bedeutet, daß ein transfiniter Computer tatsächlich den Begriff »Wahrheit« für natürliche Zahlen definieren könnte. Die Erklärung hierfür ist, daß die transfinite Laufzeit dieses Computers eine perfekte Nachbildung der natürlichen Zahlen darstellt. Wollen wir jedoch die Wahrheit oder Falschheit von Aussagen über transfinite Zahlen wie ω oder $\omega \cdot \omega$ wissen, so brauchen wir noch raffiniertere Maschinen. In diesem Sinne setzt unser transfiniter Computer Gödels Satz nicht außer Kraft. Obwohl er alle Wahrheiten über die natürlichen Zahlen beweist, beweist er nicht alle mathematischen Wahrheiten.

Ich möchte noch ein letztes Beispiel für transfinite Ordnungsstrukturen anführen. Angenommen, wir haben zwei Funktionen f und g von natürlichen Zahlen. Zu jeder Zahl x liefern uns f und g die Zahlen $f(x)$ und $g(x)$. Gibt es eine feste Zahl K, so daß für jedes x, das größer als K ist, $f(x)$ kleiner als $g(x)$ ist, so wollen wir sagen, daß f »irgendwann einmal kleiner« wird als g. Stelle ich eine Funktion durch ihren zugehörigen Graphen dar, so besagt die Aussage, daß f irgendwann einmal kleiner wird als g, daß die g repräsentierende Linie ab einer gewissen Stelle immer oberhalb der f repräsentierenden Linie liegt. Stelle ich die Funktionen durch Gleichungen der Form $y = f(x)$ und $y = g(x)$ dar, so kann ich einige Gleichungen in einer sehr langen transfiniten Folge anordnen: $x = 0$, $y = 1$, $y = 2, \ldots$, $y = x$, $y = x + 1$, $y = x + 2, \ldots$, $y = 2x$, $y = 2x + 1, \ldots$, $y = 3x, \ldots$, $y = x^2, \ldots$, $y = x^3, \ldots$, $y = x^x$. Der

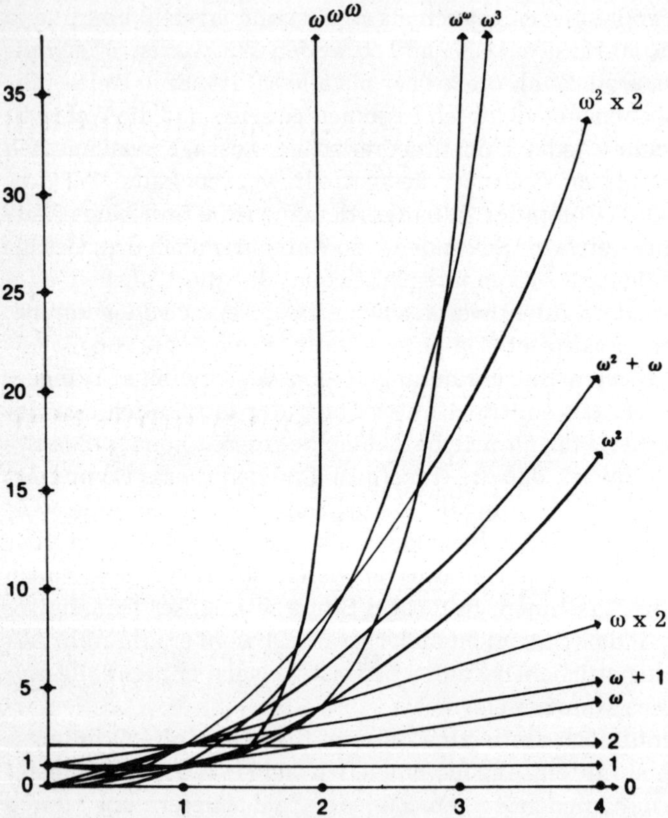

Abbildung 123: Ein transfinites Gewirr von Graphen

Ordnungstyp dieser Folge ist $0,1,2,3,\ldots, \omega, \omega + 1, \omega + 2, \ldots, \omega \cdot 2, \omega \cdot 2 + 1, \ldots, \omega \cdot 3, \ldots, \omega^2, \ldots, \omega^3, \ldots, \omega^\omega, \ldots$ An diesem Punkte angelangt, erscheint die Frage ganz natürlich, ob es eine andere Möglichkeit zu einem Sprung innerhalb der Größenordnungen gibt, der ähnlich gewaltig ist wie der von den endlichen Zahlen zu ω. Wir müssen hierzu einen spezifischen Aspekt finden, in dem das Absolute Unendliche alle mit Hilfe von ω aufgebauten Zahlen übertrifft. Dann können wir das Reflexionsprinzip anwenden und so ein neues Niveau der Unendlichkeit erreichen, das in der gleichen Weise ω überschreitet.

Die Eigenschaft, über die wir reden müssen, ist *Mächtigkeit* (Kardinalität). Wollen wir die Mächtigkeit einer endlichen Menge – beispielsweise eines Korbes voller Äpfel – ermitteln, so zählen wir die Elemente der Menge ab, das heißt konkret: Wir ordnen jedem Apfel eine Zahl zu. Die Zahl, auf die wir kommen, ist die Mächtigkeit der Menge. Ist X eine unendliche Menge, so wollen wir unter der Kardinalität von X die kleinste Standardzahl A verstehen, so daß den Elementen von X die Standardzahlen, die kleiner als A sind, eindeutig zugeordnet werden können.

Lassen wir unendliche Mengen zu, so hat die Kardinalität einige merkwürdige Eigenschaften. Mengen, die vom Typ $\omega + 1$, $\omega \times 2$ oder ω^2 sind, haben alle die Kardinalität ω. Das bedeutet, daß ich die endlichen Zahlen, die kleiner als ω sind, so anordnen kann, daß sie den Ordnungstyp $\omega + 1$, $\omega \times 2$, ω^2 oder sogar ω^ω annehmen:

ω Ordnung	1,2,3,4,5,...	
$\omega + 1$ Ordnung	2,3,4,5,...,1	
$\omega \times 2$ Ordnung	2,4,6,8,...,1,3,5,7,...	
ω^2 Ordnung	1,3,5,7,9,	(ungerade Zahlen)
	2,6,10,14,18,...,	(Vielfache von 2 ohne das Vielfache von 4)
	4,12,20,28,36,...,	(Vielfache von 4 ohne das Vielfache von 8)
	8,24,40,56,72,...,	(Vielfache von 8 ohne das Vielfache von 16)

Gewiß läßt sich das Absolute Unendliche nicht durch eine Anordnung der endlichen Zahlen darstellen. Anders gesagt, das Absolute Unendliche muß eine Kardinalität haben, die größer als ω ist. Das Reflexionsprinzip besagt, daß dieses unbegreifliche Niveau der Unendlichkeit diese Eigenschaft von Ω wiedergeben muß. Wir wollen den Namen Aleph-Eins – auch als $\aleph_1$ geschrieben – benützen, um die erste unendliche Standardzahl zu benennen, die größer als ω ist. Setzen wir fest, daß eine Menge »abzählbar« heißen soll, wenn ihre Kardinalität entweder endlich oder aber gleich ω ist, so können wir auch sagen, daß Aleph-Eins die erste nichtabzählbare Kardinalität ist.

Es ist schwierig, sich Aleph-Eins vorzustellen. Eine Möglichkeit der Annäherung ist die Proportion $\aleph_1:\omega::2:1$. Der Sprung von Omega zu Aleph-Eins ist wie der Sprung von 1 zu 2. Warum sage ich das? Ist es wirklich so wahnsinnig schwierig, von 1 nach 2 zu gelangen?

Ja, es ist schwierig. Ist man erst einmal *hinter* der 2 angekommen, so bietet keine unter den endlichen Zahlen mehr besondere Probleme. Will man beispielsweise von 2 nach 3 kommen, so nimmt man einfach zwei Zahlen, die man schon hat – nämlich 1 und 2 –, und addiert diese, um so 3 zu erhalten. Um die Summe $1 + 2$ bilden zu können, braucht man keinerlei Begriff von der Dreiheit: Es sind weniger als drei Zahlen, die addiert werden, und alle Zahlen, die gebraucht werden, sind kleiner als 3. Hat man aber nur 0 und 1 zur Verfügung, so braucht man wirklich den Begriff der Zweiheit, um zu 2 zu gelangen. So setzt beispielsweise die Bildung $1 + 1$ voraus, daß man weiß, daß man *zwei* Exemplare von 1 nehmen und addieren muß. *Hat* man aber den Begriff der Zweiheit noch nicht, so kann man auch nicht zwei Exemplare von irgendwas auswählen.

Die Analogie zu dem Verfahren, mit dessen Hilfe man von Omega zu Aleph-Eins gelangt, beruht auf der Tatsache, daß ich abzählbar oft abzählbare Zahlen addiere, wenn ich weniger als Aleph-eins Zahlen, die alle kleiner als Aleph-Eins sind, addiere. Man kann jedoch beweisen, daß die Summe von abzählbar vielen abzählbaren Zahlen wieder abzählbar ist. Alles, was ich erhalte, wenn ich ω Folgen von Zahlen aus dem Größenbereich bis einschließlich ω addiere, ist wieder eine Zahl aus dem Größenbereich bis ω. Aleph-Eins ist die unerreichbare Kardinalität nach ω und 2 ist die unerreichbare Größe nach 1.

Ebenfalls ist es angebracht, den Sprung von ω zu Aleph-Eins zu vergleichen mit demjenigen vom Endlichen zum Unendlichen. Addiert man endlich oft endliche Zahlen, so gelangt man niemals zum Unendlichen. Ebensowenig führt die Addition abzählbar vieler abzählbarer Zahlen zum Überabzählbaren:

	Nichts zu etwas		Von Eins zu Vielen		Von Endlich zu Unendlich		Von Abzählbar zu Überabzählbar	
Null	→	Eins	→	Zwei	→	Omega	→	Aleph-Eins

Jeder dieser vier Sprünge ist sehr schwierig, aber letztlich unausweichlich. Jeder Sprung folgt aus der Anwendung des Reflexionsprinzips auf das Absolute Unendliche, das weiterhin jenseits aller getanen Schritte liegt.

Das Problem mit unserer Vorstellung von Aleph-Eins ist, daß sie sehr vage ist. Ich möchte deshalb nun eine konkrete Möglichkeit betrachten, wie man eine überabzählbar unendliche Menge erhält.

Die Information und die Kontinuumshypothese

Ist S eine Zahl (endlich oder unendlich), so definieren wir 2^S als die Gesamtanzahl der Möglichkeiten, wie man eine Folge von S Schaltern einstellen kann. Oder anders gesagt: Ist R die Menge aller Folgen aus Nullen und Einsen, die genau S Elemente enthalten, so ist 2^S die Mächtigkeit von R.

Dieses 2^S gibt die Gesamtanzahl aller möglichen S-langen Folgen an, die nur Nullen und Einsen enthalten. Haben wir es mit einer unendlich langen Folge von Nullen und Einsen zu tun, können wir uns diese als einen Dualbruch vorstellen. So erkennen wir, daß 2^ω die Mächtigkeit der Menge aller »nicht abbrechenden Dualbrüche« mißt. Diese benennen die Punkte im Einheitsintervall [0,1] der reellen Zahlen. Aus diesem Grund wird 2^ω oft auch c genannt, da man sich vorstellt, das reelle Einheitsintervall enthalte ein *Kontinuum* von beliebig genau festlegbaren Stellen. Georg Cantor hat 1873 bewiesen, daß c größer als ω ist. Er zeigte, daß es keine Funktion geben kann, die beide Mengen einander umkehrbar eindeutig zuordnet. Etwas anders formuliert bewies Cantor, daß – wählen wir im Einheitsintervall [0,1] für jede natürliche Zahl einen Punkt aus – immer Punkte übrigbleiben werden. Da wir wissen, daß Aleph-Eins eine unendliche Zahl ist, die größer ist als ω, erscheint die Frage natürlich: Ist $c = \aleph_1$? Dieses Problem des Zusammenhangs zwischen c und Aleph-Eins ist als die »Kontinuumshypothese« bekannt. Sie ist bis auf den heutigen Tag ungelöst geblieben. Tatsächlich haben Kurt Gödel und Paul Cohen gezeigt, daß das Kontinuumsproblem mit den Mitteln des heutigen mathematischen Wissens nicht gelöst werden kann.

Eine Schwierigkeit der Kontinuumshypothese ist, daß wir nur recht nebulöse Vorstellungen davon haben, was Aleph-Eins wirk-

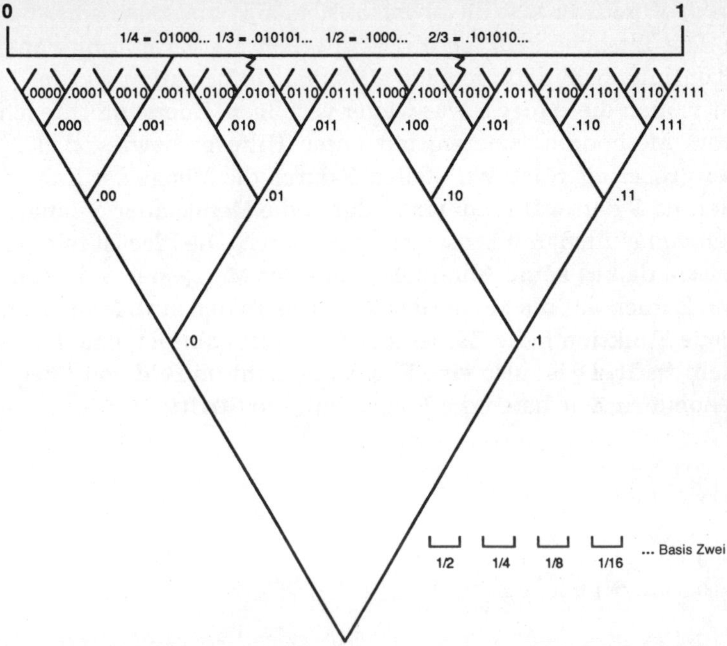

Abbildung 124: Folge mit ω Gliedern, die nur aus Nullen und Einsen bestehen, können als Dualbrüche aufgefaßt werden, die ein Einheitsintervall bilden

lich ist. Dagegen ist 2^{ω} ziemlich konkret. Allerdings kann die Kontinuumshypothese formuliert werden, ohne Aleph-Eins explizit zu erwähnen: »Gibt es eine Menge *X*, deren Kardinalität zwischen ω und 2^{ω} liegt?« Die Idee dabei ist, daß Aleph-Eins die erste unendliche Kardinalität sein sollte, die größer als ω ist. Also fragen wir in Wirklichkeit, ob *c* mit der ersten unendlichen Kardinalität übereinstimmt, die größer ist als ω. Natürlich könnte es sein, daß *c* und Aleph-Eins wesentlich verschieden, also tatsächlich unvergleichlich sind. Auch hier gilt: Niemand weiß Genaueres! Das Problem des Kontinuums ist unlösbar. Die Schwierigkeit dabei scheint zu sein, daß die Kontinuumshypothese sich auf nichts bezieht, was wir uns wirklich vorstellen können. Es wäre schön, würde jemand eine Version der Kontinuumshypothese vorstellen, die sich auf etwas so Konkretes wie die physikalische Informationstheorie bezöge. Die Tatsache, daß $\log c = \omega$ gilt, legt die Vermutung nahe, die Kontinuumshypothese habe etwas mit Information zu tun.

Wir wollen diese Idee etwas weiter verfolgen. Zuerst möchte ich Cantors Methode skizzieren, mit deren Hilfe er bewies, daß 2^S immer größer als S ist. Wir stellen S durch die Menge der Zahlen kleiner als S dar, während wir 2^S durch die Menge aller S-langen Folgen von Nullen und Einsen repräsentieren. Die Idee ist nun, zu beweisen, daß es keine Abbildung f aus der Menge der S darstellenden Zahlen auf die Menge der S-langen Folgen gibt. Man zeigt, daß jede Funktion f, die Zahlen auf S-Folgen abbildet, eine Folge D_f nicht trifft. D_f ist also eine Folge, die nicht im Bild von f liegt. Angenommen, wir listen die Folgen auf, die f trifft:

$$
\begin{array}{l}
f(1) = \textcircled{1}\,0\,0\,0\,0\,0\,0 \ldots 0 \ldots \\
f(2) = 1\,\textcircled{0}\,1\,0\,1\,0\,1 \ldots 1 \ldots \\
f(3) = 1\,0\,\textcircled{1}\,1\,0\,1\,1 \ldots 1 \ldots \\
f(4) = 0\,1\,0\,\textcircled{0}\,1\,0\,0 \ldots 0 \ldots \\
f(5) = 0\,1\,0\,1\,\textcircled{0}\,1\,0 \ldots 1 \ldots \\
\vdots \\
f(n) = 1\,1\,1\,1\,1\,0\,0 \ldots \textcircled{1} \ldots \\
\vdots
\end{array}
$$

$$D_f = 0\,1\,0\,1\,1 \ldots 0 \ldots$$

Die sogenannte Diagonalfolge D_f wird folgendermaßen gebildet: Man geht entlang der Diagonalen des Quadrates, das die von f angenommenen Werte bilden, wechselt jede Null gegen eine Eins aus und umgekehrt. Der Witz dabei ist, daß D_f für jedes n verschieden von $f(n)$ ist – und zwar genau an der n-ten Stelle. So kann beispielsweise D_f fast überall gleich $f(5)$ sein, aber das fünfte Symbol von $f(5)$ ist Null, während die fünfte Ziffer von D_f 1 ist. D_f stimmt mit keinem f(n) überein. Also wissen wir, daß die Abbildung f nicht die Zahlen bis S auf die Menge aller S-langen Folgen abbildet. Das vervollständigt den Beweis der Tatsache, daß S kleiner als 2^S ist.

Die Argumentation gilt sowohl für endliche als auch für unendliche S. Sie beweist ebenso, daß zwei größer als eins ist, wie sie zeigt, daß c größer als ω ist. Die Analogie, von der wir weiter oben gesprochen haben, läßt sich umgestalten zu $c : \omega : : 2 : 1$. Ich denke, daß c tatsächlich eine natürlichere Vorstellung ist als Aleph-Eins. Der Sprung von ω zu Aleph-Eins gleicht dem Sprung von 1 nach 2 weitgehend: c gibt die Anzahl aller möglichen ω-Bit-langen Folgen von Information an, während 2 die Anzahl aller 1-Bit-langen Folgen von Informationen bedeutet; $2^1 = 2$ und $2^\omega = c$. Das tiefere Wesen der Zweiheit kommt in der 0-1-Unterscheidung zum Ausdruck, die dem modernen Informationsbegriff zugrunde liegt. Was kann uns Cantors Satz über die Informationstheorie sagen?

Ich möchte eine ω-lange Folge von Nullen und Einsen als ein »unendliches Bit« oder kurz als »ω-Bit« bezeichnen.

Dies tue ich im selben Sinne, wie ich früher von einem »analogen« Bit gesprochen habe, das eine Stelle in irgendeinem Raum bedeutete, die normalerweise nur bis auf einige Dutzend Bits genau bekannt ist. Ein analoges Bit, das mit unendlicher Genauigkeit gegeben ist, ist ein gutes Beispiel für ein ω-Bit, denn der binäre Baum in Abbildung 124 zeigt, daß ein ω-Bit eine Stelle mit unendlicher Genauigkeit kennzeichnet.

Es ist nicht bekannt, ob die verschiedenen physikalischen Aspekte unserer Welt tatsächlich ω-Bits an Information verschlüsseln oder nicht. Gewiß enthalten einige der mathematischen Aspekte unserer Welt ω-Bits an Information. Die Menge W aller wahren Sätze über die Arithmetik ist, wie Gödel gezeigt hat, eine Struktur, deren immanente Information nicht auf endliche Weise darstellbar ist. Die am meisten naheliegende Art und Weise, mit der man alle Elemente von W auflisten kann, erfordert ω^ω Schritte. Die Menge K aller Codezahlen von Turingmaschinen, die halten, ist ebenfalls unendlich komplex, weil keine Turingmaschine zuverlässig entscheiden kann, welche Zahlen in K liegen. K enthält weniger Information als W und kann durch einen Prozeß, der ω Schritte braucht, aufgelistet werden.

Lassen wir alle althergebrachten Vorstellungen über das Wesen der Realität beiseite und betrachten wir diese ausschließlich als Information, so erscheint es meiner Ansicht nach ziemlich wahrscheinlich, daß alle Aspekte der Welt mindestens ein ω-Bit an Information enthalten. Das meine ich in folgendem Sinne: Zu jedem konkreten Gegenstand kann ich unendlich viele Ja-Nein-

Fragen stellen. Zumindest scheint dies so zu sein. Nun ist meine Aktivität sicher nötig, um die Fragen zu formulieren, aber abstrakt betrachtet könnte es unbegrenzt viele von meiner Person unabhängige Möglichkeiten geben, sich diesem Gegenstand forschend zu nähern. Natürlich wollen wir keine Abfolge von Fragen betrachten, bei der dieselben Fragen immer wiederholt werden. In diesem Falle bekämen wir kein wirklich unendliches Bit. Dennoch

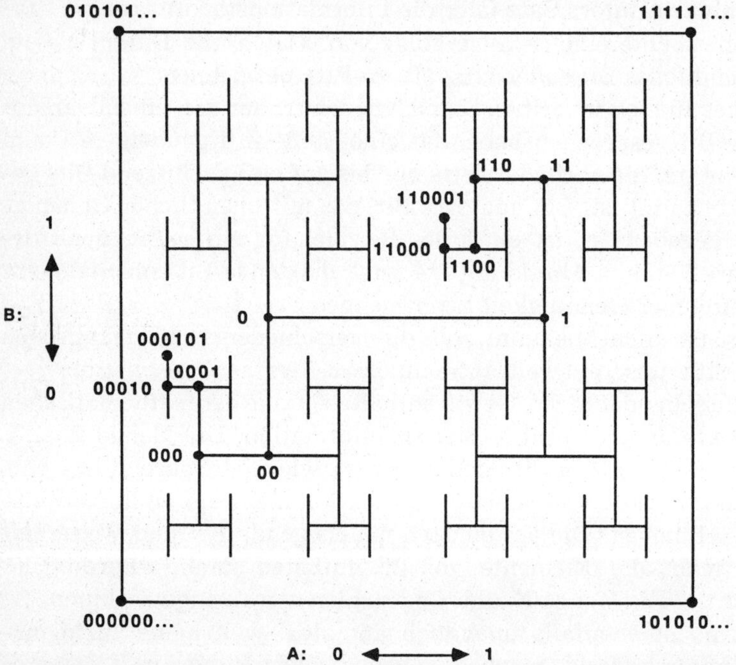

Abbildung 125: Ein ω-Bit läßt sich in zwei ω-Bits oder in eine Stelle der Fläche umwandeln

erscheint es natürlich – zumindest von unserem beschränkten Gesichtspunkt aus – anzunehmen, daß die Welt in allen ihren Aspekten nicht eine Angelegenheit von *zwanzig*, sondern eine von *unendlich vielen* Fragen ist.

Wir wollen für unsere weitere Diskussion annehmen, daß jeder

Gegenstand ein ω-Bit an Information enthält. Nun – wieviel solcher Bits gibt es insgesamt? Je zwei ω-Bits lassen sich zu einem neuen ω-Bit verschränken. Das soll Folgendes bedeuten: Wollen die Personen *A* und *B* beide ω Fragen stellen, so können sie sich dabei auch abwechseln. Die Antworten auf ihre Fragen erscheinen dann in einem einzigen ω-Bit, das die Form *AB AB AB AB AB*... hat. Wir können dies graphisch darstellen, weil es einen binären Baum gibt, dessen unendliche Zweige alle Punkte des Einheitsquadrates erreichen.

Sind ω Leute mit von der Partie, so gibt es immer noch kein Problem. Nehmen wir an, die Fragenden heißen A,B,C,D,E und so weiter. Nun lassen sich die ω vielen ω-Bits als ein ω-Bit nach dem Schema

A AB ABC ABCD ABCDE ABCDEF ABCDEFG ABCDEFGH
ABCDEFGHI ABCDEFGHIJ...

darstellen. Durchlaufen wir diesen Vorgang in umgekehrter Richtung, so können wir auch sagen, daß sich jedes ω-Bit in eine Menge von ω voneinander unabhängiger ω-Bits zerlegen läßt. Beispielsweise läßt sich das unendliche Bit

1 10 000 0101 10111 101111 1100000 01010101 100100101 1100001010...

zerlegen in

1 1 0 0 1 1 1 0 1 1...
0 0 1 0 0 1 1 0 1...
0 0 1 1 0 0 0 0...
1 1 1 0 1 1 0...
1 1 0 0 0 0...
1 0 1 0 0...
0 0 1 1...
1 0 0...
1 1...
0...

Vielleicht geraten wir jetzt in Erregung und fragen uns, ob es ein »Super-ω-Bit« gibt, das die gesamte Information der Welt enthält, wenn man es nur richtig zu entschlüsseln weiß. *Aber genau dies schließt Cantors Satz aus!* Kein noch so subtiler Entschlüsselungsprozeß vermag aus einem unendlichen Bit *alle* unendlichen Bits zu erzeugen. Dies ist der Gehalt von Cantors Satz. Es gibt kein unendliches Bit, das die Gesamtinformation *aller* unendlichen Bits enthält. Das Universum entzieht sich spöttisch unserem Zugriff. Eben habe ich eine Idealisierung vorgenommen, indem ich mir vorstellte, unendlich viel Wissen von etwas haben zu können. Ich träumte davon, der Welt ein ω-Bit Information abgerungen zu haben. Würde mich dies Gott, der allwissend ist, ebenbürtig machen? Nein, das wäre nicht der Fall. Wenn *mein* ω-Bit existiert, sollten, da an ihm nichts Besonderes ist, *alle* anderen möglichen ω-Bits ebenfalls existieren. Cantors Satz zeigt, daß die Menge aller ω-Bits mehr Information enthält als ein einziges ω-Bit: Das Wissen aller Subjekte übersteigt das eines Verstandes immer.

Mit Begriffen aus der Informationstheorie formuliert, lautet das Kontinuumsproblem so: *Gibt es eine Menge von Information, die hinsichtlich ihres Umfanges zwischen a) einer Informationsmenge, die durch ein einziges ω-Bit codiert werden kann, liegt und b) einer Informationsmenge, die nur durch alle ω-Bits codiert werden kann?*

Es ist vorstellbar, daß eine aus Physik und Informationstheorie kombinierte Theorie etwas zu dieser Frage sagen könnte. Beispielsweise wollen wir einmal annehmen, daß wir eine Theorie entwickelt hätten, deren »Elementarteilchen« ω-Bits sind. Im Rahmen einer solchen Theorie könnte man auf eine Klasse A von Phänomenen stoßen mit folgenden Eigenschaften: a) A's Informationsgehalt ist so groß, daß er nicht von einem ω-Bit codiert werden kann und b) A enthält wesentlich weniger Information als das ganze Universum von ω-Bits. A könnte beispielsweise mit einer bestimmten Klasse von Elementarteilchen zusammenhängen oder mit einer gewissen Klasse von idealisierten Beobachtern. In dieser Situation hätten wir Grund zu der Behauptung, die Antwort auf das Kontinuumsproblem in der soeben formulierten Form sei Ja; oder, anders gesagt, daß es eine Mächtigkeit zwischen ω und dem Kontinuum gibt und daß c nicht gleich $\aleph_1$ ist.

Ein Ausblick auf Infinitesimalien

Im ersten Abschnitt ging es darum, eine Zahl ω zu finden, die größer ist als alle endlichen Zahlen 1, 2, 3,... Wir gingen anschließend über ω hinaus, indem wir $\omega + 1$, $\omega + 2$, $\omega \cdot 2$ und so weiter betrachteten. Die Tatsache, daß man ebenfalls neue Zahlen *unter* ω finden kann – Zahlen wie beispielsweise $\omega - 1$, $\omega - 2$, $\omega/2$ –, blieb unerwähnt. Diese Zahlen – unendlich, aber kleiner als ω – werden manchmal »transfinite Nonstandardzahlen« genannt. Sie spielen in der Welt der transfiniten Zahlen die gleiche Rolle wie Brüche und irrationale Zahlen in der Welt der endlichen Zahlen.

Die Theorie der Nonstandardzahlen wurde erst in den letzten zwanzig Jahren entwickelt. Die Tatsache, daß man Zahlen wie $\omega - 1$ noch zwischen ω und die endlichen Zahlen quetschen kann, zeigt, daß wir nicht von ω als der *ersten* (unendlichen) Zahl sprechen dürfen. Alle Zahlen größer als die endlichen Zahlen 1, 2, 3,... sind unendlich. Jede dieser Zahlen erfüllt die für unendliche Zahlen charakteristische Gleichung $1 + K = K$. Ein Grund, warum die Leute nicht gerne über $\omega - 1$, $\omega - 2$ und so weiter nachdenken, ist das Gefühl, daß man, beschäftigt man sich mit all diesen Nonstandardzahlen, niemals zu der schönen einfachen Unendlichkeit ω gelangt. Richtet man sich aber nach der tatsächlichen Reihenfolge der Gedanken, so kommt ω vor $\omega - 1$.

Das bedeutet, daß $\omega - 1$ begrifflich komplexer als ω ist, obwohl es kleiner als ω ist. Wir kommen zu $\omega - 1$, indem wir zuerst zu ω springen und dann einen Schritt nach links gehen.

Es ist wichtig, sich klarzumachen, daß wir nicht bis ω zählen können, sondern daß wir dorthin springen müssen. Wir benützen die endlichen Zahlen als Absprungrampe, um abzuheben, über die Nonstandardzahlen hinwegzufliegen und schließlich bei ω zu landen. Die Perspektive längs der Straße, die zum Absoluten Unendlichen führt, zeigt einige ungewöhnliche Punkte. Die Zahlen, denen wir Namen geben, sind Bergspitzen. Zwischen den endlichen Zahlen und den Zahlen in der Nähe von ω liegt ein in Nebel gehülltes Nonstandard-Tal. Die Situation ähnelt ein wenig derjenigen auf der reellen Zahlengeraden. Wir gelangen durch einen Sprung von 1 nach 2; würden wir auf jede Dezimalzahl achten, die zwischen 1 und 2 liegt, würden wir niemals bei 2 anlangen. Genausowenig bedeutet die Tatsache, daß 1,9999 kleiner als 2 ist, daß wir, bevor wir an 2 denken können, an 1,999 denken müßten.

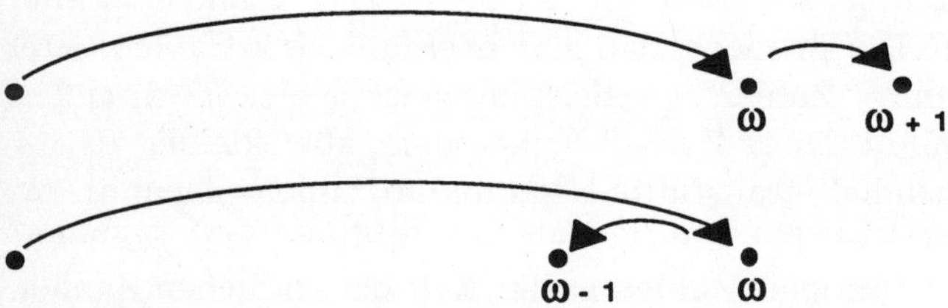

Abbildung 126: $\omega - 1$ ist begrifflich komplexer als ω_x

Wir können uns nicht nur über $\omega - 1$ unterhalten, sondern auch über $1/\omega$, das als eine »infinitesimale« Zahl bekannt ist; $\omega - 1$ und $1/\omega$ sind nahe miteinander verwandt, weil $1 - 1/\omega = (\omega - 1)/\omega$ ist. Begrifflich betrachtet, enthalten sowohl $\omega - 1$ als auch $1/\omega$ ein wenig mehr Information als ω.

In der Geschichte der Mathematik gab es zahlreiche Kontroversen über infinitesimale Zahlen – das sind sehr kleine Zahlen ungleich Null – wie beispielsweise $1/\omega$, $1/(\omega + \omega)$ und $1/\aleph_1$. Newton und Leibniz verwendeten Infinitesimalien, um die Analysis aufzubauen. Nach ihnen fielen die Infinitesimalien in weiten Kreisen in Ungnade. Georg Cantor, der hart kämpfen mußte um die Anerkennung seiner eigenen unendlich großen Zahlen, verabscheute Infinitesimalien. Er bezeichnete sie als »einen Charakterbazillus, der die gesamte Mathematik zu infizieren droht«.

Abraham Robinson zeigte in den sechziger Jahren unseres Jahrhunderts, daß die Rede von Infinitesimalien tatsächlich konsistent ist. Robinsons Beweis benützt die Darstellung der Ebenen der

Unendlichkeit durch Graphen, die wir im ersten Abschnitt kennengelernt haben. Die leitende Idee hier ist, daß sich Nonstandardzahlen wie $\omega - 1$, $\omega - 2$, $\omega/2$ und $1/\omega$ in kohärenter Weise durch Funktionen wie $y = x - 1$, $y = x - 2$, $y = x/2$ und $y = 1/x$ repräsentieren lassen. John Horton Conway hat weitere Beiträge zu den Infinitesimalien geleistet. Sein bemerkenswertes Buch »Über Zahlen und Spiele« ist ein Plädoyer für »mathematicians' lib«. Das führt zu einem Standpunkt, von dem aus Nonstandardzahlen und Infinitesimalien mit der gleichen Hochachtung behandelt werden wie die Standardunendlichkeiten Cantors.

Conway baut seine Argumentation auf einer informationstheoretischen Sichtweise der Zahlen auf: Eine Zahl ist die Menge der notwendigen Anweisungen, um sie berechnen zu können. Conway bevorzugt die kontemplative Ruhe, statt der angestrengten Überlegung, ob wir tatsächlich eine Zahl wie $1/\omega$ finden können, die größer als Null, aber kleiner als ½, ⅓, ¼, ⅕ und so weiter ist. Wir sollten $1/\omega$ mit Hilfe des Abgrundes zwischen Null und allen $1/n$ definieren.

In der Praxis ist es sicherlich richtig, daß wir das Reziproke jeder vorstellbaren Zahl bilden können. Jede nach oben gerichtete Strecke ergibt gespiegelt eine abwärts gerichtete Strecke – und umgekehrt. Beginnen wir mit Eins und verdoppeln wir immer, so nähern wir uns langsam der Unendlichkeit. Fangen wir bei Eins an und halbieren immer, so nähern wir uns langsam der Null. Anders ausgedrückt: Die Funktion 1/x bildet den Strahl [1, ∞ [auf das Intervall] 0, 1] ab.

Geometrisch kann man das Reziproke einer Länge bilden, indem man die Länge x auf eine zu ihr senkrechte Einheitsstrecke projiziert (vergleiche Abbildung 128). In diesem Zusammenhang ist die Feststellung interessant, daß das geometrisch Reziproke von ∞ gefunden wird, indem man eine Gerade zeichnet, die nur infinitesimal von einer Parallelen zur Zahlengeraden abweicht. Wir werden gleich darauf zurückkommen.

Das Bilden von Kehrwerten wird einfach, wenn man Exponenten verwendet. Zur Erinnerung: Eine 1 mit N Nullen dahinter schreibt sich als 10^N, $1/10^N$ als 10^{-N}. Stellen wir uns die Zahlen als Längenangaben in Metern vor und nehmen wir ganz grob an, eine

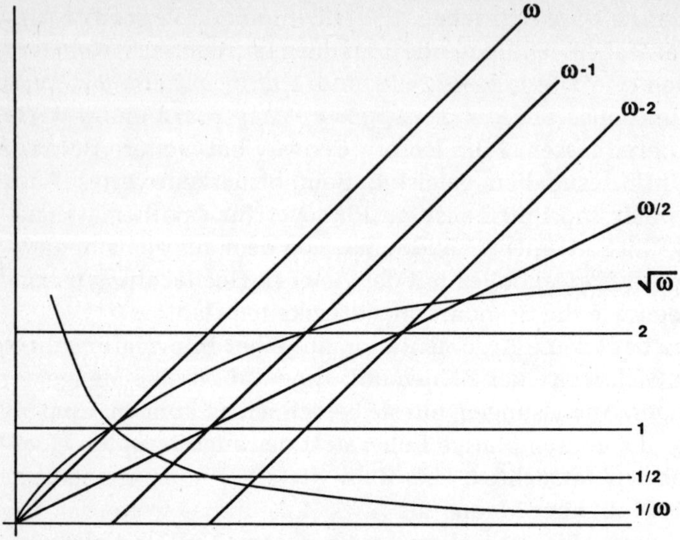

Abbildung 127: Nonstandardzahlen als Graphen

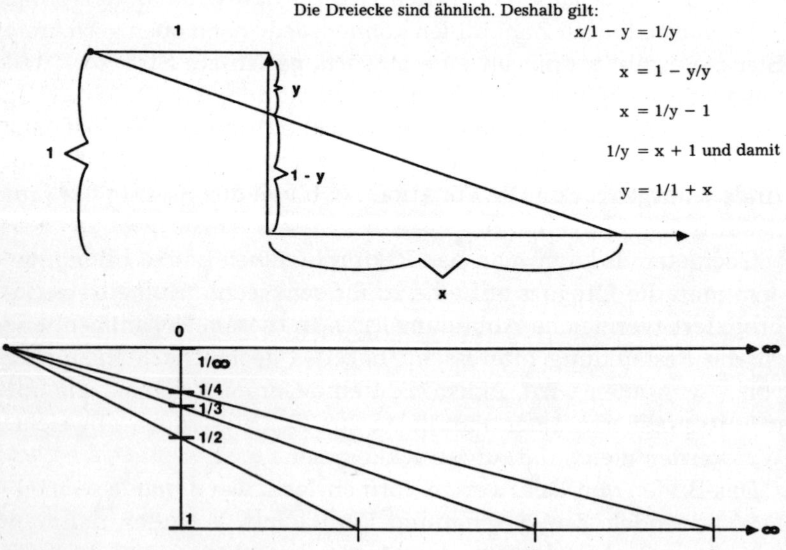

Abbildung 128: Geometrische Inversion

Person sei einen Meter lang, so erhalten wir einige interessante Verhältnisse. (Obwohl Menschen eher 2 als 1 Meter lang sind, ist 1 doch leichter zu handhaben, und schließlich ist ein kauernder Mensch annähernd 1 Meter groß.) So beträgt beispielsweise der Durchmesser der Erde ungefähr 10^7 Meter, während ein Virus etwa 10^{-7} Meter groß ist. Also habe ich im Verhältnis zum Virus die Größe der Erde. Auf mich bezogen, stellt das Virus eine »infinitesimale« Größe dar, die das Reziproke der »unendlichen« Größe der Erde ist. Hier sind noch ein paar andere ungefähre Kehrwerte:

ein Inch	:	fünf Feet	::	fünf Feet	:	hundert Yard
Millimeter	:	Meter	::	Meter	:	Kilometer
Zelle	:	Mensch	::	Mensch	:	Rhode Island
Virus	:	Mensch	::	Mensch	:	Erde
Atom	:	Mensch	::	Mensch	:	Umlaufbahn der Erde um die Sonne
Proton	:	Mensch	::	Mensch	:	Abstand Erde – Alpha Centauri

Ein Daumen verhält sich zu einem Libero wie der Libero zum Fußballfeld, also ist der Libero der Daumen des Fußballfeldes. Eine Person ist vergleichbar einer Zelle in der Gesellschaft, aber bezogen auf die ganze Erde sind wir Viren. Ein Atom ist ein Sonnensystem weit von uns entfernt und ein Proton fixsternweit.

In informationstheoretischen Begriffen ausgedrückt, bedeutet das: Es ist für mich ebenso schwierig, mir eine Menschenmenge vorzustellen, die Rhode Island bedeckt, wie die ungeheure Menge von Zellen, die einen menschlichen Körper bildet. Von 1 aus gesehen enthält ein Millionstel genauso viel Information wie eine Million. Weiter oben habe ich die Information einer Zahl K definiert als den Logarithmus zur Basis 2 von K. Dies war (innerhalb einer Fehlergrenze von 1) äquivalent zu der Anzahl von Nullen und Einsen, die man benötigt, wenn man K im Dualsystem darstellt. Die Verwendung der Logarithmusfunktion ist bei Zahlen kleiner 1 nicht angezeigt, da beispielsweise der Dualbruch 0,100101011100 sechzehn Bit Information enthält, sein Logarithmus aber ungefähr

−1 ist. In diesem Falle legt man besser fest, daß eine Zahl soviel Information enthält, wie der zugehörige Dualbruch Stellen hat.

Die Symmetrie zwischen Zahlen größer 1 und Zahlen kleiner 1 wird besonders klar, wenn wir uns vorstellen, daß Zahlen endliche Zeichenmuster auf dem Band einer Turingmaschine seien. Ein solches Muster könnte beispielsweise so aussehen: BBBXBBXXBBXBXBBBBXBXBBB... Dabei muß man sich rechts und links des Bereiches, in dem die Markierungen auftauchen, jeweils eine endlose Kette von blanken Zellen denken. Ignorieren wir das und schreiben 0 für B und 1 für X, so erkennen wir, daß sich das Muster auf dem Band als eine Kette von Nullen und Einsen darstellen läßt: 00010011001010000101000... Wollen wir das Muster auf dem Band als Name einer Zahl auffassen, so gibt es dafür zwei symmetrische Möglichkeiten: Zahlen, die größer sind als Eins, oder Dualbrüche kleiner Eins.

Eine natürliche Zahl, die größer als Null ist, beginnt im Dualsystem mit einer 1, obwohl danach eine ganze Latte von Nullen kommen kann. Wollen wir das Muster auf dem Band als Namen einer natürlichen Zahl im Dualsystem interpretieren, so ersetzen wir die letzte 1 durch einen Punkt und erhalten damit eine Dualzahl wie 1001100101000010. Im Dezimalsystem ist das 22,850. Eine binäre Kommazahl, die ungleich Null ist, kann mit einer 1 enden, obwohl sie mit einer ganzen Serie von Nullen beginnen kann. Wollen wir schließlich das Muster auf einem Band als Dualbruch interpretieren, der eine Zahl kleiner als 1 darstellt, so können wir die erste 1 durch ein Komma ersetzen und erhalten dann, fügen wir sinngemäß noch die 0 vorm Komma hinzu, den Dualbruch 0,0011001010000101. Im Dezimalsystem entspricht dem 0,19734192.

Die Symmetrie zwischen der Vergrößerung und der Schrumpfung eines betrachteten Gebietes wird sehr klar, wenn man perspektivische Zeichnungen entwirft. Insbesondere ist es interessant, wie Infinitesimalien ins Spiel kommen, wenn wir versuchen, eine sich ins Unendliche erstreckende Szene auf einer endlichen Leinwand darzustellen.

Angenommen, ich will eine perspektivische Zeichnung anfertigen von dem, was ich sehe. Verlängert man die für mich sichtbaren

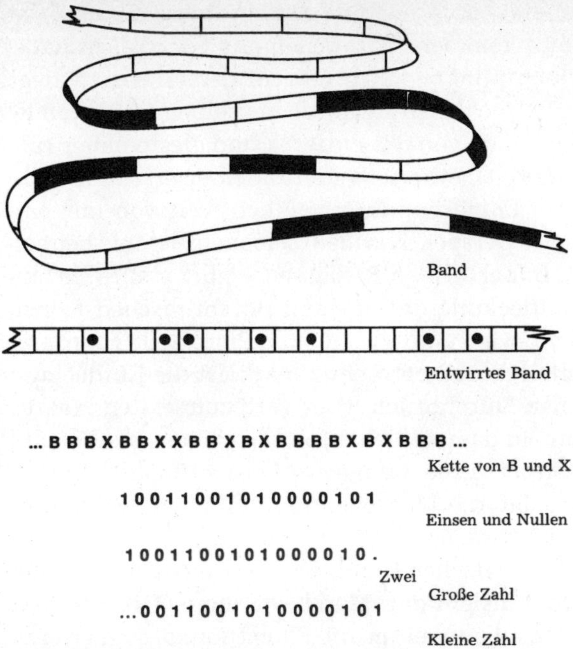

Abbildung 129: Dasselbe Bandmuster ist ein Name für 22,850 und 0,19734192

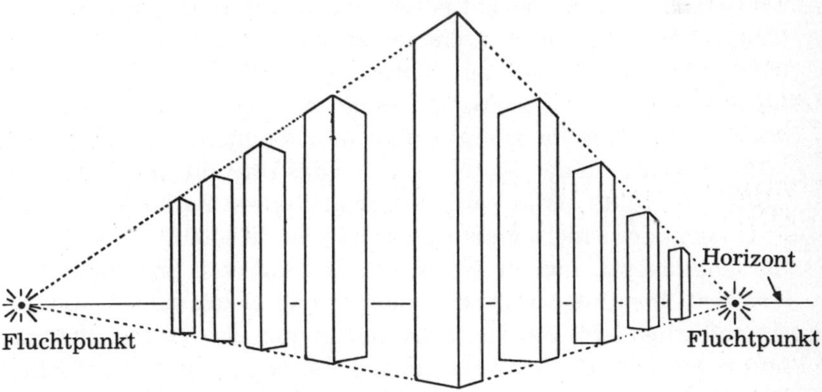

Abbildung 130: Eine perspektivische Szene mit zwei Fluchtpunkten

Strecken, so laufen diese ins Unendliche. Allerdings können dabei Objekte in die Quere kommen. Wir stellen uns vor, daß jede Gerade zu einem »Fluchtpunkt« führt, der auf dem Horizont liegt. Sind Geraden parallel, so gehen sie durch denselben Fluchtpunkt. Je weiter die Gegenstände von mir entfernt sind, desto näher rükken sie an den Horizont heran und desto kleiner erscheinen sie. Theoretisch sind die Fluchtpunkte unendlich weit von mir entfernt. Die Technik des perspektivischen Zeichnens ist uns heutzutage wohlvertraut. In der frühen Renaissance aber stellte sie eine arbeitsintensive Entdeckung dar, die von florentinischen Künstlern des Quattrocento wie Paolo Uccello und Piero della Francesca geleistet wurde. Intellektuell betrachtet markiert die Entdeckung der Perspektive einen Durchbruch: Hier wird zum ersten Mal der physikalische Raum, in dem wir leben, als abstrakter, mathematischer Raum abgebildet. Eine weniger offensichtliche Neuerung der Perspektive ist, daß die Menschen nun anfangen, Bilder von Unendlichkeiten zu entwerfen.

Die meisten perspektivischen Bilder aus der Renaissance stellen Gebäude in der Frontansicht dar. Man bevorzugte Gebäude, weil sie zahlreiche Parallelen aufweisen, die Fluchtpunkte suggerieren. Wir neigen beim Anblick natürlicher Gebilde wie Wälder und Felder nicht dazu, an Fluchtpunkte zu denken. Der Grund hierfür ist, daß »Fluchtpunkte« nur offenkundig sind in Szenen, die Familien von parallelen Geraden enthalten. Solche Anordnungen von Geraden treten nur in von Menschenhand geschaffenen Strukturen wie Straßen und Gebäuden auf. Trifft man im Wald auf ein Haus, so ist das ein wenig, als träfe man auf einen Tempel des menschlichen Glaubens an die Parallelität und die unendlich weit entfernten Fluchtpunkte. In der Natur zeigt sich das Unendliche eher in Gestalt von Frakta als in Form einer Familie von Parallelen.

Obwohl der Fluchtpunkt eine genau festgelegte Stelle auf meiner endlichen Leinwand ist, ist er in Wirklichkeit unendlich weit entfernt. Idealiter sollte seine Entfernung gleich dem Absoluten Unendlichen sein. Wäre unser Lebensraum nicht verschmutzt und gekrümmt, würde der wahre physikalische Fluchtpunkt Ω Kilometer entfernt liegen. Das wird klarer, wenn wir daran denken, wie eine perspektivische Zeichnung konstruiert werden sollte. Um

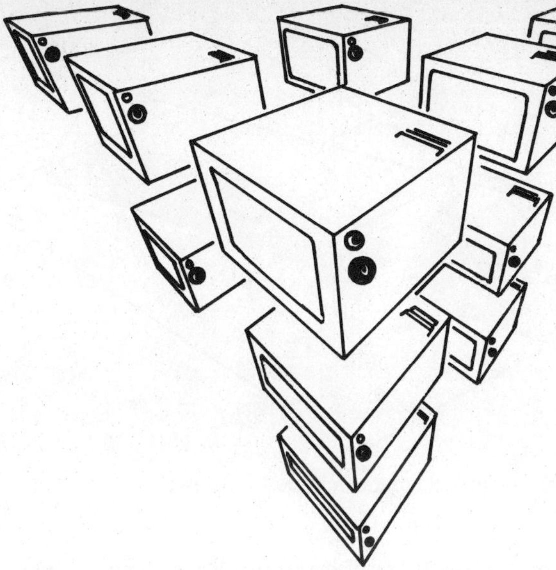

Abbildung 131: Räumliche Perspektive mit drei Fluchtpunkten: ω^3 Fernsehgeräte

die Sache zu vereinfachen, wollen wir uns vorstellen, daß der Künstler in einer tellerebenen riesigen Einöde steht, anstatt sich im Raum zu bewegen. Den Boden wollen wir uns als unbegrenzte Ebene denken. Die Augen des Künstlers mögen sich in einer Höhe von 1,80 m über der Ebene befinden. Eine Leinwand befindet sich vor ihm. Schaut der Künstler geradeaus, und zwar parallel zum Boden, so blickt er/sie auf den »Horizont«. Die Blickrichtungen auf den Horizont hin durchdringen die Leinwand in einer geraden Linie, die den unendlich fernen Horizont abbildet. Jede Richtung in der Ebene, die dem Künstler zu Füßen liegt, entspricht einer Blickrichtung auf den Horizont und führt zu einem Fluchtpunkt. Laufen zwei Linien in gleicher Richtung, also parallel, auf den Horizont zu, so stellt sie der Künstler so dar, als schnitten sie sich in dem Fluchtpunkt, den der Künstler erblicken würde, sähe er in Richtung dieser Parallelen.

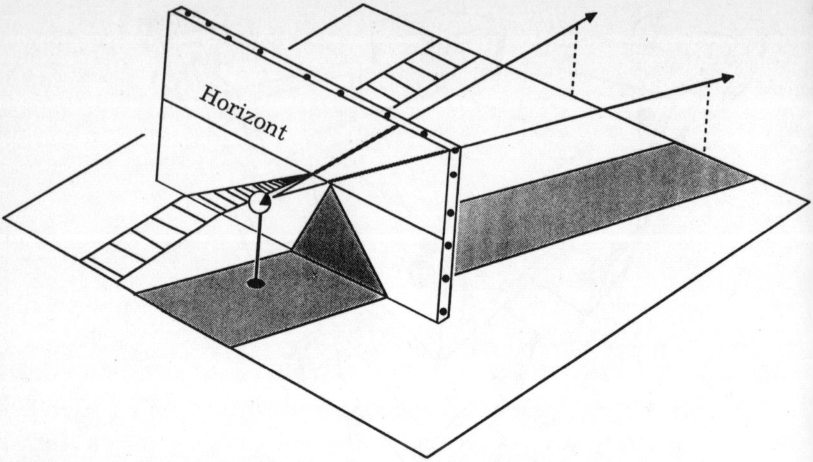

Abbildung 132: Der Horizont ist unendlich weit entfernt

Die Bestimmung der Größe eines Gegenstandes in perspektivischer Darstellung ist ein bißchen trickreich. Angenommen, vor unserem Künstler liegt ein Gitter aus Quadraten auf dem Boden, das sich bis ins Unendliche erstreckt. Wie muß er dieses zeichnen? Zur Vereinfachung wollen wir annehmen, daß eines der Linienbündel des Gitters senkrecht zur Bildebene verläuft und eine Familie von Quadratseiten parallel zur Bildebene liegt. Uccello erkannte, daß der gemeinsame Fluchtpunkt aller Quadratdiagonalen auf dem Horizont liegen sollte. Dasselbe gilt für die Fluchtpunkte der Quadratseiten. Ziehen wir diagonale Linien von den Quadratecken zum Fluchtpunkt der Diagonalen, so erhalten wir eine perspektivische Darstellung der Quadrate. Ein interessanter Punkt, den man im Gedächtnis behalten sollte, ist hierbei, daß genaugenommen keine der Linien wirklich ihren Fluchtpunkt erreicht. Der Horizont ist eine Art von Spiegel.

Und wenn man nun versucht, eine perspektivische Darstellung von Geraden zu geben, die durch ω hindurchgehen? Man stelle sich vor, man stehe inmitten einer Wüste, die sich nach allen Seiten bis ins Absolute Unendliche erstreckt. Wir wollen sie die Endgültige Wüste nennen. Steht man darin, so bietet sich einem in

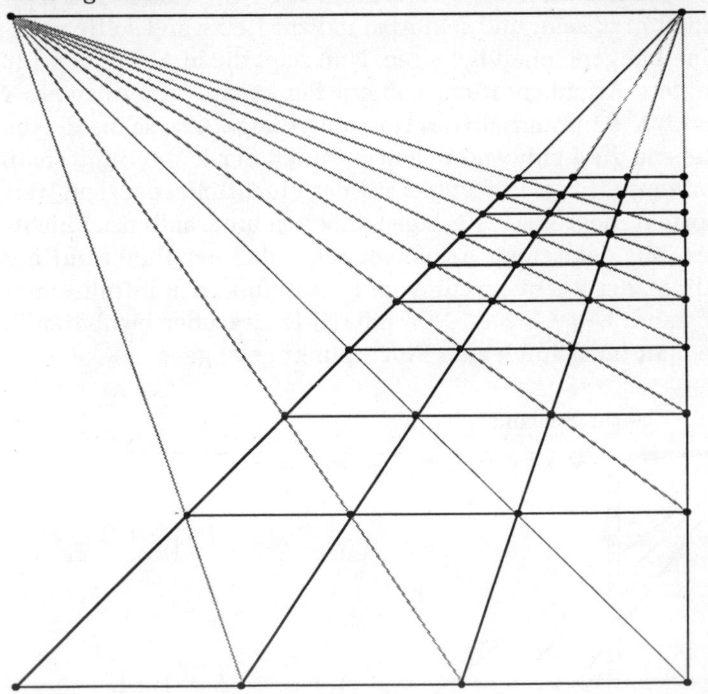

Abbildung 133: Perspektivische Darstellung eines Gitters gleichgroßer Quadrate

etwa dasselbe Bild wie in einem ausgetrockneten Salzsee. Das gilt allerdings nur, wenn man genügend Abstand vom Horizont hält. Der Unterschied liegt darin, daß das Abbild einer Wüste in der wirklichen Welt dank der Krümmung der Erdoberfläche in einer Entfernung von etwa 110 Kilometern endet, während sich die Endgültige Wüste 110 Kilometer, googol Kilometer, ω Kilometer, $\aleph_1$ Kilometer weit erstreckt. Sie übertrifft jede Zahl, die kleiner als Ω ist. Das Bild, das der Beobachter von all diesen Kilometern hat, ist in einem infinitesimalen Streifen unterhalb des Horizontes zusammengedrückt.

Das Letztgenannte wird klar, wenn wir uns den Beobachter in

der Endgültigen Wüste einmal von der Seite her anschauen (vgl. Abb. 134). Der Einfachheit halber soll der Beobachter eine Längeneinheit groß sein, und sein Abstand zur Leinwand sollte ebenfalls eine Längeneinheit betragen. Nun zeigt die in Abbildung 128 angedeutete Argumentation, daß ein Punkt mit dem Abstand X stets um $1/X + 1$ unterhalb des Horizontes liegt. Also schneidet die Fluchtebene die Leinwand in einem Punkt, der $1/X + 1$ unterhalb des Horizontes liegt. Der Punkt auf der Fluchtlinie, der dem Wert ω entspricht, liegt $1/\omega + 1$ Längeneinheiten unterhalb des Fluchtpunktes. Mit demselben Argument folgt, daß der Punkt auf der Fluchtlinie, der $\aleph_1$ entspricht, vom Fluchtpunkt den infinitesimalen Abstand $1/\aleph_1 + 1$ hat. Nur mit Hilfe des unerreichbaren Ω könnte man tatsächlich zum Fluchtpunkt gelangen.

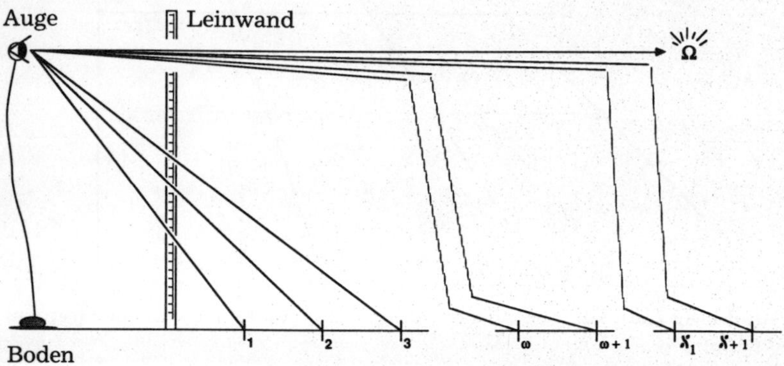

Abbildung 134: Eine transfinite Perspektive

Angenommen, ich benütze die Sandkörner der Endgültigen Wüste als Pixel in dem transfinit-perspektivischen Bild, das ich zu malen versuche. Will ich ein wirklich gutes Bild erhalten, so wären Sandkörner infinitesimaler Größe angemessen. Die Endgültige Wüste soll schön und fraktal sein, ihr Sand in Form kleiner Würfel. Die Kanten der Sandkörner sollen Längen der Form $1/N$ haben: 1 Zentimeter, ½ Zentimeter, $\frac{1}{20}$ Zentimeter, 1/googol Zentimeter, $1/\omega$ Zentimeter, $1/(\omega + \omega)$ Zentimeter und so weiter. Ich klebe diese Körper auf meine Leinwand, um die Linien abzubilden, die ich zeichnen will. Will ich eine so feine Linie haben, daß sie die infinitesimalen Einzelheiten in der Nähe des Horizontes wiedergeben kann, so nehme ich für diese infinitesimal kleine Sandkörner. So kann man beispielsweise zeigen, daß ein Sandkorn, das die Abbilder von ω und $\omega + 1$ zu trennen vermag, eine infinitesimale Größe der Ordnung $1/(\omega^2)$ haben muß.

Ich möchte die Endgültige Wüste nur ungern verlassen. Betrachten wir den Sand unter unseren Füßen. Wir können uns vorstellen, daß die kleineren Partikel auf die größeren geweht werden oder sich in den Zwischenräumen zwischen den größeren befinden. Das führt auf ein sehr interessantes Problem: Wieviel Sandkörner gibt es? Natürlich nicht in der ganzen Endgültigen Wüste, sondern in der begrenzten Fläche direkt unter meinen Füßen.

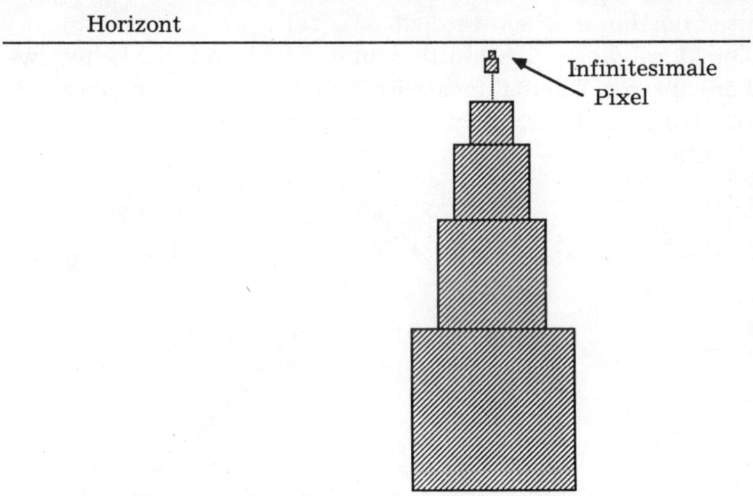

Abbildung 135: Kleinere Pixel ergeben feinere Linien

Hätte ich vorausgesetzt, daß es keine infinitesimalen Sandkörner geben sollte, so bräuchten wir nur ω viele davon, um einen endlich großen Flecken auszufüllen. Sobald wir aber annehmen, daß es Sandkörner der Größe $1/\omega$ tatsächlich *gibt,* brauchen wir *c* Stück! Das folgt aus der Tatsache, daß es im binären Baum zwar nur abzählbar viele Gabelungen gibt, aber $c = 2^{\omega}$ viele mögliche Wege durch diesen Baum. Die Anzahl der Sandkörner, die sich in einem endlichen Gebiet befinden, geht nun eine Zeitlang nicht weiter in die Höhe: Ist a eine abzählbare transfinite Zahl, so ist $2^a = 2^\omega = c$. Läßt man Sandkörner der Größe $1/\omega$ zu, so ändert das deren Anzahl auf c. Geht man weiter zu Sandkörnern der Größe $1/(\omega + \omega)$, so bleibt die Anzahl unverändert gleich c. Lassen wir nun aber Körner mit der Abmessung $1/\aleph_1$ zu, so haben wir Platz für $2^{\aleph_1}$ Stück von ihnen in jedem endlichen Bereich. Ist $2^{\aleph_1} = c$? Die Mengentheoretiker wissen das nicht, obwohl viele von ihnen annehmen, daß $\aleph_1$ tatsächlich kleiner als c ist. In diesem Fall könnte gelten: $2^\omega = 2^{\aleph_1} = c$. Diese letzte Formel ist als Lusinhypothese bekannt. Sie stellt einen Spezialfall der als Martins Axiom bekannten Vermutung dar. Die Endgültige Wüste ist tatsächlich eine ulkige Gegend. Ich hoffe, daß einige meiner Leser ihre eigenen Reisen dorthin machen werden!

Die Moral dieses Abschnittes lautet: Es gibt Ähnlichkeiten zwischen unserer Darstellungsweise von Informationen über sehr große Dinge und der, wie wir Informationen über sehr kleine repräsentieren.

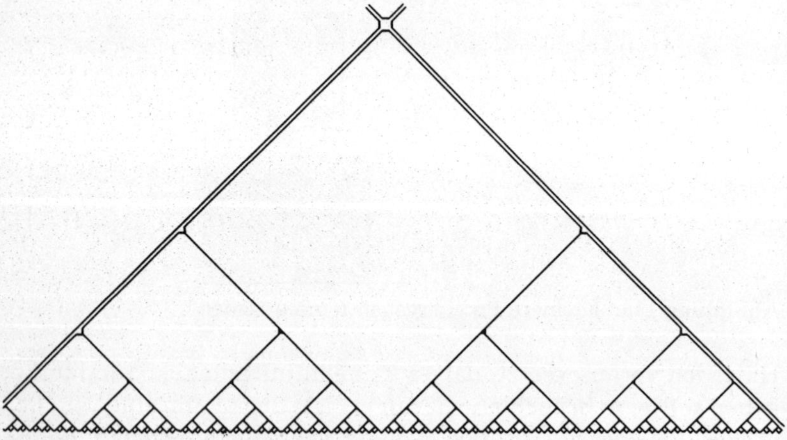

Abbildung 136: Fraktaler Sand in der Endgültigen Wüste

Algorithmische Komplexität

Angenommen, ich finde irgendwo eine Folge von Nullen und Einsen. Wieviel Information verschafft mir diese Folge? Das ist eine tückische Frage.

Besteht die Folge ausschließlich aus Einsen, so hat sie mir vermutlich nicht viel mitzuteilen. Eine zufällige Folge aber von N Nullen und Einsen kann N Bits Information enthalten. Eine Folge, die aus N Einsen besteht, enthält dagegen nicht mehr Information als die Zahl N, und wir erinnern uns daran, daß im Standardsystem die Zahl N nur $\log N$ Stellen braucht zu ihrer Darstellung. Enthält die Folge tatsächlich in verschlüsselter Form Information, so wird sie aller Wahrscheinlichkeit nach ziemlich unordentlich aussehen. Um uns das etwas klarer zu machen, wollen wir uns einmal ansehen, wie geschriebenes Deutsch in Nullen und Einsen übersetzt werden kann. In Zukunft wollen wir das den »Null-Eins-Code für deutsche Texte« nennen:

Leerstelle	00000	h	01000	p	10000	x	11000
a	00001	i	01001	q	10001	y	11001
b	00010	j	01010	r	10010	z	11010
c	00011	k	01011	s	10011	Großschreiben	11011
d	00100	l	01100	t	10100	.	11100
e	00101	m	01101	u	10101	,	11101
f	00110	n	01110	v	10110	’	11110
g	00111	o	01111	w	10111	zurück	11111

Jeder Buchstabe wird durch einen Block von Einsen und Nullen verschlüsselt. Ein Großbuchstabe wird durch Voranstellen des »Großschreiben«-Kodes 11011 codiert. Demnach lautet »i« verschlüsselt 01001; »I« wird zu 11011 01001.

Was besagt nun die nächste Folge?

11011010010011000000110010111110101000000001100001

01110000001001000101000010010000000101000100001001

10011111010000011001011111010111110100100010100000

10011011010000110010101001 1100

Wenn Sie das lesen können, beherrschen Sie den Code. Aber betrachten wir die Folge, als ob wir den Code nicht kennten: Sie sieht reichlich zufällig aus. Wie können die Menschen jemals Informationen austauschen, wenn sie einen derart sonderbaren Code verwenden? Aber einen Augenblick bitte! Wir verwenden tatsächlich einen sonderbaren Code. Haben Sie sich schon mal ein arabisches oder ein kambodschanisches Schriftstück genauer angesehen? Das sieht für uns wie eine Ansammlung verrückter Krikel aus. Die Sängerin Laurie Anderson vertritt angeblich die Theorie, die Japaner hätten in Wirklichkeit gar keine Sprache: Sie gäben Töne von sich und malten kleine Bilder. Genau dasselbe tun auch wir.

Was folgt, ist die Null-Eins-Kodierung eines sehr bekannten englischen Geburtstagsliedes. Um uns das Leben etwas zu vereinfachen, setze ich jeweils eine Leerstelle zwischen zwei Fünferblocks.

11011 01000 00001 10000 10000 11001 00000 00010 01001 10010 10100
01000 00100 00001 11001 00000 10100 01111 00000 11001 01111 10101
11101 11111 11011 01000 00001 10000 10000 11001 00000 00010 01001
10010 10100 01000 00100 00001 11001 00000 10100 01111 00000 11001
01111 10101 11101 11111 11011 01000 00001 10000 10000 11001 00000
00010 01001 10010 10100 01000 00100 00001 11001 11101 00000 00100
00101 00001 10010 00000 10010 00101 00001 00100 00101 10010 11101
11111 11011 01000 00001 10000 10000 11001 00000 00010 01001 10010
10100 01000 00100 00001 11001 00000 10100 01111 00000 11001 01111
10101 11100

Bei genauerer Betrachtung stellt man fest, daß es in dieser Botschaft viel von dem gibt, was die Informationstheorie »Redundanz« nennt. Ganze Teile wiederholen sich. Um den Leser nicht unnötig auf die Folter zu spannen, will ich gleich die Lösung verraten:

Happy birthday to you,
Happy birthday to you,
Happy birthday, dear reader,
Happy birthday to you.

Die Codierung mit Hilfe von Buchstaben benötigt weniger Raum. Dennoch ist sie grundsätzlich nicht effizienter als eine Codierung aus 505 Nullen und Einsen. Die Übermittlung von Buchstaben kostet ungefähr fünf Bits pro Symbol. Deshalb sind einhundert Buchstaben nicht effizienter als fünfhundert Bits. Dennoch gibt es eine sparsamere Möglichkeit, wie man diese Botschaft übermitteln kann:

Happy birthday to you... chorus,
chorus,
H.b. dear reader,
chorus.

Die kürzere englische Version führt zu einem kürzeren Kode, der bloß 345 Bits lang ist:

11011 01000 00001 10000 10000 11001 00000 00010 01001 10010 10100
01000 00100 00001 11001 00000 10100 01111 00000 11001 01111 10101
11100 11100 11100 00011 01000 01111 10010 10101 10011 11101 11111
00011 01000 01111 10010 10101 10011 11101 11111 11011 01000 11100
00000 00010 11100 11101 00000 00100 00101 00001 10010 00000 10010
00101 00001 00100 00101 10010 11101 11111 00011 01000 01111 10010
10101 10011 11100

Natürlich kann diese kürzere Version nur verstanden werden, wenn der Empfänger die besondere Bedeutung des Wortes »chorus« kennt. Machen wir noch weitergehende Annahmen über das Vorwissen des Empfängers: Unterstellen wir, er wüßte, daß »Happy Birthday« der Name eines wohlbekannten Liedes ist. Dann läßt sich die Botschaft im Deutschen so codieren: »Happy

Birthday« für »Reader«. Das ergibt einen kompakten binären Code, der aus 160 Bits besteht:

11110 11011 01000 00001 10000 10000 11001 00000 11011 00010 01001 10010 10100 01000 00100 00001 11001 11110 00000 00110 01111 10010 00000 11110 10010 00101 00001 00100 00101 10010 11100 11110

Will man dieselbe Botschaft mir noch einmal übermitteln, so genügt es, mir »das Lied« mitzuteilen. Das braucht vierzig Bits:

10100 01000 00101 00000 10011 01111 01110 00111

Will ich jetzt die gleiche Botschaft zurücksenden, so kann ich einfach »es« sagen. Das erfordert zehn binäre Symbole: 00101 10011. Will ich meinem Zuhörer ein für alle Male nichts anderes mitteilen als immer die gleiche Botschaft – nämlich »Happy Birthday« –, so kann ich den effizientesten Kode benützen, den es gibt, indem ich ein einziges Bit sende, wenn ich meine Botschaft übermitteln will: 1 oder 0, je nachdem, ob ich »Happy Birthday« mitteile oder nicht.

Nun denn – wieviel Bit Information enthält nun »Happy Birthday« wirklich? Das einfachste Maß hierfür ist die Anzahl der Einsen und Nullen, die man überhaupt benötigt, um die Botschaft auf die zuerst geschilderte vollständige Weise zu übermitteln. Das waren, wie wir uns erinnern, 505 Bits. Wir könnten diese Anzahl die »Darstellungsinformation« der Botschaft nennen. Fast jeder kann die Botschaft, wird sie nach der zweiten Art und Weise verschlüsselt, verstehen. Diese braucht nur 345 Bits. Diese 345-Bit-Information kann man als »Algorithmus« oder als die Menge von Anweisungen auffassen, welche die gesamte Botschaft erzeugen kann. Die Versionen mit 160, 40, 10 und einem Bit sind noch kompaktere Algorithmen, die zunehmend mehr Vorwissen auf seiten des Empfängers voraussetzen.

Die Komplexität einer Botschaft bezüglich eines Empfängers *R* ist die Mindestanzahl von Bits, die *R* benötigt, um die ganze Botschaft rekonstruieren zu können. Etwas formaler wollen wir diese Größe als die algorithmische »*R*-Komplexität der Botschaft« bezeichnen. Die R-Komplexität einer Kette von Symbolen ist gleich der Länge des kürzesten Algorithmus, der es *R* ermöglicht, die fragliche Kette zu erzeugen.

Die algorithmische Komplexität läßt sich durch Einführung eines Standardempfängers *R* absolut definieren. Die mächtigsten Maschinen, die wir kennengelernt haben, sind die universellen Turingmaschinen. Werden genügend Daten eingegeben, so kann eine universelle Turingmaschine jede nur mögliche Rechnung durchführen. Es bezeichne *U* eine wohlbestimmte universelle Turingmaschine. Damit können wir Komplexität allgemein als *U*-Komplexität festlegen:

Definition: Es sei *M* eine Kette von Symbolen. Dann ist die Komplexität von *M* definiert als die Länge der Symbolkette *P*, die durch folgende Bedingung festgelegt ist: *P* ist die kürzeste Kette mit $U(P) = M$.

Eine universelle Turingmaschine besitzt folgende Eigenschaft: Zu jedem digitalen Computer *C* gibt es einen »Simulationskode« *E*. Das bedeutet, daß die Berechnung *U(E,D)* – für beliebige Daten *D* – äquivalent ist zur Berechnung *C(D)*, die *C* mit *D* ausführen würde. Viele Dinge stellen universelle Turingmaschinen dar. Die ersten elektronischen Rechenanlagen, die von Menschenhand gebaut worden sind, sind unter ihren Namen bekannt geblieben; Univac, Joniac und Maniac zum Beispiel. Es gibt ein großartiges Foto des Mathematikers und Computerspezialisten Stanislaw Ulam, wie dieser fasziniert vor Maniac steht. *Jeder Digitalcomputer ist eine universelle Turingmaschine* – sogar der, den man für 200 Mark seinen Kindern kauft. Das notorische »endlose Band«, das eine universelle Turingmaschine erfordert, erlangt potentielle Existenz in Form der unbegrenzten Anzahl von zusätzlichem Speicherraum, den man sich für seine Maschine kaufen kann. Größere Computer können nicht mehr, sondern benötigen weniger Zeit und Band.

Die wahre Bedeutung der universellen Turingmaschine liegt darin, daß man mit guten Argumenten behaupten kann, jeder Mensch sei eine universelle Turingmaschine. Man kann sogar noch weitergehen und behaupten, daß Bäume, Atome und Galaxien ebenfalls universelle Turingmaschinen seien. Jeder Gegenstand ist eine universelle Turingmaschine!

Um unsere Gedanken etwas zu konkretisieren, können wir uns vorstellen, unsere universelle Turingmaschine U sei ein Personalcomputer mit einem großen Diskettenspeicher. In U soll bereits eine ganze Menge Software eingebaut sein: zum Beispiel ein gut integriertes Softwaresystem, das ein Textverarbeitungssystem befehligt, ein Programm für Kalkulationstabellen, ein LISP-Programm und einige Expertensysteme. Die Maschine ist mit einem Laserdrucker verbunden, der immer Papier zur Verfügung hat. Es gibt beliebig viele zusätzliche Disketten zum Abspeichern. Die Maschine kann den Bedienenden bitten, ihr neue Disketten zuzuführen. Die Komplexität eines Textes bezüglich dieses *U* ist gleich der kleinsten Anzahl von Knopfdrücken, um die Maschine zu veranlassen, diesen Text auszudrucken. Jetzt wird sich der Leser vielleicht fragen, worauf ich hinaus will. Deshalb will ich klarstellen, daß der darzustellende Gedankengang in das Gebiet der Informatik gehört, das unter dem Namen »algorithmische Informationstheorie« bekannt ist. Die algorithmische Informationstheorie ist in den 60er Jahren von drei Männern entwickelt worden: George Chaitin, A. N. Kolmogorov und R. J. Solomonov. Angeregt durch Gödels Satz erkannte Chaitin, wie diese Gedankengänge zu dem heute so genannten »Satz von Chaitin« führen, der ein sehr mächtiges Ergebnis darstellt. Ein Hinweis auf seine Mächtigkeit ist, daß Gödels Satz sich als eine einfache Folgerung aus Chaitins Theorem ableiten läßt. Das ist beeindruckend – Gödels Satz wurde 1930, als er gerade bewiesen worden war, als das schwierigste und tiefliegendste Theorem angesehen, das Menschen jemals aufgestellt haben. Und Chaitins Satz läßt Gödels Ergebnis einfach erscheinen! Gut. Aber was ist Chaitins Satz und wie beweist man ihn? Kehren wir zum Begriff der Komplexität zurück. Wir haben eine universelle Turingmaschine *U* ausgewählt und die Komplexität einer Symbolkette *M* definiert als die Länge des kürzesten Programms *P* mit $U(P) = M$. Wir wollen für diese Größe »Komplexität*(M)*« schreiben. Komplexität*(M)* ist die kleinste Zahl *n* mit folgender Eigenschaft: Es gibt ein aus *n* Symbolen bestehendes Programm *P*, das *U* dazu bringt, *M* auszudrucken und anschließend anzuhalten.

Nach welchen »Botschaften« *M* und welchen »Programmen« *P*

sollte ich suchen? Aus welchen Symbolen sollen diese Ketten bestehen? 0 und 1? Oder 0, 1, 2, ..., 9? Aus dem ganzen Alphabet? Oder sollten wir bunte Pixels nehmen? Für welches »Alphabet« von Symbolen wir uns auch entscheiden, wichtig ist, daß die Menge der erzeugten Botschaften dieselbe Menge von Symbolen benutzt wie die Programme. *U* ist eine Art Verstärker, es nimmt Symbole an und gestaltet sie komplizierter. Je nachdem, welches Alphabet wir zugrunde legen, können wir uns vorstellen, daß *U* kurze Ketten von Nullen und Einsen in lange Ketten von Nullen und Einsen umwandelt, kurze deutsche Texte in lange deutsche Texte oder einfache Bilder in komplexere.

Um einen möglichst umfassenden Vergleichsmaßstab zu haben, wird es besser sein, die Symbolmenge auf zwei Elemente – 0 und 1 – zu beschränken. Wollen wir ein größeres Alphabet benützen, so können wir jedem Element seinen Namen im Null-Eins-Code geben und dann diese Ketten anstelle der Buchstaben verwenden. Wollen wir beispielsweise das Deutsche verwenden, so können wir den am Beginn dieses Kapitels entwickelten Code benützen. Jede Kette von *N* Buchstaben der deutschen Sprache läßt sich durch eine *5N* lange Kette von Nullen und Einsen repräsentieren. Die Darstellungsinformation eines deutschen Textes mit *N* Buchstaben beläuft sich auf *5N*. Dasselbe können wir mit Bildern auf dem Fernsehbildschirm machen, indem wir jedem Pixel und jeder Farbe dieses Pixels eine Codenummer zuordnen.

Jetzt stellen wir uns unsere Programme und Botschaften als Ketten von Nullen und Einsen vor. Wir nennen diese »Bit-Ketten«. Ist *M* eine Bit-Kette, so schreiben wir »Länge *(M)*« und meinen damit die Anzahl der Symbole in *M*. Länge *(M)* ist dasselbe wie die »Darstellungsinformation von *M*«.

Unsere Maschine ist so schlau, daß die verschiedenen Arten einfacher Anweisungen codiert auch einfache Bit-Ketten ergeben. Insbesondere wollen wir annehmen, daß es eine spezielle Kette gibt, die der folgenden Anweisung gleichwertig ist: »Copiere die angegebene Kette und halte dann an.« Ist *C* die Kette »DRUCKE:«, und ist *M* die Botschaft, an der ich interessiert bin, so kann ich die Bit-Kette *CM* als das Programm *P* verwenden, das *M* mir ausdruckt. Nun hat *C* eine wohlbestimmte endliche Länge

c. Also weiß ich jetzt, daß Komplexität $(M) \leq$ Länge $(M) + c$ für alle Botschaften M ist.

Die Länge einer Botschaft M kann als ein erster Schätzwert für deren Information genutzt werden. Die Komplexität von M gibt eine weitere, genauere Schätzung. Enthält M viele Wiederholungen, so wird die Komplexität von M viel kleiner als die Länge von M sein. Beispielsweise könnte M aus googol Wiederholungen der Kette 00001 bestehen. In diesem Falle kann man M interpretieren als die Null-Eins-Kodierung von googol a's. Ist unsere Maschine hinreichend intelligent, so sollte es eine einigermaßen kurze Bit-Kette geben, die den Befehl »Drucke ›00001‹ googolmal« geben kann. In dem geschilderten Fall erwarten wir, daß Komplexität(M) beachtlich kleiner als Länge (M) sein wird. Im allgemeinen hat eine Botschaft M, die sehr redundant ist oder die Dinge besagt, welche die universelle Standardmaschine U sehr gut kennt, eine niedrige Komplexität. Ist M aber zufällig und unvorhersehbar, so ist seine Komplexität hoch.

Die meisten Bit-Ketten sind von großer Komplexität. Nur eine von tausend binären Ketten kann durch einen Algorithmus erzeugt werden, der um mehr als zehn Bits kürzer ist als die tatsächliche Länge der Kette. Merkwürdigerweise ist der Beweis sehr schwierig, *daß* die Komplexität einer vorgelegten Kette groß ist. Wir wollen nun die Komplexität einer logischen Theorie vergleichen mit der Komplexität der Dinge, über die sie sinnvolle Aussagen machen kann. Es sei T ein hinreichend starkes logisches System. Dieses soll insbesondere die geläufigen Tatsachen über die Mathematik beweisen können. Wir wollen annehmen, daß T endlich beschrieben ist. Daraus folgt, daß T eine Art Maschine ist, die Sätze ausdruckt, die logische Folgerungen aus der Theorie T sind. Wir setzen fest, daß die Komplexität der gesamten Theorie T gleich sein soll der Komplexität des Programmes, das die Sätze von T auflistet. Dieser Wert für die Komplexität wird einfach als Komplexität (T) eingeführt. Eine sehr einfache Theorie wird eine geringe Komplexität haben, und eine sehr detaillierte Theorie wird von hoher Komplexität sein.

Wir haben schon über die Tatsache gesprochen, daß keine endliche Theorie alles beweisen kann. Das ist gerade die Aussage von

Gödels Satz: Keine widerspruchsfreie endlich beschriebene Theorie ist vollständig. Nun haben wir beinahe die Möglichkeit, diesen Satz verbessern zu können. Es stellt sich heraus, daß unsere Logik in einem durchaus realistischen Sinn nicht in der Lage ist, Dinge zu erreichen, die komplexer sind als diejenigen, von denen sie ausgeht. Das nachfolgende Resultat wurde erstmals 1965 durch Chaitin bewiesen:

Chaitins Satz

Es sei *T* eine Theorie der Mathematik mit den folgenden Eigenschaften:
I) *T* ist endlich beschrieben, und
II) *T* ist widerspruchsfrei.
Dann gibt es III) eine Zahl *t*, so daß *T* nicht beweisen kann, daß es Bit-Ketten gibt, deren Komplexität größer als *t* ist.

Was besagt dieser Satz? Zu Beginn wollen wir bemerken, daß Gödels Satz eine einfache Folgerung aus Chaitins Satz darstellt.

Weil es unendlich viele Bit-Ketten von beliebiger Komplexität gibt, ist die folgende Aussage gewiß wahr: »Es gibt jede Menge Ketten, deren Komplexität größer ist als *t*.« Das läßt sich auch so ausdrücken: »Es gibt mindestens eine Bit-Kette *M* mit der Eigenschaft, daß kein *t*-Bit-Programm die universelle Turingmaschine *U* dazu bringen kann, *M* auszudrucken und anschließend anzuhalten.« Damit wird hinreichend klar, daß dies wirklich ein präzises mathematisches Faktum ist, betreffend die Arten von existierenden Ketten. Ist *T* aber unfähig, dieses mathematische Faktum zu beweisen, so muß *T* unvollständig sein. Also haben wir gerade aus Chaitins Satz den von Gödel abgeleitet.

Die Beweisidee für Chaitins Satz ist einfach, obgleich verwirrend. Veranschaulichen kann man die Idee z. B. folgendermaßen: Angenommen, ich versuche, den Bereich des mir Zugänglichen zu überschreiten, indem ich mich auf »die erste Zahl, die ich nicht mit elf Worten benennen kann«, beziehe. Hat der Satz in Anführungszeichen einen Sinn für mich, so stellt er tatsächlich eine Kennzeichnung der ersten Zahl, die ich *nicht mit elf Worten* benennen kann, *durch elf Worte* dar. Das ist ein Widerspruch. Der

Beweis des Satzes von Chaitin beruht auf einer ähnlichen Antinomie.

Beweist *T* die Existenz von Bit-Ketten beliebiger Komplexität, so ist »Drucke die erste Bit-Kette, die von *T* bewiesen werden kann und deren Komplexität größer ist als die Länge dieses Programmes« eine zulässige Anweisung, die eine wohlbestimmte Zahl erzeugen sollte. Wir können *p* als große Zahl mit einem kurzen Namen (z. B. eine Milliarde) wählen. Dann wird »Schreibe die erste Bit-Kette, die von *T* bewiesen werden kann und deren Komplexität größer ist als Komplexität $(T) + p$« tatsächlich ein Name sein, dessen Komplexität kleiner ist als Komplexität $(T) + p$. Würde dieses Programm eine Botschaft *M* beschreiben, so ergäbe sich ein Widerspruch, denn *M* hätte eine Komplexität, die zugleich größer und kleiner als Komplexität $(T) + p$ sein soll. Um diesen Widerspruch zu vermeiden, sind wir dazu gezwungen zu schließen, daß *T* nicht die Existenz von beliebig komplexen Bit-Ketten beweist. Das *t* in Chaitins Satz kann als Komplexität $(T) + p$ gewählt werden. Unter einem bestimmten Blickwinkel besagt Chaitins Satz, daß ich nicht auf meinen Schultern stehen kann. Ich kann nicht schlauer sein, als ich es bin. Es gibt eine feste, endliche Grenze für die Komplexität der Objekte, über die mein logischer Diskurs etwas Sinnvolles aussagen kann.

Ich möchte versuchen, den Satz etwas handgreiflicher zu machen. Dazu will ich annehmen, daß die von mir verwandte Theorie *T* das gesamte moderne Wissen über Mathematik, Informatik und vielleicht noch Physik enthalten soll. Die universelle Turingmaschine *U*, die ich verwende, verfügt über die beste Deutsch-verarbeitende Software. Idealiter stelle ich mir *U* als eine intelligente Person vor. *T* codiert das gesamte wissenschaftliche Wissen, das ein Mensch in einer Bibliothek finden könnte.

Komplexität *(T)* war definiert als die Länge der kürzesten Bit-Kette *P* mit der Eigenschaft, daß für jeden Zahlennamen *N U(P, N)* das *N*-te Theorem von *T* ausgibt. Obwohl es etwas selbstbezüglich aussieht, können wir Komplexität*(U)* definieren. Das wäre die Länge des kürzesten Programmes *P*, so daß *U(P)* gleich der Menge der Turingmaschinenquadrupel ist, die das Programm von *U* beschreiben.

Ich halte es für realistisch, Komplexität *(T)* und Komplexität *(U)* beide auf etwa eine Milliarde zu schätzen. Diese Abschätzung für die Komplexität von *T* ergibt sich aus der Tatsache, daß die Null-Eins-Kodierung eines Buches mit 200 000 Wörtern – wie »Der Ozean der Wahrheit« – rund eine Million Bits braucht und man annehmen darf, das gesamte Wissen der modernen Mathematik und Naturwissenschaften ließe sich in tausend solcher Bücher erklären und axiomatisieren. Die Abschätzung für die Komplexität von *U* ergibt sich aus meinem Eindruck, daß eine ähnliche Büchersammlung ausreichen würde, um eine universelle Turingmaschine *U* zu beschreiben, die fähig ist, Resultate aus den Axiomen von *T* aufzuzeichnen, zu kombinieren und abzuleiten. Die meisten dieser Bände würden »Assemblerprogramme« enthalten, die dazu dienen, die anderen Programme in Maschinensprache zu übertragen.

Nun zeigt der Beweis des Satzes von Chaitin, daß *T* nicht imstande ist, zu beweisen, daß eine Bit-Kette existiert, deren Komplexität größer ist als Komplexität$(T) + p$. Wie groß ist p genau? Das hängt nicht von *T* ab, wohl aber von der universellen Turingmaschine *U*, auf der unsere Definition von »Komplexität« beruht. p wird tatsächlich gleich Komplexität$(U) + q$ sein, wobei q eine recht kleine, feste Zahl ist. Ist *U* so raffiniert ausgestattet, wie wir uns das vorgestellt haben, so wird q gut unter einer Million liegen.

Wählen wir also *T* als das beste, uns heute zugängliche Wissen und *U* so, daß seine Denkfähigkeiten fast menschlich sind, so erhalten wir folgende Abschätzung für das t in Chaitins Satz: $t \approx$ Komplexität (T) + Komplexität $(U) + 1$ Million $<$ drei Milliarden.

Gut – und was sagt mir der Satz über diese drei Milliarden? Angenommen, *U* wird mit einer langen und unübersichtlichen Bit-Kette *M* konfrontiert. Die Länge von *M* sei etwa drei Milliarden. Wir wollen annehmen, daß *M* keine offensichtliche Struktur zeigt; beispielsweise können wir uns vorstellen, daß *M* aus Daten besteht, die durch die Beobachtung von Naturphänomenen gewonnen worden sind.

Als wissenschaftlich eingestellter Beobachter möchte *U* eine einfache »Erklärung« von *M* finden. Am besten wäre es, eine Zauberformel zu finden – also eine kompakte, tausend Bit umfassende

Kette *P* mit *U(P)* = *M*. Fast genauso gut wäre eine Kette *P* von der Länge eines Buches (etwa eine Million Bit) mit *U(P)* = *M* oder wenigstens eine »Reduktion« *P* mit einer Milliarde Bits und *U(P)* = *M*.

Nach einer Anzahl fruchtloser Versuche, eine kurze Erklärung für *M* zu finden, gibt *U* das Problem an *T* weiter. Die ursprüngliche Hoffnung dabei ist, daß *T* die Aussage Komplexität*(M)* = *N* (mit *N* aus dem Bereich um Tausend oder sogar einer Million) beweisen kann. Selbst wenn der Beweis nicht konstruktiv wäre, könnte es doch hilfreich sein, zu wissen, welche Größenordnung *M* annehmen kann.

T arbeitet eine Zeitlang hart. Aber es gelingt *T* nicht, etwas anderes als die offensichtliche Tatsache, daß Komplexität *(M)* $\leqq$ 3 Milliarden + *c* gilt, zu beweisen. Dabei entspricht wie zuvor *c* den Kosten, die anfallen, wenn man *U* beibringt, *M* zu kopieren. An diesem Punkt angelangt, beginnt *U* auf einen Beweis zu hoffen, daß *M* keine einfache Erklärung besitzt. *U* beginnt zu hoffen, daß *T* irgendwie die wesensmäßige Zufälligkeit von *M* erkennt und beweist, daß Komplexität*(M)* = drei Milliarden ist. Chaitins Satz sagt uns, daß *T* genau *dies* niemals tun wird. Ist die Komplexität von *M* tatsächlich drei Milliarden, so wird *T* niemals beweisen, daß es ein kurzes Programm gibt, das *M* erklärt. Ebensowenig wird *T* beweisen, daß es kein derartiges Programm gibt. *T* kann uns nicht viel Hilfreiches über *M* erzählen.

Nun nehmen wir aus vernünftig erscheinenden Gründen an, daß die Welt um uns herum tatsächlich Phänomene enthält, die Bit-Ketten von einer Komplexität größer als drei Milliarden codieren. Chaitins Satz besagt, daß unsere wissenschaftlichen Theorien nur sehr wenig über diese Dinge mitteilen. Einerseits kann unsere Wissenschaft keine leicht handhabbare, kurze »Erklärung« für ein Phänomen finden, das eine Komplexität von drei Milliarden Bits aufweist. Andererseits kann unsere Wissenschaft auch nicht definitiv beweisen, daß ein solches Phänomen tatsächlich *keine* kurze, magische Erklärung besitzt. Um dies noch weiter zu vereinfachen, wollen wir uns vorstellen, das ganze Universum sei ein einziges Phänomen. *M* sei eine ungeheuer lange, aber dennoch endliche Bit-Kette, die das ganze Universum – soweit es in einem vernünftigen raum-zeitlichen Umkreis von unserer jetzigen Raum-Zeit-Position liegt – innerhalb gewisser Fehlergrenzen codiert. Die Länge von *M* ist sehr groß – vielleicht sogar so groß wie Gigaplex. Kann es ein kurzes *P* geben mit $U(P) = M$?

Die gesamte Geschichte hindurch haben Okkultisten und Wissenschaftsutopisten sich nach der Seite mit den einfachen Formeln, die alles erklären, gesehnt. Diese Sehnsucht ist die Grundlage für die Faszination, die Einsteins Formel $E = mc^2$ auf die Menschen ausübt und für die gegenwärtigen Phantasien der Physiker über die neue große einheitliche Feldtheorie, die das »gesamte Universum erklärt«. Die Einfältigen, die solcherart denken, hängen dem Glauben an, das Geheimnis des Universums ließe sich in einem Taschenbuch für zehn Mark unterbringen. Das Geheimnis, so glauben sie, läßt sich in einem Steilkurs oder mit Hilfe eines Mantras für fünf Mark erwerben.

Meinem Wesen ist diese Weltanschauung unsympathisch. Die Vorstellung einer einfachen Antwort beleidigt mich. Ich meine, daß die Welt voller Zufälle und voller unerwarteter künstlerischer Aspekte ist. Die Codierung *M* der Welt *muß* deshalb eine Komplexität haben, die kaum geringer ist als die Länge der die Welt beschreibenden Information. Ich fühle mich mit der Unendlichkeit wohl genug, um glauben zu können, daß die Komplexität der Welt sehr hoch ist.

Die Pointe ist, daß Chaitins Satz sagt, *daß ich nicht beweisen kann, daß ich recht habe.* Ich kann nicht beweisen, daß es Ketten gibt, deren Komplexität größer als drei Milliarden ist. Insbesondere kann ich nicht beweisen, daß sich das Geheimnis der Welt nicht in einer relativ kurzen Form codieren läßt.

Merkwürdig, eigentümlich, seltsam. Das großartige Prinzip der Platonischen Dialoge ist, dem Argument zu folgen, wohin es auch führt. Vor Jahren begann ich, die Informationstheorie zu studieren mit der Hoffnung, beweisen zu können, daß die Welt unendlich komplex ist. Nachdem ich nun endlich Chaitins Satz verstanden habe, muß ich einsehen, daß aus ihm folgt, daß ich nicht beweisen kann, daß die Komplexität des Universums größer als 3 Milliarden ist. Ich habe das nicht erwartet, aber es ist die Wahrheit. Der ganze Wert des logischen Denkens erschöpft sich darin, daß es uns gelegentlich zu unerwarteten Folgerungen führen *kann*.

Also muß ich nun widerstrebend fragen: Was wäre, wenn es eine einfache Erklärung des gesamten Universums *geben würde?* Wie könnten wir dem tiefen Abgrund Rechnung tragen, der sich zwischen Komplexität(M) und Länge(M) – zwischen der kurzen Erklärung der Welt und deren tatsächlicher Größe – auftut?

Unbegreiflichkeit

Ich nenne ein Muster »unbegreiflich«, wenn es zu komplex ist, als daß ich es in allen seinen Einzelheiten wiedergeben könnte. Für alle Zwecke der Praxis ist die genaue Anordnung der Sterne unendlich komplex. Dasselbe gilt für die Zellen, die meinen Körper bilden. Diese Strukturen sind nicht unendlich im Sinne der Mathematik. Im Vergleich aber zu meinen geistigen, sprich informationsverarbeitenden Fähigkeiten enthalten sie soviel detaillierte Informationen, daß sie vollkommen außerhalb der Reichweite meines Verstandes liegen.

Angenommen, ich stelle mir mein Selbst als eine Turingmaschine vor, die Markierungen auf einem leeren Band anbringt. Mein Gehirn besteht nur aus endlich vielen Bestandteilen, und jeder dieser Bestandteile kann nur auf endlich viele Weisen funktionieren. Weiter stelle ich mir vor, daß alle variablen Faktoren der Komponenten meines Gehirns kontrolliert werden durch eine große Schaltanlage mit, sagen wir, drei Milliarden Schaltern. Indem ich lese, rede oder zufällig einströmende Informationen aufnehme, kann ich mein Gehirn in eine Vielzahl von Zuständen versetzen. Das entspricht einer bestimmten Anordnung der drei Milliarden Schalter. Läßt sich jeder Schalter einzeln betätigen, ergeben sich zwei hoch drei Milliarden verschiedene Gesamtzustände für mein Gehirn, also ungefähr gigaplex Zustände. Setzen wir voraus, man startet mich in einem Gehirnzustand und beobachtet, was dann im Laufe der Zeit geschieht: Vielleicht beginne ich zu rechnen, Dinge aufzuschreiben und das Geschriebene wieder abzuändern. Wie es einer Turingmaschine erlaubt ist, mit einem endlosen Band zu arbeiten, soll mir ein unendlicher Stapel weißen Papiers zugestanden werden. Ich arbeite und arbeite. Gelegentlich lege ich fertigbeschriebene Blätter zur Seite. Vielleicht werde ich einmal »Das ist alles« sagen und mit dem Schreiben aufhören. Ich sage, daß ein bestimmtes Informationsmuster P »begreiflich für mich« sei, wenn es einen Ausgangszustand meines Gehirns gibt, der mich dazu veranlaßt, das Muster P auszugeben und anschließend anzuhalten. Da es höchstens gigaplex Ausgangszustände gibt, in denen mein Gehirn beginnen kann, gibt es höchstens gigaplex Muster, die mir begreiflich sind.

Es scheint evident, daß viele real existierende Strukturen relativ zum menschlichen Gehirn unbegreiflich sind. Betrachten wir beispielsweise den Versuch, die besondere Form und Orientierung eines jeden Halmes in einem Kornfeld anzugeben: Angenommen, wir haben die Positionen der Halme so gut kennengelernt, daß wir sie alle reproduzieren können. Dabei soll es erlaubt sein, solange man will zu arbeiten. Auch darf man alle mnemotechnischen Hilfsmittel verwenden. Die »letzte Phase« entspricht dann dem Vorgang, die drei Milliarden Schalter in die richtige Stellung zu bringen. Ist die Information der Halme eines Feldes begreiflich, so kann man zu einem Stadium gelangen, das eine genaue Nachbildung des Feldes ermöglicht. In die Science-fiction übertragen, bedeutet dies, daß man mit dem Gehirn der Versuchsperson ein Videogerät verbinden kann, auf dessen Bildschirm man dann das Feld Ausschnitt für Ausschnitt exakt sieht: Vielleicht wird man so mit einer Wiese fertig, aber wie steht es mit dem Staate Nebraska? Das ist aussichtslos.

Sehr viele Informationsmuster sind unbegreiflich – beispielsweise, das was alle Menschen auf der Erde an einem Tag sagen. Oder man schaut sich den Himmel an und stellt sich vor, daß man sich dabei jede Luftströmung und jede Wolke bewußt machen würde – so bewußt, daß man das Aussehen der Wolken in zehn Minuten voraussagen kann. Eine Person kann immer nur eine beschränkte Menge von Information erzeugen; viele Dinge sind darum unbegreiflich.

Wir haben wiederholt von einer universellen Turingmaschine *U* gesprochen, die fähig sei, alle nur möglichen Berechnungen auszuführen, wenn ihr nur das korrekte Programm *P* eingegeben wird. Mein Gehirn gleicht einer Turingmaschine. Versuche ich aber mit meinem zeitlich genau bestimmten Zustand meines Gehirns zu arbeiten, so ist es mir tatsächlich unmöglich, ein beliebig langes Programm zu benützen. Mein Programm muß sich in den drei Milliarden Schaltern meines Gehirnes speichern lassen. Die Aussage, ein Informationsmuster *X* sei für mich begreiflich, bedeutet, grob gesprochen, daß es ein Programm *P* gibt mit $U(P) = X$, dessen Länge kleiner als drei Milliarden ist.

Im letzten Abschnitt haben wir die Komplexität einer Bit-Kette definiert als die Länge des kürzesten Programmes *P* mit $U(P) = M$. Ist *U* fest vorgegeben, so können wir die verwandten Begriffe »*K*-begreiflich« und »*K*-unbegreiflich« folgendermaßen definieren.

Definition: Eine Bit-Kette *M* heißt *K*-begreiflich, wenn Komplexität $(M) \leq K$ gilt. *M* ist *K*-unbegreiflich, wenn Komplexität$(M) > K$ ist.

Wir wollen einmal annehmen, daß man den Gehirnzustand eines Menschen mit Hilfe einer ziemlich raffinierten universellen Turingmaschine *U* plus drei Milliarden Bit Information nachbilden kann. Gemäß dieser Auffassung bedeutet »für einen Menschen unbegreiflich« soviel wie »3 000 000 000-unbegreiflich«.

Wieviel *sind*, nebenbei bemerkt, drei Milliarden Bits? Die modernste Art, Musik wiederzugeben, benützt Compactkassetten (CD's). Die herkömmliche Art und Weise, Musik aufzuzeichnen, geschieht analog mit Hilfe von welligen Rinnen, in denen der Tonabnehmer auf- und niedergeht. CD's dagegen speichern den Ton in digitaler Weise mit Hilfe kleiner Ja/Nein-Bits, die von einem Laserstrahl eingelesen werden. Man behauptet, daß eine halbe Stunde Musik auf einer CD drei Milliarden Bits braucht. Also entspräche der momentane Zustand eines Gehirnes dem Inhalt einer Langspielplatte. Die Information auf einer gewöhnlichen Langspielplatte ist hochgradig redundant – der Takt läßt sich vorhersagen, die Texte wiederholen sich und so weiter. Ein hinreichend intelligenter Plattenspieler könnte vermutlich die Langspielplatte auf der Grundlage von einigen Millionen ihrer Bits oder sogar weniger rekonstruieren (tatsächlich ist die in der Musik übliche Notation ein Versuch, Musik mit einer Minimalanzahl von Bits zu beschreiben – nämlich mit schwarzen Punkten auf Linien).

Allerdings ist die Information in den meisten Gehirnzuständen ebenfalls hochgradig redundant. Oft braucht man nur einige Sätze, um jemandem klarzumachen, was man denkt. Ein wirklich komplexer Gehirnzustand ist einer halben Stunde vollkommen unvorhersagbarer elektronischer Musik vergleichbar.

An diesem Punkt angelangt, möchte ich meine Vorstellungen über das Unbegreifliche etwas präzisieren. Dazu wollen wir annehmen, daß unsere Programme P und unsere Botschaften M Bit-Ketten aus Nullen und Einsen sind. Um über einen unbegrenzten Vorrat möglicher Botschaften verfügen zu können, gehen wir davon aus, daß jede natürliche Zahl N mit ihrer Darstellung im Dualsystem identifiziert worden ist. Also entspricht beispielsweise der Zwanzig die Bit-Kette 10 100. Ist M eine beliebige Bit-Kette, so ist $1M$ die Dualdarstellung irgendeiner anderen Zahl. Deshalb gewährt uns die Menge aller natürlichen Zahlen gewiß eine genügende Vielfalt.

Als Bit-Ketten betrachtet, sind einige natürliche Zahlen unbegreiflich komplexe Informationsmuster. Die Unbegreiflichkeit einer solchen Zahl hängt nicht so sehr von der Größe der Zahl ab als von der Schwierigkeit, diese Zahl zu benennen. Gigaplex ist sehr groß, aber dennoch sehr einfach zu begreifen:

$$\begin{aligned} \text{Milliarde} &= 10^9 \\ \text{gigaplex} &= 10^{\text{Milliarde}} = 10^{10^9} \\ \text{gigaplexplex} &= 10^{\text{gigaplex}} = 10^{10^{\text{Milliarde}}} = 10^{10^{10^9}}. \end{aligned}$$

Wollte man die Dualdarstellung von Gigaplex tatsächlich ausrechnen, so würde das ziemlich lange dauern, aber es gibt dabei keine grundsätzliche informationstheoretische Schwierigkeit. Ich könnte ein kurzes Programm entwerfen und ein Buchführungssystem, so daß ich imstande wäre (einmal abgesehen von der Möglichkeit, daß ich vorher sterben könnte oder mein Interesse verlorenginge), Gigaplex in Dualschreibweise aufzuschreiben und anschließend anzuhalten. Was die Information anbelangt, so ist Gigaplex nur ein paar hundert Bits wert. Zur Erinnerung: Eine einzelne Dezimalstelle erfordert log 10 oder 3,32 Ja/Nein-Entscheidungen oder Nullen und Einsen. Also entspräche einer Dezimalzahl mit einer Milliarde Ziffern eine Bit-Kette mit 3,32 Milliarden Bits.

Sind die von mir benützten Programme nicht länger als drei Milliarden Bits, so müssen einige Zahlen in der Nähe von Gigaplex unbegreiflich für mich sein. Diese enthalten soviel Information, wie ich sie niemals erzeugen kann. Obwohl Gigaplex selbst für mich begreiflich ist, sind einige kleinere Zahlen als Gigaplex für mich unbegreiflich.

Was ist die erste unbegreifliche Zahl? Es bezeichne *W* die erste Zahl, deren Dualdarstellung nicht »3 000 000 000-begreiflich« ist. Anders gesagt ist *W* eine Zahl, deren Dualdarstellung ich nicht hinzuschreiben vermag.

Auf den ersten Blick scheint hier ein Paradoxon vorzuliegen. Ist *W* die allererste unbegreifliche Zahl, so ist *W* selbst zwar unbegreiflich, aber $W-1$ ist begreiflich. Man kann sich fragen: warum kann ich *W* nicht begreifen, indem ich zuerst $W-1$ begreife und dann 1 addiere? Angenommen, ich hätte ein komplexes Programm *P*, das $W-1$ benennt. Warum kann ich daraus kein Programm $P+1$ machen, das $(W-1)+1$ benennt? Oder auch so: Warum kann ich nicht zuerst ein Programm *Q* entwerfen, das $W/2$ benennt und dann ein Programm $2Q$, das $2(W/2)$ benennt?

In beiden Fällen ist die Antwort dieselbe. Die Dualdarstellung von $W-1$ oder $W/2$ führt direkt an die Grenze meiner Möglichkeiten. Das Erlernen des Programmes *P*, das $W-1$ erzeugt, erfordert die mir zur Verfügung stehenden drei Milliarden Bits restlos. *P* läßt sich nicht kürzer fassen, als es bereits ist. Versuchen wir auch nur ein kleines »addiere eins zur Ausgabe« anzuhängen, so müssen wir einen Teil von *P* aufgeben und können deshalb nicht mehr $W-1$ erhalten, zu dem wir »eins addieren« wollten. Aus dem gleichen Grunde braucht das Programm *Q* für $W/2$ soviel Raum, daß nichts übrigbleibt für »nimm mal zwei«.

In Wirklichkeit sind die begreiflichen Zahlen unter den Operationen der Addition, Multiplikation, Exponentiation und so weiter nicht abgeschlossen. Das ist etwas schwierig zu verstehen. Die einfach zu begreifenden Zahlen, mit denen wir üblicherweise arbeiten, sind unter den geläufigen algebraischen Operationen abgeschlossen. Addiere, multipliziere oder erhebe ich Zahlen wie 3, 7 oder 212 in den Exponenten, so erhalte ich wieder eine Zahl, die ich begreifen kann. Es wäre ein zeitaufwendiges Unternehmen, 7 hoch 212 auszuschreiben, aber mit genug Zeit und ausreichenden Papiervorräten könnte ich das bewerkstelligen. Diese Berechnung überschreitet in keiner Hinsicht meine Fähigkeiten. Weit hinter diesen kleinen Zahlen kommt jedoch in der Nähe von *W* eine Zone von Zahlen, die so schwer begreiflich sind, daß Summen und Produkte von Paaren solcher Zahlen unverständlich bleiben. Was liegt jenseits von *W*? *W* ist unbegreiflich, aber dennoch gibt es einige begreifliche Zahlen, die größer als *W* sind. So hat beispielsweise Gigaplex einen sehr kurzen Namen und ist, betrachtet man es als Informationsmuster, sehr einfach zu begreifen. Aber die erste (drei Milliarden) unbegreifliche Zahl *W* ist kleiner als Gigaplex. Das folgt aus der oben bewiesenen Tatsache, daß die erste K-unbegreifliche Zahl kleiner als 2^K ist und aus der Beziehung

$$2^{3\text{ Milliarden}} = 8^{\text{Milliarde}} \approx 10^{\text{Milliarde}} = \text{gigaplex.}$$

Aber Gigaplex ist nicht nur begreiflich, sondern hat auch eine derart geringe Komplexität, daß Gigaplex + N für die meisten N, die kleiner als *W* sind, begreiflich ist. Gigaplex mal 2 ist ebenfalls begreiflich. Ein Diagramm der begreiflichen Zahlen erinnert in seiner Struktur an die abzählbar transfiniten Zahlen. Es hat dieselbe fraktale Eigenschaft von Verzweigungen, verzweigten Verzweigungen, Verzweigungen von verzweigten Verzweigungen und so fort. Gigaplex spielt in gewisser Weise die gleiche Rolle wie ω. Dabei entspricht *W* dem unbegreiflichen »...«-Sprung zwischen dem Endlichen und dem Unendlichen.

Weil es höchstens $2^{3\text{ Milliarden}}$ (< Gigaplex) mögliche, nur aus Nullen und Einsen bestehende Programme gibt, wird es überhaupt weniger als Gigaplex begreifliche Zahlen geben. Stellen wir uns vor, daß wir in der Zahlenreihe weiter voranschreiten, so werden wir irgendwann einen Punkt erreichen, wo alle drei Milliarden-Bit-Programme zur Erzeugung von Zahlen erschöpft sind. *B* stehe für die allerletzte begreifliche Zahl. Es stellt sich heraus, daß *W* und *B* ziemlich dieselbe algorithmische Komplexität besitzen; beide liegen am Rande des Bereichs, über den wir sprechen kön-

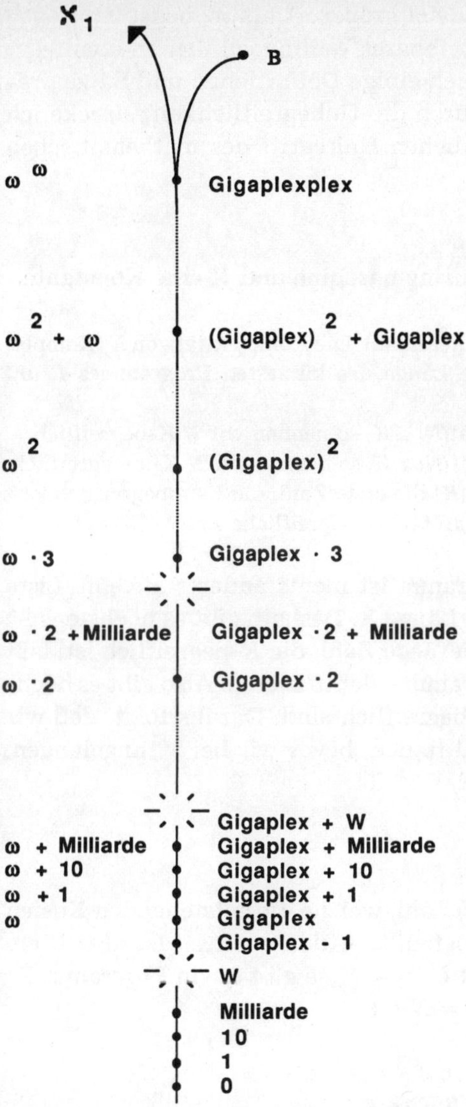

Abbildung 137: Die begreiflichen Zahlen ähneln den abzählbar transfiniten Zahlen

nen. Die Tatsache, daß B soviel größer ist als W, bedeutet, daß B als eine Art einfach beschreibbares Weltmodell dienen könnte.

An dieser Stelle möchte ich einige Definitionen und Sätze präzise fassen. (Beunruhigt durch die Unbegreiflichkeit, strecke ich meine Hand nach dem üblichen Haltegriff des mathematischen Formalismus aus.)

Definitionen:
Es sei U eine universelle Turingmaschine und K eine Konstante.

Definition 1: Es sei N eine weitere Zahl. Die Komplexität von N (Komplexität(N)) ist die Länge des kürzesten Programmes P mit $U(P) = N$.
Definition 2: Gilt Komplexität$(N) \leq K$, so nennen wir N K-begreiflich.
Definition 3: Gilt Komplexität$(N) > K$, so nennen wir N K-unbegreiflich.
Definition 4: Es bezeichne $W(K)$ die erste Zahl, die K-unbegreiflich ist.
Definition 5: Es sei $B(K)$ die größte, K-begreifliche Zahl.

Ein beliebiges K-Bit-Programm ist nichts anderes als eine Liste von Nullen und Einsen der Länge K. Deshalb gibt es höchstens 2^K mögliche K-Bit-Programme. Jede Zahl, die K-begreiflich ist, läßt sich mit einem dieser Programme identifizieren. Also gibt es höchstens 2^K Zahlen N, die K-begreiflich sind. Daraus folgt, daß wir eine K-unbegreifliche Zahl finden, bevor wir bei 2^K angelangen. Wir wissen somit, daß $W(K) < 2^K$ ist.

Satz 6: $W(K) < 2^K$.

Es sei a eine (relativ kleine) Zahl, welche die entstehenden Kosten bezeichnet, wenn man U befiehlt: »Addiere eins.« Ist also P ein Programm der Länge p mit $U(P) = N$, so gibt es ein Programm P^* der Länge $p + a$ mit $U(P^*) = N + 1$.

Satz 7: $K <$ Komplexität $(W(K)) \leq K + a$.
Satz 8: $K - a <$ Komplexität $(B(K)) \leq K$

Satz 7 gilt, weil wir wissen, daß $W(K) - 1$ K-begreiflich ist, während $W(K)$ dies nicht ist. Weil $W(K)$ nicht K-begreiflich ist, muß seine Komplexität größer als K sein. Weil aber $W(K)-1$ K-begreiflich ist, wissen wir, daß aufgrund unserer Wahl von a, $(W(K)-1)+1$ $(K+a)$-begreiflich sein muß. Satz 8 gilt, weil wir wissen, daß $B(K)$ K-begreiflich ist, während $B(K)+1$ dies nicht ist. Weil $B(K)$ K-begreiflich ist, muß seine Komplexität kleiner gleich K sein. Hätte aber $B(K)$ eine kleinere Komplexität als $K-a$, so wäre $B(K)+1$ K-begreiflich, was eine unzulässige Annahme darstellt.

Es sei c eine weitere (relativ kleine) Zahl für die Kosten, die der Befehl »Kopiere die folgende Kette« an die Adresse von U verursacht. Ist M eine Bit-Kette der Länge m, so gibt es ein Programm P der Länge $m+c$ mit $U(P) = M$. Diesen Sachverhalt können wir heranziehen, um eine Abschätzung für Länge $(W(K))$ abzuleiten. Das ist die Länge einer Bit-Kette, die die duale Darstellung von $W(K)$ ist.

Satz 9: $K-c <$ Länge $(W(K)) \leqq K$.

Ich weiß, daß die Länge von $W(K)$ größer als $K-c$ sein muß. Andernfalls könnten wir ein »Kopierprogramm« der Länge $\leqq K$ verwenden, um $W(K)$ auszudrucken. Das widerspricht der K-Unbegreiflichkeit von $W(K)$. Ebenfalls weiß ich, daß die Länge von $W(K)$ kleiner als K ist, denn nach Satz 6 ist $W(K)$ kleiner als 2^K. Jede Zahl, die kleiner als 2^K ist, besitzt eine Dualdarstellung mit höchstens K Nullen und Einsen.

Kombiniere ich die Sätze 7 und 9, so weiß ich, daß $W(K)$ eine Dualdarstellung besitzt, deren Länge und Komplexität ungefähr gleich K ist. Anders gesagt: die Dualdarstellung von $W(K)$ ist »zufällig« oder »inkompressibel« in dem Sinne, daß es keine Möglichkeit gibt, $W(K)$ effizienter zu beschreiben als durch Angabe der Null-Eins-Kette.

$W(K)$ ist die erste Kette, die von keinem K-Bit-Programm ausgedruckt werden kann. $B(K)$ war die größte Zahl, die von einem K-Bit-Programm ausgedruckt werden kann. Was läßt sich über die Zahl $B(K)$ im Vergleich zu der Bit-Kette $W(K)$ aussagen?

Es sei e eine dritte (relativ kleine) Zahl, um die Kosten des Befehls von U »Erhebe ins Quadrat« in Bits anzugeben. Ich möchte e

so wählen, daß es die folgende Eigenschaft hat: Ist P ein Programm der Länge p mit $U(P) = N$, so gibt es ein Programm P^* der Länge $p+f$ mit $U(P^*) = 2^N$. Demnach ist $U(P^*)$ eine Bit-Kette, die aus einer 1 gefolgt von N Nullen besteht.

Nun wissen wir aber, daß man ein ungefähr K-Bit langes Programm braucht, um die ungefähr K Stellen der Dualdarstellung von $W(K)$ auszudrucken. Andererseits braucht man nur $\log K$ Bits, um die Zahl K anzugeben. Da log K wesentlich kleiner als K ist, ist auch $(\log K) + e$ wesentlich kleiner als K. Ebenso ist 2^K K-begreiflich. Also gilt $B(K) > 2^K$. Kombinieren wir dies mit Satz 6, so erhalten wir

Satz 10: $W(K) < B(K)$.

In Wirklichkeit ist $B(K)$ sogar sehr, sehr viel größer als $W(K)$ oder 2^K. Ich kann ja die Anweisung »Erhebe ins Quadrat« derart wiederholen, daß aus einem Programm P der Länge p mit $U(P) = N$ neue Programme P^{**}, P^{***}, P^{****}... entstehen mit den jeweiligen Längen $p + 2e$, $p + 3e$, $p + 4e$... Für diese gilt

$$U(P^{**}) = 2^{2^N},\ U(P^{***}) = 2^{2^{2^N}},\ U(P^{****}) = 2^{2^{2^{2^N}}} \text{ usw.}$$

Die Dualdarstellung von $U(P^{**})$ besteht aus einer Eins, auf die 2^N Nullen folgen, diejenige von $U(P^{***})$ ist eine Eins gefolgt von $U(P^{**})$ Nullen usw. Wenden wir die alte plex-Notation auf Dualzahlen an, so wird aus der Dualdarstellung P von N die Darstellung P^* für Nplex und P^{**} für Nplexplex. Da $\log K$ viel kleiner ist als K, lassen sich viele Resultate wie das folgende beweisen:

Satz 11: $B(K) > 2^{2^{2^K}}$ und Länge $(B(K)) > 2^{2^K}$.

Dennoch liegt die Komplexität von $B(K)$ immer noch in der Nähe von K. Die Tatsache, daß $B(K)$ so lange ist im Vergleich zu seiner Komplexität bedeutet, daß $B(K)$ (in den Augen der universellen Turingmaschine U betrachtet) keineswegs zufällig aussieht. Dieser Mangel an Zufälligkeit kann augenscheinlich sein; das ist dann der Fall, wenn $B(K)$ viele lange Ketten von Nullen enthält und gewisse Muster aus Nullen und Einsen immer wieder auftreten. Es kann aber auch sein, daß die Einfachheit des zu *B(K)* gehörigen Programmes *U* nicht leicht zu erkennen ist.

Wir wollen unsere Ergebnisse nochmals zusammenfassen. Dabei gehen wir von einer wohlbestimmten universellen Turingmaschine *U* aus, die Programme von *K* Bit Länge als Eingaben akzeptiert. Die kleinste unbegreifliche Bit-Kette *W* ist eine zufällige Zusammenstellung von K Nullen und Einsen. Die längste begreifliche Bit-Kette *B* ist eine wesentlich längere Kette, die oberflächlich betrachtet zufällig aussehen kann, die aber in Wirklichkeit das Ergebnis einer sehr langen Berechnung durch ein kurzes Programm darstellt.

Um eine Vorstellung dafür zu entwickeln, welche Muster begreifliche Zahlen aufweisen, wollen wir eine Art Spielzeugmodell für den Gegenstand dieses Abschnittes betrachten. Zwecks Verbesserung der Lesbarkeit sollen die Programme und Mitteilungen von *U* nicht in einem aus Nullen und Einsen aufgebauten »Maschinencode« geschrieben sein, sondern in einem Alphabet, das die Symbole 1, 2, 3, 4, 5 +, · und e verwendet. *A e B* soll bedeuten: *A* hoch *B*. Folgen zwei Operationszeichen unmittelbar aufeinander, so sollen diese von links nach rechts abgearbeitet werden.

Nun wollen wir die Zahlen betrachten, die mit fünf oder weniger Symbolen dargestellt werden können. Anders gesagt, interessieren wir uns für »fünf-Begreiflichkeit«. Versuchen wir stets die kürzest möglichen Symbolkombinationen für die Zahlen zu wählen, so landen wir bei einer Menge von Zahldarstellungen wie in Tabelle 4.

Tabelle 4

1–5	1,	1 + 1,	1 + 1 + 1,	2 + 2,	3 + 2,
6–10	3 × 2,	3 + 2 + 2,	2e3,	3 × 3,	3 × 3 + 1,
11–15	3 × 3 + 2,	3 × 3 + 3,	4 × 3 + 1,	4 × 3 + 2,	4 × 3 + 3,
16–20	4 × 4,	4 × 4 + 1,	3 × 3 × 2,	4 × 4 + 3,	4 × 4 + 4,
21–25	4 + 3 × 3,	5 × 4 + 2,	5 × 4 + 3,	2e3 × 3,	5 × 5,
26–30	5 × 5 + 1,	3e3,	3e3 + 1,	3e3 + 2,	3e3 + 3,
31–35	3e3 + 4,	4 × 4 × 2,	2e5 + 1,	2e5 + 2,	2e5 + 3,
36–40	3 × 2 e2,	2e5 + 5,			5 × 4 × 2,

41–45					5 × 3 × 3,
46–50			4 × 4 × 3,	4 + 3, e2,	5 × 5 × 2,
51–55				3e3 × 2,	
56–60					5 × 4 × 3,
61–65				4 × 4 × 4,	4e3 + 1,
66–70	4e3 + 2,	4e3 + 3,	4e3 + 4,	4e3 + 5,	
71–75					5 × 5 × 3,
76–80					5 × 4 × 4,
81–85	3e4,	3e4 + 1,	3e4 + 2,	3e4 + 3,	3e4 + 4,
86–90	3e4 + 5,				
91–95					
96–100					5 × 5 × 4,
101–105					
106–110			3e3 × 4,		
...					
121–125					5e3,
126–130	5e3 + 1,	5e3 + 2,	4e3 × 2,	5e3 + 4,	5e3 + 5,
131–135					3e3 × 5,
...					
161–165		3e4 × 2,			
...					
191–195		4e3 × 3,			
...					
216–220	3 × 2 e3,				
...					
241–245			3e5,	3e5 + 1,	3e5 + 2,
246–250	3e5 + 3,	3e5 + 4,	3e5 + 5,		
251–255					
256–260	4e4,	4e4 + 1,	4e4 + 2,	4e4 + 3,	4e4 + 4,
261–265	4e4 + 5,				
...					
316–320					4e3 × 5,
321–325				3e4 × 4,	
...					
341–345			4 + 3 e3,		
...					
371–375					5e3 × 3,
...					
401–405					3e4 × 5,
...					

486–490	3e5 × 2,				
491–495					
496–500					5e3 × 4,
...					
511–515		4e4 × 2			
...					
621–625					5e4,
626–630	5e4 + 1,	5e4 + 2,	5e4 + 3,	5e4 + 4,	5e4 + 5,
...					
726–730				3e3 e2,	
...					
766–770			4e4 × 3,		
...					
996–1000					5 + 5e3,
Hier werden sehr viele Zahlen übersprungen.					
298 023 273 876 953 125					5 e 5e5.

Die Zahlen 1–37, 40, 45, 48–50, 54, 60, 64–69, 75, 80–86 und 100 sind die »fünf-begreiflichen« Zahlen unter hundert. Gehen wir weiter bis tausend, so finden wir (wie in der Tabelle nachzulesen ist) einige weitere solcher Zahlen. Die größte fünf-begreifliche Zahl ist $5e5e5$, was soviel wie 298 023 273 876 953 125 oder ungefähr 298 Billiarden ist.

Darstellungen, die genau die maximalen fünf Symbole verwenden (wie $5 \cdot 4 \cdot 3$), führen zu nichts Neuem, aber kürzere Darstellungen wie $4e3$ ergeben zahlreiche neue Darstellungen. Wie bereits oben erwähnt, hat die Gesamtheit der Zahlen, die innerhalb eines bestimmten Rahmens begreiflich sind, eine fraktale Struktur. Es treten Gruppen von Verzweigungen auf, die durch große Abstände voneinander getrennt sind. Diese Gruppen von Verzweigungen bestehen aus Untergruppen von Verzweigungen, ihrerseits durch Abstände getrennt, und so weiter.

In unserem von fünf Symbolen gesteckten Rahmen ist $W(5) = 38$ und $B(5) = 298\,023\,273\,876\,953\,125$. Die Komplexität von 38 scheint 7 zu sein (das zugehörige Programm mit sieben Symbolen ist $2e5 + 5 + 1$), die Komplexität von 298 023 273 876 953 125 ist 5. $B(5)$ sieht überraschend kompliziert aus. Die Tatsache, daß $B(5)$ soviel verwickelter ist als seine Definition, hat damit zu tun, daß die Berechnung der Ziffern von $B(5)$ mit Hilfe des zugehörigen Programms sehr lange braucht.

Die Frage, wie lange ein Programm läuft, ist mit vielen Komplikationen verbunden, die einen eigenen Abschnitt verlangen.

Laufzeit

Die »Laufzeit« der Berechnung *U(P) = M* sei gleich der Anzahl von diskreten Schritten, die *U* ausführen muß, um die Berechnung durchzuführen. Wie läßt sich diese Schrittanzahl einer Berechnung genau definieren?

Ist *U* eine Turingmaschine, so können wir sagen, daß *U* jedesmal, wenn es eine Markierung anbringt oder löscht oder das Band eine Zelle weiterrückt, einen Schritt ausführt. Die Laufzeit von *U(P) = M* ist gleich der benötigten Anzahl an Schritten der geschilderten Art für die Berechnung. Wenn wir die Abbildung 115 aus dem Abschnitt »Turingmaschinen« ansehen, so können wir erkennen, daß die »*K* + *K*-Turingmaschine« *T* 27 Schritte braucht, um *T(X,X) = XXXX* zu berechnen.

Würde man den Besitzern eines großen Mainframe-Computers *U* anbieten, sie zu bezahlen, wenn sie ihren Computer die Berechnung *U(P) = M* ausführen lassen, so werden sie ihre Rechnung auf die Zeit beziehen, die der Computer für die Rechnung braucht. Ein ordentlicher Computer schafft etwa eine Million Operationen in der Sekunde. Erhält man eine Rechnung für drei Sekunden Computerzeit, so bedeutet dies, daß die Berechnung *U(P) = M* eine Laufzeit von ungefähr drei Millionen Schritten hat. Man hört Horrorgeschichten über Leute, die meinten, ein schnelles Programm geschrieben zu haben und schließlich eine Rechnung über Stunden oder sogar Tage Computerzeit erhielten (jedoch ist heutzutage Computerzeit billig, und die Leute hacken unerschrocken). Wie wir im Abschnitt über unlösbare Probleme bewiesen haben, ist es sehr schwierig vorauszusagen, wie lange ein bestimmtes Programm läuft – und ob es überhaupt anhalten wird.

Man kann sich leicht vorstellen, daß wir unsere universelle Turingmaschine *U* zu einer anderen Maschine *U** umbauen, die ein zusätzliches Band zur Registrierung der Laufzeit besitzt. Darauf bringt sie jedesmal, wenn ein Schritt ausgeführt wird, eine Markierung an. Wenn *U(P)* = *M* ist, so ist *U*(P)* = *(M, N)*, wobei *N* die Anzahl der Markierungen auf dem Zeitregistrierband darstellt.

Definition: Es sei *U* eine wohlbestimmte universelle Turingmaschine und *P* eine Bit-Kette. Gibt es ein *M* mit *U(P)* = *M*, so setzen wir Laufzeit*(P)* gleich der Zahl *N* gemäß der Gleichung *U*(P)* = *(M, N)*. Hält die Berechnung von *U(P)* nicht, so sagen wir, daß Laufzeit*(P)* undefiniert ist.

Im vorangegangenen Kapitel haben wir das Halteproblem als unlösbar aufgewiesen: Wir haben gezeigt, daß es kein Programm gibt, das korrekt vorauszusagen in der Lage wäre, ob eine bestimmte Berechnung enden wird oder nicht. Als Folgerung ergab sich hieraus, daß es kein Programm *R* gibt, das korrekt eine Obergrenze für die Laufzeit eines beliebigen Programmes angeben kann. Mit den Begriffen aus unserer neuen Definition läßt sich dieses Ergebnis so formulieren:

Es gibt keine Turingmaschine T, so daß für jedes Programm P, T(P) = Laufzeit (P) gilt. Es gibt, anders gesagt, kein Programm *T*, das die Laufzeiten so voraussagen kann, daß für jedes *P U(T, P)* = Laufzeit *(P)* gilt. Das bedeutet wiederum, daß die Laufzeitfunktion das ist, was man nicht-berechenbar nennt.

Mit der Laufzeitfunktion nahe verwandt ist die sogenannte »fleißige Biberfunktion«. Angenommen, wir wählen einen Wert für *K* und suchen nach allen möglichen Programmen, die *K* Bits haben: Wir füttern *U* mit diesen Programmen und schauen, wie lange diese laufen. Einige Programme werden überhaupt nicht laufen, andere werden nur kurz laufen, einige werden lang brauchen, andere endlos laufen. Wir definieren Biber *(K)* als die größte endliche Laufzeit eines K-Bit-Programmes. Das Programm, das am längsten läuft, wird gelegentlich der »fleißige *K*-Bit-Biber« genannt, weil es so aktiv ist.

Definition: Biber*(K)* ist gleich dem größten endlichen Wert von Laufzeit *(P)*, den ein *K*-Bit-Programm erreicht.

Ebensowenig wie die Laufzcitfunktion ist die Biberfunktion berechenbar. Verschiedene Forscher haben versucht, Biber*(K)* für einige Werte von *K* und unterschiedliche universelle Turingmaschinen *U* zu berechnen. Aber niemand ist bisher weit gekommen. Die Biberfunktion wächst unglaublich schnell. Diese ist eng mit der Zahl *B* verwandt, über die ich im letzten Abschnitt gesprochen habe. Wenn ich die Werte der Biberfunktion alle kenne, kann ich die Werte von *B* bestimmen und umgekehrt. Daraus folgt, daß die Funktion *B* ihrerseits nicht berechenbar sein kann. Weil *W(K)* nachweislich die Komplexität *K* hat, besagt Chaitins Satz, daß *W* ebenfalls unberechenbar sein muß.

Die vielleicht interessanteste Anwendung des Begriffes Laufzeit ist die Definition der »logischen Tiefe«, die der Informatiker Charles Bennett von IBM gegeben hat. Bennett setzt die logische Tiefe einer Bit-Kette *M* gleich der Anzahl der Rechenschritte, die *U* benötigt, um aus dem kürzesten Programm für *M M* selbst zu berechnen. Eine Kette mit einer kurzen »Erklärung«, die zu verstehen einen großen Arbeitsaufwand erfordert, ist logisch tief. Eine Kette mit offensichtlichen, einfach zu entschlüsselnden Erklärungen ist seicht, flach.

Definition: Es sei *M* eine Bit-Kette und *P* sei die kürzeste Bit-Kette mit *U(P) = M*. Wie bereits beschrieben setzen wir: Länge *(M)* = Anzahl der Symbole in *M*, Komplexität *(M)* = Länge *(P)* und Tiefe *(M)* = Laufzeit *(P)*.

Wie wir bereits gesehen haben, ist es nicht immer einfach, abzuschätzen, wie viele Rechenschritte wirklich gebraucht werden, um eine Berechnung der Form *U(P) = M* auszuführen. Wir wissen jedoch, daß das Auffinden und Niederschreiben der Bit-Kette *M* *mindestens* Länge*(M)*-Schritte braucht. Das Ausschreiben einer *K*-Bit-Kette muß mindestens *K* Schritte benötigen, ein Schritt pro Bit. Deshalb gilt Tiefe *(M)* ≥ Länge *(M)*.

Im allgemeinen werden wir sagen, daß *M* seicht ist, wenn Tiefe *(M)* größenordnungsmäßig nahe bei Länge *(M)* liegt. Wie wir weiter unten sehen werden, kann die Tiefe von *M* so große Werte annehmen wie im Grunde genommen jede andere berechenbare Funktion der Länge *K* von *M*. Genauer gesagt, kann die Tiefe den

Wert B(K/2) annehmen. Es kann beispielsweise sein, daß M durch das Programm P benannt wird, das folgendes besagt: »Berechne die Dualdarstellung von π bis auf googol Stellen und drucke die letzte Milliarde Stellen aus.« Die Ziffern von π sind so zufällig, daß M aller Wahrscheinlichkeit nach kein kürzeres Programm als P zuläßt. Die Berechnung von M durch P aber braucht mehr als googol Schritte, weshalb die Tiefe von M größer als googol ist. Das ist sehr viel mehr als die Länge von M, die nur eine Milliarde beträgt.

Bennett war ursprünglich Chemiker gewesen und wandte sich erst später der Informatik zu. Er betrachtet lebende Organismen als physikalische Strukturen, die in Bit-Ketten codiert sind, deren Tiefen viel größer sind als ihre Längen. Bennetts Motiv für diese Vermutung ist die Tatsache, daß die genetische DNS eines befruchteten Eis eine Art von »Programm« darstellt, das einen komplexen Organismus durch einen Prozeß erzeugt, der einer Berechnung nicht unähnlich ist. Die Art und Weise, wie ein menschlicher Fötus aus der DNS wächst, mit dem Computer zu simulieren, ist unglaublich schwierig, vor allem hinsichtlich der Laufzeit. Länge (Baby) – die Darstellungsinformation eines neugeborenen Kindes – ist gewiß sehr groß, aber Tiefe (Baby) – die Anzahl der Wachstumsschritte von der DNS zum Baby – ist noch viel größer. »O Toms Baby... Ist es nicht tief?« Das fiel mir ein, als ich Toms Familie besuchte und deren Neugeborenes in Armen hielt.

Bennett und Chaitin, die übrigens Kollegen sind, sprechen von den beiden möglichen Extremen der Komplexität: Kristall und Gas. Die Atome eines Kristalls haben die Eigenschaft, daß sie in sichtbarer Weise gemäß einer einfachen Regel angeordnet sind. Die Atome eines Gases sind vollkommen ungeordnet; sie gehorchen keiner Regel, die viel kürzer wäre als eine tatsächliche Auflistung der Positionen der Atome. Gebilde, die wir interessant finden – Dinge wie lebende Organismen und von Menschenhand angefertigte Kunstprodukte –, liegen in der Mitte zwischen den Extremen Kristall und Gas. Einer der Gründe, warum Bennett den Begriff der logischen Tiefe eingeführt hat, war seine Ansicht, daß die Tiefen von Gas und Kristall klein notiert werden sollten, die Tiefe von Organismen hingegen groß.

Wir wollen nun sehen, wie der Begriff der Tiefe diesem Wunsche nachkommt. Dazu wählen wir einen festen, ziemlich großen Wert für *K* und vergleichen die Tiefe der verschiedenen, möglichen *K*-Bit-Ketten. In diesem Zusammenhang ist ein Kristall eine Kette *X*, die aus *K* Einsen besteht. Ein Gas entspricht einer vollkommen zufälligen Kette *G; W(K)* ist ein Beispiel für eine derartige Kette *G*. Die Komplexität von *X* liegt in der Nähe von log *K*, während die Komplexität von *G* annähernd *K* ist. Beide haben jedoch eine minimale Tiefe. Das kristalline *X* und das gasförmige *G* haben beide eine Tiefe, die nahe *K* liegt. *X* besitzt ein Minimalprogramm der Form »Drucke *K*-mal *X*«. Dieses geradlinige Programm ist ungefähr log *K* Bits lang und braucht ungefähr *K* Schritte. Das zu *G* gehörige Minimalprogramm sieht so aus: »Drucke die Kette *G*.« Dieses ebenfalls geradlinige Programm ist etwa *K* Bits lang und braucht ungefähr *K* Schritte. Unter dem Gesichtspunkt der Komplexität sind Kristall und Gas sehr verschieden, aber unter dem Aspekt der Tiefe sind sie gleich. Beide sind so seicht, wie das eine *K*-Bit-Kette nur sein kann. Es sei wie im letzten Abschnitt *W* die erste *K*-unbegreifliche Zahl. Dann sind Länge *(W)* und Komplexität *(W)* beide ungefähr gleich *K*. Das bedeutet, daß *W* eine »gasartige« zufällige Kette ist, deren Tiefe ungefähr *K* ist. Bezeichnet *B* die größte *K*-begreifliche Zahl, so ist *B*, wie wir wissen, in der Tat sehr groß, und seine Länge ist ebenfalls ziemlich groß. Das bedeutet, daß *B* eine Tiefe hat, die viel größer als die von *K* ist. Ist *B* ein gutes Beispiel für ein logisch interessantes Objekt?

In Wirklichkeit ist *B* das nicht. Es gibt andere Bit-Ketten mit der Länge von *B*, die wesentlich tiefer sind. Im Vergleich zu der ungeheuren Länge von *B* ist das erzeugende *K*-Bit-Programm klein. Die Laufzeit dieses kleinen Programms ist nicht viel größer als Länge *(B)*.

Bennett hat ein scharfsinniges Argument gefunden, das beweist, daß einige *K*-Ketten sehr tief sind. Wie tief? So tief man will! Wie steht es mit einer Tiefe von *K*plexplex Schritten? Ich nehme *K*plexplex oder 10^{10^K} nur aus dem Grunde, weil es eine einheitliche Zahl kleiner Komplexität ist. Jede andere berechenbare Funktion von *K* würde es auch tun. Die schwierigste Aufgabe beim Schreiben eines Programmes für *K*plexplex ist, *K* selbst auszudrücken. Dazu braucht man Komplexität *(K)* Bits ($\leq \log K$). Kann Bennett beweisen, daß es einige *K*-Bit-Ketten gibt, die *K*plexplex Schritte tief sind? Ja, er kann – vorausgesetzt, daß *K* mindestens so groß wie ein Vielfaches von Komplexität *(U)* ist. Bennett erzählte mir von einem Programm *P*, das Folgendes befiehlt: Suche dir eine Simulation von *U* und (1) schreibe alle möglichen Bit-Ketten *S* der Länge $K-1$ und kleiner auf; (2) führe für jedes derartige *S* *K*plexplex Schritte der Berechnung *U(S)* aus, nimm dasjenige, was sich dann auf dem Band findet, als Ausgabe und (3) finde die erste *K*-Bit-Kette, die nicht als Ausdruck im Schritt (2) auftritt.

Lassen wir dieses Programm laufen, so erzeugt es eine tiefe *K*-Kette, die wir mit *D* bezeichnen. Wir wissen, daß dieses Programm zu einem Ergebnis führt, weil es mehr *K*-Bit-Ketten gibt, als es »Programmketten« der Länge $K-1$ und weniger gibt. Das garantiert, daß es tatsächlich *K*-Ketten gibt, die nicht als Ausgaben im Schritt (2) auftreten. Die Länge von *P* beträgt ungefähr Komplexität *(U)* + Komplexität *(K)*. Da wir angenommen haben, daß die Komplexität*(U)* weit unter *K* liegt, ist die Länge von *P* kleiner/gleich *K* und insbesondere auch kleiner als $K-1$. *P* ist eine Bit-Kette mit der Eigenschaft, daß *U(P)* gelegentlich *D* erzeugt. Der Schritt (2) des Programmes aber stellt sicher, daß *P* *D* nicht in weniger als *K*plexplex Schritten erzeugt.

Komplexität *(D)* ist notwendigerweise kleiner/gleich der Länge des Programmes *P*, das *D* erzeugt. Benützen wir ein hochkomplexes *U* und ein einfach zu benennendes *K* mit kleiner Komplexität, so wird Länge *(P)* etwa gleich Komplexität *(U)* sein. Deshalb gilt:

$$\text{Länge } (D) = K;$$
$$\text{Komplexität } (D) \leq \text{Komplexität } (U) < K;$$
$$\text{Tiefe } (D) > K\text{plexplex}.$$

Um uns die volle Bedeutung des Ergebnisses von Bennett zu verdeutlichen, wollen wir es auf dieselbe Weise interpretieren, wie wir dies mit Chaitins Satz getan haben. Wir verstehen hierzu unter *K* die drei Milliarden Bits, die wir als Kennzeichnung des Gehirnzustandes einer Person gefunden haben. *U* denken wir uns als einen ziemlich einfachen Computer, dessen Komplexität nur eine Million Bits sein soll. Bennetts Ergebnis zeigt dann, daß es einige Ketten *M* gibt, deren Länge drei Milliarden beträgt, während ihre Komplexität unter einer Million liegt. Ihre logische Tiefe aber ist gigaplexplex.

Also existieren einige drei Milliarden Bit-Ketten *M*, die durch ein relativ kurzes Programm *P* erzeugt werden können. Die Laufzeit der zugehörigen Berechnung *U(P)* = *M* aber ist größer als gigaplexplex. Nehmen wir an, daß M das Gesamtwissen eines Individuums codiert, so folgt aus Bennetts Resultat die Möglichkeit, das Wissen *M* theoretisch gesehen durch eine einfache Menge *P* von Regeln zu erzeugen – daß es aber ungeheuer lange braucht (nämlich gigaplexplex Schritte), um aus *P* tatsächlich *M* zu erhalten. »Ich verstehe dich, Mensch, aber du wirst niemals wissen, warum«, sagt *P* zu *M*.

Wir könnten statt dessen auch *K* gleich zum Beispiel einer Million Bits wählen. Etwa soviel braucht man, um die wichtigsten Gleichungen der Physik aufzuschreiben. *U* könnte eine ziemlich einfache Turingmaschine mit einer Komplexität von etwa einhunderttausend sein. Der Satz von Bennett sagt aus, daß möglicherweise alle gegenwärtig bekannten Gleichungen der Physik aus einem Zehntel derselben folgen, daß aber die Herleitung eine ungeheuer lange Zeit brauchen würde. Es *gibt* einfache Antworten, aber wir sind zu dumm, um sie zu verstehen.

Etwas weiter gefaßt, zeigte Chaitin, daß wir nicht beweisen können, daß die Welt eine einfache Erklärung hat. Bennett sagt uns, daß die Welt tatsächlich eine einfache Erklärung hat, daß aber die Welt logisch so tief sein kann, daß es eine ungeheuer lange Zeit dauert, aus der Erklärung tatsächliche Voraussagen über Phänomene herzuleiten.

Oder, noch einfacher: Chaitin zeigte, daß wir die Existenz eines einfachen Geheimnisses des Lebens nicht widerlegen können, aber Bennett beweist, daß, selbst wenn uns jemand das Geheimnis des Lebens verraten würde, es für uns ein unglaublich schwieriges Problem wäre, daraus ein nützliches Wissen zu machen. Das Geheimnis des Lebens ist vielleicht nicht wissenswert!

Alles ist Information

Betrachten wir die physikalische Welt um uns herum. Sehr oberflächlich betrachtet können wir behaupten, daß jeder physikalische Gegenstand ein System darstellt, das Informationen verarbeitet. Zu einem gegebenen Stimulus *P* liefert das System ein Respons *M*. Wirft man einen Stein in einen Weiher, so erhält man Wellen. Dennoch stellt sich normalerweise niemand einen Weiher als Computer vor.

Ein wichtiger Unterschied zwischen beiden ist, daß ein Computer in einer sequentiellen, schrittweisen Art arbeitet, während ein System wie ein Weiher viele Dinge gleichzeitig zu tun scheint. Die Wellen breiten sich vom Stein in alle Richtungen aus. Will man an der Vorstellung festhalten, daß der Weiher Berechnungen durchführt, so muß man sagen, daß er »parallel«, das heißt viele Dinge auf einmal, berechnet.

Obwohl sie im Vorangegangenen sehr nützlich gewesen ist, ist die Turingmaschine wohl kein sehr geeignetes Modell für die Berechnungen der Welt der Realität. Diese Maschine ist sequentiell, aber die Welt ist parallel. Die Informatiker versuchen gegenwärtig, parallele Computer zu entwerfen, und vielleicht werden diese Maschinen zu unglaublichen Durchbrüchen führen. Glücklicherweise kennen wir sehr gute Modelle für die parallelen Berechnungen: die zellulären Automaten. Im Kapitel über ›Die Zahl‹ habe ich über das Lebensspiel als Beispiel für einen zweidimensionalen zellulären Automaten gesprochen; es ist ein »2 D-ZA«. Im Lebensspiel beginnt man mit einem 2 D-Gitter von Zellen, von denen einige schwarz schraffiert sind. Im Laufe der Zeit entwickelt sich das Muster der schraffierten Zellen in überraschender Weise. Die Regeln des Lebensspiels legen nur einen möglichen 2 D-ZA fest.

Man kann sich alle möglichen anderen Systeme ausdenken, etwa mit anderen Regeln für das Auslöschen einer Zelle. Man könnte auch die Zukunft einer Zelle nicht durch ihre unmittelbaren Nachbarn bestimmen lassen, sondern hierfür zwei benachbarte Zellen in jeder Richtung heranziehen.

Der wichtigste Aspekt eines ZA ist, daß dieselbe Regel für alle Zellen angewandt wird. Diese besondere ZA-Regel ist üblicherweise ein sehr kurzes Programm *P*. Das Aussehen des Gitters nach *N* Schritten wird bestimmt durch das Ausgangsmuster, durch die ZA-Regel *P* und durch *N*.

Das Lebensspiel ist ein 2 D-ZA, der nur zwei Färbungen für die Zellen erlaubt: schwarz und weiß. Man kann auch ZA untersuchen, die eine ganze Palette von Farben zulassen – zum Beispiel acht oder zweihundertsechsundfünfzig. Wir sagen, ein zellulärer Automat habe *K* Zustände, wenn er *K* Farben pro Zelle zuläßt. Betrachtet man den farbigen Flohzirkus auf dem Bildschirm eines Farbfernsehers, der nicht richtig auf einen Kanal eingestellt worden ist, so kann man sich dabei vorstellen, daß man der Entwicklung eines 2 D-ZA mit vier Zuständen beiwohnt – vier Zustände deshalb, weil jedes Pixel des Farbfernsehers entweder schwarz, rot, grün oder blau ist.

Der Flohzirkus des Farbfernsehers ist in Wirklichkeit kein Produkt eines einfachen ZA. Das liegt daran, daß er Dinge miteinschließt wie elektrostatische Aufladung und elektromagnetische Strahlung. Es wird behauptet, daß jeder hundertste Fleck eines solchen Flohzirkus ein Signal ist, das durch ein vom Urknall übriggebliebenes Photon ausgelöst wird. Man kann wunderschöne Farbfernsehbilder eines arbeitenden 2 D-ZA mit vier Zuständen bekommen, wenn man sich einen Farbbildschirm, einen IBM-Personal-Computer und eine spezielle »Zellulärer-Automat-Maschine« – kurz ZAM genannt – kauft. Letztere ist eine Platine, die in den Computer eingefügt wird. Die ZAM ist eine Erfindung von Tommaso Toffoli und Norman Margolus vom Computerlaboratorium des MIT. Sie kostet ungefähr $ 2000.

Im letzten Frühjahr habe ich Toffoli und Margolus besucht. Sie zeigten mir, wie die ZAM arbeitet – eine erstaunliche Erfahrung. Margolus und Toffoli hatten eine Vielzahl interessanter 2 D-ZA-

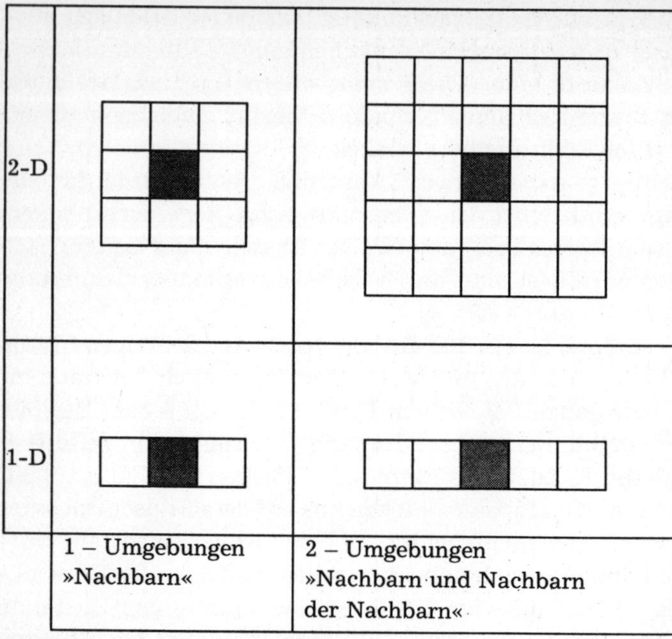

Abbildung 138: Umgebungsarten

Regeln mit vier Zuständen programmiert. Eine von ihnen, genannt »der quadratische Stein«, beginnt mit einem großen Quadrat roter Zellen inmitten eines leeren Bildschirms. Das Quadrat dehnt sich bis zu den Rändern des Bildschirms aus und wird dann zurückgeworfen. Bei fortgesetzter Reflexion beginnen die Muster zu interferieren und bilden so verwickelte Op-art-Figuren. Es treten so viele Muster innerhalb einer halben Minute auf, daß es eine respektable Ein-Mann-Show ergibt. Der von Toffoli und Margolus benutzte Bildschirm besitzt 800 auf 800 Pixel, das macht insgesamt 64 000 Zellen. Um Probleme auszuschalten, die durch die Begrenztheit des Bildschirmes entstehen, tut die ZAM so, als berühre die linke Seite des Bildschirmes dessen rechte Seite und als fiele die Oberkante mit der Unterkante zusammen. Dies ist von Videospielen wie »Asteroiden« her bekannt.

Ein typisches Programm für die ZAM ist zweiunddreißig Bit

lang. Der Bildschirm sieht nach ein paar tausend Schritten meistens ziemlich interessant aus. Nach einigen Millionen Schritten ist er vollgepackt. Man stelle sich vor, wir begännen mit einem Block von neun farbigen Pixeln in der linken oberen Ecke des Bildschirms. Zur Festlegung der Farbe braucht man pro Pixel zwei Bits, also insgesamt achtzehn Bits. Wir wollen weiter annehmen, daß der Bildschirm nach ein paar Millionen Schritten von einem Muster *S* erfüllt ist, das aus farbigen Flecken besteht. Versuchen wir, die Länge von *S* sowie seine Komplexität und Tiefe zu schätzen:

$$\begin{aligned}
\text{Länge } (S) &= (\text{2 Farbbits pro Pixel}) \cdot (\text{64 000 Pixel}) \\
&= 128\,000; \\
\text{Komplexität } (S) &= \text{Komplexität } (X) + \text{Komplexität } (P) + \text{Komplexität} \\
&\quad\ (\text{Million}) \\
&= 9 + 32 + 20 \\
&= 61; \\
\text{Tiefe } (S) &= (\text{eine Million Schritte}) \cdot (\text{64 000 Pixels}) \\
&= \text{64 Milliarden.}
\end{aligned}$$

Auf meiner Fahrt zu Toffoli, Margolus und Bennett besuchte ich auch Stephen Wolfram am Institute for Advanced Studies in Princeton. Wolfram war mit 20 Professor am Cal Tech und gewann mit 21 Jahren den Mac-Arthur-Preis. Er hat umfangreiche Untersuchungen über eindimensionale ZA angestellt, aber gegenwärtig arbeitet er auf einem anderen Gebiet.

Ein eindimensionaler ZA mit zwei Zuständen startet mit einer Zeile von Zellen, von denen einige schwarz schraffiert sind. Im Laufe der Zeit ändert sich das Muster der schraffierten Zellen auf unterschiedliche Weise. Im allgemeinen haben die Muster von ZA *geringe* Komplexität, aber *hohe* Tiefe. Sie entstehen aus einfachen Regeln mit großem Rechenaufwand. Die Zeile mit den Zellen ist im Grunde dasselbe wie das Band einer Turingmaschine. Wir können in der Tat eine Turingmaschine als eine 1 D-ZA mit vielen Zuständen betrachten. Das will ich im folgenden näher erklären.

Man stelle sich eine auf ein kleines rotes Dreieck zusammengeschrumpfte Turingmaschine vor. Im Dreieck soll eine Zahl stehen, die den Zustand der Maschine angibt. Weiter stelle man sich das

Band einer Turingmaschine mit einigen Markierungen vor. Das kleine rote Dreieck soll auf eine dieser Markierungen zeigen. Im Laufe der Zeit wandert das Dreieck. Dabei tilgt es die Markierungen in einigen Zellen und markiert wiederum andere neu.

Das ist fast wie bei einem 1 D ZA, aber nicht ganz. In einem zellulären Automaten gibt es nichts, *was sich bewegt*. Man kann diese Schwierigkeit vermeiden, indem man sich in jeder Zelle ein kleines rotes »Turing-Dreieck« denkt und annimmt, jedes dieser Dreiecke sei mit seinen beiden Nachbarn durch eine Leitung verbunden. Zu jedem Zeitpunkt während einer Berechnung befinden sich alle Dreiecke bis auf eine Ausnahme im Zustand null; das bedeutet, daß sie alle ausgeschaltet sind. Das einzige eingeschaltete Dreieck entspricht der Stelle, an der sich der Schreib-Lese-Kopf in seiner Bewegung gerade befinden würde. Am Ende jeder Zeiteinheit würde das eingeschaltete Dreieck eine Markierung anbringen oder löschen. Dann würde es einen seiner Nachbarn in den angeschalteten Zustand versetzen und sich selbst abschalten. So betrachtet, ist eine Turingmaschine mit K Zuständen nichts anderes als ein 1 D-ZA mit $2K$ Zuständen.

Wie wir gesehen haben, hat John Harton Conway bei dem Beweis geholfen, daß das Lebensspiel als universelle Turingmaschine interpretiert werden kann, obwohl es nur ein ZA mit zwei Zuständen ist. Wolfram versucht gegenwärtig zu beweisen, daß es ein eindimensionales Analogon des Lebensspiels gibt. Das bedeutet, daß er einen 1 D-ZA mit zwei Zuständen zu finden versucht, der als universelle Turingmaschine interpretiert werden kann. Die Regeln eines 1 D-ZA mit zwei Zuständen sind in der Tat überraschend mächtig. Um dies zu demonstrieren, möchte ich Wolframs Katalog von zweiunddreißig »legalen und totalitaristischen« Regeln vorstellen, der den nächsten Zustand einer Zelle auf der Grundlage des gegenwärtigen Zustandes der »Zwei-Umgebung« dieser Zelle festlegt. Diese »Zwei-Umgebung« besteht aus der fraglichen Zelle selbst sowie aus ihren beiden unmittelbaren Nachbarn in jeder Richtung. Das macht insgesamt fünf Zellen. Eine Regel heißt »legal«, wenn eine Zelle blank bleibt, falls ihre »Zwei-Umgebung« dies ist. Eine Regel heißt »totalitaristisch«, wenn der nächste Zustand einer Zelle vollständig bestimmt ist

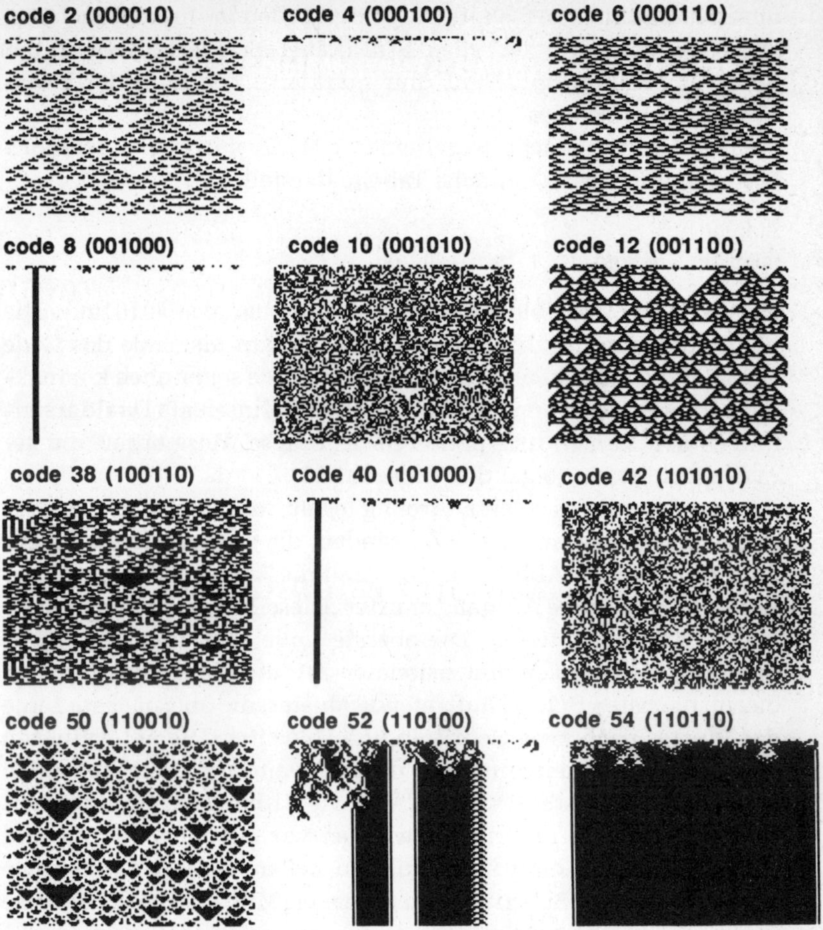

Abbildung 139: Die Wirkung verschiedener 1D-ZA auf dieselbe, zufällige Eingabe. Die verschiedenen Stadien der Entwicklung sind von oben nach unten angeordnet. Schwarze Quadrate entsprechen Einsen und weiße Quadrate Nullen. Die Summe aus der Kennzahl einer Zelle und derjenigen ihrer vier Nachbarn ergibt eine Zahl zwischen Null und Fünf. Die abgebildeten »legalen und totalitaristischen« ZA bestimmen den nächsten Wert für jede Zelle bei jedem Schritt durch eine Regel, die auf einer einfachcodierten Tabelle beruhen.

durch die Summe der Kennzahlen der Zellen in ihrer Umgebung. Diese Summe kann zwischen Null (keine markierte Zelle in der Zwei-Umgebung) und Fünf (nur markierte Zellen in der Zwei-Umgebung) variieren.

Eine totalitaristische Regel eines 1 D-ZA mit zwei Zuständen läßt sich durch eine einfache Tabelle darstellen:

Summe	5	4	3	2	1	0
nächster Zustand	0	1	0	1	0	0

Der Code der hier wiedergegebenen Regel ist also »010100«. Die Bedingung der Legalität einer Regel schreibt als Ende des Code eine Null vor. Wir können einen solchen Code sogar noch kompakter wiedergeben, wenn wir die Nullen und Einsen als Dualdarstellungen von Zahlen interpretieren. Auf diese Weise erhält die gerade geschilderte Regel die Codezahl 20.

Insgesamt gibt es zweiunddreißig legale, totalitaristische Regeln für einen 1 D-ZA mit zwei Zuständen, die sich auf Zwei-Umgebungen beziehen. Abbildung 139 zeigt die Wirkung einiger dieser Regeln auf einfache Ausgangsmuster. Diese Bilder sind folgendermaßen zu interpretieren: Die oberste Linie zeigt immer den Anfangszustand eines eindimensionalen ZA; die Linie darunter zeigt das im nächsten Schritt auftretende Muster, die übernächste Linie das Muster nach zwei Schritten und so weiter. Die am weitesten rechts stehende Zelle muß mit der am weitesten links stehenden verbunden vorgestellt werden. Die algorithmische Komplexheit dieser Muster ist niedrig. Verwenden wir ein langes Band und beginnen wir mit einigen markierten Zellen, so liegt die logische Tiefe des nach N Schritten entstandenen Musters typischerweise in der Größenordnung von N.

Wir haben die Schwierigkeiten erwähnt, die sich für die Vorhersage ergeben, was ein universeller Computer mit einer bestimmten Eingabe machen wird. Insbesondere aus dem Halteproblem folgt, daß es in vielen Fällen keine bessere Art und Weise der Vorhersage für eine Berechnung gibt, als einfach diese Berechnung durchzuführen oder sie irgendwie zu simulieren. Wolfram nennt solche Berechnungen *irreduzibel*. Es scheint so, als würden viele ZA irreduzible Berechnungen durchführen. Das bedeutet, daß es keine

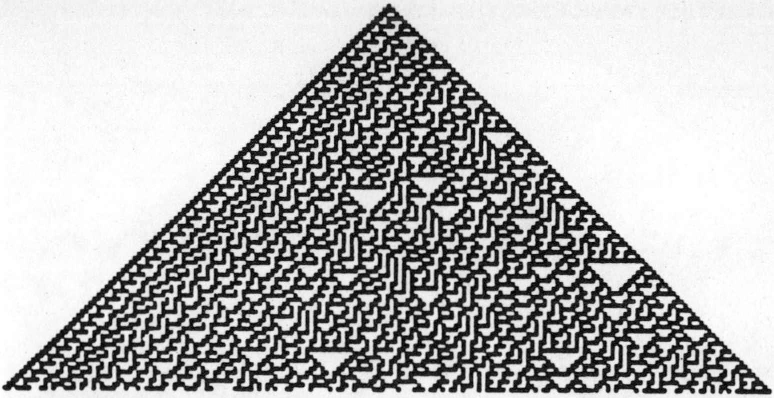

Abbildung 140: Ein einfacher ZA kann ein komplexes Muster aus einem einfachen Anfangszustand erzeugen

einfache Möglichkeit gibt, vorauszusagen, wie sich das Ausgangsmuster nach soundso viel Schritten entwickelt haben wird. Wolfram meint, daß auch viele physikalische Vorgänge im Endeffekt irreduzible Berechnungen sind, daß wir also einfache Startbedingungen haben können, ohne ihre Entwicklung vorhersagen zu können.

Eine besondere Klasse von physikalischen Beispielen für ZA-artige Muster kann man bei bestimmten Meeresmuscheln finden. Die Zellen entlang der schalenbildenden Ränder dieser Mollusken besitzen eine Art von ZA-Regel, welche die Farbe des nächsten Schalenteiles festlegt. Die Präsenz einer schwarzproduzierenden Zelle unter den unmittelbaren Nachbarn einer Zelle kann sie dazu veranlassen, ebenfalls schwarz zu produzieren; die Gegenwart zweier weißproduzierender Zellen kann dieselbe Reaktion verhindern. Während D'Arcy Thompson eine mathematische Erklärung für die Form der Schalen gefunden hat, hat anscheinend Stephen Wolfram eine mathematische Begründung für einige ihrer Färbungen entdeckt. Es ist wahrscheinlich, daß ähnliche Vorgänge beim Wachstum der Pflanzen eine Rolle spielen.

Genauso wie wir über eindimensionale zelluläre Automaten gesprochen haben, kann man auch ZA mit 3, 4 oder sogar ω Dimen-

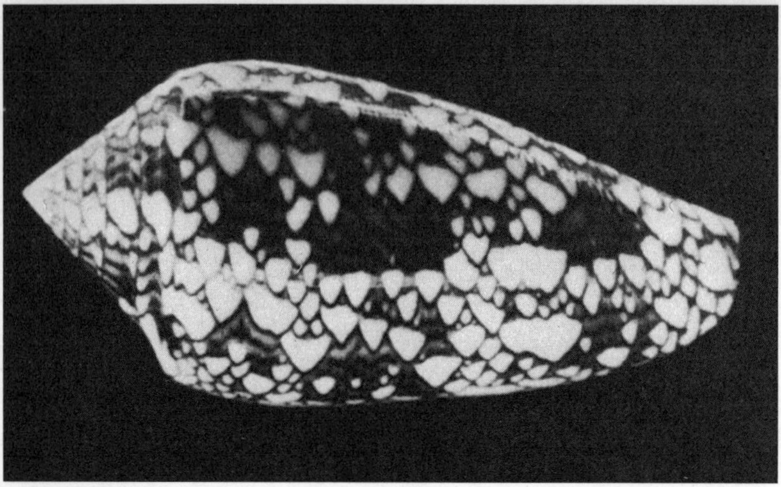

Abbildung 141: Eine konusförmige Schale

sionen betrachten. Manche Informationstheoretiker unserer Tage haben die große Vision, daß die Welt ein riesiger ZA sei, der irreduzible Berechnungen ausführt.

Legt man diese zelluläre Auffassung der Welt zugrunde, so erscheint es angebracht, einen fraktalen Zugang zu wählen. Dann wird man nicht verlangen, daß es eine ausgezeichnete minimale Größe von Zellen geben soll. In einer Gesellschaft ist eine »Zelle« eine Person. In einem Organismus ist eine »Zelle« tatsächlich eine Zelle. In einem sehr kleinen Bereich der Materie ist eine »Zelle« ein Atom. Ob es eine minimale Größe von Zellen gibt oder nicht, ist vielleicht nicht so wichtig. Besser wäre es, sich die Welt gemäß einer Hierarchie von Ebenen strukturiert zu denken: Die höheren Ebenen sind von den niedrigeren abhängig. Die Spielregeln der Ebenen, die in der Nähe unserer eigenen Größenordnung liegen, sind für uns einfacher zu verstehen.

Die Physiker der Gegenwart meinen einer »Weltformel« für die gesamte Physik nahe zu sein. Bedeutet das das Ende der Wissenschaft? Natürlich nicht. Denken wir in Begriffen aus der Theorie der zellulären Automaten, so verstehen wir viel klarer, was hier vorgeht.

Das Auffinden der Weltformel entspricht dem Erlernen der einfachen Regel, die das Verhalten jeder einzelnen Zelle des ZA bestimmt. Wie können einfache Regeln zu komplexen Phänomenen führen? Durch lange Rechenzeit! Ist die Berechnung irreduzibel, so gibt es keine Möglichkeit der Vorhersage, welche Phänomene auftreten werden. Das also ist die Lösung des alten Zwiespaltes zwischen unserer Suche nach einfachen Regeln und der Unergründlichkeit der Welt, in der wir leben! Es ist tatsächlich möglich, daß sich die Welt wie eine Berechnung $U(P) = M$ entwickelt hat, ausgehend von einem sehr einfachen Anfangszustand. Die Welt kann eine niedrige informationstheoretische »Komplexität« haben. Aber die Welt besitzt andererseits eine große »logische Tiefe«. Es gibt keinen schnellen und trickreichen Weg, um etwas über sie vorherzusagen. Die Einfachheit der Konzeption und die Unergründlichkeit der Ausführung verhalten sich nicht antithetisch zueinander. Die Leute sagen: »Wenn die Welt tatsächlich eine einfache Erklärung besitzt, woher kommen dann Zufall und Information?« Wir können uns vorstellen, daß die Information im Laufe der Zeit entstanden ist. Jede zerflossene Zeiteinheit vergrößert die Tiefe der Ausgabe des Weltcomputers.

Beim Schreiben von »Der Ozean der Wahrheit« wollte ich in Erfahrung bringen, was eigentlich aus der Annahme folgt, alles sei Information. Ich bin zu den folgenden (angreifbaren) Thesen gelangt:

1. Die Welt läßt sich in Bits auflösen, wobei jedes Bit aus kleineren Bits aufgebaut ist.
2. Diese Bits bilden ein fraktales Muster im Raum der Tatsachen.
3. Das Muster verhält sich wie ein zellulärer Automat.
4. Das Muster ist unbegreiflich groß in Ausdehnung und Dimension.
5. Obwohl die Welt sehr einfach begonnen hat, ist die von ihr ausgeführte Berechnung irreduzibel komplex.

Also, noch einmal, was ist die Realität? Eine nicht-komprimierbare Berechnung eines fraktalen ZA von unbegreiflichen Dimensionen. Und wo wird diese riesige Berechnung durchgeführt? Überall. Sie ist das, woraus wir gemacht sind.

Literaturverzeichnis

Benacerraf, D., Putnam, H.: Philosophy of mathematics. Selected readings. Englewood Cliffs, 1964.

Berka, K., Kreiser, L.: Logik-Texte. Darmstadt, 1983.

Bergmann, E., Noll, H.: Mathematische Logik mit Informatik-Anwendungen. Berlin–Heidelberg–New York, 1977.

Börger, E.: Berechenbarkeit, Komplexität, Logik. Braunschweig, 1986.

Cantor, G.: Gesammelte Abhandlungen mathematischen und philosophischen Inhalts; Hg. von E. Zermelo. Nachdruck Hildesheim, 1962. (Enthält die wichtigsten Aufsätze des Schöpfers der Mengenlehre.)

Chaitin, G.: Randomness and mathematical proof. Scientific American, Mai 1975.

Conway, J. H.: Über Zahlen und Spiele. Braunschweig, 1983.

Davis, M.: The undecidable. Hewlitt, 1963. (Enthält Aufsätze von Church, Rosser, Kleene u. a. zu Metamathematik und Logik.)

Fraenkel, A., Bar-Hillel, J., Levy, A.: Foundations of set theory. Amsterdam, 1973. (Recht einfach gehaltene, gut lesbare Einführung in die wichtigsten Positionen im mathematischen Grundlagenstreit: Formalismus, Intuitionismus und Logizismus.)

Felgner, U.: Mengenlehre. Darmstadt, 1979. (Enthält wichtige Arbeiten zur Mengenlehre und zur transfiniten Arithmetik sowie eine ausführliche Einleitung und ein Literaturverzeichnis.)

Felscher, W.: Naive Mengen und abstrakte Zahlen. Mannheim–Wien–Zürich, 1979. (Enthält u. a. eine Einführung in die transfiniten Kardinal- und Ordinalzahlen sowie viele interessante historische und philosophische Anmerkungen.)

Hermes, H.: Aufzählbarkeit, Entscheidbarkeit, Berechenbarkeit. Berlin–Heidelberg–New York, 1971. (Mittlerweile ein Klassiker.)

Hughes, P., Brecht, G.: Die Scheinwelt des Paradoxen. Braunschweig, 1978. (Ein sehr anregendes Buch zum Thema Paradoxien, in dem auch das Lügnerparadoxon ausführlich zur Sprache kommt.)

Ifrah, G.: Universalgeschichte der Zahlen. Frankfurt–New York, 1986. (Bringt alles Erdenkliche zum Thema Zahlen und ihre Symbole, nicht zuletzt auch zur Zahlenmystik.)

Kneale, W. und M.: The development of logic. Oxford, 1984. (Gut lesbare, ausführliche Darstellung der Geschichte der Logik; enthält auch ein langes Kapitel über die aristotelische Syllogistik.)

Ebbinghaus, H. D. et al.: Zahlen. Berlin–Heidelberg–New York, 1983.

Laugwitz, D.: Zahlen und Kontinuum. Mannheim–Wien–Zürich, 1986. (Stellt eine Einführung in die moderne Theorie der unendlichkleinen Zahlen mit vielen historischen Exkursen dar.)

Loeckx, J.: Algorithmentheorie. Berlin–Heidelberg–New York, 1976. (Zum Halteproblem bei Turingmaschinen.)

Loria, G.: Spezielle algebraische und transzendente ebene Kurven. Theorie und Geschichte. Leipzig & Berlin, 1910–11. 2 Bände. (Fast eine Enzyklopädie zum Thema.)

Lucas, J. R.: Minds, Machines, and Gödel. Review of metaphysics 6, 1952, 165 ff.

Mandelbrot, B.: Die fraktale Geometrie der Natur. Basel–Boston–Stuttgart, 1987. (Einführung in Mandelbrots Theorie der Frakta.)

Nagel, E., Newman, J.: Der Gödelsche Beweis. München, 1987. (Gut verständliche Darstellung von Gödels Unvollständigkeitssatz samt Beweis.)

Paul, W.: Komplexitätstheorie. Stuttgart, 1978.

Rucker, R.: Infinity and the mind. Basel–Boston–Stuttgart, 1982. (Ruckers Ansichten zum Thema »Unendlichkeit«.)

Russell, B.: Die Philosophie des logischen Atomismus. München, 1979.

Russell, B., Whitehead, A. N.: Principia mathematica. Frankfurt, 1986.

Saunders, P.: Katastrophentheorie. Eine Einführung für Naturwissenschaftler. Braunschweig, 1986.

Shannon, C., Weaver, W.: The mathematical theory of communication. Urbana, 1963.

Thom, R.: Paraboles et catastrophes. Paris, 1983. (Der Erfinder der Katastrophentheorie äußert sich hier in einem langen Interview zu seiner Theorie, zur Philosophie und zu vielem anderen.)

Turing, A.: Intelligence Service Schriften. Berlin, 1987. (Die wichtigsten Aufsätze von Turing in deutscher Übersetzung.)

Vilenkin, W. J.: Unterhaltsame Mengenlehre. Leipzig, 1983. (Stellt allerlei skurrile Monster vor.)

Volkert, K.: Die Krise der Anschauung. Göttingen, 1986. (Enthält u. a. den Versuch einer Philosophie der Monster-frakta.)

Volkert, K.: Geschichte der Analysis. Mannheim–Wien–Zürich, 1988. (Enthält u. a. Ausführungen zu den unendlichkleinen Größen bei Leibniz, Euler u. a. sowie zu deren weiterem Schicksal.)

van der Waerden, B. L.: Die Pythagoräer. Zürich, 1979.

Wang, H.: From mathematics to philosophy. Atlantic Highlands, 1981. (Enthält interessante Ausführungen zu Werk und Person Gödels.)

Wittgenstein, L.: Tractatus logico-philosophicus. Frankfurt, 1979.

Wollny, W.: Reguläre Parkettierungen der euklidischen Ebene durch unbeschränkte Bereiche. Mannheim–Wien–Zürich, 1969.

Wolfram, S.: Theory and applications of cellular automata. Singapur, 1986.

Abbildungsnachweise

Abbildung 38: Aus: Hugo Steinhaus, Mathematical Snapshots. Oxford University Press, 1950

Abbildung 39: Aus: Martin Gardner, Mathematical Games. Scientific American, Januar 1977

Abbildung 40: Ebd.

Abbildung 53: Aus: Robert C. Yates, A Handbook on Curves and Their Properties, J. W. Edwards, Ann Arbor, 1947

Abbildung 75: Diese Computergrafik wurde von H. R. P. Ferguson und T. Sederberg (beide Brigham Young University) erstellt.

Abbildung 89: Aus: John Hocking & Gail Young, Topology. Addison-Wesley, Reading, Mass., 1961

Abbildung 94: Aus: Benoit Mandelbrot, The Fractal Geometry of Nature. W. H. Freeman, San Francisco, 1982. Deutsch: Die fraktale Geometrie der Natur. Basel–Boston–Stuttgart, 1987

Abbildung 100: Ebd.

Abbildung 102: Ebd.

Abbildung 123: Rudy Rucker, Infinity and the Mind. Cambridge, Massachusetts, 1982. (Deutsch voraussichtlich 1989 beim Wolfgang Krüger Verlag, Frankfurt a. M.)

Abbildung 124: Ebd.

Abbildung 139: Stephen Wolfram, University and Complexity in Cellular Automata. Physica, 10 D, 1984

Abbildung 140: Stephen Wolfram, Origins of Randomness in Physical Systems. Theory and Applications of Cellular Automata, World Publishing Company, Singapore, 1966

Abbildung 141: Stephen Wolfram, Cellular Automata. Los Alamos Science, 1983

Register